大连理工大学拔尖创新人才培养质量提升计划实施专项资助出版

现代土木工程施工新技术

（第二版）

主 编 李忠富 李 静

U0285561

中国建筑工业出版社

图书在版编目（CIP）数据

现代土木工程施工新技术 / 李忠富，李静主编.
2 版. — 北京：中国建筑工业出版社，2024.7.
ISBN 978-7-112-29912-6

Ⅰ. TU7-39

中国国家版本馆 CIP 数据核字第 20246YG337 号

本书以最近十几年发展起来的土木工程施工新技术为对象，阐述了各种新型施工工艺的结构构造、材料、机械设备和施工方法，包括地基与基础施工新技术、地下空间工程施工新技术、新型模板与脚手架施工技术、新型钢筋与混凝土施工技术、钢结构施工新技术、桥梁施工新技术、新型防水与围护结构节能技术、建筑工业化施工新技术、机电设备安装新技术、绿色施工新技术、施工过程监测和控制新技术和智能建造等，并穿插了不少工程实例图片资料。

本书既可作为大专院校土木建筑类专业的本科生和研究生学习建筑施工课程的教材或教学拓展参考书，又可作为工程建设领域的实际工作人员了解施工新技术和新工艺的有益参考。

责任编辑：牛　松　毕凤鸣
文字编辑：王艺彬
责任校对：赵　力

现代土木工程施工新技术
（第二版）
主　编　李忠富　李　静
*
中国建筑工业出版社出版、发行（北京海淀三里河路 9 号）
各地新华书店、建筑书店经销
北京红光制版公司制版
北京君升印刷有限公司印刷
*
开本：787 毫米×1092 毫米　1/16　印张：21¾　字数：541 千字
2024 年 7 月第二版　　2024 年 7 月第一次印刷
定价：**66.00** 元
ISBN 978-7-112-29912-6
（42987）

前　言

　　最近十几年伴随中国经济的快速发展和建设规模、建设水平的提高，一大批世界级的工程项目成功落成，加快了城乡基础设施和房屋建设的步伐，也推动了建筑技术和施工技术水平的提高。然而与日新月异、层出不穷的建筑施工领域的新技术、新工艺相比，能将这些施工技术工艺全面记录并梳理的著作或教材却很少。这些新型建筑技术大多数都还留存在建设者的大脑中，很多没有经过整理和总结，没有成为传承下来的技术和知识。本书的宗旨是对近十几年来土木建筑工程施工领域产生的新材料、新工艺、新技术进行整理、归纳和总结，形成一部可供在校学生和实际工作者参考借鉴的教材或工作指导书。

　　本书内容不同于传统的建筑施工教材，专门阐述近十几年来新产生的施工技术和工艺，比现有的本科生施工技术教材有很大提升。本书的上一版于2014年出版，受到市场欢迎，经过近十年的使用，有些内容已显过时。为了能够追赶上时代的脚步和施工技术发展的步伐，经与出版社沟通，决定对本书进行修订出版。

　　新版书的内容以住房和城乡建设部长期以来大力推广的《建筑业10项新技术（2017版）》为基础，选择建筑施工中比较常见的施工过程和工艺，简要阐述新技术的工作原理、构造、材料、机械设备和施工工艺过程。主要包括：地基与基础施工新技术、地下空间工程施工新技术、新型模板与脚手架施工技术、新型钢筋与混凝土施工技术、钢结构施工新技术、桥梁施工新技术、新型防水与围护结构节能技术、建筑工业化施工新技术、机电设备安装新技术、绿色施工新技术、施工过程监测和控制新技术和智能建造等。每部分内容都穿插了不少工程实例图片资料。本书既可作为大专院校土木建筑类专业的本科生和研究生学习新型土木施工课程的教材或教学参考书，又可作为工程建设领域的实际工作人员了解施工新技术和新工艺的有益参考。

　　本书汇集了大连理工大学土木工程学院、交通工程学院、建设管理系以及相关院校专业师资的集体力量和智慧，经过一年多的时间撰写完成。本书由李忠富和李静任主编，主要完成人员如下：

　　李忠富，大连理工大学建设工程学部建设管理系，编写绪论、第4章、第7章；

　　李　静，大连理工大学建设工程学部建设管理系，编写第1章、第10章、第11章；

　　张明媛，大连理工大学建设工程学部建设管理系，编写第2章；

　　邱文亮，大连理工大学建设工程学部土木工程学院，编写第6章；

　　崔　瑶，大连理工大学建设工程学部土木工程学院，编写第5章；

　　姜韶华，大连理工大学建设工程学部建设管理系，编写第12章；

　　陈　勇，辽宁大学商学院管理科学与工程系，编写第3章；

　　窦玉丹，大连理工大学建设工程学部建设管理系，编写第8章；

　　袁梦琪，中国石油大学（华东）经济管理学院管理科学系，编写第9章。

　　此外，大连理工大学建设工程学部的研究生李天新、马胜彬、滕岳、刘运鹄、胡金典、冯雪、朱书航、李泽阳等也参与了部分章节的材料收集、整理和撰写工作。全书由李忠富、李静最后统稿。

感谢中国建筑工业出版社牛松、毕凤鸣编辑对本书出版付出的辛勤努力；

感谢大连理工大学研究生院对本书出版提供的大力支持；

由于施工技术更新迭代速度较快，加之作者的时间精力和实践认识有限，本书一定会存在许多问题与不足，敬请读者批评指正。

编者

2023 年 9 月，大连

目 录

绪论　中国土木工程施工技术的发展与展望

改革开放 40 多年来，中国经济快速发展。伴随着中国建设投资的突飞猛进，中国工程建设业也取得了巨大成绩。一大批基础设施建成，各类建筑拔地而起，无论是数量还是技术难度都是前所未有的。众多"高、大、深、难、重"的建筑频频打破国内、亚洲乃至世界纪录，引起全球的关注；承办重大活动的建筑群、基础设施，如奥运工程、世博工程、大型公共建筑、超高层建筑等为中外建筑史留下了宝贵的财富，还有举世闻名的南水北调工程、青藏铁路、白鹤滩水电站、中国"天眼"、港珠澳大桥、北京大兴国际机场等"超级工程"令全世界对中国的土木工程施工技术的发展刮目相看。

港珠澳大桥

青藏铁路

上海陆家嘴超高层建筑

北京大兴国际机场

然而要想把这些需要高技术的工程顺利建成绝非易事。这需要解决大量的技术难题，需要通过大量的研究开发、实验和联合攻关攻克一个个技术难关；需要在施工过程中运用新结构、新材料、新工艺和新型技术设备；需要建设者具有宽广的胸怀，敢于创新的进取精神，兢兢业业、严谨踏实的工作态度，以及吃苦耐劳、团结一心的文化传统。

近年来在国内外信息技术发展的推动下，我国的建筑业在信息化技术应用领域取得了巨大成绩：在深基坑支护、超高层结构、综合爆破、大型结构和设备整体吊装、预应力混凝土和大体积混凝土等多项技术上均达到国际先进水平。新技术屡获明显成效，建筑技术呈综合化发展趋势，逐步形成规范化的建筑体系。建筑行业加快先进建造装备、智能装备的研发、制造和推广应用，不断提升各类施工机械的性能和效率，提高机械化施工占施工中的比重，提升施工装备水平。一批具有自主知识产权，居国际先进水平的建筑施工设备，如大型地铁盾构机、大型挖泥船等，打破了国外成套施工设备的垄断，成为我国地铁建设、海岛吹填等工程的推进利器。通过这些大型工程建设项目的探索和实践，我国土木工程施工行业掌握了一大批"高、大、深、难、重"工程的施工技术与方法，积累了丰富的经验，并使我国在工程建设的很多领域的技术水平进入世界先进国家的行列，也为土木工程施工学科的发展注入了强劲持久的动力。

- **深基础和地基处理技术**

高层建筑尤其是软土地基上的高层建筑的建设对基础的施工提出了很高的要求。我国学习和借鉴国外经验，采用土钉墙、内支撑、地下连续墙、水泥土墙和逆作法等施工方法解决了深基坑开挖的难题，并使这一领域的施工技术达到国际先进水平。这些技术在上海市的工程中应用最多。一些深基础技术，如沉井、大直径钢管柱、静压桩、旋喷桩、CFG桩复合地基技术以及桩基础检测技术等得到更多的应用。

- **地下工程和隧道工程技术**

地下工程施工的深度和范围明显扩大，明挖法、暗挖法、盖挖法得到普遍应用，还有施工企业发明了矩形地下通道顶进施工工艺。采用沉管法施工工艺修建地下隧道的案例也开始增多。盾构法施工发展得很快，盾构机的直径越来越大，2022年中铁江阴长江隧道盾构机聚力一号的直径达到16.03m，并且国产盾构机在国内市场的占有率大于90%。中国还研制出世界最大的硬岩掘进机高加索号，该掘进机的直径为15.08m，全长为182m，总重量为3900t，最大推力达到22600t，总功率为9900kW。

- **高层建筑施工技术**

高层建筑施工技术是衡量我国施工技术水平的重要一环，建筑物从几十米高到几百米高，也标志着施工技术的重大进步。我国已经完全掌握了超高层建筑的施工技术，并且相继建成了高度420m的金茂大厦、492m的上海环球金融中心、632m的上海中心大厦、610m的广州新电视塔、528m的中国尊等标志性建筑。这些高层建筑在施工中解决了高层钢结构技术、测量技术、混凝土输送技术、塔式起重机技术等，为高层建筑施工提供了可靠保障。

- **新型混凝土和预应力混凝土技术**

近些年来，商品混凝土发展很快，混凝土的商品化率达到50%左右，大城市都制定了扩大商品混凝土应用的政策措施，禁止分散自拌混凝土。随着商品混凝土的产量增多，混凝土外加剂的使用量也逐步加大。目前我国在高强度和高性能混凝土方面取得重要进展，能够配制出C80以上的高强度混凝土，以及配制出高耐久性、高流动性、高稳定性的混凝土。还有一些特种混凝土也被成功研制并且进行了应用。

预应力混凝土的推广应用主要源于高强度的钢筋、钢绞线、新型预应力机具以及锚具夹具的应用。现在预应力混凝土的应用已很普遍，大开间高层建筑的无粘结预应力混凝土的应用使梁更小，楼板更薄，结构刚度提高，结构自重减轻，结构整体性能更好。市政桥隧工程施工中也大量应用了预应力混凝土技术。

- **新型钢筋、模板和脚手架技术**

新型高强度钢筋的使用使得混凝土结构的用钢量更少，构件截面更小。新型的粗钢筋连接技术，如电渣压力焊、气压焊、套管冷压连接、直螺纹连接等使施工操作更简单，更快捷。大型轻质的组合模板使得模板的支拆更加方便快捷，而大模板、爬升模板、滑模、隧道模等工艺使施工效率大大提高。新型承插式、工具式脚手架的普及应用使脚手架的施工更加安全快捷，而附着式升降平台提高了高层建筑外脚手架的施工技术水平，经济效益显著，一经推出便得到迅速的推广应用。

- **空间钢结构技术**

近些年，我国建设了很多大跨空间结构建筑，如首都机场三号航站楼、国家体育场、大型客机维修车间，以及一批大型高铁车站等。它们采用高强度的钢和混凝土复合材料，应用大型钢屋盖整体提升法、平移法、曲线顶推法、旋转刚架法等有效解决了大跨钢结构的诸多技术难题。

- **绿色施工技术**

为减少工程施工和使用中对资源、能源、土地和水的消耗，近年来我国大力推广应用绿色节能环保的施工技术，绿色施工技术包括绿色施工管理技术、环境保护技术、节材与材料资源利用技术、节水与水资源利用技术、节能与能源利用技术、节地与施工用地保护技术。很多项目上开始推广应用外墙保温、门窗保温、地面和屋顶保温等技术，取得了显著效果。

- **道路和桥梁工程技术**

近年来道路工程施工技术发展主要体现了新型材料应用、大型高性能施工机械的使用、旧有路面材料再生利用和相对应的新型施工工艺等方面，从而保证道路工程的节能环保、优质耐久。我国桥梁技术近十几年发展很快。通过机械设备大型化、施工工艺标准化、装配化、桥梁施工监测与控制智能化、资源配置多元化、项目管理精细化的先进施工技术与管理方式，我国成功建成了一批超长、超大跨度和高技术难度的大型桥梁，很多桥梁从设计到施工的各方面技术均达到了国际先进水平。

- **施工信息化技术**

随着信息技术的不断发展，在工程结构监测、工程现场远程监控、工程施工进度控制、成本管理、工程估价、工程安全、工程信息沟通等领域开始大量应用信息化技术。随着 BIM 技术的快速发展，使得虚拟施工、工程快速估价、施工各方协调等领域的信息化技术的应用步伐加快。近年由于大数据、人工智能、区块链、机器人等技术的推广应用，驱动智能建造技术快速发展并与工业化建造技术相结合，推动建筑施工水平大大提升，并向着智能化、工业化、绿色化方向协调发展。

本书将对上述土木工程施工新技术进行综合阐述。

今后土木工程施工技术的发展方向主要有以下几方面：

- **工业化**

建筑业的工业化就是采用现代化的制造、运输、安装和科学管理的大工业的生产方式，来代替传统建筑业中分散的、低水平的、低效率的手工作业生产方式，从而取代部分人工操作。随着技术水平的提高，建筑业逐步向自动化和智能化的方向发展。为此，土木工程行业要采用更先进、适用的技术、工艺和装备科学合理地组织施工，发展施工专业化，提高机械化水平；制定统一的建筑模数和重要的基础标准，合理解决标准化和多样化的关系，建立和完善产品标准、工艺标准、企业管理标准、各种施工工法等，不断提高建筑标准化水平；采用现代管理方法和手段，优化资源配置，实行集约化的科学的组织管理。近年来，建筑工业化取得快速发展，采用装配式建筑施工技术的比重逐年提高，采用现场工业化技术的空中造楼机也开始推广应用，未来将会有更大发展。

• 信息化

施工信息化就是利用信息化设备和信息管理系统提高技术水平和管理效率，采用施工监测、施工控制等手段实现施工管理的现代化。为此要发展施工信息化的技术和软硬件设备，抓住物联网、BIM和电子信息技术发展的好机会，大力发展工程施工的过程动态监测、远程控制和基于BIM技术的信息化管理，推动建筑施工信息化技术迈上一个新台阶。智能化是信息化的高级发展阶段，是我国目前重点发展的技术。信息化的应用还要与工业化的生产方式相结合，才能充分发挥出它应有的作用。

• 绿色可持续

绿色可持续就是施工过程中要注重节材、节能、节水、节地和环境保护，减少施工活动对环境的影响。这就要求发展新型生态化的施工工艺，除了封闭施工，降低噪声，防止扬尘，减少环境污染，清洁运输，文明施工外，还应该减少场地干扰，尊重当地环境，结合气候施工，节约水、电、材料等资源和能源，减少填埋废弃物的数量，实施科学管理，保证施工质量等，符合可持续发展的原则，同时还要注重施工人员的教育培训并关心职工的长期职业发展。

建筑施工是建筑产品的实现过程，是传统的工程技术领域。伴随着建筑技术水平提高和大量新技术的推广应用，建筑施工领域会有更多新技术产生，从而使这一传统领域焕发出勃勃生机，为建造更高质量和性能的建筑产品提供实现途径，并将推动建筑业向着更高的水平迈进。

第1章　地基与基础施工新技术

1.1　地基处理新技术

1.1.1　地基处理技术概述

1.1.1.1　地基处理的概念

地基是指承托建筑物基础的场地。建筑物的地基通常会面临强度、稳定性、变形、渗漏和液化等问题。比如：当地基的抗剪强度不足以支撑上部结构的自重及外荷载时，地基就会产生局部和整体剪切破坏；当地基在上部结构的自重及外荷载的作用下产生过大的变形时，会影响结构物的使用功能；当不均匀沉降大于建筑物所能容许的数值时，结构可能开裂；由于地下水在运动中会产生水量的损失，可能因潜蚀或管涌而导致建筑物发生事故；在动力荷载的作用下，饱和松散粉细砂或部分粉土液化，出现使土体失去抗剪强度并呈近似液体特性的现象，从而导致地基失稳和震陷。

地基处理也称地基加固，是人为改善岩土的工程性质或地基组成，使之适应基础工程的需要而采取的措施。经过处理的地基一般称之为人工地基，以便与天然地基相区别。当天然地基很软弱，不能满足地基承载力和变形的设计要求，地基需要进行人工处理后，再建造基础者，欧美国家称之为地基处理，也称地基加固。地基处理的对象主要是软弱地基和特殊土地基，软弱地基主要指由淤泥、淤泥质土、冲填土、杂填土或其他高压缩性土层构成的地基。地基处理方法按其原理和作用可分为碾压及夯实、换填、排水固结、振密挤密、置换及拌入、加筋法及其他方法等。

1.1.1.2　地基处理的目的

根据工程情况及地基土质条件或组成的不同，地基处理的主要目的有：提高土的抗剪强度，使地基保持稳定；降低土的压缩性，使地基的沉降和不均匀沉降减至允许范围内；降低土的渗透性或渗流水力梯度，防止或减少水的渗透，避免渗流造成地基破坏；改善土的动力性能，防止地基产生震陷变形或因土的振动液化丧失稳定性；消除或减少土的湿陷性或胀缩性引起的地基变形，避免建筑物被破坏或影响其正常使用。

1.1.2　常见的地基处理方法

1.1.2.1　置换法

当软弱土地基的承载力和变形满足不了建筑物的要求，而软弱土层的厚度又不是很大时，可将基础底面下处理范围内的软弱土层的部分或全部挖去，然后分层换填强度较大的砂、碎石、素土、灰土、高炉干渣、粉煤灰，或其他性能稳定且无侵蚀性的材料，并压（夯、振）实至要求的密实度为止，这种地基处理的方法称为置换法。置换法常分为石灰桩、二灰桩、砂桩、褥垫、粉体喷射法、振冲置换碎石桩、水泥粉煤灰碎石桩、钢渣桩、低强度水泥砂石桩、钢筋混凝土疏桩等方法。置换法适用于淤泥、淤泥质土、湿陷性黄土、素填土、杂填土地基及暗沟、暗塘等不良地基的浅层处理。换土垫层法是置换法中最常见的一种地基处理方法，按回填材料可分为砂垫层、碎石垫层、素土垫层、灰土垫层等。

1. 浅层换土法

对于换土垫层，既要求它有足够的厚度置换可能被剪切破坏的软弱土层，又要求它有足够的宽度防止砂垫层向两侧挤动。砂垫层设计的主要内容是确定断面合理的厚度和宽度，使挖方和填方合理，施工的成本、工期和设备处于科学的状态。下面介绍一种常用的砂垫层设计方法。砂垫层剖面图如图 1-1 所示。

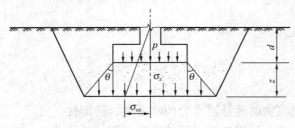

图 1-1　砂垫层剖面图

垫层宽度：条形基础下垫层宽度不宜小于 $b + 2z\tan\theta$，压力扩散角按表 1-1 选取，再根据开挖基坑的坡度进行垫层端面设计。

压力扩散角 θ　　　　　　　　　表 1-1

z/b	中砂、粗砂、砾砂、砾石、石料、矿渣	粉质黏土、粉煤灰	灰土
<0.25	0	0	28°
≥0.5	30°	23°	
0.25	20°	6°	
0.25～0.5	线性插值		

垫层厚度：一般按应力扩散法计算，主要根据软弱土和被置换土层的埋深确定或参考下卧土层的承载力确定，即 $\sigma_{cz} < f_{az}$。

式中：σ_{cz} ——上部结构和换土层对下卧土层顶面的平均压应力；

　　　f_{az} ——下卧土层的设计承载力。

对于桥梁建筑的桥基换土法，应为：$\sigma_{cz} < [\sigma_{az}]$。

式中：$[\sigma_{az}]$ ——容许应力的设计值。

σ_{cz} 的求解可参考基础设计规范，主要是土的自重应力和附加应力的组合。

2. 局部深层换土回填

在特殊条件下，地层的深部有局部软弱土层或严重液化土层。软弱土层或严重液化土层是局部的，体积不是特别巨大，同时在权衡其他方法不奏效，有工期、环保等条件限制的情况下，可采用局部深层换土回填的方法，而且置换法能根治地基。局部深层换土回填的方法是将深部地层中软弱土层挖除，回填质地坚硬，强度较高，性能稳定，具有抗侵蚀性的材料（砂、碎石、卵石、素土、灰土、煤渣、矿渣等），分层充填，并以人工或者机械方法分层压、夯、振动，使之达到工程要求的密实度，最终形成坚硬垫层，利用垫层本身的高强度和低压缩性，以及扩散附加应力的性能，减少沉降，抗液化，提高地基承载力。在建筑工程中，总是优先考虑采用天然地基或者争取对地基进行浅层处理，只有在浅层处理不能满足要求的时候，才采用局部深层换土回填加固的处理方法。

1.1.2.2　排水固结法

排水固结法运用于天然地基，它一般有两种方法。第一种是先在地基中设置砂井等竖向排水体，然后利用构筑物本身的重量分级逐渐加载，第二种是在构筑物建造以前，在场地先进行加载预压，使土体中的孔隙水排出，逐渐固结，地基发生沉降，使强度逐步提高，单向和双向排水固结法如图 1-2 所示。排水固结法主要适用范围是软弱黏性土层和部分砂土层。排水固结法由排水系统和加载系统组成。

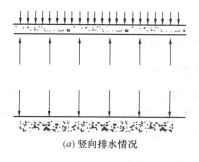 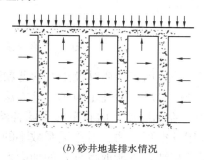

(a) 竖向排水情况　　　　　　　　　　(b) 砂井地基排水情况

图 1-2　单向和双向排水固结法

排水固结法主要有堆载预压法、真空预压法、真空-振动联合预压法。

1. 堆载预压法

堆载预压法是指在饱和软土地基上施加荷载后，孔隙水被缓慢排出，孔隙体积随之逐渐减少，地基发生固结变形。同时，随着超静水压力的逐渐消散，土的有效应力逐渐提高，地基土强度就逐渐增长。图 1-3 和图 1-4 分别为加载预压和加水预压的示意图。

图 1-3　加载预压　　　　　　　　　　　　图 1-4　加水预压

2. 真空预压法

真空预压法是 1952 年由瑞典工程师 W. Kjellman 首先提出的。真空预压法即是在需要加固的软基中插入竖向排水通道（如砂井、袋装砂井、塑料排水板），然后在地面铺设一层透水的砂或砾石，再在其上覆盖一层不透水的薄膜，最后借助真空泵和埋设在垫层中的管道，将膜下土体间的空气抽出，在透水材料中产生较高的真空度，土中孔隙水产生负的孔隙水压力和孔压差，使孔隙水逐渐渗流到井中而达到土体排水压密的效果。图 1-5 为真空预压加固地基示意图。

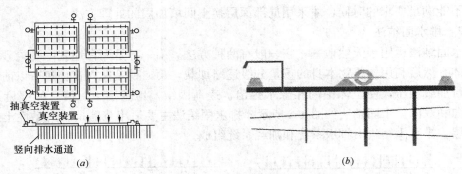

图 1-5　真空预压加固地基示意图

真空预压法适用于均质黏性土及含薄粉砂夹层黏性土等地基的加固，尤其适用于新吹填土地基的加固。对于砂性土地基，该方法的加固效果不甚理想，一般认为有效加固深度在 10m 以内。在加固范围内有足够水源补给的透水层而又没有采取隔断水源补给的措施时，不宜采用真空预压法。对渗透系数小的软黏土地基，真空预压和砂井或塑料排水带等竖向排水通道相结合方能取得良好的加固效果。

3. 真空-振动预压法

真空预压与振动联合排水固结如图 1-6 所示。在采用真空预压法加固地基的同时，按一定要求和设计，在一定范围、一定深度的土层设置振冲器进行施工，这样的地层既有振冲加固，又有真空预压排水加固。振冲法不仅能振密地层，又加速了排水作用，提高了真空预压法的加固效果。它是一种全新的方法，在国外大面积地基处理工程中成功应用，取得了非常好的效果。它充分发挥两种方法的优势，克服了排水固结法周期长，工效低等缺点，大大提高了地基处理效果，提高了地基的处理深度、强度，缩短工期，降低了成本。当采用真空-振动预压法施工时，为使处理后的地基满足设计要求，必须注重质量检验，特别是通过现场观察，分析软弱地基在真空预压加固过程中和预压后的固结程度、强度增量和沉降的变化规律，评价处理效果，同时观测资料也是完善设计和指导施工的依据，并可以减少意外工程事故发生的概率。

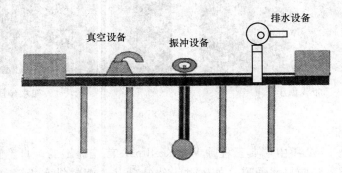

图 1-6　真空预压与振动联合排水固结

4. 电渗排水法

电渗排水法是一种地下水治理和降低地下水位的技术。它通过电化学原理，利用电场作用和电解反应，促使地下水中的离子迁移和排泄，以达到排水和降水的目的。

电渗排水法基于电化学原理，利用直流电场的作用，通过极板之间的电解反应和电离现象，引导地下水中的离子在电场力下向极板移动，从而改变地下水流动的方向和速度，实现排水和降低地下水位的效果，即通过电渗作用可逐渐排出土中的水。在土中插入金属电极并通以直流电，由于直流电场作用，土中的水从阳极流向阴极，然后将水从阴极排出，同时不让水在阳极附近补充，借助电渗作用可逐渐排出土中水。在工程上常利用它降低黏性土中的含水量或降低地下水位来提高地基承载力或边坡的稳定性。

其工作步骤如下：

（1）安装电极系统：在需要进行地下水治理的区域安装电极系统。电极系统通常由阳极和阴极组成，它们通过电缆与电源连接。

（2）施加电压：将适当的直流电压施加在电极系统上，形成电场。阳极处形成氧化反应，阴极处形成还原反应，导致地下水中的离子向电极移动。

（3）地下水排泄：通过电场的作用，离子在电场力的作用下迁移至阴极区域，从而引导地下水流动。地下水中的离子随着电流的作用而排泄到地表或其他收集系统中，实现地下水的排泄和降水。

（4）监测和调整：在施工过程中，对地下水位、电流和离子浓度等进行监测，根据监测结果调整电流和电场的强度，以实现最佳的地下水治理效果。

电渗排水法适用于地下水位较浅，水文地质条件复杂的地区，可以用于地下工程、地铁建设、地下挖掘和基础工程等各领域。然而，其施工过程复杂，需要合理的设计和准确的操作，同时需要考虑其对环境的影响和配套的安全措施，因此电渗排水法目前的应用还比较少。

1.1.2.3　强夯法

强夯法是法国 Menard 技术公司于 1969 年首创的一种地基加固方法，它一般通过 8～30t 的重锤（最重可达 200t）和 8～20m 的落距（最高可达 40m），对地基土施加很大的冲击能，一般能量为 500～8000kN·m。在地基土中所出现的冲击波和动应力，可提高地基土的强度，降低土的压缩性，改善砂土的抗液化条件，消除湿陷性黄土的湿陷性等。同时，夯击能还可提高土层的均匀程度，减少未来可能出现的差异沉降。关于强夯法的适用范围，国外的观点比较一致，Smoltczyk 在第 8 届欧洲土力学及基础工程学术会议上的报告中指出，强夯法只适用于塑性指数 $I_p \leq 10$ 的土。工程实践表明，强夯法具有施工简单，加固效果好，使用经济等优点，因而被世界各国工程界所重视。对各类土的强夯处理都取得了良好的经济效果。但当使用强夯法对饱和软土的加固时，必须给予排水的出路，为此，强夯法加袋装砂井（或塑料排水带）是在软黏土地基上进行综合处理的一种加固途径。

1. 施工机械

西欧国家所用的起重设备大多为大吨位的履带式起重机，稳定性好，行走方便。日本采用轮胎式起重机进行强夯作业，也取得了满意的结果。国外除使用现成的履带式起重机外，还制造了常用的三脚架和轮胎式强夯机，用于起吊 40t 夯锤，落距可达 40m，国外所用履带式起重机都是大吨位的起重机，通常在 100t 以上。由于 100t 起重机的卷扬机能力只有 20t 左右，如果夯击工艺采用单缆锤击法，则 100t 的起重机最大只能起吊 20t 的夯

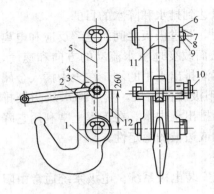

1—吊钩；2—锁卡焊合件；3、6—螺栓；4—开口销；5—架板；7—垫圈；8—制动板；9—销轴；10—螺母；11—鼓形轮；12—护板

图1-7 强夯自动脱钩装置

锤。我国绝大多数强夯工程只具备小吨位起重机的施工条件，所以只能使用滑轮组起吊夯锤，利用强夯自动脱钩的装置，如图1-7所示，使锤形成自由落体。拉动脱钩器的钢丝绳的一端拴在桩架的盘上，以钢丝绳的长短控制夯锤的落距，夯锤挂在脱钩器的钩上，当吊钩提升到要求的高度时，张紧的钢丝绳将脱钩器的伸臂拉转一个角度，使夯锤突然下落。有时为防止起重臂在较大的仰角下突然失重而有可能发生后倾，可在履带起重机的臂杆端部设置辅助门架，或采取其他的安全措施，防止落锤时机架倾覆。自动脱钩装置应具有足够的强度。

2. 施工步骤

强夯法施工可按下列步骤进行，部分步骤如图1-8所示：

（1）清理并平整施工场地；

（2）铺设垫层，在地表形成硬层，用以支承起重设备，确保机械通行和施工，同时可加大地下水和表层面的距离，防止夯击的效率降低；

(a) 吊起夯锤 　　　　　　(b) 起重机配龙门架起吊 　　　　　　(c) 夯锤下落瞬间

图1-8 强夯法施工的部分步骤

（3）标出第一遍夯击点的位置，并测量场地高程；

（4）起重机就位，使夯锤对准夯点位置；

（5）测量夯前锤顶标高；

（6）将夯锤起吊到预定高度，待夯锤脱钩自由下落后放下吊钩，测量锤顶高程，若发现因坑底倾斜而造成夯锤歪斜时，应及时将坑底整平；

（7）重复步骤（6），按设计规定的夯击次数及控制标准，完成一个夯点的夯击；

（8）重复步骤（4）～（7），完成第一遍全部夯点的夯击；

（9）用推土机将夯坑填平，并测量场地高程；

（10）在规定的间隔时间后，按上述步骤逐次完成全部夯击遍数，最后采用低能量满夯的方式，将场地表层土夯实，并测量夯实后的场地高程。当地下水位较高，夯坑底积水影响施工时，宜采用人工降低地下水位或铺设一定厚度的松散材料的方法。夯坑内或场地的积水应及时排除。当强夯施工时所产生的振动对邻近建筑物或设备产生有害影响时，应及时采取防振或隔振措施。

1.1.2.4　挤密法

挤密法是以振动或冲击等方法成孔，然后在孔中填入砂、石、土、石灰、灰土或其他材料，并加以捣实成为桩体，按其填入的材料分别为砂桩、砂石桩、石灰桩、灰土桩等。挤密法一般采用打桩机或振动打桩机施工，也有用爆破成孔的挤密方法。挤密桩主要靠桩管打入地基中，对土产生横向挤密作用，在一定的挤密作用下，土粒彼此移动，小颗粒进入大颗粒的空隙，颗粒间彼此靠近，空隙减少，使土密实，地基土的强度也随之增强。挤密桩主要应用于处理松软砂类土，它对消除湿线性有显著的效果。图 1-9 和图 1-10 分别是施工完毕的灰土桩和碎石桩施工时的全景照片。

图 1-9　施工完毕的灰土桩

图 1-10　碎石桩施工时的全景照片

1.1.2.5　复合地基

复合地基是指由两种刚度不同的材料组成，共同承受上部荷载并协调变形的人工地基。复合地基是指天然地基在处理过程中部分土体得到增强，或被置换，或在天然地基中设置加固材料，加固区是由基体（天然地基土体或被改良的天然地基土体）和增强体两部分组成的人工地基。在荷载作用下，基体和增强体共同承担荷载的作用。复合地基的类型主要有砂石桩复合地基，水泥土桩复合地基，低强度桩复合地基，土桩、灰土桩复合地基，钢筋混凝土复合地基，薄壁筒桩复合地基和加筋土地基等。目前，复合地基技术在房屋建筑、高等级公路、铁路、堆场、机场、堤坝等土木工程的建设中得到了广泛应用。

根据地基中增强体的方向复合地基又可以分为水平增强体复合地基和竖向增强体复合地基。竖向增强体复合地基通常称为桩体复合地基。目前在工程中应用的竖向增强体有碎石桩、砂桩、水泥土桩、石灰桩、灰土桩、各种低强度桩和钢筋混凝土桩等。根据竖向增强体地基的性质，又可将其分为三类：散体材料桩、柔性桩和刚性桩。柔性桩和刚性桩也可称为粘结材料桩。严格地讲，桩体的刚度不仅与材料性质有关，还与桩的长径比、土体的刚度有关，应采用桩土相对刚度来描述。水平向增强体复合地基主要指加筋土地基。随着土工合成材料的发展，加筋土地基应用越来越多。根据桩体材料的不同，复合地基中的许多独立桩体，其顶部与基础不连接，因此独立桩体也称竖向增强体。复合地基可按增强体设置方向，增强体材料，是否设置垫层，增强体长度进行分类，如图 1-11 所示。

复合地基中的增强体除竖向设置和水平向设置外，还可斜向设置，如树根桩复合地

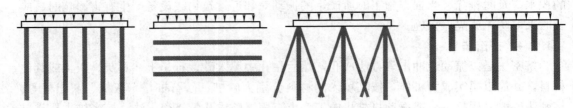

(a) 竖向增强体复合地基　(b) 水平向增强体复合地基　(c) 树根桩复合地基　(d) 长短桩复合地基

图 1-11　几种增强体地基

基。在复合地基中，竖向增强体可以采用同一长度，也可采用不同长度，如长短桩形式。长桩和短桩可采用统一材料制桩，也可以采用不同材料制桩。例如：短桩采用散体材料桩或柔性桩，长桩采用钢筋混凝土桩或低强度混凝土桩。

　　长短桩复合地基中长桩和短桩可间隔布置，长桩和短桩除间隔布置外也可采用中间长四周短或四周长中间短两种形式布置。在复合地基中，四周长中间短的布置形式要比中间长四周短的布置形式的沉降小一些，而上部结构中的弯矩则要大不少。对于增强体材料，水平向增强体多采用土工合成材料，如土工格栅和土工布等；竖向增强体可采用砂石桩、水泥土桩、低强度混凝土桩、薄壁土桩、土桩与灰土桩、渣土桩和钢筋混凝土桩等。

1.1.2.6　注浆加固法

　　注浆加固法主要有高压喷射注浆法、深层搅拌法、渗入性灌浆法、压密灌浆法、电化学灌浆法等。高压注浆法中的旋喷法的施工流程如图 1-12 所示。

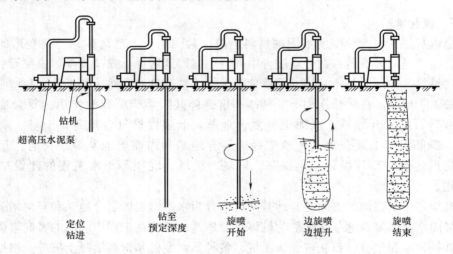

钻机

超高压水泥泵

定位钻进　　钻至预定深度　　旋喷开始　　边旋喷边提升　　旋喷结束

图 1-12　旋喷法的施工流程

1. 高压注浆法

　　高压注浆法于 20 世纪 60 年代后期发明于日本，它利用钻机把带有喷嘴的注浆管钻进土层的预定位置后，以高压设备使浆液或水成为 20～40MPa 的高压射流从喷嘴射出，强力冲击破坏土体，同时，转杆以一定速度渐渐向上提升，浆液将与土颗粒搅拌混合，浆液凝固后便在土中形成一个固体。

高压注浆法是在静压注浆的基础上应用高压喷射技术逐渐创立起来的。静压注浆法是化学处理地基的方法之一，它把注浆管置于土层或岩石裂隙中，以较低的压力，把能凝固的浆液以填充、渗透和挤压的方法注入管内，浆液产生凝胶，便把原来松散的土固结为有一定强度的整体结构，从而起到加固地基的作用。对颗粒细小的砂类土或含泥砂量大的黏性土等软弱地基，由于浆液不能均匀渗透，静压注浆的加固效果不能完全适应生产建设的要求。随着科学技术的发展，现代工业提供了高压泵、钻机等先进的技术设备，随着水力采煤的应用和高压水喷射流切割技术的发展，于是在静压注浆的基础上，产生了新型高压喷射注浆法。高压喷射注浆法所形成的固体结构形状与喷射流移动的方向有关，一般分为旋喷、定喷和摆喷三种形式。高压旋喷桩施工如图 1-13 所示。

2. 灌浆法

灌浆法就是利用气压、液压或电化学的原理，把某些可以固化的浆液注入各种介质的裂隙、孔隙，以改善灌浆对象的物理力学性质，适应各类土木工程需要的方法。通过向地层灌入各类浆液，减少地层的渗透性，并提高地层的力学强度和抗变形能力。就其效果而言，任何一类灌浆都可归属于防渗灌浆或加固灌浆的范畴。灌浆法是指一切使浆液与地层发生填充、置换、挤密等物理和化学变化的地基处理方法，包括压力灌浆、高压喷射、深层搅拌等，但习惯上仍是单指压力灌浆。压力灌浆由渗入性灌浆、压密灌浆、劈裂灌浆三个加固作用组成。在渗入性灌浆中，浆液在介质中的运动，是以不破坏介质原有的结构和孔隙尺

图 1-13　高压旋喷桩施工

寸为前提的。浆液在压力的作用下，使孔隙中存在的气体和自由水被排挤出去，浆液充填裂隙或孔隙，形成较为密实的固化体，从而使地层的渗透性减小，强度得到提高。对于粒状浆材（如水泥、膨润土等），它最多只能灌入粒径不小于 0.1mm 的细砂及以上的土层或比细砂直径更大的裂隙；对于化学浆材，它最多只能灌入粉土层中。

压密灌浆是用极稠的浆液（坍落度为 25～50mm）以高压快速通过钻孔强行挤入弱透水性土中的灌浆方法。由于弱透水性土的孔隙是不进浆的，因此，不会产生渗透性灌浆，而是在注浆点集中地形成近似球形的浆泡，通过浆泡挤压邻近的土体，土体被压密，承载力得到提高。在浆泡的直径或体积较小时，压力主要是径向（水平向）的，随着浆泡的扩大，在地层内部出现了复杂的径向和切向应力体系。在灌浆体邻近区，出现大的破裂、剪切和塑性变形带，这一带的地基土密度由于扰动而降低。随着地基土距灌浆体接合面距离的增加，地基土变形逐渐以弹性变形为主，地基土密度得到明显的增加。

劈裂灌浆是指在较高的灌浆压力作用下，将较稀的浆液通过钻孔施加到弱透水性的地基中，当浆液压力超过地层的初始应力和抗拉强度时，土层内产生水力劈裂，浆液进入裂隙扩散到更远的区域，浆液的可灌性和扩散距离都得到增大，加固范围大幅扩大。

劈裂灌浆中初次出现的劈裂面往往是阻力最小的小主应力面，劈裂压力与地基中的小主应力及抗拉强度成正比；液体越稀，注入越慢，劈裂压力越小；当液体压力超过劈裂压

力时，劈裂面将突然产生并且迅速扩展，浆液进入裂隙，灌浆压力下降。在土体劈裂后继续灌注大量浆液，灌浆压力将会缓慢提高，小主应力将有所增加。一旦注浆压力提高到大于土中的中间主应力，就会在中间主应力面产生新的劈裂面，继续进行注浆，在钻孔附近将形成网状浆脉。形成网状浆脉的另一原因是土体的不均匀性以及薄弱结构面的存在。网状浆脉在提高土体内的法向应力之和的同时，还缩小了大、小主应力之间的差值，从而既提高土体的刚度，又提高土体的稳定性。由于劈裂灌浆是通过浆脉来挤压和加固邻近土体的，虽然浆脉压力较小，但浆液与土体的接触面却很大，且远离灌浆孔处的浆脉压力与灌浆孔处的浆脉压力相差不大，因此，劈裂灌浆适合于大体积土体的加固。

3. 深层搅拌法

深层搅拌法是用于加固饱和软黏土地基的一种新方法，它是利用水泥或石灰等材料作为固化剂的主剂，并通过特制的深层搅拌机械，在地基深处就将软黏土和固化剂（浆液或粉体）强制搅拌，利用固化剂和软黏土之间所产生的一系列物理-化学反应，使软黏土硬结成具有整体性、水稳定性和一定强度的优质地基。深层搅拌法施工工期短，无公害，施工过程无振动，无噪声，不排污，对相邻建筑物无不利影响。深层搅拌桩施工工艺流程如图 1-14 所示。

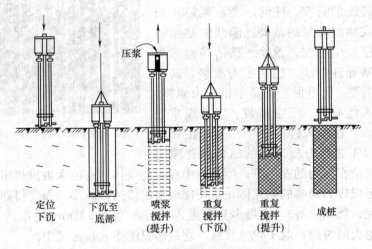

定位　　下沉至　　喷浆　　重复　　重复　　成桩
下沉　　底部　　搅拌　　搅拌　　搅拌
　　　　　　　（提升）（下沉）（提升）

图 1-14　深层搅拌桩施工工艺流程

对于深层搅拌法，根据采用的固化剂的不同可分为水泥土搅拌法和石灰系搅拌法。石灰系搅拌法于 1967 年由瑞典提出，于 1974 年首次将石灰粉体喷射搅拌桩应用于路堤和深基坑边坡支护。日本于 1967 年由港湾技术研究所开始研制石灰搅拌施工机械，于 1974 年开始在软黏土地基加固工程中应用。中国由铁道部第四勘测设计院于 1983 年初开始进行粉体喷射搅拌法加固软黏土地基的试验研究，并于 1984 年 7 月在广东省将此法用于加固软黏土地基。

自从深层搅拌水泥土桩问世以来，它发展迅速，应用广泛。该技术在日本被大量用于各种建筑物的地基加固，稳定边坡，防止液化，防止负摩擦等。该技术在日本及其他发达国家还被广泛用于海上工程，如海底盾构稳定掘进，人工岛海底地基加固，桥墩基础地基加固，岸壁码头地基加固，护岸及防波堤地基的加固等。由于日本的特殊环境，其海上工程的投入巨大，这也促进了深层搅拌法的迅速发展。

国外的深层搅拌机械蕴含了高新技术，实现了施工监控的自动化，确保了施工质量，目前尚未见到失败的工程例证。在其工程应用中，设计方法比较保守，置换率高达40%～80%，桩体设计强度取值一般不超过 0.6MPa，但其理论和设计计算方法有待改进。

深层搅拌水泥土桩在我国的应用范围也不断扩大，并逐渐形成了我国的特色。在 20世纪 90 年代，我国的深层搅拌水泥土桩的发展进入高潮。在工程实践中，由于机械、施工管理、工人素质以及设计理论不完善，暴露了不少问题。当务之急是继续完善和开发适合我国国情的搅拌机械，重点解决施工监控系统设备的研制。在设计理论上，目前对水泥土的基本性质、临界桩长、固结特性、桩体动测等方面的研究已经取得了很多进展，为深层搅拌水泥土桩的应用提供了一定的理论依据。

1.1.2.7　化学加固法

化学加固法在我国湿陷性黄土地区的地基处理中应用很多，它可分为单液加固法和碱液法。单液硅化法是单液加固法的一种，是指将硅酸钠溶液 $Na_2O \cdot nSiO_2$（俗称水玻璃）灌入土中来加固土的方法。经此法加固后可提高水的稳定性，消除黄土的湿陷性，提高土的强度。此外，还有一种方法为碱液法，碱液法是把具有一定浓度的 $NaOH$ 溶液加热到 $90～100℃$，通过有孔铁管在其自重作用下灌入土中，利用 $NaOH$ 溶液来加固黏性土的方法，这里主要介绍单液硅化法。

1. 单液硅化法

单液硅化法一般用来加固湿陷性黄土地基，其施工工艺可分为压力灌注和溶液自渗两种。由于溶液自渗施工工期长，一般都在两个月以上，因此该工艺一般不在新建工程中使用，此处仅介绍压力灌注施工工艺。压力灌注成孔及灌注溶液自上向下分层进行，加固湿陷性黄土地基一般分两层（如果加固深度＜5.0m 可不分层），即先施工第一加固层，将带孔的金属灌注管送入第一加固层，随即利用灌注设备将配好的溶液压入该土层中。待第一加固层施工完毕后，在第二加固层重复上述步骤。

灌浆工艺流程为：设备安装→灌浆孔定位→成孔→验孔→安装灌浆管→安装灌浆堵塞→浆液配制→灌浆→封孔。

成孔及灌浆设备的选取：成孔设备视加固深度、地层及场区条件情况决定采用钻机或人工洛阳铲。灌浆泵采用普通低压、小流量泥浆泵或清水泵，推荐用 BW-160 型泥浆泵，灌注管采用镀锌金属花管。

封孔采用体积比为 1∶9（水泥∶土）的水泥土，水泥土拌合均匀后夯填捣实至孔口。

单液硅化法的优点在于施工速度快，灵活性强，结构稳定性好。采用机械化设备进行钻孔、钢筋安装和混凝土灌注，能够高效快速地完成施工。该方法适用于不同土层和复杂地质条件下的施工，可根据需要调整桩的布置和尺寸。施工后形成连续的墙体结构，能够承受较大的土压力和水压力。

单液硅化法的缺点主要在于施工过程中需要使用钻机、挖掘机、搅拌车等大型机械设备，增加了施工成本和机械依赖性。另外在钻孔和混凝土灌注过程中会产生较大的噪声和振动，对周围环境和结构会造成一定的影响。

2. 单液硅化法的适用范围

单液硅化法需要使用水玻璃和氯化钙等工业原料，成本较高，其优点是能使土的强度得到很大提高，但对于酸性土和已渗入石油产品、树脂和油类的地基土，不宜采用单液硅化法加固。

湿陷性黄土的孔隙率很高，常达其总体积的 45%～50%，地下水位以上的天然含水量较小，孔隙内一般无自由水，溶液入土后不致稀释，有利于采用单液硅化法加固湿陷性黄土地基，并能获得较好的加固效果。

随着城市建设规模的发展和建筑物密度的不断增大，单液硅化法的使用越来越多，作用愈强。

1.1.2.8 冷热处理法

冷热处理法是一种用于地基处理和土体改良的方法，通过改变土体温度来改变其物理性质和力学行为。这种方法利用土体在温度变化下的热胀冷缩特性，达到改善土体性质和增加土体密实度的目的，冷热处理法主要分为烧结法和冻结法。

1. 烧结法

烧结法主要通过加热土体使其发生烧结现象，以改善土体性质和增加土体密实度。在实际应用中，有几种常见的烧结法方法，包括以下几种：

（1）烧结桩法：烧结桩法是通过将钢筋混凝土桩加热使其与周围土体发生烧结的一种方法，以提高土体的强度和稳定性。在施工过程中，首先在需要加固的区域钻孔，然后在孔内灌入水泥浆或其他适合的材料，再将钢筋混凝土桩插入孔内，接下来，利用火焰喷枪、蒸汽或其他加热设备对桩体进行加热，使桩与周围土体发生烧结，形成一个整体。

（2）烧结墙法：烧结墙法是利用加热设备对土体进行加热的一种方法，使土体与周围土体形成烧结体，以增加土体的密实度和剪切强度。在施工过程中，首先在待处理的区域确定烧结墙的位置和尺寸。然后，在地表或地下挖掘出一条狭长的槽道，将加热设备放置在槽道中，开始加热土体。加热的温度和时间根据土壤类型和工程要求确定。在加热过程中，土体与周围土体发生烧结，形成一道具有增强性质的烧结墙。

（3）烧结加固法：烧结加固法是将加热设备直接应用于土体表面的一种方法，使土体局部或整体发生烧结，以改善土体性质和增加承载能力。在施工过程中，通过火焰喷枪、蒸汽或其他加热设备对土体进行加热。加热的区域和方式根据具体情况确定，可以是局部加热或整体加热。加热后，土体发生烧结现象，密实度和强度得到提高，达到改良土体的目的。

以上方法中，加热设备的选择、加热温度和时间等因素需要根据具体工程要求和土体特性进行调整和控制。在施工过程中，需要遵循相关的安全规范和操作指南，确保施工安全、有效。

2. 冻结法

冻结法主要通过降低土体温度使其冻结，并形成冻土层来改善土体性质和增加土体的稳定性。在实际应用中，有几种常见的冻结法方法，包括以下几种：

（1）冻结墙法：冻结墙法是通过在土体周围埋设冷却管，通过循环流动冷却剂使土体冻结，形成一道冻结墙的一种方法，以增加土体的稳定性和抗渗性。在施工过程中，首先在待处理区域挖掘一条狭长的槽道，然后在槽道中埋设冷却管，通常为钢管或塑料管，接下来，通过冷却系统循环流动低温冷却剂（如液氮或冷水），土体温度逐渐降低并达到冻结状态。冻结过程中，土体中的水分结冰形成冻土，形成一道冻结墙。

（2）冻结柱法：冻结柱法是通过在土体中钻孔并注入冷却剂，使土体局部冻结并形成冻结柱的一种方法，以提高土体的强度和稳定性。在施工过程中，首先在待处理区域钻孔，通常使用钻机进行钻孔操作。然后，通过注入低温冷却剂（如液氮或冷水）使土体温度迅速降低，使钻孔内的土体结冰形成冻土柱。冻结柱的直径、间距和深度等参数根据具体工程要求确定。

（3）全冻结法：全冻结法是将待处理区域的土体整体冻结的一种方法，以提高土体的强度和稳定性。在施工过程中，首先在待处理区域埋设冷却管网，通常为钢管或塑料管。然后，通过冷却系统循环流动低温冷却剂（如液氮或冷水），使土体温度逐渐降低并达到整体冻结状态。冻结过程中，土体中的水分结冰形成冻土，整个土体变得坚硬和稳定。

以上方法中，冷却管的布置、冷却剂的选择和控制、冻结温度和时间等因素需要根据具体工程要求和土体特性进行调整和控制。在施工过程中，需要遵循相关的安全规范和操作指南。

1.1.3　水下地基处理技术

1.1.3.1　水下挤淤方法

水下挤淤方法有压载法、振动法、强夯法、爆破法、卸荷法、射水置换法。挤淤形成的填筑物结构有整式填筑体、散式填筑体及桩式填筑体三种。按形成填筑体接底情况又可分为悬浮式及接底式两种。

（1）压载挤淤：当在淤泥中抛填的填筑体的总压力超过淤泥的承载极限时，四周淤泥被迫隆起，产生流滑。填筑体沉入淤泥内一定深度，形成顶部露出淤泥面，两侧成鼓形、底部呈抛物线形的整体式挤淤稳定填筑体。

（2）强夯挤淤：强夯挤淤是在飘浮于淤泥中的堆石体强夯平台上进行的，与常规强夯动力固结不同，强夯挤淤要求的单击能量比动力固结大，且一次施加，使强夯平台产生局部或整体剪切位移。强夯整式挤淤的孔距较密，强夯顺序必须为先中间后两侧，才能保证强夯平台整体下沉。强夯挤淤应当连续进行，使淤泥产生触变，降低强度，才能达到较好的挤淤效果。强夯挤淤夯坑为倒圆锥体，口径较大，夯坑深达 2m 以上，四周土体都下沉，强夯加固形成的夯坑底部有平底部分，夯坑深度一般不超过 1m，夯坑附近土体有隆起现象，强夯挤淤时的堆石平台底部有一层淤泥，可吸收残留夯击能量。因此，强夯挤淤不会破坏淤泥下压持力层的结构强度，也不会对下压持力层起动力固结作用。强夯挤淤侧向约束较小，挤淤后强夯平台或碎石桩体增宽的作用明显，影响深度大。整式挤淤增宽可达坑深的 40% 左右，桩式挤淤增宽为竖向变形量的 15%～20%。强夯固结产生的侧向位移一般在竖向变形量的 10% 以内，且深度小，约在夯锤直径的 1.5 倍范围内。在悬浮于淤泥中的石渣填筑体工作平台上，用大能量的重锤强夯，使填筑体挤开淤泥下沉。

1.1.3.2　挤淤置换地基法

挤淤置换地基法可以就地取材，从根本上改善天然软弱地基的沉降变形及强度条件。它是一种成本小，技术难度低，易于实现的地基处理方法。在大面积深厚淤泥中，采用钢板桩或地下连续墙围护后进行换土施工，或不加围护，直接开挖淤泥及换土形成置换地基，均具有一定难度。但直接在挖除硬壳层的淤泥中一次抛投大量土石填料，依靠填筑体自重及外力扰动挤开淤泥下沉，形成顶部高出淤泥面，底部悬浮于淤泥中或与下卧持力硬土层相接的挤淤置换地基。土石填料在挤淤下沉的过程中所遇阻力远比其他土质小淤泥具有明显的触变性，被挤淤扰动后，强度进一步降低。挤淤过程完成后，淤泥处于相对静止状态，强度又逐步恢复。

1.2　边坡支护新技术

1.2.1　预应力锚杆（索）支护技术

1.2.1.1　概述

锚固支护是一种岩土主动加固和稳定技术，作为其技术主体的锚杆（索），一端锚入稳定的土（岩）体中，另一端与各种形式的支护结构物联结，通过杆体的受拉作用，调用深部地层的潜能，达到基坑和建筑物稳定的目的。

预应力锚杆（索）柔性支护法是在锚杆、锚索、土钉支护的基础上发展起来的，新颖有效的基坑边壁支护方法。在我国东北和其他地区有着广泛的应用，其核心技术已被批准为国家专利。

1.2.1.2　预应力锚杆的基本原理

预应力锚杆的一端与支挡结构连接，另一端锚固在岩土体层内，并对其施加预应力，以锚固段的摩擦力形成抗拉力，承受岩土压力、水压力、抗浮、抗倾覆等所产生的结构拉力，用以维护岩土体的稳定，锚杆结构示意图如图1-15所示。

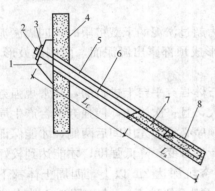

图1-15　锚杆结构示意图

1—台座；2—锚具；3—承压板；4—腰梁；5—钻孔；6—自由隔离层；7—钢筋；8—注浆体；L_f—自由段长度；L_a—锚固段长度

1.2.2　锚杆回收新技术

可回收锚杆为型钢杆体。其技术要点为：将原锚杆分为两部分（杆体段和锚固段），在两部分之间加一连接螺母，连接螺母与杆体段焊接，与锚固段螺纹连接。杆体段另一端焊一螺母，便于采用专用套管套在该螺母上回收杆体段。可回收锚杆和原有技术相比，解决了杆体段不可回收的问题，不但可以把杆体段回收，而且只需重新加工锚固段，和回收的杆体段重新组合，再次使用，可节约材料费，降低成本。目前，可回收锚杆的形式主要有组合式、胀壳式和螺旋式三类。

1. 组合式（部分树脂锚固）

组合式锚杆原是为在低矮巷道中施工长锚杆所设计，通过这种结构施工人员可以在低矮巷道中施打锚杆长度大于巷道高度的锚杆，并且该组合式锚杆还可以代替短锚索使用，不但施工工艺简单，可靠性高，而且可回收工艺简单可靠。该锚杆如果替代锚索使用，具有施工简单的优点，经济上及工艺上具有良好的可行性。

2. 胀壳式（机械锚固）

胀壳式锚杆作为可回收锚杆，从工艺上讲具有可行性，但在实际应用中对施工工艺要求较高。

3. 螺旋式（摩擦锚固）

螺旋式锚杆作为可回收锚杆设计，但是在实际应用过程中，其主要用于破碎围岩巷道的锚固，没有作为可回收锚杆来使用。如果巷道围岩变形较大，该锚杆会随着围岩变形，此时锚杆回收难度大，回收率低。

可回收锚杆必须要具有足够的锚固强度和锚固的可靠性。由于组合式锚杆采用的是具有高可靠性的树脂锚固，施工可靠性有保障，而且施工简单，回收工艺简单可靠，建议组合式锚杆为可回收锚杆的研发试用的首选。

1.2.3　复合土钉墙支护技术

1.2.3.1　概述

土钉是指同时用来加固和锚固现场原位土体的细长杆件，通常采取在岩土介质中钻孔，置入变形钢筋（即带肋钢筋）并沿孔全长注浆的方法做成。土钉依靠与土体之间的界面黏结力或摩擦力，在土体发生变形的条件下被动受力，并主要承受拉力作用。土钉支护是指以土钉作为主要受力构件的岩土工程加固支护技术，它由密集的土钉群、被加固的原位土体、喷混凝土面层、置于面层中的钢筋网和必要的防水系统组成，如图 1-16 所示。南京市玄武湖隧道施工梁洲段直壁支护采用土钉支护的案例，如图 1-17 所示。

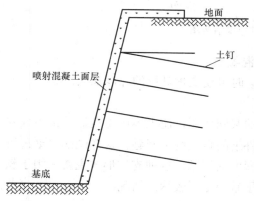

图 1-16　土钉支护

图 1-17　南京市玄武湖隧道施工梁洲段直壁支护
采用土钉支护

由于土钉支护自身具有一定的局限性，在松散砂土、软土、流塑性黏性土以及有丰富地下水的情况下不能单独使用该支护形式，必须对常规的土钉支护进行改造，特别是对支护变形有严格要求时，最好采用土钉支护与其他支护相结合的方法，即"复合土钉支护"。

复合土钉支护就是由土钉、喷射混凝土与预应力锚杆或预支护微型桩或水泥土桩组合，以解决基坑变形问题、土钉自立问题、隔水问题而形成的支护形式。常用的复合土钉支护主要有以下几种：

1. 土钉＋预应力锚杆＋喷射混凝土

当对基坑的水平位移和沉降有严格要求时，可在土钉支护中配合使用预应力锚杆，主要通过一定密度的注浆土钉和预应力锚杆以及钢筋喷射混凝土面层对基坑土体构成管箍作用。锚杆的预应力对基坑土体产生挤压作用，以提前规避其潜在的可能滑动，可有效地控

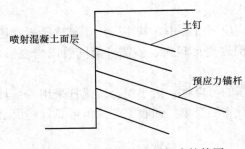

图 1-18　土钉＋预应力锚杆支护简图

制基坑变形。该方法可用于深度较大的基坑。土钉＋预应力锚杆支护简图如图 1-18 所示。

2. 土钉＋预应力微型桩＋喷射混凝土

预应力微型桩在喷射混凝土面层的背部，一般由超前垂直打入的注浆钢管做成，钢管直径较小，施工时极易打入土中，施工方便，速度快。这种支护形式主要适用于土质松散，自立性较差的地层，预应力微型桩挡墙结构如图 1-19 所示。

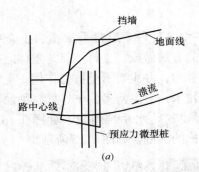

(a)

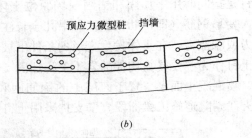

(b)

图 1-19　预应力微型桩挡墙结构图

3. 土钉＋预支护微型桩＋预应力锚杆＋喷射混凝土

增加预应力锚杆主要是为了控制基坑变形，同时可使支护基坑的深度加大。

4. 土钉＋水泥土桩＋喷射混凝土

此复合土钉支护方法主要利用搅拌桩与土钉的共同作用，使土体产生良好的抗渗性和一定的强度，解决基坑开挖后存在临时无支撑条件下的自立稳定问题，这样既能立刻进行喷射混凝土施工，同时还避免了土钉支护无插入深度的问题。这种支护形式主要适用于软弱土层，当搅拌桩有足够的入土深度时，也适用于软弱土层较深的情况。

5. 土钉＋预应力锚杆（索）＋水泥土桩＋喷射混凝土

增加预应力锚杆（索）可有效地控制基坑变形并增加基坑的支护深度，此复合土钉支护方法如图 1-20 所示。

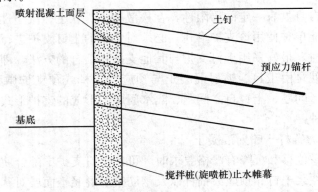

图 1-20　土钉＋预应力锚杆（索）＋水泥土桩＋喷射混凝土支护

上述几种复合土钉支护的形式是广义复合土钉支护的概念。狭义上讲，复合土钉支护是由土钉和预应力锚杆共同工作的支护形式，是介于土钉支护及预应力锚杆柔性支护之间的支护形式。

1.2.3.2 基本原理

复合土钉墙是工艺性极强的支护方法，一个复合土钉支护工程的成功在很大程度上依赖于施工工艺、施工方法的正确选择及施工操作过程的规范。图 1-21 为复合土钉墙的施工工艺流程图。

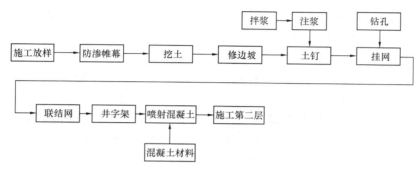

图 1-21 复合土钉墙的施工工艺流程图

复合土钉墙支护的施工流程一般为：止水帷幕或预应力微型桩施工→开挖工作面→土钉及预应力锚杆施工→安装钢筋网及绑扎腰梁钢筋笼→喷射面层及腰梁→面层及腰梁养护→锚杆张拉→开挖下一层工作面，重复以上工作直到完成复合土钉墙支护工程。

1.2.4 型钢水泥土复合搅拌桩（墙）支护结构技术

1.2.4.1 概述

型钢水泥土复合搅拌桩（墙）支护结构，也称为 SMW（Soil Mixing Wall）工法，由日本成幸工业株式会社于 1971 年开发成功，随后在世界各国推广。此法于 1987 年在我国冶金建研院列项研究，于 1994 年通过部级鉴定，是在消化吸收日本技术的基础上发展起来的一项新技术。目前该工法广泛应用于地下坝、地下处理场、基坑围护、环境保护工程等，使用范围包括日本、英国、美国、法国、新加坡、泰国及中国的香港、台湾地区等。

1.2.4.2 基本原理

SMW 工法是目前国内应用最多的型钢水泥土墙。它利用三轴形长螺旋钻孔机钻孔掘削土体，边钻进边从钻头端部注入水泥浆液，达到预定深度后，边提钻边从钻头端部再次注入水泥浆液，与土体原位搅拌，形成一幅水泥土墙；然后再依次套接施工其余墙段；其间根据需要插入 H 型钢，形成具有一定强度和刚度，连续完整的地下墙体。SMW 工法施工现场图如图 1-22 所示。

图 1-22 SMW 工法施工现场

SMW 工法的特点：

1. 对周围地层影响小

SMW 工法是直接把水泥类悬浊液就地与切碎的土砂混合，不像地下连续墙、灌注桩等需要开槽或钻孔，存在槽（孔）壁坍塌现象，故 SMW 工法不会造成邻近地面下沉，房屋倾斜，道路裂损或地下设施破坏等危害。

2. 施工噪声小，无振动，工期短，造价低

SMW 挡墙采用就地加固原土而一次筑成墙体的方法，成桩速度快，墙体构造简单，省去了挖槽，安装钢筋笼等工序，同地下连续墙施工相比，工期可缩短近一半；如果考虑芯材的适当回收，可较大地降低造价。

3. 废土产生量小，无泥浆污染

水泥悬浊液与土混合不会产生废泥浆，不存在泥浆回收处理问题。

4. 止水性好

SMW 工法中使用的钻杆具有螺旋推进翼与搅拌翼相间设置的特点，随着钻进和搅拌反复进行，可使水泥系强化剂与土得到充分搅拌，而且墙体全长无接缝，因而比传统的连续墙具有更可靠的止水性，其渗透系数可达 $10^{-7}\,cm/s$。

5. 适用范围广

SMW 工法能适应各种地层，可在黏性土、粉土、砂砾土（卵石直径在 100mm 以内）和单轴抗压强度在 60MPa 以下的岩层中应用。

6. 厚度、深度大

SMW 工法的成墙厚度可在 550～1300mm 之间，最大深度达 70m。

1.2.5 环梁支护结构技术

1.2.5.1 概述

环梁支护结构最早应用于天津，这类支撑形式现已成体系，它由外接圆环梁发展到内接圆环梁、交叉圆环梁、椭圆环梁和平面格构式环梁等多种形式。其特点有：

（1）由于环梁支撑，增加了基坑的稳定，减少基坑土体的侧移；（2）它解决了软土地区土层抗剪强度低，不宜用锚杆的问题；（3）它为土方及基础施工提供较大空间，解决了支撑体系中不利于机械化施工的问题，大大提高了机械挖土效率，加速了土方施工进度；（4）拆除自重较大的环梁时也存在施工困难。

1. 外接圆环梁

外接圆环梁的基础结构被圆环梁完全包括在环梁以内，施工时不需剔除环梁，外接圆环梁的施工周期相对较短。

2. 交叉式环梁

对于长宽比接近 1∶1.4～1∶1.6 且长边外围有可利用地势的长方形结构，可采用方、圆相交的环梁方案；超出基坑的部分可做拱形水平桁架，或将围护桩沿环梁轴线布置；圆环梁以外的不规则平面可做成桁架，或局部做成拱板。

3. 椭圆式环梁支护结构。

该支护形式适用于周边地势窄小的，平面形状呈长方形的基础工程。

4. 两圆或多圆环梁组合结构。

根据基坑平面形状不同，可以用两个或多个圆环梁相结合形成水平平面结构作为基坑的水平支撑。

1.2.5.2　基本原理

环梁支护结构属于内撑式支护结构体系的一种，其特点是采用环形支撑替代以常规的对撑方式设置的内支撑。它既可以提供较大的土方开挖工作空间，又使得结构受力更合理，在基坑工程中得到了较好的应用。环梁支护结构一般包括支护桩、压顶梁、环梁及内支撑和竖向支柱等，它的空间作用明显，结构体系内力、变形较为复杂。环梁支护结构体系整体分析模型如图 1-23 所示。

环梁支护的受力机理是把土压力传到基坑支护桩上设置的一道或几道环梁上，使受弯拉力转化为压力，以发挥混凝土受压强度高的特性。

图 1-24 为中山市古镇银泉酒店基坑支护工程。

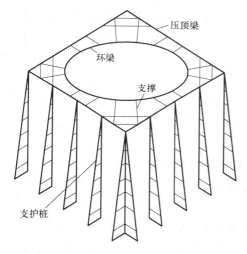

图 1-23　环梁支护结构体系整体分析模型

图 1-24　中山市古镇银泉酒店基坑支护工程

1.2.6　网格支护技术

1.2.6.1　概述

网格支护技术是利用金属网格覆盖在边坡表面，然后再用石墨、混凝土等填充材料将网格与边坡牢固地结合在一起的支护方法，通过网格支护技术可形成一个强固的支护结构。其通过使用高强度的网格材料来增强土体的稳定性和抗拉强度。该技术可以有效地控制土体的变形和运动，提高土体的承载能力和抗滑能力。图 1-25 为某工程采用的网格边坡支护。

网格支护技术的网格材料通常采用钢丝或合成纤维制成，具有高强度和高耐久性，能够承受较大的拉力和荷载。网格材料的结构和网孔尺寸可以根据工程需求进行调整。网格支护的安装方式包括嵌入、粘贴或固定等方法。网格材料可以与土体紧密结合，形成一个整体支撑结构。在施工中，需要按照设计要求和施工规范进行正确地安装和固定。

图 1-25　某工程采用的网格边坡支护

　　网格支护技术适用于各种土体类型，包括松散土、黏土、砂土和岩石等。它广泛应用于边坡工程、挖掘工程、地下结构、水土保持工程等领域，用于避免滑坡、坍塌和土体侵蚀等问题。网格支护技术具有施工简便，适应性强，柔性支护等优点，它能够提供经济高效的土体支护解决方案，然而，网格支护技术的适用范围和效果受到土体特性、工程环境和荷载条件等因素的影响。

1.2.6.2　基本原理

　　网格支护技术是一种常用的土体支护和加固方法，它通过使用高强度的网格材料来增强土体的稳定性和抗拉强度，从而提供可靠的土体支撑和保护。其基本原理是通过以下方式实现土体的加固和稳定。

　　抗拉强度增加：网格材料具有高强度和抗拉性能，能够承受较大的拉力。当网格材料被嵌入土体中或与土体紧密结合时，它可以有效地增加土体的抗拉强度，防止土体的开裂和破坏。这种抗拉强度的提升对于抵抗土体的拉伸力和外部荷载的作用非常重要。

　　限制土体运动：网格支护能够将土体约束在网格内部，形成一个相互作用的体系，这种约束作用可以有效地限制土体的水平和垂直运动，减少土体的变形和位移。通过限制土体的运动，网格支护可以提高土体的整体稳定性，并防止土体发生失稳和滑动。

　　增加摩擦阻力：网格材料的表面纹理和形状可以增加与土体之间的摩擦力。当网格与土体表面紧密接触时，网格的纹理和形状能够提供额外的摩擦阻力。这种摩擦阻力的增加有助于防止土体的滑动和坡面的失稳，增加整个土体系统的稳定性。

　　分散荷载：网格支护的安装使得荷载能够均匀分散到整个土体体系中。网格材料的刚性和弹性特性使其能够承担一部分荷载，减轻土体的应力集中现象。通过分散荷载，网格支护可以减少土体结构的应力集中，降低结构的变形和破坏的风险，提高土体的整体稳定性。

　　透水排水：网格材料通常具有开孔结构，具有良好的透水性能。这种开孔结构可以促进水分的排泄和增加土的透水性，减少土体中的孔隙水压。通过有效排水，网格支护能够降低土体的液化和软化风险，维持土体的稳定状态。

　　综上所述，网格支护技术通过增强土体的抗拉强度，限制土体运动，增加摩擦阻力，分散荷载和增强透水排水性能等方式，提供了一种有效的土体支护和加固方案，它具有施工方便，适应性强，经济高效等优点，为工程提供可靠的土体支撑和保护。

1.2.7　纤维增强土工格栅技术

1.2.7.1　概述

纤维增强土工格栅技术是一种广泛应用于土木工程领域的土体加固和增强技术。它通过在土体中加入纤维增强材料，形成具有网格结构的土工格栅，以提升土体的强度、稳定性和耐久性。

材料特性：纤维增强土工格栅通常采用高强度，耐久性强的纤维材料，如聚酯纤维、聚丙烯纤维等，这些纤维具有良好的抗拉性能和抗化学腐蚀性能，能够有效增加土体的抗拉强度和抗剪强度。

结构形式：纤维增强土工格栅具有网格状结构，常见的形式包括二向拉伸格栅和单向拉伸格栅。二向拉伸格栅由两组交叉排列的纤维构成，具有均衡的受力性能；单向拉伸格栅由一组纤维构成，适用于单向受力的情况。

主要作用：纤维增强土工格栅在土体中起到增强土体强度，控制土体变形和抵抗外部荷载的作用。它可以提高土体的抗拉强度和抗剪强度，减少土体的裂缝和变形。同时，纤维增强土工格栅还能分散荷载，增加土体的抗冲刷能力，提高土体的整体稳定性。

应用领域：纤维增强土工格栅技术适用于多种土工工程领域，包括土壤侧向支护，边坡加固，挡土墙建设，路基加固，地基改良等。它可以用于各种土体条件和地质环境，并适应不同的工程要求。

优点和特点：纤维增强土工格栅技术具有施工简便，适应性广，耐久性好等优点。它可以被快速安装，减少施工时间和人力成本。同时，纤维增强土工格栅具有较高的透水性能，有利于水分的排泄和土体的自然排水。

1.2.7.2　基本原理

纤维增强土工格栅技术的基本原理是通过将纤维材料嵌入土体中，形成一个网格状的结构，从而增强土体的强度，提高土体的稳定性和耐久性。其基本原理包括以下几个方面：

抗拉强度增强：纤维材料具有高强度和良好的延展性，能够承受较大的拉力。当纤维材料嵌入土体中时，它们能够吸收土体中的拉力，形成一个均匀分布的抗拉力网络，这种纤维网络能够有效抵抗土体开裂和破坏，提高土体的抗拉强度。

抗剪强度增强：纤维增强土工格栅还能增加土体的抗剪强度。纤维材料通过与土体颗粒的摩擦和纤维之间的相互作用，形成一个三维骨架结构，这种骨架结构能够抵抗土体内部的剪切力，防止土体产生剪切破坏。

变形控制：纤维增强土工格栅能够控制土体的变形。纤维材料具有一定的柔性和延展性，能够吸收土体的变形能量，减少土体的沉降和位移。格栅结构通过约束土体颗粒的位移，限制土体的膨胀和收缩，提高土体的稳定性。

摩擦阻力增加：纤维增强土工格栅的表面纹理和形状能够增加与土体之间的摩擦力。当纤维材料与土体紧密接触时，它们能够提供较大的摩擦阻力，防止土体的滑动和坡面的失稳。

透水性和排水性能：纤维增强土工格栅的开孔结构有利于水分的排泄和提升土体的透水性。格栅材料通常具有一定的透水性能，能够促进土体内部水分的排泄，减少水分积聚和液体压力，有利于土体的稳定和排水。

综上所述，纤维增强土工格栅技术通过增强纤维材料的抗拉强度和抗剪强度，控制变形，增加摩擦阻力以及增强透水性和排水性能等，有效地增强土体的强度和稳定性，提高土体的强度和耐久性。

1.2.8 钢筋网片支护技术

钢筋网片支护技术是将钢筋网片安装在土壤表面，然后再用混凝土、石墨等填充材料填充钢筋网片，形成一个牢固的支撑结构。钢筋网片支护如图1-26所示。

图1-26 钢筋网片支护

钢筋网片支护技术广泛用于土方支护和边坡防护，是一种常用的土体支护方法，通过使用钢筋网片来增强土体的稳定性和强度，其主要技术如下：

材料：钢筋网片通常由高强度钢筋制成，其具有良好的抗拉强度和耐腐蚀性能。钢筋网片可以根据需要进行不同尺寸和规格的定制，以适应具体工程需求。

结构：钢筋网片一般采用网状结构，具有交叉连接的钢筋，形成网格状的支撑体系。钢筋网片可以是平面网片或者折叠网片，可根据实际情况选择合适的结构形式。

安装：钢筋网片通过固定在土体表面或嵌入土体内部的方式进行安装。常见的安装方法包括将钢筋网片埋入土体以及钢筋网片与土体的交织连接等。

功能：钢筋网片支护技术主要通过增加抗拉强度，控制土体变形和分散荷载等几个方面发挥作用。钢筋网片具有高强度的特点，能够有效抵抗土体的拉力，提高土体的抗拉强度。钢筋网片通过与土体的交叉连接形成一个约束体系，可以限制土体的位移和变形，提高土体的稳定性。另外钢筋网片能够将荷载均匀分散到整个土体体系中，减轻土体的应力集中，降低结构变形和破坏的风险。钢筋网片与土体表面紧密接触，增加了土体与支护结构之间的摩擦力，提高了土体的抗滑稳定性。同时钢筋网片支护技术还可以用于提供临时支撑，保护施工现场和人员的安全。

1.3 地下连续墙施工

1.3.1 地下连续墙

地下连续墙是指分槽段用专用机械成槽，安放钢筋笼，浇筑混凝土所形成的连续地下墙体，也可称为现浇地下连续墙。某地下连续墙案例如图1-27所示。

图 1-27 某地下连续墙案例

地下连续墙的施工工艺流程如图 1-28 所示，首先在地面上构筑导墙，采用专门的成槽设备，沿着支护或深开挖工程的周边，在特制泥浆护壁的条件下，每次开挖一定长度的沟槽至指定深度，清槽后，向槽内吊放钢筋笼，然后用导管法浇筑水下混凝土，混凝土自下而上充满槽内并把泥浆从槽内置换出来，筑成一个单元槽段，并依此逐段进行，这些相互邻接的槽段在地下筑成一道连续的钢筋混凝土墙体。

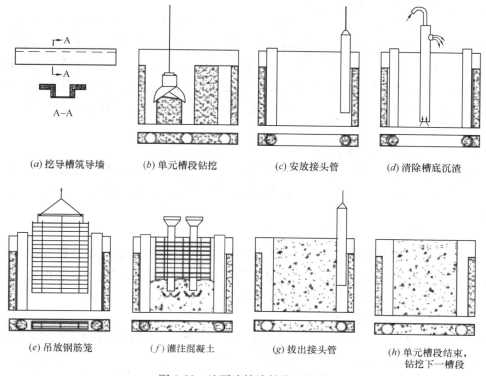

图 1-28 地下连续墙的施工流程

1.3.2　地下连续墙分类

地下连续墙按其成墙方式进行分类，可分为桩排式、槽板式、桩槽组合式三种。桩排式地下连续墙是通过连续排列的桩体来形成墙体，桩与桩之间通常使用连接梁或者钢板连接。槽板式地下连续墙采用预制的槽板沿墙体轴线排列，槽板之间可以通过连接钢筋进行连接，形成连续的墙体结构。桩槽组合式地下连续墙结合了桩排式地下连续墙和槽板式地下连续墙的特点，其中一侧采用桩排形式，而另一侧则采用槽板形式，通过连接梁或者连接钢板将两种形式结合在一起。

按挖槽方式进行分类，地下连续墙可分为回转式、冲击式、抓斗式和铣轮式。按其用途进行分类，可分为防渗墙、挡土墙、承载墙。按地下连续墙的填筑材料进行分类，可分为土质墙、混凝土墙、钢筋混凝土墙（现浇和预制）和组合墙（预制钢筋混凝土墙板和现浇混凝土的组合，或预制钢筋混凝土墙板和自凝水泥膨润土泥浆的组合）。

1.3.3　槽板式地下连续墙

目前在我国应用较多的是现浇的钢筋混凝土槽板式地下连续墙，它采用预制的槽板形成墙体结构。具体来说，槽板是沿着墙体轴线排列的预制混凝土构件，它们的长度通常与墙体的高度相匹配。槽板之间可以通过连接钢筋进行连接，以形成连续的墙体结构。槽板式地下连续墙多用于防渗挡土结构，并常作为主体结构的一部分，这时按其支护结构方式又可分为下列四种：

1.3.3.1　自立式地下墙挡土结构

对于自立式地下墙挡土结构，在开挖修建墙体的过程中，不需设置锚杆或支撑系统，但其应用范围受到基坑开挖深度的限制，最大的自立高度与墙体厚度、土质条件以及地下水位有关。例如对于软土地层采用 600mm 厚的地下连续墙，其自立高度的界限以控制在 4～5m 为宜。这种挡土结构一般在基坑开挖深度较小的情况下使用。在开挖深度较大又难以采用支撑或锚杆支护的工程，可以考虑采用 T 型或 I 型墙体断面以提高墙体自立高度。

1.3.3.2　锚定式地下墙挡土结构

锚定式地下墙挡土结构一般采用斜拉锚杆，锚杆的层数和位置取决于墙体的支点、墙后滑动棱体的条件及地质情况。在土体有软弱土层或地下水位较高时，也可在地下墙顶附近设置拉杆和锚定块体。

1.3.3.3　支撑式地下墙挡土结构

支撑式地下墙挡土结构在工程上得到广泛应用。它与钢板桩挡土的支撑类似，常采用型钢、实腹梁、钢管等构件作支撑，有时也采用主体结构的钢筋混凝土梁兼作施工支撑结构。当基坑开挖较深时，则需要采用多层支撑方式。

1.3.3.4　逆筑法地下墙挡土结构

逆筑法地下墙挡土结构常用于较深的多层地下室施工。逆筑法是利用地下主体结构梁板体系作为挡土结构的支撑结构，逐层进行开挖，逐层进行梁、板、柱体系的施工，形成地下墙挡土结构的一种方法。在基坑开挖过程中，可以同时进行上部结构的施工。

1.3.4　桩排式与槽板式地下连续墙施工方法

地下连续墙的施工方法可分为桩排式和槽板式（槽式）两种。桩排式是采用钻孔灌注桩或预制桩来代替挡土板或板桩的造墙方法；槽板式是利用泥浆作为稳定液，以钻挖方式先造壁板墙，然后将壁板墙连接成整体墙的造墙方法。无论何种施工方法都需要先建立导墙，然后再施工单元槽段。

桩排式地下连续墙施工方法可主要分为以下四步：

桩的安装：首先进行桩的安装，通常采用挖孔灌注桩或者钻孔灌注桩的方式。挖孔灌注桩需要先进行孔洞的挖掘，然后在孔洞内灌注混凝土形成桩体。钻孔灌注桩则是通过旋转钻具钻进地下，然后在钻孔中灌注混凝土。

连接梁的设置：在桩体之间设置连接梁，用于连接相邻桩体，以增加整体稳定性。连接梁可以使用预制的混凝土梁或者现场浇筑的混凝土梁。

挡土墙的挖掘：在桩体安装完成后，开始挖掘桩体之间的挡土墙。挡土墙的挖掘可以采用人工或者机械挖掘的方式，确保墙面垂直和平整。

边坡支护：如果存在边坡或者土方斜坡，需要进行边坡的支护。常见的边坡支护方式包括喷射混凝土支护、钢筋网片支护、土工格栅支护等。

槽板式地下连续墙施工方法主要可分为以下四步：

槽板的安装：首先安装预制的槽板，槽板沿着墙体轴线排列，通常使用连接钢筋将槽板之间连接起来。槽板可以根据设计要求进行定位和固定。

钢筋的安装：在槽板之间和墙体周边安装钢筋。钢筋的安装可以增强墙体的强度和稳定性，以应对土压力和水压力。

混凝土浇筑：在槽板和钢筋安装完成后，进行混凝土的浇筑。混凝土应根据设计要求进行配制，并使用泵送设备或者其他方式将混凝土输送到施工位置，确保混凝土充分填充槽板空间和钢筋间隙，并平整表面。

养护和后续工作：混凝土浇筑完成后，进行养护工作，以确保墙体的强度和稳定性。

1.4　逆作法施工

1.4.1　逆作法施工概念

地下逆作业施工技术又称盖挖逆作法，是在城市建设发展中为充分利用地下空间，在施工现场狭小，施工场地受限制，基坑开挖较深，一般支护难度较大的情况下采用的一种新技术。其施工顺序为：一般以首层楼板作为水平分界线，同时向上、下各层平行施工。在地下各层结构施工时，不同于传统的做法，结构柱是从地下一层开始由上到下施工直到基础筏板的。逆作法施工示意图如图 1-29 所示。

逆作法一般是先沿建筑物地下室外墙轴线施工地下连续墙，或沿基坑的周围施工其他临时围护墙，同时在建筑物内部的有关位置浇筑或打下中间支承桩和柱作为施工期间于底板封底之前承受上部结构自重和施工荷载的支柱；然后施工逆作层的梁板结构，作为地下连续墙或其他围护墙的水平支撑，随后逐层向下开挖土方和浇筑各层地下结构，直至底板

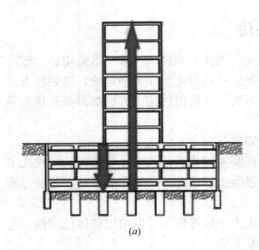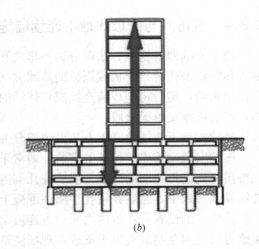

（a）　　　　　　　　　　　　　　　（b）

图 1-29　逆作法施工示意图

封底；同时，由于逆作层的楼面结构先施工完成，为上部结构的施工创造了条件，因此可以同时向上逐层进行地上结构的施工。如此地面上、下同时进行施工，直至工程结束。某逆作法施工案例如图 1-30 所示。

逆作法主要适用于如下基坑：大面积的地下工程、大深度的地下工程（一般地下室层数大于或等于 2 层的项目使用逆作法更为合理）、基坑形状复杂的地下工程、周边状况苛刻，对环境要求很高的地下工程、上部结构工期要求紧迫和地下作业空间较小的地下工程。目前逆作法已广泛用于高层建筑地下室、地铁车站、地下车库、地下交通枢纽、地下变电站等项目。

图 1-30　某逆作法施工案例

1.4.2　逆作法施工分类

目前逆作法可主要分为全逆作法、半逆作法、部分逆作法和分层逆作法等几种形式。

1.4.2.1　全逆作法

1. 全逆作法的施工概念

全逆作法通过在地下各层钢筋混凝土肋形楼板上浇筑整体楼盖混凝土，并在楼盖中预留孔洞，通过该孔洞向外运土和向下运入建筑材料。这种方法利用楼盖的水平支撑作用来抵抗侧向土压力，利用地下各层钢筋混凝土肋形楼板对四周围护结构形成水平支撑。楼盖混凝土为整体浇筑，然后在楼盖下掏土，通过楼盖中的预留孔洞向外运土并向下运入建筑材料。

2. 全逆作法的施工技术

（1）地下结构设计：在进行全逆作法施工之前，需要进行详细的地下结构设计。这包括确定地下各层的钢筋混凝土肋形楼板的尺寸、位置和间距等参数，并设计楼盖的厚度和预留孔洞的位置。

（2）楼盖施工：在地下各层的钢筋混凝土肋形楼板上进行整体楼盖混凝土的浇筑。楼盖的厚度应符合设计要求，并确保混凝土的质量和强度满足施工要求。

（3）预留孔洞：在楼盖的施工过程中，需要预留孔洞。这些孔洞的位置和尺寸应根据实际施工需求和土方运输的要求进行合理设计。

（4）运土和填充：在楼盖浇筑完成后，向外运土和向下运入建筑材料。这可以通过楼盖中的预留孔洞进行，确保土方的顺利运输和填充。

（5）施工监控和调整：在全逆作法的施工过程中，需要进行施工监控和调整。这包括对楼盖的质量进行检查和监测，确保其具备良好的承载能力和稳定性，以及监控土方运输和填充过程中的情况，并及时调整施工计划和措施。

全逆作法施工需要经验丰富的施工团队和合适的设备支持。施工过程中需要严格遵循相关的安全规范和工程要求，确保施工的质量和安全性。

1.4.2.2　半逆作法

1. 半逆作法的施工概念

采用半逆作法施工首先需要在地下各层钢筋混凝土肋形楼板中先期浇筑交叉格形肋梁，形成框格式水平支撑。在土方开挖完成后，再进行二次浇筑肋形楼板。这种方法在施工过程中先提供框架支撑，后续再完成楼板的施工，某半逆作法施工案例如图 1-31 所示。

图 1-31　某半逆作法施工案例

2. 半逆作法的施工技术

（1）地下结构设计：在进行半逆作法施工之前，需要进行详细的地下结构设计，确定钢筋混凝土肋形楼板和交叉格形肋梁的尺寸、位置和间距等参数，并根据设计要求进行施工准备。

（2）交叉格形肋梁浇筑：在地下各层的钢筋混凝土肋形楼板中先期浇筑交叉格形肋梁。这些肋梁形成了围护结构的框格式水平支撑，提供了临时的支撑力。

（3）土方开挖：完成交叉格形肋梁的浇筑后，进行土方开挖工程。土方开挖的深度根据设计要求确定。

（4）二次浇筑肋形楼板：在土方开挖完成后，进行二次浇筑钢筋混凝土肋形楼板。这些楼板将与先前浇筑的交叉格形肋梁一起形成稳定的围护结构。

半逆作法施工相比于全逆作法施工可以提供更早期的框架支撑，并减少了土方开挖对原有结构的影响，它在一些特定的工程条件下可以提供更好的施工效果和安全性。然而，半逆作法施工需要更多的施工步骤和合理的施工序列规划，对施工团队的经验和技术要求较高。

1.4.2.3 部分逆作法

1. 部分逆作法的施工概念

部分逆作法是在基坑内保留局部土方，形成对四周围护结构的水平抵挡。这样可以部分抵消侧向压力所产生的位移，并减轻围护结构的变形。

2. 部分逆作法的施工技术

（1）地下结构设计：在进行部分逆作法施工之前，需要进行详细的地下结构设计，确定围护结构的尺寸、位置和间距等参数，并根据设计要求进行施工准备。

（2）基坑开挖：进行基坑的开挖工程，根据设计要求控制基坑的深度和形状。

（3）局部土方保留：在基坑开挖过程中，保留部分局部土方，特别是在基坑的四周区域。这些局部土方提供了对围护结构的临时水平抵挡作用，以减少侧向土压力产生的位移。

（4）施工支撑：根据需要，在局部土方保留的区域设置适当的施工支撑系统，以确保围护结构的稳定性和安全性。

（5）施工监控和调整：在部分逆作法的施工过程中，需要进行施工监控和调整，这包括对施工支撑系统和围护结构的质量进行检查和监测，以及监控土方保留区域的变形和位移情况，并根据需要进行相应的调整和加固。

部分逆作法施工能够在一定程度上减少侧向土压力对围护结构产生的位移影响，保护周围建筑和地下设施的安全，然而，这种施工方法需要根据具体情况进行合理设计和施工，以确保施工过程的稳定性和安全性。同时，对施工现场进行仔细的监控和控制是非常重要的。

1.4.2.4 分层逆作法

1. 分层逆作法的施工概念

分层逆作法主要是对四周围护结构而言，四周围护结构采用分层逆作，不是先一次整体施工完成。每层施工时，对围护结构进行逆向施工，以逐步控制侧向土压力和位移，确保施工过程的稳定性和安全性。

2. 分层逆作法的施工技术

（1）地下结构设计：在进行分层逆作法施工之前，需要进行详细的地下结构设计，确定围护结构的尺寸、位置和间距等参数，并根据设计要求进行施工准备。

（2）施工层次划分：根据围护结构的高度和施工条件，将整个施工过程划分为多个层次。每个层次的高度应适当，以便于施工和控制。

（3）逆向施工：从最底层开始，对围护结构进行逆向施工。即先施工围护结构的上部分，再逐层向下进行。通常采用逆向浇筑的方式，例如先施工上层楼板，再向下逐层施工墙体。

（4）施工支撑：在每个层次施工时，需要设置适当的施工支撑系统，以确保围护结构的稳定性和安全性，这包括支撑框架，撑杆和钢支撑等。

通过分层逆作法施工，可以逐步控制侧向土压力和位移，减少对周围环境和结构的影响。然而，分层逆作法施工需要合理规划和施工序列，以确保每个层次的施工质量和稳定性，并需要加强施工现场的监控和控制。

1.4.3　逆作法新技术

目前在逆作法施工工艺方面，涌现出了一些新技术，主要包括框架逆作法、跃层逆作法、踏步式逆作法和一柱一桩调垂技术。

1.4.3.1　框架逆作法

框架逆作法是利用地下各层钢筋混凝土肋形楼板中先期浇筑的交叉格形肋梁，对围护结构形成框格式水平支撑，待土方开挖完成后再次浇筑肋形楼板。

在进行框架逆作法施工之前，需要进行详细的地下结构设计，确定钢筋混凝土肋形楼板和交叉格形肋梁的尺寸、位置和间距等参数，并根据设计要求进行施工准备。在地下各层的钢筋混凝土肋形楼板中先期浇筑交叉格形肋梁，这些肋梁形成了围护结构的框格式水平支撑，提供了临时的支撑力。完成交叉格形肋梁的浇筑后，进行土方开挖工程，土方开挖的深度根据设计要求确定。在土方开挖完成后，进行二次浇筑钢筋混凝土肋形楼板。这些楼板将与先前浇筑的交叉格形肋梁共同形成稳定的围护结构。

框架逆作法施工利用交叉格形肋梁提供的临时水平支撑，可以在土方开挖期间减少侧向土压力对围护结构的影响，保护周围的建筑和地下设施。然而，框架逆作法施工需要合理的施工序列和施工支撑系统，以确保施工过程的稳定性和安全性。同时，对施工现场进行仔细的监控和控制是非常重要的。

1.4.3.2　跃层逆作法

在适当的地质环境条件下，根据设计计算结果，通过局部楼板加强以及适当的施工措施，在确保安全的前提下实现跃层超挖，即跳过地下一层或两层结构梁板的施工，实现土方施工的大空间化，提高施工效率。

跃层逆作法是一种在逆作法施工中常用的技术，它通过跳过地下一层或两层结构梁板的施工，实现土方施工的大空间化，以提高施工效率。这种方法适用于适当的地质环境条件，并要根据设计计算结果规划合理的施工方案。

在跃层逆作法中，采用局部楼板加强以及适当的施工措施来确保施工的安全性。具体步骤包括：

根据工程设计要求，确定适合跃层逆作法的结构形式和参数，包括局部楼板加强的位置、尺寸和材料等。在跃层的位置进行局部楼板加强，以增加施工期间的结构刚度和承载能力。这可以通过加固梁，加厚楼板等方式来实现。采取适当的施工措施，如加固支撑，控制土方开挖的速度和顺序等，确保施工期间的安全性和稳定性。完成上述工作后可进行跃层超挖。即在局部楼板加强的支持下，进行土方的超挖工作，即跳过地下一层或两层结构梁板的施工，实现土方施工的大空间化。

通过跃层逆作法，可以节省施工时间，提高施工效率，并减少对现有结构的影响。然而，这种施工方法需要严格的工程设计和施工控制，以确保施工的安全和稳定性。在实际应用中，需要根据具体工程情况和地质条件进行合理的方案设计，并严格按照施工计划和安全规范进行施工操作。

1.4.3.3 踏步式逆作法

踏步式逆作法是一种常用的逆作法施工技术，它将周边的若干跨楼板采用逆作法从上至下逐步施工，而中心区域则待地下室底板施工完成后逐层向上顺作，并与周边的逆作结构进行衔接，最终完成整个地下室结构。

这种施工方法可以提高施工效率，减少对现有结构的影响，并在保证结构稳定性的同时实现地下空间的逆向施工。以下是踏步式逆作法的一般施工流程：

1. 周边跨楼板的逆作法施工

首先从地下室顶板开始逆向施工，逐层进行土方开挖和支护。逆作法施工可以采用各种逆作方法，如全逆作法、半逆作法等，根据具体工程情况选择适合的施工方法。

2. 中心区域的底板施工

待周边的逆作结构施工完成后，进行中心区域的底板施工。这包括地下室底板的钢筋布置，模板搭设和混凝土浇筑等工作。

3. 顺作施工

中心区域的底板施工完成后，从底板开始逐层向上进行顺作施工。这包括逐层搭设楼板模板，钢筋布置和混凝土浇筑等工作。

4. 衔接结构

在顺作施工过程中，需要与周边的逆作结构进行衔接。这可以通过设置衔接段、衔接梁或其他结构连接方式来实现。

踏步式逆作法需要进行详细的工程设计，以确保施工的安全。同时，需要注意控制土方开挖的速度和支护的稳定性，保证施工过程中的结构安全性。在实际应用中，需要根据具体工程条件和要求，合理选择施工方法和技术，严格按照施工规范进行操作和监控。

1.4.3.4 一柱一桩调垂技术

一柱一桩调垂技术是逆作法施工中用于保证竖向支承桩柱的垂直精度的关键技术之一。它是为了确保逆作工程的质量和安全而进行的操作。

这些调垂方法可以根据具体工程的需求和条件选择和应用。通过合理的调垂技术，可以保证逆作工程中支承桩柱的垂直度，提高施工的精度和质量。在实际施工中，需要根据具体情况进行施工方案设计和操作控制，确保调垂过程的安全和有效性。在逆作施工中，竖向支承桩柱的垂直精度是确保逆作工程安全、质量的核心要素，决定着逆作技术的深度和高度。钢立柱调垂案例如图 1-32 所示。目前，钢立柱的调垂方法主要有气囊法、校正架法、调垂盘法、液压调垂盘法、孔下调垂机构法、孔下液压调垂法、HDC 高精度液压调垂法等。

气囊法：利用气囊通过气压控制钢立柱的高度，实现调整和校正。

校正架法：使用校正架将钢立柱支撑起来并调整垂直度，通过调整架的高度和位置来实现垂直校正。

调垂盘法：在立柱顶部安装调垂盘，通过调节调垂盘上的调整螺栓或螺母来实现立柱的垂直调整。

图 1-32　钢立柱调垂案例

液压调垂盘法：类似于调垂盘法，但使用液压系统来实现更精确的垂直调整。

孔下调垂机构法：在孔下设置调垂机构，通过调整机构的位置和高度来实现立柱的垂直校正。

孔下液压调垂法：使用液压系统在孔下调整支承立柱的垂直度，实现精确的调整。

HDC 高精度液压调垂法：采用高精度的液压系统来实现立柱的精确调整和校正。

调垂技术的选择和应用需要考虑以下几个方面：

工程要求：根据工程的设计要求和规范，确定支承桩柱的垂直度要求，以确定采用何种调垂技术。

施工条件：考虑施工现场的具体情况，包括地下土质条件、施工空间限制、设备和材料的可用性等，选择适合的调垂技术。

调垂精度要求：不同工程可能对支承桩柱的垂直度要求不同，一些工程可能需要更高的垂直度精度，因此需要选择具备相应精度要求的调垂技术。

施工效率：考虑施工进度和效率，选择能够在规定时间内完成调垂工作的技术。

通过合适的一柱一桩调垂技术，可以确保地下结构在逆作法施工过程中保持稳定和垂直，从而保证工程的质量和安全。在实际应用中，需要根据具体工程情况选择合适的技术，并严格控制调垂过程，以确保调垂的准确性和可靠性。

复习思考题

1. 为什么说基坑工程是一项复杂的综合性系统工程？
2. 排水固结法和注浆加固法的分类、特点、适用范围和加固机理分别是什么？
3. 简述特殊条件下如水下地基处理的方法和主要施工流程。
4. 地下连续墙的分类、特点和施工方法分别是什么？
5. 简述逆作法的做法分类和各做法的流程。

参 考 文 献

[1] 龚晓南，杨仲轩. 地基处理新技术、新进展[M]. 北京：中国建筑工业出版社，2019.

[2] 连峰，崔新壮，赵延涛，等. 软弱地基处理新技术及工程应用[M]. 北京：中国建材工业出版社，2019.

[3] 杨润林. 地基基础液化鉴定与加固新技术[M]. 北京：知识产权出版社，2018.

[4] 丁继辉，乐绍林，孟艳杰. 基础工程设计及地基处理工程案例[M]. 保定：河北大学出版社，2022.

[5] 贺少辉. 地下工程（第 2 版）[M]. 北京：清华大学出版社，2022.

[6] 曾宪明，李宪奎，徐至钧，等. 深基坑支护新技术精选集[M]. 北京：中国建筑工业出版社，2012.

[7] 璩继立. 地基处理技术与案例分析[M]. 北京：中国电力出版社，2016.

[8] 张建锋. 建筑工程中的深基坑支护施工技术的若干思考[J]. 施工技术，2020，49(S1)：184-186.

第2章 地下空间工程施工新技术

地下空间工程施工的主要研究方向是规划与设计在地层中构筑建筑物的技术方案与施工措施，重点研究地下工程在各种地质条件下的施工方法、手段、工艺。地下空间工程按用途有不同的分类，如表2-1所示。

地下空间工程分类及举例 表2-1

地下空间工程类型	工程举例
交通运输隧道	铁路隧道、公路隧道、地铁与水底隧道、隧道运营配套洞室等
水工隧道	电站引水隧洞、农用输水隧洞与给水排水隧洞
矿山巷道	矿山井下开拓巷道与回采井巷等
基坑工程	高耸建筑物的深基坑开挖
地下仓库	粮油、水果、蔬菜储藏库；鱼肉冷藏库、车库与核废料封存库
地下工厂	水力或火力发电站以及各类轻、重工业地下厂房等
地下民用建筑	地下街道、停车场、商店、图书馆、体育馆、影剧院等
地下市政工程	给排水工程、污水、管路、线路、废物处理中心等
人防工程	防空洞、指挥所、人员疏散干道与连接通道、医院、救护站等
国防地下工程	机库、船坞、军火库、作战指挥所、通信枢纽、野战工事等

地下空间工程开挖方法选择考虑的主要因素有：工程地质与水文地质、地形地貌与埋置深度、结构性状与规模、使用功能与环境条件、施工队伍技术水平与施工机具、交通条件与工期要求、经济与技术条件。本章将选取几种地下空间工程施工方法进行详细介绍。

2.1 掘进机法施工

全断面掘进机（TBM）和盾构机是隧道全断面掘进在不同的工作环境中应用的不同机械。它们的主要区别有：两者适用的工程不一样，TBM适用于硬岩，一般用在山岭隧道或大型引水工程，盾构机适用于土层的挖掘，是软土类掘进机，主要用于城市地铁及小型管道；两者的掘进、平衡、支护系统都不一样；TBM比盾构机技术更先进，更复杂。

2.1.1 盾构法

盾构法施工广泛应用于城市地下建设，它的优点是快速高效，自动化程度高；它的掘进速率是常规钻爆法的 3～10 倍。盾构法指以盾构机为核心的一套建造隧道的施工方法。盾构机是一种既能支承地层的压力，又能在地层中掘进的施工机具。盾构机的掘进是靠盾构机前部的旋转掘削土体，在掘削土体过程中必须始终维持掘削面的稳定，保证掘削面不出现明塌，靠舱内的出土器械出土，靠中部的推进千斤顶推进盾构机前进；由后面的拼装机拼装成环（初砌），随后再由尾部的注浆系统向初砌与地层的缝隙中注入填充浆液，以防止隧道和地面的下沉。盾构机的基本构造示意图如图 2-1 和图 2-2 所示。

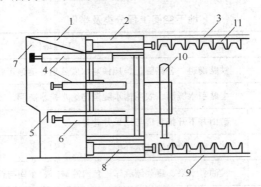

图 2-1　盾构机基本构造示意图（1）

1—切口环；2—支承环；3—盾尾；4—支撑千斤顶；5—活动平台；6—平台千斤顶；
7—切口；8—盾构千斤顶；9—盾尾空隙；10—管片拼接机；11—管片

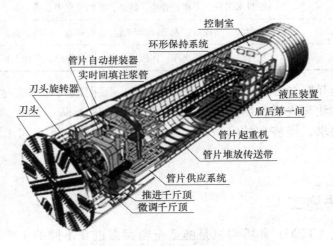

图 2-2　盾构机基本构造示意图（2）

20 世纪 90 年代初，随着修筑地铁隧道和水电站引水隧洞工程施工需求的加大，我国开始大量引进隧道施工成套设备。虽然中国从 1965 年就开始自主研制盾构机，但是直到 2010 年，国产刀盘直径 10m 级的盾构机数量仍然为零，工程建设所需的超大直径盾构机依然依赖进口。2018 年 3 月 13 日，孟加拉国卡纳普里河河底隧道用超大直径盾构机下线仪式举行，这是中国盾构机品牌历史的里程碑事件，终结了超大直径盾构机市场一直被国外垄断的局面。随着盾构技术的日益成熟和盾构机械的国产化,盾构成本大幅降低,盾构施工的费用也有所降低。盾构机外观和内部构造如图 2-3 和图 2-4 所示。

(a) 用于南京夹江隧道工程的盾构掘进机　　　(b) 用于山西万家寨引水工程的硬岩隧道盾构掘进机

图 2-3　盾构机外观

图 2-4　盾构机内部构造

盾构隧道施工技术的特点可以归纳为以下几点:

(1) 盾构隧道施工技术对城市的正常功能及周围环境的影响很小。除盾构竖井处需要一定的施工场地以外,隧道沿线均不需要,因无须进行大规模拆迁而对城市的商业、交通、居住的影响很小。盾构机可以在深部穿越地上建筑物、河流,也可以在地下穿过各种埋设物和已有隧道而不对其产生不良影响。施工一般不需要采取地下水降水等措施,也无噪声、振动等施工污染。

(2) 盾构机是根据施工隧道的特点和地基情况进行设计、制造或改造的。盾构机需要满足隧道的断面大小、埋深条件、地基围岩等基本条件,所以它是适合于某一区间的专用设备。当盾构机被用于其他区段或隧道时,需要进行差异化改造。

(3) 盾构隧道施工技术对施工精度的要求高。由于断面不能随意调整,因此盾构施工对隧道轴线的偏离和管片拼装的精度均有较高的要求,管片制作精度更是近似于机械制造的程度。

(4) 盾构施工是不可后退的。由于管片外径小于盾构外径,如要后退则必须拆除已拼装的管片,这是非常危险的。另外,盾构后退也会引起开挖面失稳,盾尾止水带损坏等一系列的问题。

2.1.1.1 基本原理

盾构的基本原理是基于一圆柱形的钢组件沿隧洞轴线向前推进的同时开挖土壤。该钢组件对开挖出的空间具有防护作用，直到初步或最终隧洞衬砌建成。盾构必须承受周围地层的压力，而且要防止地下水的侵入。一般来说，用盾构掘进隧道的方法不应也不能取代其他方法，但在不良的地层条件下进行长距离掘进，由于对进尺和地面沉降均有较严格的要求，盾构法在技术上更合理、经济。图 2-5 为盾构施工过程示意图。

图 2-5　盾构施工过程示意图

根据稳定开挖面的措施的不同，可将盾构分为不同的种类，如泥浆式盾构法、土压平衡式盾构法、敞开式盾构法、压缩空气式盾构法、组合式盾构法等。

1. 泥浆式盾构法

1912 年，Grauel 首次发明了泥浆式盾构法。泥浆式盾构法包括了所有用加压泥浆支撑工作面的盾构法。泥浆式盾构法掘进隧道已被证明是一种具有低沉陷且安全的施工工法，它适用于各种松散地层，有无地下水均可，在稳定的地层中使用该工法的优点很多。使用该工法的隧道工作面由泥浆支护，泥浆液被泵入隧道工作面前封闭的开挖腔，有压力的悬浮液进入地层，封闭地层并形成滤饼，该滤饼就像膨胀土或黏土颗粒在隧道工作面上的不透水层，悬浮液在支护压力作用下此滤饼会发展并分解成分。在此滤饼上，开挖腔中有压的悬浮液能平衡土压及水压。用作支护的液体同时又作为运输介质。由开挖工具开挖的地层在开挖腔中与支护液混合，然后悬浮液的混合物被泵送到地面。在地面的分离场中支护液从地层中分离出来。随后，如需要添加新的膨胀土，再将此液体泵回隧道工作面。泥浆式盾构法的主要缺点是分离场和排出的膨胀土中包含有不可分离的细料，与其他盾构施工工法相比，运用泥浆式盾构法是否经济主要取决于悬浮液分离的要求、地基的渗透性和悬浮液的质量。

2. 土压平衡式盾构法

20 世纪 70 年代初日本就开始开发土压平衡式盾构法，与其他工法相比，土压平衡式盾构法可以不用辅助的支撑介质，切割轮开挖出的渣料可作为支撑介质。该工法用旋转的刀盘开挖地层，挖下的渣料通过切割轮的开口被压入开挖腔，然后在开挖腔内与塑性土浆混合。推力由压力舱壁传递到土浆上，这样可以避免尚未受到控制的开挖地层进入开挖腔。当开挖腔内的土浆不再被土和水压固化时就达到了平衡。如果土浆的支撑压增大超过了平衡点，开挖腔的土浆和在工作面的地层将进一步固化。反之，将引起盾构前的地层崩塌。该工法的优点是：无分离设备在淤泥或黏土地层中使用，覆盖层浅时无贯穿浆化的支撑泥浆露出的危险。

3. 敞开式盾构法

在隧道工作面无封闭压力补偿系统用以抵抗土压和地下水压力的隧道掘进称为敞开式盾构法。敞开式盾构法用于无地下水的地层或预先降低地下水位的地层。由于工作面支撑方式简单，其工艺也相对简单。它的灵活性高，适于通过各种非黏性和黏性地基，且能够保护断裂带的稳定性。在机器工艺方面其价格相对低，对于短程掘进，是一种经济的工法，常用于较小断面的隧道开挖。根据开挖方法的不同，可将这类型盾构法分为：手工盾构法、部分断面开挖盾构法、全断面开挖盾构法。使用该工法最著名的工程是英国至法国的海底隧道。

4. 压缩空气式盾构法

1886 年 Greathhead 首次在盾构掘进隧道中使用了这种工法，该工法利用压缩空气使整个盾构都能防止地下水的侵入，它可在游离水体下或地下水位下运作。其工作原理是利用压缩空气来平衡水压和土压。传统的压缩空气式盾构法要求在隧道工作面和止水隧道之间封闭一个相对较大的工作腔，大部分工人经常处于压缩空气下，这会对掘进隧道和铺设衬砌造成干扰。为了解决这些问题，又出现了用无压工作腔及全断面开挖的压缩空气式盾构法和带有无压工作腔及部分断面开挖的压缩空气式盾构法等。

5. 组合式盾构法

组合式盾构法是由上述几种或其他盾构工法中的两种或多种组合而成。如压缩空气式盾构法—敞开式盾构法、泥浆式盾构法—敞开式盾构法、土压平衡式法—敞开式盾构法、敞开式盾构法—泥浆式盾构法—土压平衡式盾构法等。根据各种机器的原理，组合式盾构法可以按照地质和水文条件进行调整，这些改变基本上与工作面的支撑方法以及刀具、输送系统和其他设备有关。

2.1.1.2　施工要点

盾构法施工的整个内容包括盾构机的组装和调试，盾构掘进，盾构机的水平和垂直运输，管片进场和堆放，浆液材料进场与拌制以及渣土外运等。盾构法施工需要的人力、机械和各种施工材料较多，地面各工种需根据盾构施工的特点穿插进行。

1. 始发竖井

作为拼装盾构的井，其建筑尺寸应满足盾构拼装的施工工艺要求，一般井宽应大于盾构直径 1.6～2.0m，井的长度主要考虑盾构设备的安装余地以及作业人员的作业空间和安全作业等因素。此外，竖井的尺寸还与盾构隧道的覆盖土层的厚度、盾构进发方法等多种因素有关。覆盖土层的厚度不同，盾构进发方法不同，竖井的尺寸也不同。始发竖井的护壁一般采用钢板或钢筋喷射混凝土护壁，起重设备根据施工运输的要求，可采用龙门式起重机或货物升降机。从地表把盾构机的分解件及附属设备搬入始发立坑，然后在立坑内组装盾构，设置反力装置和盾构进发导口。始发竖井如图 2-6 所示。

(a) 始发竖井现场图

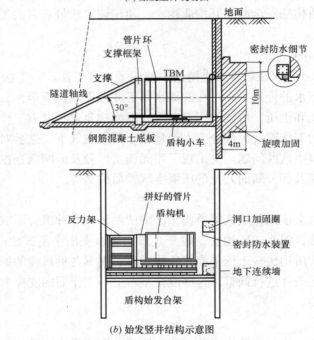

(b) 始发竖井结构示意图

图 2-6 始发竖井

2. 盾构机的组装与调试

一般来说，盾构掘进机的盾头部分都是在生产厂组装完后整体运至工地，但我国很多城市地处内陆，道路运输条件和通过能力有限，只能采用分体运输，即将盾头部分分为切削刀盘、上盾壳、下盾壳、主机四部分运至施工现场，再在始发竖井内进行组装。需根据现场情况确定组装用起重机械的配置，可直接用龙门式起重机吊装，若没有则采用汽车起重机。盾构机安装前首先准备好始发井下盾构安装基座，测定盾构推进轴线和盾构始发导入口，再将盾壳吊至始发井内的安装基座上固定好，然后将盾构主机吊装就位，吊装刀盘固定于主机上，安装上盾壳、下盾壳并焊牢，即完成盾构机械的安装工作。图 2-7 为盾构隧道衬砌结构，图 2-8 为切削刀盘。

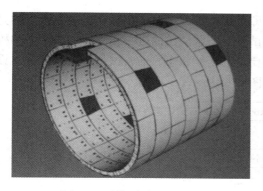
图 2-7 盾构隧道衬砌结构

图 2-8 切削刀盘

（1）空载调试

盾构机组装和连接完毕后，进行空载调试，空载调试的目的主要是检查设备是否能正常运转。空载调试的主要调试内容为：液压系统、润滑系统、冷却系统、配电系统、注浆系统、泥浆系统及各种仪表的校正。图 2-9 为盾构管片安装，图 2-10 为盾构机连接调试。

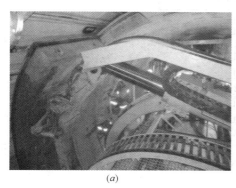
(a)

(b)

图 2-9 盾构管片安装

(a)

(b)

图 2-10 盾构机连接调试

（2）负载调试

空载调试证明盾构机具有工作能力后即可进行负载调试。负载调试的主要目的是检查各种管线及密封系统的负载能力，负载调试是对空载调试的进一步完善，以使盾构机的各个工作系统和辅助系统达到满足正常生产要求的工作状态。通常试掘进时间即为对设备负载调试时间。盾构组装、调试程序流程如图2-11所示。

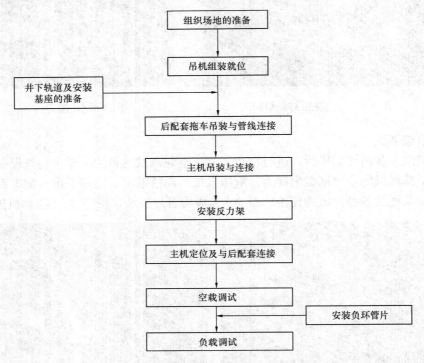

图 2-11　盾构组装、调试程序流程图

3. 盾构机掘进

盾构机掘进主要有两种控制方式：扭矩控制方式和推力控制方式，前者用于软弱地层，后者用于硬岩地层。掘进参数的选取与控制模式和掘进模式相关。对掘进参数的监控、分析与比较和刀具使用经验的总结，对指导掘进和防止刀具因非正常的原因损坏有很大的帮助。

（1）掘进模式的选择

① 敞开模式

敞开模式适用于能够自稳，地下水少的地层。该掘进模式类似于 TBM 掘进，盾构机切削下来的渣土进入土仓内即刻被螺旋输送机排出，土仓内仅有极少量的渣土，土仓基本处于清空状态，掘进中刀盘所受反扭力较小。由于土仓内压力为大气压，故不能支撑开挖面地层和防止地下水渗入。

② 半敞开模式

半敞开模式有时又称为局部气压模式，该掘进模式适用于具有一定自稳能力和地下水压力不太高的地层。其防止地下水渗入的效果主要取决于压缩空气的压力。掘进中土仓内的渣土未充满土仓，尚有一定的空间，通过向土仓内输入压缩空气与渣土共同支撑开挖面和防止地下水渗入。

③ 土压平衡模式

土压平衡模式适用于不能稳定的软土和富水地层。土压平衡模式是将刀盘切削下来的渣土充满土仓，并通过推进操作产生与土压力和水压力相平衡的土仓压力来稳定开挖面地层和防止地下水的渗入。该模式主要通过控制盾构推进速度和螺旋输送机的排土量来产生压力，并通过测量土仓内的土压力来随时调整、控制盾构推进速度和螺旋输送机转速。在该掘进模式下，刀盘所受的反扭力较大。

（2）掘进方向的控制

盾构方向的调节是通过调节推进系统中几组油缸的压力来实现的。一般的调节原则是：使盾构的掘进方向趋向隧道的理论中心线方向。通过调节每组盾构推进油缸的压力调整盾构姿态。为了保证盾构的铰接密封，盾尾密封工作良好，同时也为了保证隧道管片不受破坏，在调整盾构姿态的过程中，要优先考虑盾尾间隙的大小，在调向的过程中不能有太大的趋势，一般在激光导向系统（VMT）上显示的任一趋势值（trend）不应大于 10，避免调向过猛，使盾构出现蛇行现象。当盾构处于水平线路掘进时，应使盾构保持稍向上的掘进姿态，以纠正盾构因自重而产生的低头现象。

为保证盾构在推进过程中受力状态正确，盾构不能有太大的自转，一般不大于 VMT 上显示的转动值（rotate）。可通过调整盾构刀盘的转向调整盾构的自转，操作如下：按停止按钮（STOP）停止掘进，将刀盘转速旋钮调至最小，重新选择刀盘转向，按开始按钮（START），并逐渐增大刀盘转速。

（3）掘进中对刀具的保护

掘进时采用的掘进方法决定了刀具的使用状况，合理的掘进模式与掘进参数的选择，能最大限度地延长刀具的使用寿命。对刀具的保护就是指准确掌握地层的情况，在操作时选择正确的掘进参数，防止刀具偏磨，刀圈崩裂等非正常磨损。为防止由于温度升高而导致的刀具磨损，可采用注入泡沫的方式。同时要根据不同的地层选择合适的推力。

盾构掘进作业工序流程如图 2-12 所示。

4. 同步注浆

同步注浆就是将具有长期稳定性及流动性，并能保证适当初凝时间的浆液（流体），通过压力泵注入管片背后的建筑空隙，浆液在压力和自重作用下流向空隙的各个部分并在一定时间内凝固，从而达到充填空隙，阻止土体塌落的作用。

盾尾同步注浆系统包括储浆罐、注浆泵和控制面板 3 部分。储浆罐带有搅拌轴和叶片，注浆过程中可以对浆液不停地搅拌，保证浆液的流动性，减少材料分离现象。作为配套设施的 2 台注浆泵可以同时对 4 个加注口实施同步注浆。该系统具有自动和手动功能，可以根据要求在盾构机控制室内对盾尾注浆的最大和最小压力进行设定，实现对注浆量的控制。

5. 特殊地段的施工

盾构在砂砾层中的掘进施工技术。

砂砾层中卵石直径较大。施工时，受卵石层的影响，刀盘、刀具由于不均匀地受力或外力的冲击，容易产生异常损坏。盾构机在该类地层掘进时，刀盘、刀具的磨损严重，盾

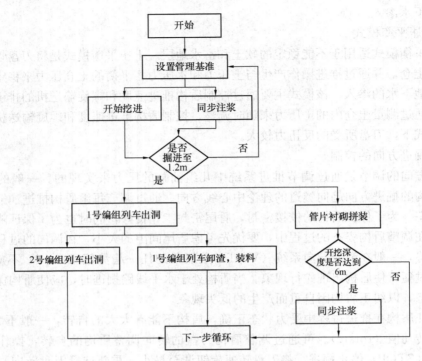

图 2-12　盾构掘进作业工序流程

构姿态调整与控制难度较大，对此，可采取如下措施：

（1）进行合理的盾构选型

① 在进行盾构设备选型时，刀盘结构为面板式设计，刀盘开口率大于 30%，以增强刀盘对掌子面的有效支撑和保证渣土能流畅地进入盾构土仓，减少砾砂对刀盘、刀具的磨损。

② 盾构机配备有泡沫（聚合物）系统、膨润土系统和加泥系统等渣土改良系统，通过添加泡沫、膨润土泥浆、泥浆等措施，增强渣土的流动性，减少卵石土对刀盘、刀具的磨损。选用镶嵌有碳化钨的、耐磨性比较高的刀具，增强刀具在卵石土地层的耐磨性，尽量做到盾构掘进过程不换刀。

③ 盾构机配备有可以进行带压作业的双仓压力仓，刀盘上的主要刀具也都采用背装式，保证刀具的检查与更换可以随时进行。

④ 在泥水平衡盾构机的刀盘上安装有破碎机，遇有较大卵石时，破碎机可将其破碎后排出洞外。

⑤ 盾壳上预留超前注浆孔，在施工过程可根据需要，进行超前地质勘探，超前钻孔和注浆作业。

⑥ 为防止盾构在饱含地下水的卵石土地层掘进时螺旋输送机产生喷漏现象，在盾构设计时考虑预留保压泵渣装置的接口。

（2）有计划的刀具检查、维修与更换

① 预先采用地层加固或带压作业等方式，有计划地进行刀具检查，并根据检查的结果进行刀具磨损分析，制定刀具维修与更换方案，确保设备完好，提高施工效率，减少被动停机的次数。

② 合理选择掘进参数。通过降低刀盘转速，加强盾构姿态调整与控制，减轻与卵石圆砾的碰撞冲击，以减小盾构掘进对地层的扰动。

③ 选择合适的排泥管管径，根据盾构的切削断面、送泥浓度、掘进速度、排泥浓度计算送泥流量和排泥流量，再根据流体能输送的块石的大小、排出土砂的沉降限界速度，来决定排泥管径。

④ 调整注浆参数。可适当加大注浆量以有效填充盾尾空隙，也可通过二次补充注浆，控制地表沉降。

6. 盾构在曲线地段的推进

盾构在小曲线段进行掘进施工时，盾构机轴线拟合难度较大，容易发生管片错台、开裂、偏移以及开挖超挖等情况，施工中可采用如下措施：

（1）进入曲线段施工前，调整好盾构的姿态。在曲线推进的情况下，应使盾构当前所在位置点与远方点的连线同设计曲线相切。尽量减小盾构机中心轴线与隧道中心轴线的夹角和偏移量，合理运用盾构机仿形刀和拼装管片类型。尽量使盾构机靠近曲线内侧推进，使曲线内侧出土量大于外侧出土量，控制推进速度，避免产生较大的超挖量。

（2）对掘进参数实行动态管理，根据开挖面地层情况适时地调整掘进参数，保证掘进方向的准确，避免引起更大的偏差。精确计算每一推进循环的偏离量与偏转角度，合理调整推进油缸的推力、分区与组合方法。根据导向系统的测量结果，确定下次推进的纠偏量与推进油缸的组合运用方式。经常对盾构机的姿态进行人工测量，校核导向系统的测量结果并进行调整。

（3）施工中，盾构曲线走行轨迹引起的建筑空隙比正常推进大，在此情况下应加大注浆量，选好压注点和确定注浆次序，并做好盾尾密封，在推进时应根据施工中的变形监测情况，随时调整注浆量，注浆过程中严格控制浆液的质量、注浆量及注浆压力，注浆未达到预期效果时盾构机要暂停掘进。

（4）为防止管片移动错位，要求分组油缸的推力差尽量减小，并尽量缩短同步注浆浆液的凝固时间，减少管片的损坏与位移。

图 2-13 为盾构成形隧道。

图 2-13　盾构成形隧道

2.1.2 隧道掘进机（TBM）法

隧道掘进机（TBM）是一种专门用于开挖地下通道工程的大型高科技专用施工装备，它具有开挖快，优质，安全，经济，利于环境保护和降低劳动强度的优点。掘进机技术体现了计算机、新材料、自动化、信息化、系统科学、管理科学等高新技术的综合和发展，反映了一个国家的综合国力和科技水平。现代掘进机技术的最大特点是广泛使用遥测、遥控、电子、信息技术对全部作业进行制导和监控，集成机械、电气、液压和自动控制为一体的智能化设备，使掘进过程始终处于最佳状态。我国国产首台单护盾岩石隧道掘进机（TBM）如图 2-14 所示。

图 2-14　我国国产首台单护盾岩石隧道掘进机（TBM）

2.1.2.1 隧道掘进机（TBM）的类型

1. 支撑式 TBM

典型的现代支撑式 TBM 的结构可分为开挖、支护和驱动组合体以及运输装配设备两部分。

刀盘属于第一组合体，由液压电机或电机驱动，通常沿中空主轴承以环形模式布置在机器的主轴上。带有防尘隔层的刀盘罩将刀盘与被开挖掌子面隔开，刀盘罩可保护刀盘，防止物料侵入。防尘隔层防止灰尘和碎屑进入刀盘后面的工作区。岩渣通过刀盘上的铲斗装置和刀盘后面的导向板运到刀盘中心，在那里岩渣落进漏斗，被送到运输机上，运输机通常置于机器的中心轴位置。选用液压驱动电机时，驱动液压泵站的电机安装在后配套上。掘进头的推进力由一支撑推进系统提供。

第二组合体和设施用在工作面或 TBM 防尘护盾后面进行即时支护措施，并进行地层预探测。初期保护性支护措施包括：直接在刀盘罩后面架设支护拱架和挂网、洞顶锚杆或喷浆，进行洞顶区域的巷道保护。

除了这些机械和液压安全辅助设备外，还需运用物料运输设备将支护拱架从位于 TBM 后部的中继存储站运送至前方安装地点。

2. 扩孔式 TBM

扩孔式 TBM 从技术和经济方面拓展了全断面掘进机的应用领域，特别适合于需要通过探测导洞来确认特殊风险因素的地层条件。与全断面掘进机相比，扩孔式 TBM 在运输和组装方面有一定的优势。施工导洞的 TBM 重量较轻，尺寸较小，扩孔后的 TBM 更易于拆成基本部件、盘辐等。实际上机器后面的整个隧道断面都可以在后配套系统上进行即时支护。除了支撑外，需要在导洞和扩孔断面之间的结合处安装带有洞顶保护盾壳的稳固（支承）环，以防止岩屑掉进导洞内。

3. 护盾式 TBM

护盾式 TBM 的优点是支护工作可在护盾盾壳内完成，与洞壁没有任何接触。然而，当遇到较大的断层或通过洞穴地层时会产生严重的问题。因此，在断层地段掘进期间，进行系统的勘测钻探是非常重要的。护盾式 TBM 遇到有问题的地段时，可以进行灌浆以稳固岩体，或借助用玻璃纤维强化的洞顶锚杆来加强地层结构。另外，要以最佳的方式设计刀盘检修出口，以便在掌子面前方出现障碍时进行检查并处理，对掌子面前方的"洞穴"也能从这些出口用喷浆进行稳固，在护盾的保护下用管片进行支护和衬砌。

根据护盾的个数，可细分为单护盾式 TBM 和双护盾式 TBM。单护盾式 TBM 的整个机器都由一个护盾进行保护，适用于需在刀盘后采用较多支护措施的一般破碎甚至不稳定的地层。双护盾式 TBM 适用于无地下水的不能自立的软弱破碎地层段，并在护盾内安装管片衬砌。双护盾系统可同时满足推进和管片安装的要求。其在纵向上可分为三部分：①带刀盘的前护盾；②中间部分的伸缩护盾；③后接触护盾，它带有用于安装管片的尾盾。把伸缩护盾、接触护盾（支撑盾壳）和盾尾合称为后护盾。双护盾式 TBM 的附属装置包括：①刀盘上的超挖刀具，通过此设备可得到更大的开挖直径。②可纵向及径向移动伸缩的刀盘，通过此设备可方便地超挖隧道的一侧，提高机器的转向性。

2.1.2.2 隧道掘进机的工作原理

以下以山西省万家寨引黄工程采用的直径为 6.125m 的美国罗宾斯（Robbins）双护盾全断面掘进机为例，介绍 TBM 的工作原理。

1. 掘进作业

TBM（以 Robbinsl80 型为例）破岩是通过机头刀盘上的 37 个球形滚刀旋转完成，由周边铲斗不停地铲起弃渣，渣土通过漏斗和溜槽卸到工作面的胶带输送机上，再转入出渣列车被运出。

掘进循环可分为两阶段：

（1）掘进阶段。首先紧固装置，将 TBM 后盾固定在隧洞中，然后，驱动电动机在推进液压缸的作用下，带动刀头旋转破岩，切削前进 0.8m（进尺深）。此时，后配套辅助设备均停在洞内，出渣列车在胶带机底部接渣。在后护盾的安装室，同时进行调运和安装混凝土管片（安装在完成两个掘进进尺后开始进行），并在安装好的管片背后及围岩间充填豆粒石和灌浆。在掘进过程中，可控制推进缸的油量来完成机体转向。

（2）后盾和尾部设施前移阶段。当刀头与前护盾前进 0.8m 后，暂停工作，前护盾借助夹紧装置固定在岩壁上，后盾通过收缩推力液压缸前移 0.8m。通过操纵相应的装置，前移后续车架并自动延伸风管、水管和轨道，至此完成一次进尺。

2. 隧洞内混凝土管片安装工艺

（1）装车前检查：将准备运至洞内的新管片进行严格的检查，凡发现严重破损或有裂缝的管片不准装车，根据缺陷严重程度决定报废或修补，修补时应用高标号水泥砂浆。合格的混凝土管片装到专用弓形车上，每组装侧、顶3片和底2片，须按规定顺序装车。

（2）安装管片：由机械手在顶头调运，安装管片时应防止管片相互碰撞，管片错台小于5mm，管片按规定就位并固定好后，随即进行高强度专用水泥砂浆勾缝，接缝充填饱满。待砂浆凝固后，涂上防水油膏。

（3）管片型号的确定：隧洞内地质变化复杂，由设计人员会同地质师、监理工程师等，根据围岩类别选择管片型号。

（4）充填豆粒石：机具由压力罐、胶带输送机、输送管组成。通过预留孔进行压力充填，将管片和围岩间空隙充填饱满后用灰袋纸塞孔，等待灌浆。

（5）回填灌浆：在 TBM 的尾部进行回填灌浆。

3. 洞内运输及出渣

在 TBM 中，出渣设备是主机和后配套系统的组成部分，出渣是靠机器上的输送机完成的。岩渣在刀盘中自动送料到带式运输机，通常在 TBM 和后配套之间的连接处转载到后配套输送机上，再用一个装渣装置或一个中间贮仓漏斗直接转卸到轨道运输车或自卸车运出。在掘进阶段不连续装渣（例如自卸车运输）的场合中，可使用贮仓漏斗。

2.1.3　铣挖法

2.1.3.1　铣挖法概述

铣挖法是以铣挖机为核心，配合其他机械，以控制爆破，静力破碎等方式进行隧洞开挖的非爆破开挖方法。铣挖机主要由铣挖刀头、铣挖头、铣挖机身、传输带组成，具有掘进、开挖、出渣一体化的功能。铣挖机头可安装在任何类型的液压挖掘机上。铣挖法广泛应用于隧洞开挖，渠道铣掘，沥青混凝土路面铣刨，岩石冻土铣挖等多个领域。铣挖机的应用为隧道开挖提供了一种新的施工方法，特别适用于中低强度，完整性较好岩石。铣挖机如图 2-15 所示。

（a）　　　　　　　　　　　　　　　　（b）

图 2-15　铣挖机

铣挖法施工的主要特点为：

（1）施工效率高：铣挖机集掘进、开挖、出渣功能于一体，可连续作业，施工效率高。开挖强度一般可达到 $14\sim20m^3/h$ 左右，个别开挖段的强度甚至可达到 $18\sim30m^3/h$ 左右。

（2）开挖精度高，对围岩扰动小：铣挖机利用铣挖刀头，平缓开挖断面，可精确按照设计断面开挖，对岩体受扰动小，不引起围岩及已支护断面的动力响应，比较容易控制开挖尺寸。

（3）环境污染小：铣挖机在施工过程中产生的灰尘少，如有合理的排风措施，可减少对人体的危害。

（4）机械化程度高，施工安全：隧洞开挖断面一般只需要一个铣挖机操作员，且可在已喷锚支护的断面下进行操作，能够避免隧洞开挖过程中因掉块、塌方等危险情况造成的人员伤亡。

（5）节约成本：得益于高精度的开挖断面，衬砌厚度较小，能够节约成本。同时，从开挖单价的角度分析，铣挖机开挖较钻爆开挖单价更低。

（6）适用范围受限：铣挖法对于强度小于等于 15 MPa 的软岩开挖效率高，但对于 $15\sim30MPa$ 的软岩效率偏低，开挖缓慢。

2.1.3.2　铣挖法的施工工序及方法

采用铣挖及配套技术开挖的主要施工工序为：测量放线→超前支护→开挖上台阶→初支→开挖中台阶→初支→开挖下台阶→初支→开挖仰拱。图 2-16 为铣挖法基本工序流程。

（1）测量放线完成后，采用长度为 3m 的单层小导管做超前支护，同时采用水泥水玻璃双浆液对小导管进行注浆，每根导管的注浆速度控制在 30L/min 以内，注浆压力达到最高设计注浆压力并保持 10min 以后结束注浆，在孔内设置止浆塞。为保证注浆时不渗漏浆液，需要注意要将注浆泵的高压胶管与管口联通，并用锚固剂等将管口处的缝隙塞紧。

（2）操作铣挖机开挖上台阶顶部，开挖出临空面后，改用大破碎锤开挖，然后铣挖机修整轮廓线，循环掘进。切割方式由下往上左右循环切割，达到一定高度后，可用碎石起坡，以保证开挖断面不欠挖。在开挖的同时进行出渣，通过出渣装置将开挖石渣传送到掘进机后方，配备一辆铲车将石渣直接装运至自卸车上，进行出渣。

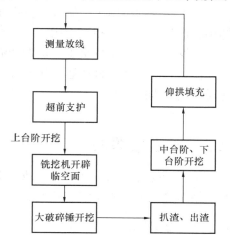

图 2-16　铣挖法基本工序流程

铣挖作业时，铣挖机的停靠位置直接影响铣挖效率和效果，一般以方便操作为原则。在施工场地与空间受限制的隧道里，应保证履带前缘距离掌子面的距离小于 6m（受悬臂式掘进机臂长的限制），铣挖机落脚点距离开挖顶部的距离不小于 5m。根据铣挖机高度、地质条件，适当调整台阶大小，是保证铣挖法施工效率的重要措施。

按照自下向上、自中间向周边、自硬质岩体到软质岩体的顺序进行挖掘。在隧道轮廓周边进行开挖作业时，铣挖机截割头到钢拱架的距离应大于 30cm，尽量降低铣挖作业对已施作初期支护的隧道的扰动。在隧道周边轮廓线附近，由于切削鼓不垂直于岩面，施工中可能出现死角，此时可采用风镐人工凿除。拱脚处的开挖作业，应由专人指挥，不可超挖，也可以预留 10～20cm 的预留层，后续采用风镐人工凿除，确保钢架安装时拱脚基础坚实。此外，还应注意不要使切削鼓碰撞或铣挖已经成型的初期支护，以及靠近掌子面轮廓线附近的超前支护，避免已施作的支护结构被扰动或破坏。

（3）一个循环掘进完成后，初喷 3～4cm 混凝土，安装钢架进行支护，由自卸车将石渣运出，施作系统锚杆，贴钢筋网，然后再复喷混凝土至设计厚度。支护作业时，注浆管分别位于拱顶和两侧拱腰，待初期支护达到设计强度后进行注浆，以保证初期支护与岩面之间的密实。

（4）后续中台阶、后台阶的开挖及初期支护基本同上台阶。后续开挖采取跳马口的方式开挖，即先对一侧进行马口开挖，另一侧保留 2～2.5m 的宽度，以保证拱部稳定。开挖时遵从先中间后边墙的顺序，边墙开挖时，当挖至拱脚处时应控制铣挖的节奏，避免切削鼓触及钢拱架。如遇个别坚硬岩体，可考虑采用风镐人工凿除作业。

（5）开挖仰拱，并及时进行仰拱的施作，封闭成环。施工中，应紧随初期支护尽早修筑仰拱，以利于初期支护结构的整体受力。仰拱距离掌子面不超过 30m。仰拱开挖应按照由近及远、先中间后两侧的次序开挖，开挖需自上而下分层进行，避免超挖。开挖后应尽快施作仰拱初期支护或施作二次衬砌仰拱，尽快封闭成环。在开挖前应先做好引水措施，加强排水，避免隧道内的水流到开挖面内，导致基础底层出现软化层而导致重新换填，增加工程量。仰拱浇筑前应清除浮渣，排除积水。仰拱采用全幅整体浇筑至拱墙脚基座标高。为了保证仰拱施工、掘进平行作业，需要通过搭建仰拱作业防干扰平台等措施，避免仰拱施作与出渣工序相互干扰。

开挖过程中，铣挖机主要负责开辟临空面和整修轮廓线，大、小破碎锤互相配合负责掘进作业。此外还应该注意在作业过程中监控、量测围岩的尺寸变化，做好防水层施工，适时开展衬砌施工等。

2.2 矿山钻爆法

按照开挖方式的不同，岩石地下工程施工方法可分为钻爆法施工和隧道掘进机施工。其中钻爆法又分为矿山法和新奥法。

2.2.1 矿山法

2.2.1.1 概述

矿山法指的是用开挖地下坑道的作业方式修建隧道的施工方法。矿山法的开挖过程包括钻孔、装药、起爆，出渣。炸药爆炸后，在极短时间内产生高温高压气体，气体体积急剧扩大，并产生能量巨大的冲击波破坏岩石。岩石受到冲击波和巨大的气体压力后，孔周岩体被压碎。压碎区外岩体经受大的切向应力，形成了辐射状开裂的径向裂缝。孔周岩体的压碎区大约达到炮孔半径的一倍，而压碎区外的径向裂缝却能达到约 20 倍炮孔直径。这种爆破形成的裂缝使岩体被切割为碎块，在爆破气体巨大压力的作用下，将会被抛出临空面。

矿山法施工的优点是：①对于各种地质和几何形状的适应性强，尤其是在交叉点、横通道、渡线和洞室等处；②多掌子面可同时操作，设备和工艺简单，便于工人掌握；③较低的工程造价。

矿山法施工的缺点是：①开挖的隧道洞壁不平整，超挖、欠挖量大，超挖会增加混凝土的使用量，因而增加投资；②施工作业区有较大的危险，工作环境恶劣，对周围环境影响大；③施工对围岩的破坏扰动范围及程度较大，需加强支护；④施工作业速度较慢。

2.2.1.2　基本原理

采用矿山法修建隧道的开挖方法大致可分为全断面法、台阶法、上下导坑法、上导坑法、台阶分部法、单侧壁导坑法、双侧壁导坑法七种。台阶法按台阶长度分为长台阶法、短台阶法、微台阶法；按台阶数目分为两步台阶法、三步台阶法、四步台阶法；按台阶高度分为上下半断面两步台阶法、小上半断面两步台阶法、大上半断面两步台阶法；按台阶施工顺序分为正台阶法、反台阶法。分部开挖法按分部部位的不同和各部分开挖顺序的不同又分为小上半断面环形开挖法、蘑菇形开挖法（中槽法）、左右错进法、马口井法、单侧壁导坑法、双侧壁导坑法（眼镜工法）、中隔墙法（CD 法）、交叉中隔墙法（CRD 法）等。用矿山法施工山岭隧道，主要的开挖方法、开挖及支护顺序见表 2-2。

矿山法施工主要的开挖方法、开挖及支护顺序　　　　　　表 2-2

开挖方法名称	图例	开挖及支护顺序说明
全断面法		1. 全断面开挖 2. 锚喷支护 3. 灌注衬砌
台阶法		1. 上半部开挖 2. 拱部锚喷支护 3. 拱部衬砌 4. 下半部中央部开挖 5. 边墙部开挖 6. 边墙锚喷支护及衬砌
台阶分部法		1. 上弧形导坑开挖 2. 拱部锚喷支护 3. 拱部衬砌 4. 中核开挖 5. 下部开挖 6. 边墙锚喷支护及衬砌 7. 灌注仰拱

开挖方法名称	图例	开挖及支护顺序说明
上下导坑法	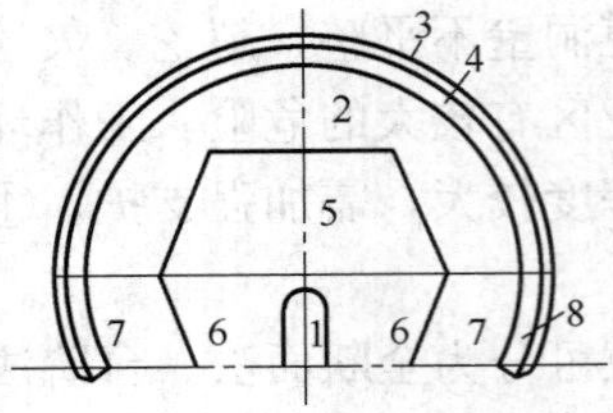	1. 下导坑开挖 2. 上弧形导坑开挖 3. 拱部锚喷支护 4. 拱部衬砌 5. 设漏斗，随着推进开挖中核 6. 下半部中部开挖 7. 边墙部开挖 8. 边墙锚喷及衬砌
上导坑法	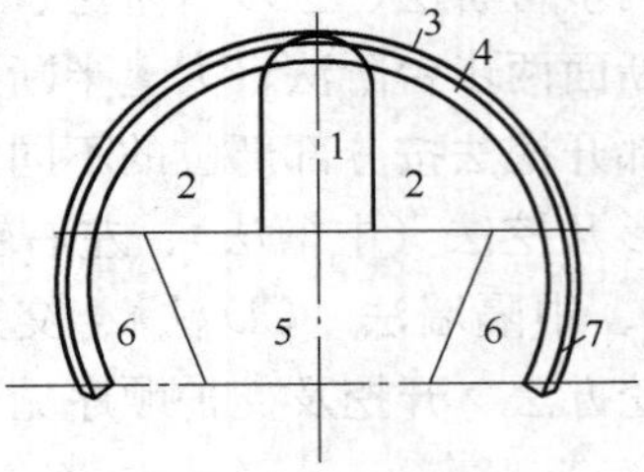	1. 上导坑开挖 2. 上半部其余部位开挖 3. 拱部锚喷支护 4. 拱部衬砌 5. 下半部中部开挖 6. 边墙部开挖 7. 边墙部锚喷及衬砌
单侧壁导坑法 （中壁墙法）	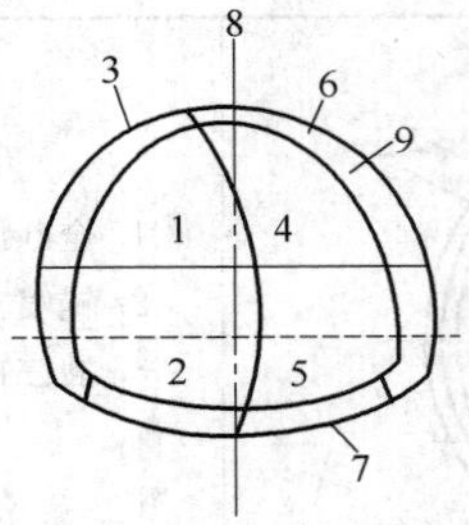	1. 先行导坑上部开挖 2. 先行导坑下部开挖 3. 先行导坑锚喷支护及钢架支撑等，设置中壁墙临时支撑 4. 后行洞上部开挖 5. 后行洞下部开挖 6. 后行洞锚喷支护，钢架支撑等 7. 灌注仰拱 8. 拆除中墙壁 9. 灌注全周衬砌
双侧壁导坑法	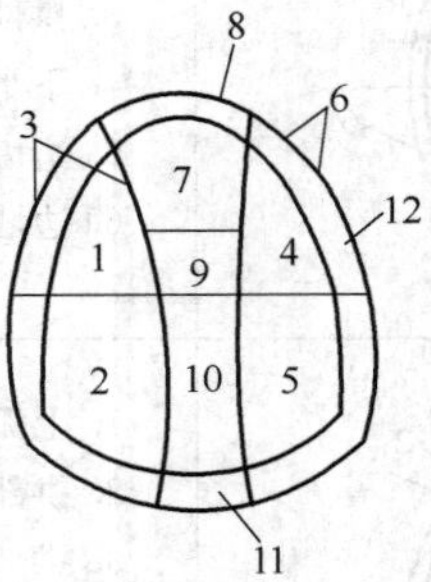	1. 先行导坑上部开挖 2. 先行导坑下部开挖 3. 先行导坑锚喷支护及钢架支撑等，设置临时壁墙支撑 4. 后行导坑上部开挖 5. 后行导坑下部开挖 6. 后行导坑锚喷支护及钢架支撑等，设置临时壁墙支撑 7. 中央部拱顶开挖 8. 中央部拱顶锚喷支护，钢架支撑 9. 中央部其余部开挖 10. 灌注仰拱 11. 拆除临时墙壁 12. 灌注全周衬砌

注：1. 图例中省略了锚杆；

2. 图中所列方法为基本开挖方法，根据具体情况可适当变换施工次序。

隧道开挖方法的选用主要依据隧道的地质条件、现有和准备购置的施工机械设备、工期、辅助坑道的设置。同时，还要确保开挖方法变换处的连续作业能顺利开展和运输畅通。

2.2.1.3　施工要点

矿山法隧道开挖施工工序包括准备、布孔、钻孔、装药、填塞、爆破、通风、处理悬石、排渣。

1. 施工准备

开挖断面上布置炮孔之前，应测量出开挖断面的中线，并标上开挖断面的轮廓线。

2. 布孔

根据围岩种类、地质情况、预期循环进尺确定炮孔数量、位置、深度、炮孔倾斜度及装药量。布孔的基本原则是尽量增大破碎岩石的临空面（或称自由面）以提高爆破效果，掏槽孔是布孔的重点。

（1）掏槽孔

掏槽孔是开挖断面中第一排起爆的炮孔，其功能是首先将开挖断面的中央部位岩石爆破掏出，为以后各排爆破的岩石提供临空面。掏槽孔的布置原则：炮孔位置应布于断面的中部或中下部，炮孔方向应尽可能垂直于岩层的层理；炮孔的数量，应视断面的大小而定。掏槽布置形式分为楔形掏槽和直孔掏槽两种。直孔掏槽的特点：①适用范围较广，可以随岩石变化调整配孔的布置及孔数；②钻孔深度不受断面尺寸的限制，当循环进尺变更时，只需增减炮孔深度；③钻孔工作干扰少，凿岩时容易掌握炮孔方向，能保证钻孔质量，有利于多台凿岩机作业；④炮孔数目多，有些孔不装药；⑤爆破后抛渣距离较小；⑥钻孔质量较高，可力求做到炮位准确。

（2）周边孔及辅助孔

周边孔常布置在距设计开挖断面轮廓线边缘 0.2m 左右的地方，孔底到达设计边缘的距离视岩石而定，在松软岩石中可钻直孔，次坚石距边界约 0.1m，坚石可达到边界或深入边界。辅助孔需要视情况灵活布置。全断面炮孔布置正视图如图 2-17 所示。

3. 钻孔

钻孔是在开挖断面上按标志的布孔位置进行的打孔作业。钻孔时应利用长度不大于 80cm 的短钻杆，待钻入一定深度后再更换适应炮孔深度的长钻杆。凿岩机是最经济的钻机。由于手持钻机在进行水平钻孔时很费力，所以钻机是由千斤顶或压气支架支持在可以延伸的风腿支架上，风腿支架则放在隧洞底板上或支持在凿岩台车的平台上。钻孔台

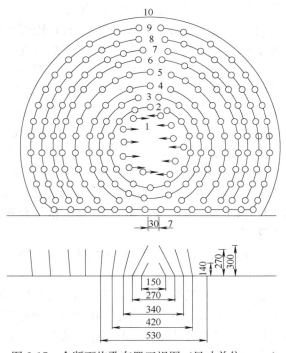

图 2-17　全断面炮孔布置正视图（尺寸单位：mm）

车使得钻机能钻任何尺寸的隧洞。钻孔台车有多种形式，例如：①主线轨道安装钻孔台车，靠运输线行驶（适用于小型隧洞）；②门架式轨行钻孔台车（适用于大隧洞）；③轮胎式或履带式钻孔台车（适用于无轨运输的隧洞）；④三臂凿岩台车（适用于硬岩隧道的全断面开挖）。本节主要介绍三臂凿岩台车的有关内容。

图 2-18　Boomer XL3D 三臂凿岩台车外观

三臂凿岩台车是目前隧道钻爆法机械化施工中最先进的设备，其自动化程度高，人员劳动强度低，正逐步应用于隧道的施工中。本节以 Boomer XL3D 三臂凿岩台车为例介绍其的基本特征及特点，图 2-18 为 Boomer XL 3D 三臂凿岩台车外观图。

Boomer XL3D 三臂凿岩台车具有施工安全，作业高效的优点，其采用人机工程学的设计理念，利用先导施工控制液压操作系统，从而减少控制平台周边的高压胶管数。集中的液压部件系统控制面板，易于维护与检修。自抬升 1.1m 的 FOPS（防坠物冲击）防护棚架，在扩大操作员视线的同时保证了人员安全。推进梁角度测量系统（FAM 3）不仅可辅助钻孔的精准定位，而且可在加快掘进的同时减少超欠挖。该台车作业时通风效果良好，利于作业人员健康并减少粉尘对探照灯视线的影响。该台车单循环水量＞15m³，启动水压≥0.2MPa；供电满足单车电源接口时，配电箱容量为 200kW，电缆要求低压端加上排水、照明、一般变压器，容量≥300kW。供电满足两车电源接口时，参数加倍，变压器一般距配电箱≤500m。

该台车的凿岩机具有钻孔速度快（约 1.5m/min），噪声小，劳动强度低，安全性能高等优势，但需较大的操作空间和适宜的角度。在初期支护需要立钢架区段，如无合适的角度，超欠挖难以控制，对于围岩较破碎段，也难以发挥该台车的工效。该台车受电脑和人工控制，具备超前地质预报与支护，全方位精确定位与钻孔，过程数据采集与分析，辅助人工配合装药和围岩监控量测等功能。在进行超前探孔，加深炮孔作业及钻孔过程中，可实时监控钻杆的工作参数（如：钻进速度、水流、冲击、推进、回转压力及水量等）。其配备的 WMD 软件具有地质分析与复原功能，形成的地质分析报告可建立地下工程的大数据库，为掘进隧道的优化设计与运营期间的缺陷整治提供参考资料。多方式的地质超前综合预报，可较准确地预判掌子面前方的各种地质灾害，通过采取对应安全措施，根据异常情况及时调整设计支护参数等方式，保证机械化作业的安全与高效。图 2-19 为该型号台车的施工工序图。

该型号的三臂凿岩台车的主要施工流程如下：

（1）测量放线

根据隧道开挖爆破方案，采用全站仪测量放线，用油漆在掌子面标识出周边孔。作业人员根据已标识的周边孔，按照爆破设计，利用标尺等工具，将辅助孔、掏槽孔等孔位一一用油漆标识明确。

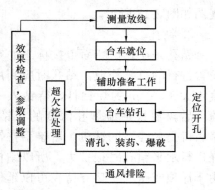

图 2-19　Boomer XL 3D 三臂凿岩台车的施工工序图

（2）台车就位

测量放线，标识完成后，三臂凿岩台车进入作业区，由作业人员指挥台车停放于隧道中线位置，车身整体同隧道中线保持平行，台车钻臂端头与掌子面保持 0.8～1.0m 的距离。

台车就位之后，由专业操作人员将水管、供电线缆连接至台车对应接口处，在确认水电安装到位后，张开支腿，利用液压系统将台车整体调整至呈水平状态，然后固定好台车。

（3）三臂凿岩台车钻孔

按照"定位、定人、定机"的原则，开展钻孔作业。钻孔顺序一般按照三臂凿岩台车作业特点，划分各钻孔作业区块，标识出各自区域的轮廓线。三个钻臂分别负责左侧、中心、右侧区域的钻孔施工。钻孔顺序遵照"从下至上、从外至内"的原则。左侧与右侧区域钻孔顺序为"周边孔→崩落辅助孔→辅助孔"；中心区域为"底孔→抬炮→周边孔→周边辅助孔→拱顶辅助孔→掏槽孔→中心辅助孔"。

周边孔施工时，通过三臂凿岩台车的 FAM 3 系统，按照爆破设计中周边孔倾斜角度调整推进梁外插角度。调整好角度后，通过旋转、延伸等方式调整台车钻臂，使其对准孔位，推进梁开始钻孔施工。在这一过程中控制推进梁的钻进深度，确保孔底在同一个垂直面上。要求周边孔间距误差≤3cm。辅助孔及掏槽孔施工与周边孔施工类似。要求掏槽孔间距误差≤5cm。

在钻孔施工过程中如发现钻孔错位，或角度控制失误，应退出钻杆，重新定位并施工炮孔。当钻孔完毕并退钻时，通过连接至钻杆的高压水、风进行清孔。

（4）清孔、装药

钻孔完毕后，将推进梁和钻臂调整至水平位置，各操作杆置于中位，利用升降云梯平台，遵照"分部位、划区域，先底脚、再拱部，先周边、后中间"的方法，爆破工开始按照设计方案对周边孔、辅助孔、掏槽孔进行装药（导爆索分段式不耦合连接），炮孔封堵，分段设置并连接好起爆雷管、起爆线，完成装药过程。

（5）三臂凿岩台车离场与爆破

装药完成后将升降云梯平台收拢回正，停止平台、钻臂系统发动机，解除与车身连接的风、水、电缆管线。收起支腿，驶出作业区域，为爆破施工作准备。

隧道光面爆破的半孔痕率的要求为：硬岩≥80%，中硬岩≥60%。采用"先边墙、后拱部"的连线方式，确保中心掏槽的起爆效率，同时为减少拱墙底脚的超挖，该区域中的 2～3 个孔应最后起爆。

4. 装药和填塞

每个炮孔装药前要用扫孔器将炮孔吹扫干净，同时使用扫孔漏斗，使吹扫、装药工作平行作业，缩短时间。一般爆破作业为连续装药，药卷直径要与孔径吻合，如采用 36mm 或 32mm 直径的药卷，需要先划破药卷，再用炮泥捣实炮孔，以增加密度，提高爆破威力。最后填塞时，可以用砂和黏土的混合物堵塞。

5. 爆破

钻爆法的起爆方法有火花起爆、电力起爆和导爆管起爆三种。

（1）火花起爆法

火花起爆是用火雷管（铜雷管或纸雷管）和导火索起爆，通过点燃导火索点燃雷管起爆药卷。此法操作简单容易掌握，但不安全因素多（如导火索燃烧速度不均匀，不能精确地控制起爆时间，点燃导火索必须在工作面上进行）。特别是炮孔数量较多时，点炮时应有相应的安全措施。

（2）电力起爆法

此法是用电雷管和导线连成爆破网络，通过接通电源起爆。电力起爆可预先检测爆破的准确性，防止产生拒爆，安全性好，是目前较普遍采用的方法。采用此法应特别注意对洞内电源的管制，注意消除杂散电流、感应电流和高压静电等，防止在爆破前产生意外早爆现象。

（3）导爆管起爆法

导爆管是一种非电起爆器材，它由普通雷管、激光枪或导爆索引爆。引爆的导爆管以2000m/s的速度传递着冲击波，从而引爆与其相连的雷管（普通瞬发雷管和非电延时雷管）起爆。此种方法具有抗静电杂电，抗水，抗击，耐火和传爆长度大等优点。

6. 通风

施工通风不仅可以排除爆破后产生的有害气体，而且可以降低凿岩的粉尘，冲淡和排除有害气体，补充新鲜空气。按通风方式可分为压入式、吸出式及混合式。

7. 处理悬石

放炮通风后接好照明线路，作业班组负责人进入工作面后，首先要处理哑炮和悬石，修复和设置临时支撑，确认工作面无危险隐患后，方可进行排渣和测量布孔等作业。

8. 排渣

在隧道施工中排渣是关键工序，直接关系到工作效率和施工进度。排渣常用的机械有皮带运输机和窄轨蓄电瓶机车等。

2.2.2 新奥法

"新奥法"是奥地利新的隧道修筑法的简称，简写为NATM（全称是New Austria Tunneling Method）。该工法的基本原则是尽量利用地下工程周围围岩的自承载能力。该方法的具体做法是先用柔性支护（通常为喷锚，称为初次支护）控制围岩的变形及应力重分布，使之达到新的平衡，然后再进行永久性支护（通常为整体模筑钢筋混凝土衬砌）。

新奥法施工的一个显著特点就是信息化程度高。在新奥法中，采用反分析方法，逐步校正设计参数，优化设计，新奥法反分析施工流程图如图2-20所示。

光面爆破、喷锚支护和现场量测是新奥法施工的三大支柱。

1. 光面爆破

采用钻孔爆破法开挖隧道工程时，

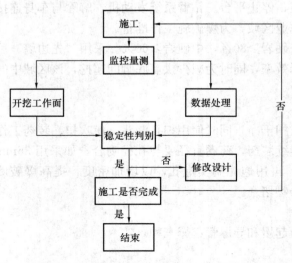

图2-20 新奥法反分析施工流程图

为了减少超挖和欠挖，严格控制对围岩的扰动，需采用一种特定的控制爆破即光面爆破技术。光面爆破，是利用岩石的抗拉强度远小于其抗压强度（约为 $1/20 \sim 1/10$）的特性，采用微差引爆，并靠周边多个炮孔同时起爆来实现的。一次成功的光面爆破应该是既在两个相邻的炮孔之间形成较为平坦的拉断裂缝，又对炮孔岩壁产生最小限度的破坏。为此，炮孔中的装药量不宜过大，并使其沿孔深方向均匀地分布；掏槽孔和内圈各排炮孔的布置，应力求使最后一响的周边孔取得比较一致的抵抗线，周边孔的距离要合理加密，并保证其同时起爆。

光面爆破主要特点是：周边轮廓面能较好地达到设计要求，超挖欠挖少（实施效果较好时，超挖不大于 $10 \sim 15cm$，欠挖不大于 $5cm$）。据统计，光面爆破的超挖量约为 8%，而一般钻爆法为 15%～30%，甚至更大；在岩面上保留 60%～70% 以上的孔痕，岩面平整，起伏小；对围岩扰动轻微，岩面上不产生明显的延伸较长的爆破裂缝。实测资料表明，光面爆破所引起的围岩松动圈的深度仅为普通爆破法的 $1/3 \sim 1/2$，对维护围岩的稳定性和原有的围岩抗力有显著的作用，并为喷锚支护创造了良好的条件。光面爆破和喷锚支护配合使用，会取得更加明显的技术经济效果。

2. 喷锚支护施工

为及时有效地控制围岩变形，维护和调动围岩的自承能力，采用与围岩紧密结合的柔性混凝土层和锚杆是一种理想的支护形式。实测资料表明，在开挖的洞室围岩内存在应力降低区、应力增高区和原始应力区。应力降低区的岩体的应力已基本释放，处于松散状态。暂时维持岩体稳定的因素主要有两个：一是依靠裂隙间的摩阻力和黏聚力以及岩块间相互镶嵌和夹持作用；二是开挖洞室形成围岩拱，当此"拱圈"内的岩石向下位移时将使拱的作用得以加强。施工中，开挖洞室围岩的失稳通常是从露在开挖面（临空面）的某些不稳定块体（即危石）的坍滑开始的。因此，只要及时用适当的支护手段（如喷、锚等）就能有效地防止这类"危石"坍滑，保持围岩的稳定性。

喷锚支护使喷射混凝土、锚杆和被支护的岩体之间形成一个联合支护结构。每根锚杆用砂浆与围岩固结，锚杆群体的联合作用以及喷射混凝土的粘结作用，形成一个坚固的承载拱，改变了原来应力降低区内岩体的松散状态，使岩体由结构的荷载转化为承担荷载的结构。

锚杆一般应穿过松动区，深入到稳定区内一定深度。其长度一般控制在 $2 \sim 5m$。喷射混凝土和锚杆施作的时间，应紧跟开挖面，以防止岩体塑性变形增大。根据需要，可在喷射混凝土内设置金属网，以增加其强度和整体性。喷锚支护一般可采用喷→锚→喷的施工顺序。

3. 现场测量

现场量测是新奥法的重要内容之一。新奥法的安全性和经济性是通过把量测结果及时地反馈到下一阶段的设计和施工中来实现的。因此，快速、准确地进行现场量测和数据处理，已成为成功应用新奥法的关键。

新奥法的临时支护设计包括一个详细周密的量测布置，以便系统地控制围岩和衬砌的变形和应力。围岩变形的量测采用伸长计和收敛量测仪，径向应力和切向应力量测采用压力盒。量测变形点可同时装有长型伸长计和短型伸长计两种。洞顶和洞底的变形一般采用水准仪或全站仪量测。

2.3 明挖法、盖挖法与沉管法

2.3.1 明挖法

2.3.1.1 概述

明挖法是地下空间工程施工中最基本的施工方法，施工技术成熟，应用广泛。由于传统的暗挖法受到工艺的限制，常采用地下挖洞的方式。在地下空间开展衬砌修筑作业，整体施工周期较长，存在工作条件差，受地质水文条件影响严重，产生大量废土碎石等局限性。应用明挖法则可以直接将地面挖开，在露天条件下直接开展衬砌修筑与覆盖回填作业，突破了暗挖法的技术局限性，具有技术简单，经济适用，主体结构受力条件好等优势。明挖法施工示意图如图 2-21 所示。

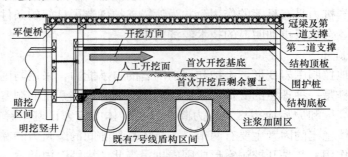

图 2-21 明挖法施工示意图

明挖法受周围环境的影响较大，在施工期间往往存在较多的不确定性安全风险因素。从施工顺序的角度分析，主要包括支护体系施工风险、土方开挖施工风险、支撑体系及防水措施施工风险、结构体系施工风险等。随着各项技术的蓬勃发展，明挖法施工已相对较为成熟。明挖法的工法主要有：放坡开挖施工、水泥土搅拌桩围护结构、板桩墙围护结构以及 SMW 工法等。

根据实际施工情况，考虑到不同地下空间工程的水文地质条件差异，根据边坡围护形式的不同，可以将明挖细分为放坡明挖、悬臂支护明挖、围护结构加支撑明挖三种技术方式：

（1）放坡明挖。首先，直接开挖施工场地上部土方，遵循从上至下的顺序放坡开挖至主体结构基底高程；其次，在露天条件下从下往上修筑待建建筑物的衬砌结构与防水层；最后，开展主体结构外填土作业，恢复地表原始状态。与其他明挖形式相比，放坡明挖具有施工效率高，工艺流程简单的优势，但是对边坡土体稳定性与地质水文条件有着严格要求，适用范围较窄，且土方开挖量较大。另外，针对局部稳定性较差的边坡，可采取喷射混凝土等防护措施进行加固。

（2）悬臂支护明挖。首先，在基底高程下方插入围护结构，在围护结构加持下开展基坑开挖作业至基底高程；其次，从下往上修建待建建筑物的主体结构和防水层；最后，回填基坑，恢复地表。与其他明挖形式相比，悬臂支护明挖适用于边坡稳定性较差以及埋深较浅的地下工程。

（3）围护结构加支撑明挖。围护结构加支撑明挖法适用于深基坑地铁工程，在不改变围护结构插入深度和刚度的前提下，在围护结构中增设水平支撑件，它们连同围护结构共同抵挡外侧土压力。同时，从下往上顺作待建建筑物的主体结构，并按顺序逐层分段拆除水平支撑，实现主体结构的体系转换，最终恢复地表状态。

2.3.1.2　明挖法的主要施工技术

明挖法施工首先要从地表部分，从上向下进行基坑的开挖施工，然后在基坑内部自下而上地建造待建建筑物的主体结构，最后使用回填土将路面填平整，恢复路面交通。明挖施工一般有下述步骤：围护结构施工；基坑降水施工；土方开挖施工，同时架设支撑体系；主体结构施工；管线恢复和回填。一般基坑施工时，常用支护桩＋内支撑体系和桩＋锚杆支撑体系的形式，保障基坑施工的安全。若现场施工条件良好，也可运用放坡开挖或土钉墙支护技术。

明挖法在施工过程中，一般按照自上而下分层的方式有序开挖土石方，横向先开挖中间土体，再转向两侧，纵向形成台阶。开挖期间采取基坑降排水措施，削弱水对基坑的侵蚀作用，并采取边坡防护措施，用于维持边坡的稳定性。注重对基坑的防护，基坑开挖后的暴露时间不可超过 24 h。根据支撑位置、断面变化等，灵活调节每段的开挖长度，确定开挖段后，进一步细分为多个小层，依次开挖各层。遇淤泥质土层时，为保证开挖安全，小层的高度不超过 1m。首层开挖后，施作冠梁和支撑梁，待支护结构的强度达标后，安排第二层的开挖，并在开挖后随即采取支撑措施。如此类推，直至完成各层的开挖作业为止。

明挖法开挖过程的控制要点有：

（1）为强化对基坑开挖质量的控制，根据总体开挖量分段，分层，逐步开挖。每完成一部分开挖后，随即安排质量检验，及时发现问题、妥善处理问题。优先开挖两端，再转向中间区域。在分段的前提下，进一步细分为多个小段和层次，有条不紊地开挖各细分部分。

（2）开挖设备宜采用反铲挖掘机，深层土方开挖由多台设备接力完成，开挖产生的土方应及时转移至地面，用自卸车运输至指定堆放场所。每层土方开挖厚度≤3m，每层适配 2 台反铲挖掘机。

（3）每层开挖时，宜按照首先在中间成槽，再向两边扩展的顺序开挖。考虑到开挖稳定性的要求，及时架立钢管支撑，适当施加轴力，实现对围护桩体变形量的有效控制。待该层支撑装置设置成型且具有稳定性后，方可安排下层土方的开挖。

（4）处于基底设计标高以上 0.2m 的部分不再继续使用机械开挖，宜由人工作业，目的在于避免超挖。开挖至基坑底部时，土方转运难以采用台阶法反铲接力的方式实现，可调整为汽车起重机和提升吊运共同配合的方案。开挖产生的土方应及时转运，禁止过度堆积在开挖现场。

2.3.2　盖挖法

2.3.2.1　概述

盖挖法是先盖后挖，以临时路面或结构顶板维持地面畅通再进行下部结构施作的施工方法。早期的盖挖法是在支护基坑的钢桩上架设钢梁，铺设临时路面维持地面交通。开挖到基坑底部后，浇筑底板直至顶板的盖挖顺作法。后来使用盖挖逆作法。用刚度更大的围护结构取代了钢桩，用结构顶板作为路面系统和支撑，结构施作顺序是自上而下挖土后浇筑侧墙楼板至底板完成。也有采用盖挖半逆作法的施工案例，施工程序如下：围护结构→顶板→挖土到基坑底部→底板及其侧墙→中板及其侧墙。

盖挖法的优点：结构的水平位移小；结构板作为基坑开挖的支撑，节省了临时支撑；缩短占道时间，减少对地面的干扰；受外界气候影响小。

盖挖法的缺点：出土不方便；板墙柱施工接头多，需进行防水处理；工效低，速度慢；结构框架形成之前，中间立柱能够支承的上部荷载有限。

2.3.2.2 盖挖法的施工方法

盖挖法施工主要有以下几种类型：盖挖顺作法、盖挖逆作法、盖挖半逆作法、盖挖顺作法与盖挖逆作法的组合、盖挖法与暗挖法的组合以及盖挖法与盾构法的组合。图 2-22 为盖挖逆作法的施工程序图，图 2-23 为盖挖顺作法与盖挖逆作法组合施工程序图，图 2-24 为盖挖法与暗挖法组合施工程序图。

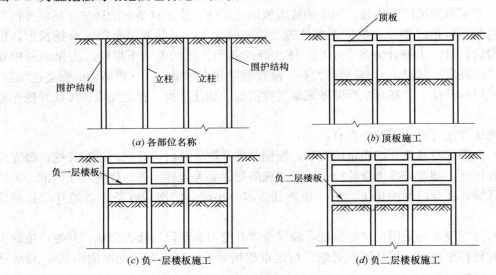

图 2-22　盖挖逆作法施工程序图

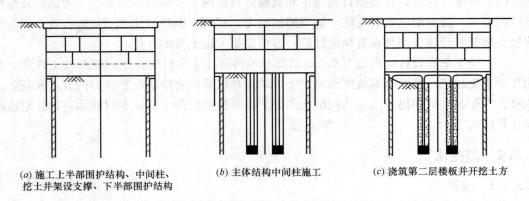

图 2-23　盖挖顺作法与盖挖逆作法组合施工程序图（一）

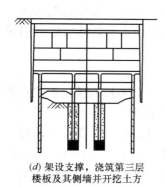
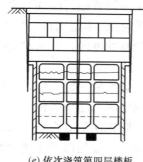
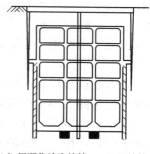

（d）架设支撑，浇筑第三层　　　　（e）依次浇筑第四层楼板　　　　（f）用顺作法浇筑第一、二层结构，
楼板及其侧墙并开挖土方　　　　　及相应侧墙　　　　　　　　　拆除临时设施恢复路面

图 2-23　盖挖顺作法与盖挖逆作法组合施工程序图（二）

2.3.2.3　施工要点

1. 施工期间地面的处置

施工期间地面处置一般采用以下方式：①部分或全部占用地面；②分条施工临时路面和结构顶板，维持部分交通；③夜间施工、白天恢复交通。

2. 围护结构

盖挖法施工的地下空间工程围护结构形式基本可分为两大类：①由桩（钻孔桩、挖孔桩或预制桩）和内衬墙组成的柱墙结构；②地下连续墙或地下连续墙与内衬墙组合结构。在软弱土层中，多采用刚度和防水性较好的地下连续墙。

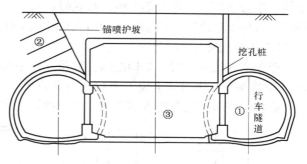

①用暗挖法修建两个行车隧道及梁柱；②锚喷护坡、挖孔桩；③用盖挖法完成其他部分

图 2-24　盖挖法与暗挖法组合施工程序图

围护结构与内衬墙之间的构造视传力方式的不同可分为两种：分离式结构和复合式结构。

（1）分离式结构

当围护结构与内衬墙之间需设防水层时，为保证防水效果，在围护结构与内衬墙和板之间一般不用钢筋拉结。施工中为保证板的强度和刚度，有时需在上下板之间设置拉杆或临时立柱。在软弱土层的施工中，分离式内衬墙往往较厚，但由于其防水性能好，采用频率较多。

（2）复合式结构

在围护结构与内衬墙之间设置拉结钢筋，使二者结合为整体，共同受力，但该结构防水效果较差。

从减少墙体水平位移和对附近建筑物影响来看，盖挖逆作法的效果最好。在软弱土层开挖时，侧压力较大，除以板作为墙体的支撑外，还需设置一定数量的临时支撑，并施加预应力。

3. 中间临时柱

中间临时柱在结构形成前是承受竖向荷载的主要受力构件，它能减少板的应力。盖挖顺作法大多采用在永久柱两侧单独设置临时柱的方法，而盖挖逆作法多使临时柱与永久柱合二为一。临时柱通常采用钢管柱或 H 型钢柱。柱下基础可采用桩基和条基。桩基多采用灌注桩。条基用于地质条件较好的地段，可通过暗挖小隧道来完成。

4. 土方挖运

土方挖运是控制逆作法施工进度的关键工序，开挖方案还直接影响板的模板形式及侧墙水平位移的大小。根据基坑的空间和地质条件，可选择人工挖运或小型挖掘机挖运。

盖挖法施工的土方，由明、暗挖两部分组成。条件许可时，从改善施工条件和缩短工期考虑应尽可能增加明挖土方量。一般是以顶板底面作为明、暗挖土方的分界线，这样可利用土模浇筑顶板。而在软弱土层，难以利用土模时，明挖土方可延续到顶板下，按要求架设支撑，立模浇筑顶板。

暗挖土方时应充分利用土台护脚支撑效应，采用中心挖槽法，即先挖出支撑设计位置土体，架设支撑，再挖两侧土体。暗挖时，材料机具运送、挖运的土方均通过临时出口。临时出口可单独设置或利用隧道的出入口和风道作为临时出口。

5. 混凝土施工缝的处理

盖挖逆作法施工时，结构的内衬墙及立柱是由上而下分段施作，施工缝一般多在立柱设 V 形接头、在内衬墙上设 L 形接头进行处理。施工缝的两种接头形式如图 2-25 所示。

根据结构对强度及防水的要求，有三种处理施工缝的方法可供选择，如图 2-26 所示。

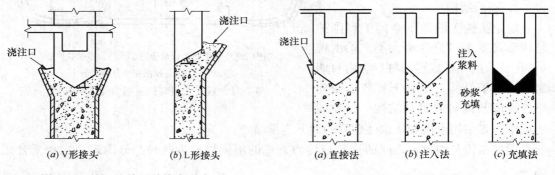

图 2-25　施工缝的两种接头形式　　　　　图 2-26　施工缝的处理

（1）直接法。在先浇混凝土的下面继续浇筑，浇筑口高出施工缝，利用混凝土的自重使其密实，对接缝处实行二次振捣，尽可能排出混凝土中的气体，增加其密实性。

（2）充填法。在先浇和后浇混凝土之间留一个充填接头带，清除浮浆后用膨胀的混凝土或砂浆充填。

（3）注入法。在先浇和后浇混凝土之间的缝隙压入水泥浆或环氧树脂使其密实。

2.3.3　沉管法

2.3.3.1　概述

沉管法最早于 1810 年在伦敦的泰晤士河修筑水底隧道时进行了试验研究，1894 年利用沉管法在美国波士顿正式建成一条城市排水隧道。1910 年，底特律水底铁路隧道的建成，标志着沉管法修建水底隧道技术的成熟。1959 年，加拿大迪斯（Deas）隧道采用水下压接法进行管段连接成功后，沉管隧道施工方法逐步在世界范围内得到应用。

虽然中国应用沉管法修建水底隧道起步较晚，但发展较快。1972 年，香港修建了我国第一条跨港沉管隧道，1984 年台湾地区修建了高雄海底隧道，1993 年在广州珠江建成了大陆第一条沉管隧道，1996 年在浙江宁波成功修建了甬江沉管隧道，这两条隧道都是我国自行设计和施工的，标志着我国在这一领域进入一个新的发展阶段。到 1997 年，全国建成有 8 条沉管隧道（其中香港 5 座，台湾地区 1 座）。进入 21 世纪，我国内地又有宁波常洪、杭州湾、上海外环路三条沉管隧道相继建成。近年港珠澳大桥和大连湾海底隧道等多座隧道均采用沉管法施工。

沉管法的优点是：①对地质水文条件适应能力强（施工较简单、地基荷载较小）；②可浅埋，与两岸道路衔接容易（无须长引道，线形较好）；③防水性能好（接头少，漏水概率降低，水力压接滴水不漏）；④施工工期短（管段预制与基槽开挖平行，浮运沉放较快）；⑤造价低（水下挖土与管段制作成本较低，短于盾构隧道）；⑥施工条件好（水下作业极少）；⑦可做成大断面多车道结构（盾构隧道一般为两车道）。

沉管法的缺点是：①管段制作混凝土工艺要求严格，需保证干舷与抗浮系数；②车道较多时，需增加沉管隧道的高度。导致压载混凝土量、浚挖土方量与沉管隧道引道结构工程量增加。

2.3.3.2　基本原理

沉管法的实质是在隧址附近修建的临时干坞内（或船厂船台）预制管段，用临时隔墙封闭，然后浮运到隧址规定位置，此时已于隧址处预先挖好水底基槽。待管段定位后灌水压载下沉到设计位置，将此管段与相邻管段水下连接，经基础处理并最后回填覆土即成为水底隧道。沉管法的实质如图 2-27 所示。

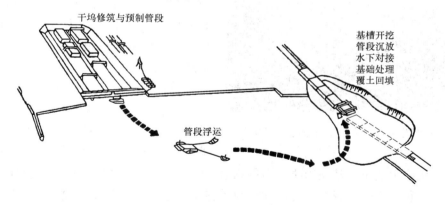

图 2-27　沉管法的实质

沉埋隧道由水底沉管、岸边通风竖井及明洞和明堑组成。沉埋隧道施工的主要施工程序如图 2-28 所示。其中管节制作、管段浮运、沉放、水下对接和基础处理的难度较大，是影响沉管隧道成败的关键工序。

2.3.3.3　施工要点

1. 管节制作

管节的预制是沉管隧道施工的关键项目之一，图 2-29 为广州生物岛—大学城沉管隧道管节预制，其关键技术包括：

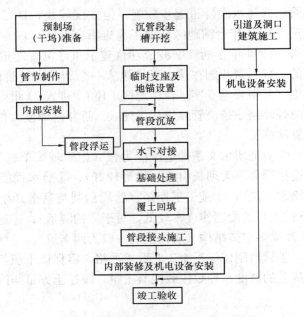

图 2-28　沉管隧道施工的主要施工程序

图 2-29　广州生物岛—大学城沉管隧道管节预制

（1）混凝土重度控制技术。混凝土重度与管节重量大小紧密相关，如果控制不当，可能造成管节无法起浮等问题，为了保证管节浮运的稳定性和干舷高度，必须对混凝土重度进行控制，措施包括配合比控制、计量衡器控制、配料控制、重度抽查等。

（2）几何尺寸误差控制。几何尺寸误差将引起浮运时管节的干舷及重心变化，进而增加浮运沉放的施工风险。特别是钢端壳的误差，会增加管段对接难度和质量，影响接头防水效果，甚至影响到整条隧道。因此，几何尺寸误差控制是管节预制施工技术的难点、重点之一。管节几何尺寸控制措施主要包括精确测量控制，模板体系控制，钢端壳控制。钢端壳采用二次安装消除安装误差。

（3）结构裂缝预防。管节混凝土裂缝的控制是沉管隧道施工成败的关键之一，也是保证隧道稳定运行的决定性因素，因此需要在所有施工环节对裂缝控制予以充分考虑。

（4）结构裂缝处理。虽然采取了一系列防裂措施，但管节裂缝是不可能避免的。出现裂缝后，应采取补救措施。首先对裂缝进行观察并认定裂缝的性质，依据其性质选用合理的方案补救。第一类为表面裂缝，可采用表面封堵方案处理；第二类为贯穿性裂缝，可采取化学灌浆方案处理。

2. 管段沉放

管段沉放作业分为初次下沉、靠拢下沉和着地下沉 3 个阶段进行。在沉放前，应对气象、水文条件等进行监测、预测，确保在安全条件下进行作业。图 2-30 为管段下沉作业步骤。

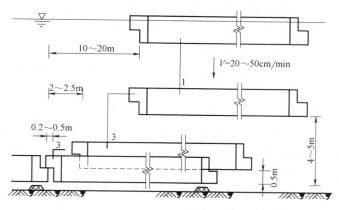

图 2-30　管段下沉作业步骤

3. 管段的水下对接

管段的水下对接采用水下压接法完成，即利用静水压力压缩 GINA 止水带，使其与被对接管段的端面形成密闭空间，产生隔水效果。水下对接的主要工序包括对位、拉合、压接内部连接、拆除端封墙等工序。

为了确保沉管隧道的各个管段能准确连接，需要建立测量系统和调整装置。测量系统包括引导管段到位和正确对接管段两个部分。为保证引导管段精准到位，在陆地上的工作人员可使用扫描式全站仪自动跟踪测量、定位控制塔上的棱镜，全站仪将管段的位置显示在屏幕上以指导指挥人员决策（进一步下沉或平面位置调整）。使管段正确对接的测量系统可采用超声波探测装置（水下三维系统）配合陆地上的引导系统，以及时掌握管段的绝对位置与状态（管段摆动与否），以及正沉放管段与已沉放管段之间的相对位置（端面间距离、方向，纵横断面的倾斜等），从而安全、正确并以最短时间实现管段的沉放与对接，避免沉放过程中管段碰撞和 GINA 橡胶止水带损伤等事故发生。超声波探测装置可自动测量管段端面之间的相互距离、水平和垂直偏移、管段倾斜，检测结果通过计算机处理后显示出图像，作为监控管段沉放的根据。最后对接时，还需潜水员大量、多次地检查，确认位置正确，保证沉放安全、成功。管段压舱水箱加减压舱水时，管内需要人工操作多个阀门，管段沉放开始之前管内人员必须全部离开，拉合管段并初步止水后，人员方可再进入管内进行水力压接，这是沉管隧道施工的安全要求，但实际操作很难做到。因管段沉放接近基槽底部时，通常周围水体重度会增加，管段负浮力会减小，这时需要施工人员进入管内进行操作增加压舱水。

4. 管段基础处理

沉管隧道基础设计与处理是沉管隧道特别是矩形沉管隧道的关键技术之一。沉管隧道基础沉降问题与一般地面建筑的情况截然不同。沉管隧道在基槽开挖、管段沉放、基础处理和最后回填覆土后，抗浮系数仅 1.1～1.2，作用在沟槽底面的荷载不会因设置沉管而增加，相反却有所减小。在沉管隧道沉管段中构筑人工基础，沉降问题一般不会发生。有些国家（如日本）明确规定，当地基容许承载力 $[R] \geqslant 20kN/m^2$，标准贯入度 $N \geqslant 1$ 时，不必构筑人工沉管基础。但是在沉管段基槽开挖时，无论采取何种挖泥设备，浚挖后沟槽底面总留有 15～50cm 的不平整度。沟槽底面与管段表面之间存在众多不规则的空隙，导致地基土受力不均匀，同时地基受力不均也会使管段结构受到较高的局部应力，以致开裂，因此，必须进行适当的基础处理，以消除这些有害空隙。

沉管隧道基础处理主要用于解决以下问题：（1）基槽开挖作业所造成的槽底不平整问题；（2）地基土特别软弱或软硬不均等工况；（3）考虑施工期间基槽回淤或流砂管涌等问题。

从沉管隧道基础发展来看，早期采用的是刮铺法（先铺法）。该方法是在疏浚地基沟槽后，在两边打桩并设立导轨，然后在沟槽上投放砂石，用刮铺机进行刮铺。它适用于底宽较小的钢壳圆形、八角形或花篮形管段。该法有不少缺点，特别是对矩形宽断面隧道不适用，而逐渐被淘汰，取而代之的是后填法。

后填法是将管段先沉放并支承于钢筋混凝土临时垫块上，再在管段底面与地基之间垫铺基础。后填法克服了刮铺法在管段底宽较大时施工困难的缺点，并随着沉管隧道的广泛应用，不断得到改进和发展。现有灌砂法、喷砂法、灌囊法和压注法，其中，压注法又分为压浆法和压砂法。

5. 管段防水设计

对沉管隧道来说，防水是一个非常重要的工程。沉管隧道的防水包括管段的防水和接头的密封防水。管段结构形式有圆形钢壳式和矩形钢筋混凝土式两大类，钢壳管节以钢壳为防水层，其防水性能的好坏取决于拼装成钢壳的焊缝质量。为了保证焊缝的防水质量，应对焊缝质量进行严密检查。钢筋混凝土管段的防水又包括管段混凝土结构的防水和接缝防水。自防水是沉管隧道防水的根本，对于混凝土管段来说，渗漏主要与裂缝的发展有关。因此，在提高混凝土抗渗等级的同时，要采用低水化热水泥并严格进行大体积混凝土浇筑的温升控制，将管段混凝土的结构裂缝和收缩裂缝控制在允许范围内。除了管段的自防水以外，管段外防水层的敷设通常也是很有必要的。

2.4 地下工程特殊施工工艺

2.4.1 气压室法

气压室法是把开挖洞段密封好，在进出口段布置气密室，从洞外进入气密室再进入洞内，要经两层密封门，洞内气压大于外压或大气压 12bar，气压室法实际上就是用这个超压来减少渗入洞中的水，也以此压力改善围岩稳定状况。采用气压室法要投入额外的设备投资，而且使用此法会使施工速度降低，所以气压室法通常只是在必须时采用。

2.4.2 冻结法

地下空间工程冻结法是在建筑施工中运用人工制冷技术，把待施工的地下空间工程周围一定范围内的含水不稳定岩土层冻结，使它形成封闭冻结壁，隔绝与地下水的联系，改变岩土性质，增加它的强度和稳定性，确保地下空间工程安全施工的方法。这种方法起源于建筑基础的土壤加固，现已被应用在矿建、地铁、水利、隧道等工程中。在地下水较多，施工困难时，也能运用冷冻法，以液氨注入地层，把隧道周围的土壤冻结起来，进行开挖。现在，冻结技术已广泛应用在特殊地层凿井，基坑和挡土墙加固，盾构隧道盾构进出洞周围土体加固，地铁、隧道联络通道及泵站施工，两段隧道地下对接时土体加固和工程事故处理等方面。

冻结法运用的是传统的氨压缩循环制冷技术。为形成冻结壁，在井筒周围由地面向地层钻一圈或数圈冻结孔，在孔内安装冻结器。冻结站制出的低温盐水（−28℃左右）在冻结器内循环流动，吸收周围地层的热量，形成冻土圆柱，并不断扩大交圈形成封闭的冻结壁，最终达到设计的厚度和强度。一般将上述这一时期叫作积极冻结期，而把掘进时维护冻结壁厚度的时期叫作消极冻结期。吸收地层热量的盐水，在盐水箱内把热量传给蒸发器中的液氨，变为饱和蒸气氨，再被压缩机压缩成过热蒸气进入冷凝器冷却。地热和压缩机做功出现的热量被传给冷却水，最后这些热量被传给大气。

冻结法施工具有如下优点：冻结法施工的适用范围较为广泛；施工的隔水性能较好；冻结法施工的冻结壁强度高；此法对所处地层扰动较小，控制地面沉降的能力强；按工程需要能灵活布置冻结孔和调节冷冻液的温度，随时增加和控制冻土壁的厚度及强度；冻土墙的连续性和均匀性较好；此法对地层污染程度较小。同时冻结法也存在施工周期与其他支护方法相比相对较长，设备较多，造价较高，冻胀融沉可能导致地面隆起等缺点。

冻结技术可分为竖向冻结技术、水平冻结技术和特殊工程冻结技术。一般根据隧道穿过岩层（土层）的工程地质与水文地质特征，按冻结深度、冷冻设备和施工队伍素质统筹确定冻结方案。冻结深度按照地质条件确定。冻结壁厚度取决于地压状况、冻土强度、变形特征、冻结壁暴露时间、掘进段高度及冻土温度。冻结孔设置通常由井筒断面、冻结深度、钻孔允许偏差和冻结壁厚度确定。测温孔按工程特点设置。

冻结法非常昂贵，非不得已，一般在施工中不采用。

2.4.3　定向钻进法

定向钻进法是从石油钻进技术中引入的，它适合的地层条件为砂土、粉土、黏性土、卵石等。在不开挖地表面条件下，它可广泛应用于供水、煤气、电力、电讯、天然气、石油等管线铺设施工。在施工时，根据入土点和出土点设计出穿越曲线，然后根据穿越曲线利用穿越钻机先钻出导向孔，再进行扩孔处理，回拖管线之后利用泥浆的护壁及润滑作用将已预制试压合格的管段进行回拖，完成管线的敷设施工。

定向钻进与导向钻进之间并没有严格的界限。在国际上通用的分类方法是将采用小型定向钻机施工的方法称之为"导向钻进"，常用于铺设管径较小，长度较短的管线；而将采用大中型定向钻机施工的方法称之为"定向钻进"，通常应用于大型工程，如穿越较大的河流、运河和高速公路的施工。

2.4.3.1　定向（导向）钻进施工法的基本原理

定向（导向）钻进施工法是将定向钻机设在地面上，在不开挖土壤的条件下，采用探测仪导向，控制钻杆钻头方向，满足设计轴线的要求，经多次扩孔，拖拉管道回拉就位，完成管道敷设的施工方法。

成孔方式有两种：干式和湿式。干式钻由挤压钻头、探头室和冲击锤组成，靠冲击挤压成孔，不排土。湿式钻由射流钻头和探头室组成，以高压射流切割土层，有时辅以顶驱式动力头以破碎大块卵石和硬土层。两种成孔方式均以斜面钻头来控制钻孔方向。

钻头轨迹的监视，一般由手持式地表探测器和孔底探头来实现，地表探测器接收孔底探头发出的信号（深度、顶角、工具面向角等参数），供操作人员掌握孔内情况，以便随时进行调整。

2.4.3.2 定向（导向）钻进法施工工序

定向（导向）钻进法的施工工序为：测量放线→导向孔轨迹设计→施工准备→钻机就位→钻导向孔→回拉扩孔→回拉铺设管道（拖管）。

1. 测量放线

根据施工要求的入土点和出土点坐标放出管线中心轴线，并根据要求进行导向孔轨迹设计。

2. 钻机就位

钻机就位前对施工场地进行平整（20～30m），保证设备通行及进出场顺利。通过测量确定好轴线后，根据入土点、入土角度并结合现场实际情况使钻机准确就位。钻机设备、泥浆设备、固控设备安装完成后，对其进行调试，确保导向孔的精度在规定范围内。

3. 钻导向孔

导向孔的钻进是整个定向（导向）钻进法施工的关键。为了确保出土位置达到设计要求，控向对穿越精度及工程成功与否至关重要，开钻前要仔细分析地质资料，确定控向方案，钻机手和导向仪操作手要重视每一个环节，认真分析各项参数，互相配合以钻出符合要求的导向孔，钻导向孔时要随时对照地质资料及仪表参数分析成孔情况。

4. 回拉扩孔

导向孔完成后进行回拉扩孔，首先将导向头卸下，装上一钻头，钻头孔径比孔洞大1.5倍，然后将钻头往回拖拉至初始位置，卸下该钻头，换上更大的钻头，来回数次，直到符合回拖管道的要求。回拉扩孔时的钻具组合为：钻杆＋扩孔器＋钻杆。预扩孔的次数主要由地层地质条件、回拖管线管径大小等来决定。地层硬度越大，扩孔次数越多；管径越大，扩孔次数也越多，最后扩孔直径一般到大约管径的1.3～1.5倍为止，保证管线能安全顺利地拖入孔中。

5. 回拉铺设管道（拖管）

管道回拖是穿越的最后一步，也是最为关键的一步。在回拖时采用的钻具组合为：钻杆＋扩孔器＋回拖万向节＋穿越管道。在回拖时要连续作业，避免因停工造成缩孔、塌孔，从而使回拖阻力增大，或发生"泥包"，如果回拖力太大，应采用助推器进行助推。回拖的管道要布置在穿越中心线上，尽量避免与出土的钻杆之间形成夹角，回拖前若地形较平，可沿管线挖"发送沟"，并在"发送沟"中灌入水，然后将管线放入"发送沟"内。当管线管径小时，可直接将焊接的管线放在滚轮架上，以便回拖时减少摩擦力，保护管道。当回拖的管道管径大时，回拖前根据出土角的大小沿钻杆开挖出土斜坡，以利于管线按出土角度回拖入孔中。

2.4.4 顶管法

长距离顶管属于非开挖管线工程施工技术，长距离顶管的施工程序是：先在管道的一端挖掘工作坑（井），在其内安装顶进设备，并将管道顶入土层，边顶进边挖土，将管段逐节顶入土层内，直到顶至设计长度为止。图 2-31 为顶管法施工示意图。

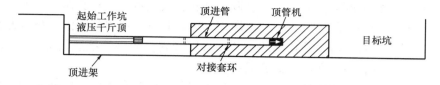

图 2-31　顶管法施工示意图

2.4.4.1　顶管施工的基本设备

顶管施工的基本设备主要包括管段前端的工具管，后部顶进设备及贯穿前后的出泥与气压设备，此外还有通风照明等设施。工具管是长距离顶管的关键设备。

2.4.4.2　顶管施工的关键技术与措施

长距离顶管的关键技术：

（1）顶力问题。顶管的顶力随着顶进长度的增加需不断增加，但是又受到管道强度的限制，不能无限增加，因此普通顶管法的顶进距离受到限制。所以长距离顶管必须解决施加的顶力在管道强度允许范围内的问题。目前有两种方法：即采用润滑剂减阻和中继接力技术。

（2）方向控制。管段能否按设计轴线顶进，这是决定长距离顶管成败的关键之一。顶进方向失控，会导致管道弯曲，顶力急骤增加，顶进困难，工程无法有效地开展。因此，必须有一套能准确控制管段顶进方向的导向机构。在上海基础工程公司的顶管系统中，采用三段双铰工具管来有效地控制顶管方向。

（3）制止正面坍方。坍方危及地面建筑物，使管道方向失去控制，导致管道受力情况恶化，给施工带来许多困难。在深层顶管中，制止正面坍方的问题实际上是解决地下水的问题。

为了解决上述关键难题，在长距离顶管中主要采用的技术措施如下：

（1）穿墙。从打开穿墙管闷板，将工具管顶出井外，到安装好穿墙止水，这一过程通称穿墙。穿墙是顶管施工的主要工序，因为穿墙后工具管方向的准确程度将会给以后管道的方向控制和管道拼接工作带来影响。穿墙时应注意，应在墙管内事先填满经过夯实的黄黏土，以免地下水和土大量涌入工作井，打开穿墙管闷板后，应立刻将工具顶进。

（2）纠偏与导向。顶管必须按照设计轴向顶进，应控制顶进时的方向和高程，若发现偏差，必须纠偏。以往纠偏工作是当管道头部偏离了轴线后才进行，但这时管道已经产生了偏差，因此管轴线难免有较大的弯曲。管道偏离轴线，其中一个主要原因是顶力不平衡。如果事先能消除不平衡外力，就能更好地防止管道的偏位。

（3）局部气压。顶管在流砂层和流塑状态的土层顶进时，有时因正面挤压力不足以阻止坍方，则易产生正面坍方，出泥量增加，造成地面沉降，管轴线弯曲，给纠偏带来困难，而且还会破坏泥浆减阻效果。为解决这类问题，局部气压的大小一般视具体情况而定。

（4）触变泥浆减阻。为减少长距离顶管中的管壁四周摩阻力，在管壁外压注触变泥浆，形成一定厚度的泥浆套，使顶管在泥浆套中顶进，以减少阻力。

（5）中继接力顶进。在长距离顶管中，只采用触变泥浆减阻这个单一措施仍显不够，还需采用中继接力顶进，也就是在管道中设置中继环，从而解决顶力不足的问题。

2.4.4.3　气动夯管锤铺管施工

气动夯管锤实质上是一个低频、大冲击功的气动冲击器，由压缩空气驱动，可将要铺设的钢管沿设计路线直接夯入地层，从而实现非开挖穿越铺管的一种铺管工具。在夯管过程中，夯管锤产生很大的冲击力，并通过调节锥套、出土器和夯管头作用于钢管后端，再通过钢管传递到前端的切削头（管鞋）上切割土体，并克服地层与管体的摩擦力使钢管不断进入土层。随着钢管前行，被切割的土芯进入钢管内。待钢管抵达目标后，取下管鞋，排出管中的土芯，钢管留在孔内，即完成铺管。

气动夯管锤铺管具有如下特点：适用于除岩层以外的所有地层；以冲击方式将管道夯入底层，且可击碎障碍物，因此具有较好的铺管精度；在夯击过程中除了部分土体被排出之外，其他均进入管内，因此对地表的影响较小；铺管长度较短，材料必须是钢管；投资和施工成本低，施工进度快。

气动夯管锤铺管的一般施工程序如下：

1. 测量放样

根据施工设计和工程勘察结果，在施工现场地表规划出管道中心线、下管坑位置、目标坑位置和地表设备的停放位置。放样以后须经过复核，在工程有关各方没有异议以后即可进行下步施工。

2. 准备钢管、设备进场

气动夯管锤铺管用钢管在壁厚上有一定的要求，在达不到要求时，钢管端部和接缝处需加强，以防被打裂。钢管要求防腐时，应在施工前做好防腐层。为防止防腐层在夯管过程中损坏，最好采用玻璃钢防腐，也可用三油两布沥青、环氧树脂等材料防腐。进场设备主要包括空压机、电焊机、夯管锤及配套机具。

3. 工作坑构筑

工作坑包括下管坑和目标坑。应在正式施工前按设计要求开挖。一般下管坑坑底长为：管段长度＋夯管锤长度＋1m，坑底宽为：管径＋1m。接收坑坑底可挖成正方形，其边长为：管径＋1m。

4. 机械安装

以上各项工作准备好以后即可进行机械安装。先在下管坑内安装导轨（短距离穿越铺管可以不用导轨），调整好导轨的位置，然后将管置于导轨上。在钢管进入地层的一端焊上切削头。如需注浆，还需在切削头后焊上注浆喷头，并连接好注浆系统。用张紧器将夯管锤、调整锥套、出土器、夯管头和待铺钢管连在一起，使其成为一个整体。将夯管锤的进风管通过管路系统与空压机相连接。

5. 夯管

启动空压机，开启送风阀，夯管锤即开始工作，徐徐地将钢管夯入地层。在第一根管段进入地层以前，夯管锤工作时钢管容易在导轨上来回窜动，此时应利用送风阀控制工作风量，使钢管平稳地进入地层。第一段钢管对后续钢管起导向作用，其偏差对铺管精度影响极大。一般在第一段钢管进入地层的长度为3倍管径长度时，要对其偏差进行检测，并及时调整，在继续夯入一段后重复测量和调整一次，直至符合要求为止。钢管进入地层3～4m后可逐渐加大工作风量至正常值。

6. 下管、焊接

当前管段不能使管道到达目标坑时，还需下入下一管段。将夯管锤和出土器等从钢管端部卸下并沿着导轨移到下管坑的后部，将下一管段置于导轨上，并调到与前一管段成一直线。管段间一般采用手工电弧焊接，焊缝要焊牢焊透，管壁太薄时焊缝处应用筋板加强，以提供足够的强度来承受夯管时的冲击力。要求防腐的管道，焊缝还需进行防腐处理。采用了注浆措施的管道，还须加接注浆用管。然后继续夯管，直至将全部管道夯入地层为止。

　　7. 清土、恢复现场

　　夯管结束后须将钢管内的存土清除出去。常用的清土方法有压气排土法、螺旋钻排土法和人工清土法。压气排土法最简单，适用于非进入管道。其做法是：将管的一端掏 0.5～1m 深，将清土球置于管内，用封盖封住管端，向管内注入适量的水，然后连接送风管道，送入压缩空气，管内土芯即在空气压力作用下排出管外。使用此法应注意安全，土芯的迅速排出对附近的物品和人员可能造成损害。螺旋钻排土法和人工清土法一般都用于较大直径管道。清土工作完成后，还应按有关规定回填工作坑，清理现场，撤出机械设备。至此铺管工程结束。

复习思考题

　　1. 盾构机的掘进模式有哪些？它们的适用地层分别是什么？

　　2. 铣挖法施工的施工工序有哪些？

　　3. 矿山法的开挖方法有哪些？每一种方法的开挖及支护顺序是什么？

　　4. 新奥法施工的三大支柱是什么？

　　5. 明挖法的施工技术方式有哪些？

　　6. 管段预制作为沉管隧道施工的重要环节，涉及的关键技术有哪些？

　　7. 地下工程的特殊施工工艺主要有哪些？

参　考　文　献

[1]　张厚美. 盾构隧道的理论研究与施工实践[M]. 北京：中国建筑工业出版社，2010.

[2]　王允恭. 逆作法设计施工与实例[M]. 北京：中国建筑工业出版社，2011.

[3]　闫富有. 地下工程施工（第 2 版）[M]. 郑州：黄河水利出版社，2018.

[4]　冯家泽. 浅谈盾构法的施工技术[J]. 中国新技术新产品，2012(7)：50.

[5]　张维国. 浅谈盾构法施工工艺的发展[J]. 中国工程咨询，2012(1)：46-7.

[6]　赵恒政，杨敬仁. 导向钻进法的施工工艺及质量控制要点[J]. 现代冶金，2010，38(6)：64-65.

[7]　孙章平. 铣挖法在引洮二期工程软岩隧洞中的应用[J]. 陕西水利，2019(9)：151-152+155.

[8]　孙鹏宇. 采用铣挖及配套技术开挖隧道方法探讨[J]. 铁路工程技术与经济，2018，33(1)：23-25.

[9]　李德柱. 隧道铣挖法在建筑群下掘进施工技术[J]. 价值工程，2019，38(1)：105-108.

[10]　李非桃. 城市地下道路明挖与盾构工法对比分析[J]. 城市道桥与防洪，2022(11)：145-151+20.

[11]　赵欠南，叶欣欣. 地铁车站主体结构明挖法施工技术分析[J]. 工程技术研究，2021，6(8)：108-109.

[12]　刘小琦，张宇明. 地铁车站明挖基坑施工技术研究[J]. 工程建设与设计，2022(22)：133-135.

[13]　余进，梁建，何力强，等. 三臂凿岩台车在隧道开挖施工中的应用研究[J]. 西部交通科技，2022(11)：123-126.

第3章　新型模板与脚手架施工技术

3.1　清水混凝土与早拆模板施工技术

3.1.1　清水混凝土模板

清水混凝土是直接利用混凝土成型后的自然质感作为饰面效果的混凝土（图 3-1、图 3-2），可分为普通清水混凝土、饰面清水混凝土和装饰清水混凝土。普通清水混凝土是指表面颜色无明显色差，对饰面效果无特殊要求的清水混凝土。饰面清水混凝土是指表面颜色基本一致，由有规律排列的对拉螺栓孔、明缝、蝉缝、假孔等组合形成的，以自然质感为饰面效果的清水混凝土。装饰清水混凝土是指表面形成装饰图案，镶嵌装饰片或彩色的清水混凝土。

图 3-1　贵州轻工职业技术学院图书馆　　　　图 3-2　长沙谢子龙影像艺术馆

清水混凝土模板是按照清水混凝土要求进行设计加工的模板。根据《清水混凝土应用技术规程》JGJ 169—2009 规定，设计时根据结构外形尺寸要求及外观质量要求，进行模板选择，普通清水混凝土可以选择全钢组合型模板、铝合金模板、钢（铝）框胶合板模板等，饰面清水混凝土可以选择钢框木胶合板模板、不锈钢贴面模板等，装饰清水混凝土可以选择聚氨酯作内衬图案的模板、全钢装饰模板、铸铝装饰模板等。

3.1.1.1　清水混凝土模板技术要求

清水混凝土表面质量的最终效果主要取决于清水混凝土模板的设计、加工、安装和节点细部处理。因此，对于清水混凝土模板应有平整度、光洁度、拼缝、孔眼、线条与装饰图案的要求。根据清水混凝土的饰面要求和质量要求，清水混凝土模板更应重视模板选型、模板分块、面板分割、对拉螺栓的排列和模板表面平整度等技术指标。

模板设计前应先根据建筑师的要求对清水混凝土工程进行全面深化设计，设计出清水混凝土外观效果图，妥善解决好对饰面效果产生影响的关键问题，如：明缝、对拉螺栓孔、施工缝、后浇带的处理等。然后根据设置合理，均匀对称，长宽比例协调的原则设计模板，确定模板分块、面板分割尺寸。

模板安装前应核对清水混凝土模板的数量与编号，复核模板控制线；检查装饰条、内衬模的稳固性，确保隔离剂涂刷均匀。吊装模板时必须有专人指挥，模板起吊应平稳，吊装过程中，必须慢起轻放，严禁碰撞；入模和出模过程中，必须采用牵引措施，以保护面板。模板的安装应根据模板编号有序进行，并保证明缝与隙缝的垂直度与交圈。模板安装时应遵循先内侧、后外侧，先横墙、后纵墙，先角模、后墙模的原则。混凝土达到规定强度即可进行拆模，拆除过程中要加强对清水混凝土特别是对螺栓孔的保护；拆模后，应立即对模板进行清理，对变形与损坏的部位进行修整，并均匀涂刷隔离剂，吊至存放处备用。

常规造型的构件一般选用钢木模板体系，其清水成型质量相对较好。对于结构造型复杂的构件较多选用全钢组合型模板，无论哪种模板均需能够满足清水混凝土外观质量要求，且具有足够的强度、刚度和稳定性。模板体系要求拼缝严，规格尺寸准确，便于组装和拆除，能满足周转使用次数要求。清水混凝土模板实例如图 3-3 所示。

(a) 钢框木模　　　　　　　　　　　　(b) 全钢模板

图 3-3　清水混凝土模板实例

3.1.1.2　清水混凝土模板类型

普通清水混凝土由于对饰面和质量要求较低，可以选择钢模板，要求面板板边必须铣边。不同的普通清水混凝土模板及拆模后的普通清水混凝土效果如图 3-4、图 3-5 所示。

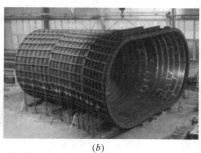
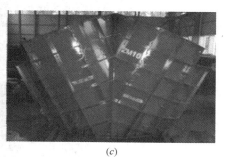

(a)　　　　　　　　　　(b)　　　　　　　　　　(c)

图 3-4　普通清水混凝土模板

饰面清水混凝土模板（图 3-6）体系由面板、竖肋、背楞、边框、斜撑、挑架组成。面板采用自攻螺钉从背面与竖肋固定，竖肋与背楞通过 U 形卡扣连接（图 3-7），相邻模板间连接采用模板夹具（图 3-8），面板上的穿墙孔采用护孔套保护（图 3-9）。拼装完的

(a) (b) (c)

图 3-5 拆模后的普通清水混凝土效果

梁模板如图 3-10 所示，完工后的饰面清水混凝土效果如图 3-11 所示。

图 3-6 饰面清水混凝土模板实例　　　　图 3-7 U 形卡扣

图 3-8 模板夹具　　　　图 3-9 护孔套与堵头

图 3-10 拼装完的梁模板　　　　图 3-11 完工后的饰面清水饰面混凝土

装饰清水混凝土模板体系由模板基层和带装饰图案的聚氨酯内衬模组成，模板基层可以使用普通清水混凝土模板和饰面混凝土模板，各种装饰图案的聚氨酯内衬模如图 3-12 所示。

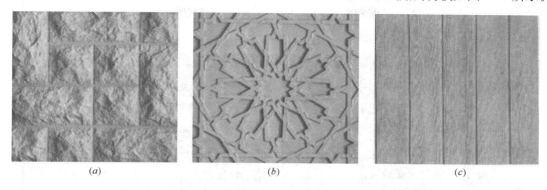

(a)　　　　　　　　　　　(b)　　　　　　　　　　　(c)

图 3-12　各种装饰图案的聚氨酯内衬模

聚氨酯内衬模技术是利用混凝土的可塑性，在混凝土浇筑成型时，通过特制衬模的拓印，使其形成具有一定质感、线形或花饰等饰面效果的清水混凝土或清水混凝土预制挂板。该技术广泛应用于桥梁饰面造型及清水混凝土预制挂板上，装饰清水混凝土成型后效果如图 3-13 所示。

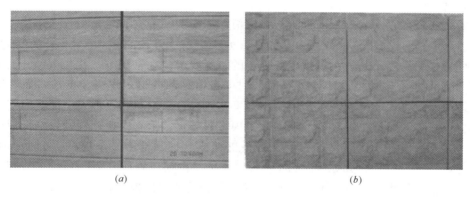

(a)　　　　　　　　　　　　　　　(b)

图 3-13　装饰清水混凝土成型后效果

清水钢框木模体系经过合理的分缝设计，一般可周转数次，能够大幅降低成本。常规造型的建筑使用清水混凝土模板，其工期比传统施工方法的工期短，能够节约人工和设备购置或租赁的费用。清水混凝土因不需要表面的抹灰，刷涂料等装饰工序，减少了可能存在污染的各类涂料的使用，保证了清水混凝土的环保性，减少了建筑垃圾，社会效益良好。清水混凝土因其独特的施工特征，要求其具有严格的施工标准，需要对施工过程中的每道工序、每个环节进行严格的操作，这样能切实有效地全面提升施工的质量。

3.1.1.3　工程应用

清水混凝土模板可广泛用于体育场馆、候机楼、车站、码头、剧场、展览馆、写字楼、住宅楼、科研楼、学校、桥梁、筒仓、高耸构筑物等。张家港金港文化中心、上海保利大剧院、漕河泾新洲大楼、西岸龙美术馆等项目均成功应用该技术。

张家港金港文化中心项目（图 3-14），总用地面积达 88000m²，总建筑面积 32199m²，地下 1 层，地上 3 层，总高度 17.3m，框架剪力墙结构，项目是集文化馆、少年宫、图书馆、健身馆、美术馆、档案馆、广场壳体及休息亭等多功能为一体的综合文化建筑群。该工程最大的特点是大量采用双曲异形清水混凝土构件，清水混凝土总面积达 58000m^2，是国内结构最复杂的清水混凝土项目之一。

 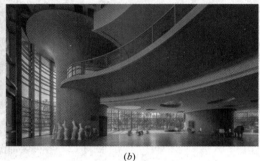

(a)　　　　　　　　　　　　　　　　　　　(b)

图 3-14　张家港金港文化中心

3.1.2　早拆模板

3.1.2.1　概述

早拆模板技术是为实现提前拆除楼板模板而采用的一种支模装置和方法，其工作原理就是"拆板不拆柱"，拆模时使原设计的楼板处于短跨（立柱间距小于 2m）的受力状态，即保持楼板模板跨度不超过相关规范所规定的跨度要求。在常温下，楼板混凝土浇筑 2～4d 后，当混凝土强度达到设计强度的 50% 时即可拆除部分楼板模板及支撑，而柱间、立柱及可调支座仍保持支撑状态。当混凝土强度达到设计要求时，再拆去全部竖向支撑。

早拆模板体系可以加速模板周转，减少模板置备量，节省模板购置费，降低模板施工费用，许多国家都在积极采用和发展在各种支架或支柱顶部增设早拆柱头的早拆模板技术。国外常见的早拆模板如德国 PERI 模板公司的早拆模板体系（图 3-15）、奥地利 Doka 公司的早拆模板体系（图 3-16）、西班牙 ULMA 公司的早拆模板体系（图 3-17）、意大利 Faresin 公司的早拆模板体系（图 3-18）、加拿大 Aluma 公司的早拆模板体系（图 3-19）、土耳其 Teknik 公司的早拆模板体系（图 3-20）等。

图 3-15　PERI 早拆模板体系　　　　　　图 3-16　Doka 早拆模板体系

图 3-17　ULMA 早拆模板体系

图 3-18　Faresin 早拆模板体系

图 3-19　Aluma 早拆模板体系

图 3-20　Teknik 早拆模板体系

　　加拿大 TABLA 脚手架公司研发的 TABLA 早拆模板技术（图 3-21、图 3-22）是当今国际上技术最先进，效率最高，最安全可靠的早拆模板技术。由于采用了桌面化的设计，让模板搭拆变得像搭设积木一样简单，通过特殊的设计和产品制造，形成了独特的刚性板面结构，90％的模板组装工作在地面上实现，然后再进行空间组装，同时安全防护设施随模板一起到达模板安装层，有效保证了结构的安全可靠性和施工安全性，同时大大提高了工效，两个普通工人就能方便快捷地进行模板安装。一般熟练工人每小时能安装模板 $31m^2$（约 11 块模板），能拆除模板 $57m^2$（约 20 块模板）。

图 3-21　TABLA 早拆柱头

图 3-22　TABLA 早拆模板

　　国外各国早拆模板体系的支柱大多采用钢支柱或铝合金支柱，这种方法的优点是：装拆方便，施工速度快，施工空间大，施工方便、安全、节省材料，经济效益更显著。

我国早拆模板技术最早应用于 20 世纪 80 年代末，由北新施工技术研究所及广东得力模板脚手架发展公司开发的 SP—70 早拆模板体系（图 3-23），该体系的特点是装拆简单、工效高、速度快，但存在通用性差，造价高的不足。20 世纪 90 年代初，北京市建筑工程研究院研发了 MZ 门架式早拆模板体系，面板采用 GZB-90 型钢框胶合板模板，支撑采用 GZM 门架支撑，横梁采用 GZL 支承梁，在北京、广东、河北、山西等多个省市中大量应用，取得了良好的效果。北京正鼎通立科技有限公司研发了 DL 型早拆模板体系，该技术的早拆柱头采用螺杆与滑动结合的柱头，这种早拆柱头能满足各种类型的模板和横梁的要求，支撑系统采用插卡式支架。TLC 插卡型模板早拆体系是由北京市泰利城建筑技术发展中心研制开发的"插卡型多功能脚手架"与"可调型组装式模板早拆柱头"（图 3-24）组成的模板早拆支架，配以普通的钢楞及模板而形成的一种模板早拆体系。该模板早拆体系可适用于高层、超高层、多层住宅及公用建筑的楼板；框架结构建筑的梁、楼板；桥、涵等市政工程的结构顶板模板的施工。QLF 承插式早拆支撑体系由北京群力发科技开发有限公司研发，立杆为竖向受力杆件，通过横杆拉接组成支架（图 3-25），早拆柱头（图 3-26）大丝杠插入支架立杆上部的管中，形成模板早拆支架，钢楞骨放在早拆柱头托架上，其上铺设模板而形成新型早拆、快拆体系。

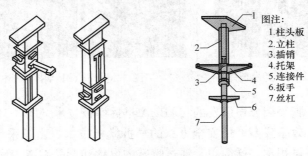

图注：
1. 柱头板
2. 立柱
3. 插销
4. 托架
5. 连接件
6. 扳手
7. 丝杠

图 3-23　SP—70 早拆模板体系　　图 3-24　TLC 插卡型模板早拆柱头

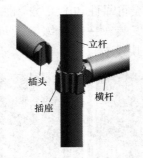

图 3-25　QLF 承插式早拆支撑体系　　图 3-26　新型建筑快拆支架

3.1.2.2　主要技术内容

早拆模板体系由模板、支撑系统、早拆柱头、横梁和可调底座等组成。模板可使用 15～18mm 厚覆膜木胶合板或 12～15mm 覆膜竹胶合板、钢（铝）框胶合板模板、组合钢模板、铝合金模板、塑料模板。支撑系统可采用钢支柱、承插式支架、门式支架、扣件式钢管支架。早拆柱头是早拆模板体系中实现模板及横梁早拆的关键部件，按其结构形式可分为螺杆式早拆柱头、滑动式早拆柱头和螺杆与滑动相结合的早拆柱头三种形式。横梁根据工程需要和现场实际情况，选用 ϕ48mm 钢管、[8 或 [10 槽钢、矩形钢管、箱形钢梁、木工字梁、钢木组合梁、木方、桁架等。

设计时应根据工程结构设计图进行配模设计，绘制模板工程施工图，包括模板和支撑系统平面布置图、剖面图、节点大样图等，明确模板早拆后保留养护支撑的平面位置。根据选用的模板、支撑、横梁、房间结构尺寸及有关计算数据，计算出所需的模板、支撑和横梁的规格与数量，并对模板、支撑的刚度和强度进行验算。

早拆模板施工的技术内容如下：早拆模板安装前要对工人进行技术交底，按照模板工程施工图放线，在放线的交点处安放支撑、早拆柱头、早拆托架等，然后放上横梁，并将横梁调整到所需位置。横梁就位后，从一侧开始铺设模板，并随时调整柱头高度。铺装完毕后，模板上应涂刷隔离剂，板缝处贴胶带防止漏浆。并进行模板检查验收。混凝土强度达到拆模规定时即可拆模，按照模板工程施工图保留部分立杆和早拆柱头。保留的立杆和早拆柱头应在混凝土强度达到正常拆模时间后再进行拆除。拆除模板时，严禁将保留的立杆拆除后再支顶。拆除模板时必须从一侧或一端开始拆除，拆除的模板、横梁和立杆等应及时运走，严禁大面积拆除后再搬运。早拆铝合金模板拆除流程如图 3-27 所示。

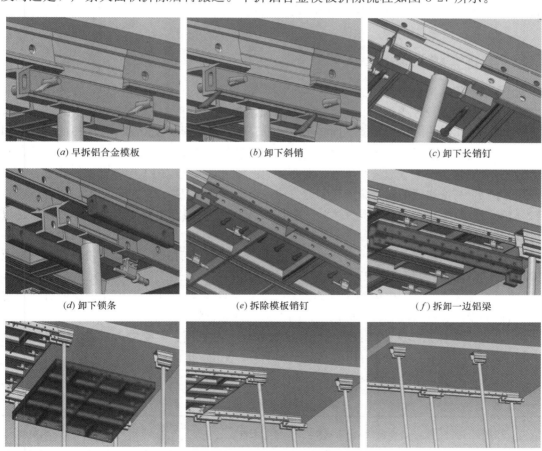

(a) 早拆铝合金模板　　　　　(b) 卸下斜销　　　　　(c) 卸下长销钉

(d) 卸下锁条　　　　　(e) 拆除模板销钉　　　　　(f) 拆卸一边铝梁

(g) 拆卸铝模板　　　　　(h) 逐块拆除剩余模板　　　　　(i) 拆除剩余铝梁

图 3-27　早拆铝合金模板早拆施工流程

3.1.2.3 工程应用

早拆模板技术可用于各种类型的公共建筑、住宅建筑的楼板和梁，剪力墙结构、框架剪力墙结构、框架结构等建筑的楼板和梁，以及桥梁和涵洞等市政工程的结构顶板模板施工。由于早拆模板技术的支撑系统构造简单，具有施工效率高，可用人工搬运，可提前拆模等优点，并且早拆模板技术可在施工企业原有模板和支撑的基础上，仅购置早拆柱头，便可改革现有的模板体系，提高原有模板的使用效果和速度，因此，该项技术具有广泛的应用和发展前景。

北京亚运村五洲大酒店工程采用 SP—70 型钢框胶合板模板和早拆模板体系，施工速度达到每月 4 层，配模量仅为组合钢模板的 1/3，节约模板投资 25 万元，节约钢材千余吨。广东国际大厦工程采用 SP—70 型钢框胶合板模板和早拆模板体系，达到 6 天一层的施工速度，节约模板投资 35％以上。鞍山环球大酒店工程采用组合钢模板和早拆模板体系，节约了一次性投资 11.25 万元，节约钢材 89.36t，装拆工效提高 2 倍多，节约人工费 2.2 万元，提前工期 19d，总经济效益 46.98 万元。在南京国际博览中心三期工程中，中建八局和江苏速捷模架科技有限公司合作，开展了基于盘扣架的早拆模板体系的相关研究和实际运用，进行大面积厚度为 400mm 和 500mm 的空心板地下室顶板的支模施工，该方法使用效果良好，节省了模板支架用量，加快了工期。

3.2 铝合金模板技术

铝合金模板系统自 1962 年在美国诞生以来，已经有近 50 年的应用历史，在美国、加拿大等发达国家，以及像墨西哥、巴西、马来西亚、韩国、印度这样的新兴工业国家的建筑中，均得到了广泛的应用。各国在推广使用的过程中，也积累了大量铝合金模板的设计、制造、应用和施工经验。在金融海啸前，美国每年的铝合金模板市场规模大约有 1 亿美元，被当地四五家铝合金模板制造公司瓜分。墨西哥的保障房亦大量应用了铝合金模板技术，其中一家总部位于哥伦比亚的铝合金模板制造公司，在墨西哥福克斯总统的任期内，铝合金模板技术就参与建造了超过 100 万套保障房。韩国在 2000 年以前，主要使用胶合板，至今超过 80％的高层住宅楼施工采用铝合金模板技术。在我国，铝合金模板是由志特公司最早研发并推广应用的一种新型绿色建筑产品，铝合金模板产品的开发与应用，掀起了一场建筑模板节能减排的"革命"，因其具有施工周期短、平均使用成本低、施工方便、稳定性好、混凝土拆模效果好等优点，在国内得到了迅速推广。2019 年以来，占据市场较大份额的有辽宁忠旺、谊科铝模、志特、晟通、广亚铝模、同力德、昌宜等企业。

铝合金模板体系模板由墙柱模板、楼面板模板、梁底模、梁侧模、角模、模板连接销以及铝梁等构件组成。这些构件均由铝合金型材或型钢焊接而成。

相比传统模板，铝合金模板具有较好的经济技术特性（表 3-1）。

铝合金模板与传统模板经济技术分析表　　　　　　　　　　　　　　表 3-1

项目	铝合金模板	组合钢模板	全钢大模板	重型钢框胶合板模板	轻型钢框胶合板模板	木模版
面板材料	3～4mm厚铝型材	2.3～2.5mm厚钢板	5～6mm厚钢板	18mm厚覆膜胶合板	15mm厚覆膜胶合板	18mm厚胶合板

续表

项目	铝合金模板	组合钢模板	全钢大模板	重型钢框胶合板模板	轻型钢框胶合板模板	木模版
模板厚度（mm）	65	65	86	120	120	18
模板重量（kg）	25～27	35～40	80～85	56～68	40～42	10.5
承载力（kN/m²）	60	30	60	60	50	30
使用次数（次）	200	100	200	100 每使用 25 次换一次面板	100	5～8
施工难度	易	较易	难	难	易	易
维护费用	低	较低	较高	低	较高	低
施工效率	高	低	较高	低	较高	低
应用范围	墙、柱、梁、板、桥梁	墙、柱、梁、板	墙	墙、柱、梁、板、桥梁	墙、柱、梁、板、桥梁	墙、柱、梁、板
混凝土表面质量	平整光洁，达到清水混凝土要求	表面粗糙，精度不高	达到普通光洁要求	平整光洁，达到清水混凝土要求	平整光洁，达到清水混凝土要求	表面粗糙
回收价值	高	中	中	低	低	低
对吊装机械的要求	不依赖	依赖	依赖	依赖	不依赖	依赖

3.2.1　铝框木模板体系

铝框木模板作为一种新型的建筑模板施工技术，是铝合金模板在实际应用中所演变而来的新型技术，该项技术集成了铝合金模板的各项优势，主要是以铝合金型材作为背楞，竹胶板作为饰面的组合型模板。由于铝框木模板在实际应用中具重量轻，周转次数高，混凝土成品表面质量好等显著优势，在当今建筑工程中的应用十分广泛。

铝框木模板体系（图 3-28）由模板系统、支撑系统、紧固系统、配件系统等几部分组成，支撑架体由可调钢支撑、加高节和顶托自下而上连接而成，模板系统包括由固定连接件组拼连接的墙体模板、柱模板、顶板模板、梁侧模板和梁底模板，配件为全铝连接件。

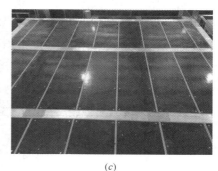

(a)　　　　　　　　　(b)　　　　　　　　　(c)

图 3-28　铝框木模板系统

铝框木模板施工技术较其他同类型施工技术的施工周期相对短，模板拼装、拆除操作简单，搬运不用依赖塔式起重机，模板加工制作后需要在工厂进行预拼装，质量易于控制。铝框木模板无须现场加工，周转次数多，且报废材料可回收，符合绿色、环保要求。同时，铝框木模板能够较好地控制和降低建造成本。

铝框木模板施工技术适用于重复性较强的高层建筑标准层施工项目，特别适合施工高层住宅建筑。武汉精武路项目 T5 塔楼项目（图 3-29）在 6 个非标准层施工时，均采用了铝框木模板施工技术，不仅提高了施工效率，而且节约了施工成本，符合绿色施工的目标。

图 3-29　武汉精武路项目 T5 塔楼

3.2.2　工具式铝合金模板

工具式铝合金模板体系是根据工程建筑和结构施工图纸，经定型化设计和工业化加工定制完成所需要的标准尺寸模板构件与实际工程配套使用的非标准构件。首先按设计图纸在工厂完成预拼装，满足工程要求后，对所有模板构件分区、分单元分类并作相应标记。模板材料运至现场，按模板编号"对号入座"分别安装。安装就位后，利用可调斜支撑调整模板的垂直度，利用竖向可调支撑调整模板的水平标高，利用穿墙对拉螺杆及背楞，保证模板体系的刚度及整体稳定性。在混凝土强度达到拆模强度后，保留竖向支撑，按顺序对墙模板、梁侧模板及楼面模板进行拆除，迅速进入下一层循环施工。工具式铝合金模板如图 3-30 所示。

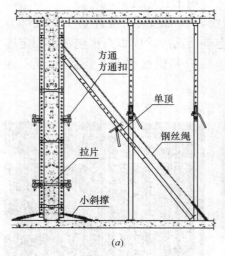

（a）

（b）

图 3-30　工具式铝合金模板系统示意图

钢筋混凝土楼面板及梁的建筑铝模板、支撑系统的主要构件是由楼顶板（D），龙骨梁（EB、MB），顶板支撑（DP），墙边顶角（SL）和拉条（BB）组成，如图 3-31 所示。铝模板材料性能应符合《铝合金建筑型材 第 1 部分：基材》GB/T 5237.1—2017 的相关规定。铝合金模板体系构造简图如图 3-31 所示。

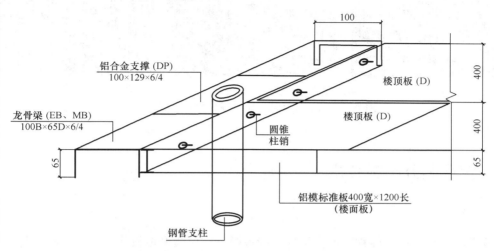

图 3-31 铝合金模板体系构造简图（尺寸单位：mm）

在铝合金模板安装前应按照图纸进行测量放线，并与模板体系布置图进行复核，以确保铝合金模板安装准确，并在施工过程中注意复核。钢筋工程及预埋管线安装完成后，进行剪力墙、柱的模板安装。剪力墙模板安装时应先从转角处开始，依次安装。墙柱模板安装并加固完成后，进行梁、楼板铝合金模板的安装。梁模板先安装梁底模板及梁支撑头、杆件，再安装梁侧面模板；楼板模板从墙转角处开始安装，依次展开安装，并及时安装横梁、板支撑头及支撑杆件，与梁侧模板上端头连接；再进行模板、杆件加固及对模板进行微调，确保模板安装的水平度；最后对楼板模板涂抹脱模剂。考虑铝合金模板的周转，在有连续垂直模板的部位，如电梯井、外墙面等部位需要安装平模外围护板作为上一层垂直模板的连接组件，即上一层剪力墙外侧模板安装的起始点，因此须用平模外围护板将楼板围成封闭的一周。

混凝土强度达到规范规定的强度后，经检验后方可进行拆模。模板的拆除顺序按照模板的设计进行，遵循相同类型模板"先支后拆，后支先拆"的原则，先拆除非承重模板，后拆除承重模板的原则依次拆除。在铝合金模板拆除后应尽快进行清理工作，并通过楼板的临时预留孔洞完成铝合金模板的转运、传递。下一层的铝合金模板转运完成后，浇筑临时预留孔洞的混凝土。

工具式铝合金模架体系适用于新建的群体公共与民用建筑，特别是超高层建筑，主要适用于墙体模板、水平楼板、梁、柱等各类混凝土构件。兰州众邦国贸中心工程项目 6～48 层均采用铝合金模板系统进行施工，每栋配模板主系统一套，支撑系统及早拆头 4 套。项目进度 6d/层，顶板平整，阴、阳角方正，墙面垂直，梁顺直，感观良好（图 3-32）。

  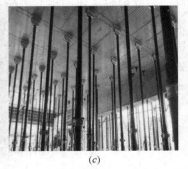

（a） （b） （c）

图 3-32　兰州众邦国贸中心项目铝合金模板工程

3.3　液压爬升模板技术

3.3.1　概述

　　液压爬升模板技术简称爬模，国外也叫跳模，它由爬升模板、爬架和爬升设备三部分组成，在施工剪力墙体系、筒体体系和桥墩等高耸结构中是一种有效的工具。由于具备自爬的能力，因此不需要起重机械的吊运，这减少了施工中的吊运工作量。在自爬的模板上悬挂脚手架可省去施工过程中的外脚手架。

　　液压爬升模板技术具有以下特点：

　　（1）综合了支模工艺和滑动模板施工的优点，可避免滑动模板施工常见的缺陷，施工偏差可逐层消除。

　　（2）可以从基础底板或任意层开始组装和使用爬升模板。

　　（3）内外墙体和柱子都可以采用爬模施工，无须塔式起重机反复装拆。

　　（4）施工过程可灵活安排。

　　（5）节省模板堆放场地，对于在城市中心施工，场地狭窄的项目有明显的优越性。

3.3.2　主要技术内容

　　爬模装置的爬升运动通过液压油缸对导轨和爬模架体交替顶升来实现。导轨和爬模架体是爬模装置的两个独立系统，二者之间可进行相对运动。当爬模浇筑混凝土时，导轨和爬模架体都挂在连接座上。退模后立即在退模留下的预埋件孔上安装连接座组件，调整上、下爬升器内棘爪方向来顶升导轨，然后启动油缸，待导轨顶升到位，就位于该挂钩连接座上后，操作人员立即转到最下平台拆除导轨提升后露出的位于下平台处的连接座组件等。在解除爬模架体上所有拉结装置之后，就可以开始顶升爬模架体，此时导轨保持不动，调整上下棘爪方向后启动油缸，爬模架体就相对于导轨运动，通过导轨和爬模架体这种交替提升的方式，爬模装置即可沿着墙体逐层爬升（图 3-33）。

　　采用液压爬升模板施工的工程，必须编制爬模专项施工方案，进行爬模装置设计与工作荷载计算。爬模专项施工方案应包括：工程概况和编制依据、爬模施工部署、爬模装置设计、爬模主要施工方法、施工管理措施等。采用油缸和架体的爬模装置由模板系统、架体与操作平台系统、液压爬升系统、电气控制系统四部分组成。根据工程具体情况，爬模技术可以实现墙体外爬、外爬内吊、内爬外吊、内爬内吊等爬升施工。

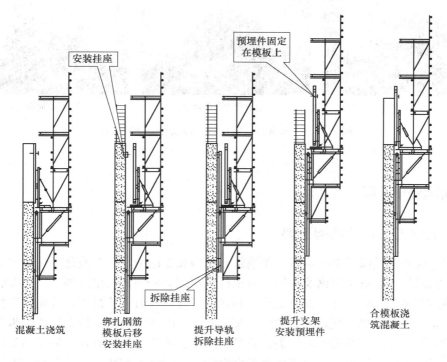

图 3-33　爬模装置工作原理

爬升模板优先采用组拼式全钢大模板及成套模板配件，也可根据工程具体情况，采用其他模板。爬升模板采用水平油缸合模、脱模，也可采用吊杆滑轮合模、脱模，操作方便安全。

采用油缸和架体的爬模装置应按下列程序施工：浇筑混凝土→混凝土养护→绑扎上层钢筋→安装门窗洞口模板→预埋承载螺栓套管或锥形承载接头→检查验收→脱模→安装挂钩连接座→导轨爬升→架体爬升→合模→紧固对拉螺栓→继续循环施工。

爬模工程的施工精度主要由垂直度、水平度、标高、轴线和门窗洞口的几何尺寸等参数的大小决定。每层做好施工测量记录，随时校正垂直度及门窗洞、轴线的误差。每层爬升结束，均应划出水平线，以控制标高。

3.3.3　工程应用

液压爬升模板技术适用于高层建筑剪力墙结构、框架结构核心筒、桥墩、桥塔、高耸构筑物等现浇钢筋混凝土结构工程的施工。

广州富力盈凯广场项目占地 $7942m^2$，总建筑面积约 $180000m^2$，单层建筑面积约 $2400m^2$，层数 65 层，总高达到 296.5m，建设中使用了爬模施工技术，核心筒提升过程如图 3-34 所示。

(a) 核心筒提升前　　　　　　(b) 核心筒提升中　　　　　　(c) 核心筒提升后

图 3-34　广州富力盈凯广场项目核心筒提升过程

3.4　新型脚手架

3.4.1　上拉工具式悬挑脚手架

上拉工具式悬挑脚手架是根据工程建筑和结构施工图纸，经专业化设计加工定制完成所需要的标准尺寸悬挑工字钢及与铝合金模板工程配套使用的新型外脚手架，安装、支撑主要构件由工字钢、斜拉杆、花篮螺栓、高强度螺栓以及剪力墙组成。首先按塔楼建筑结构标准层设计外脚手架图纸，之后按照外脚手架布置图详细列出上拉工具式外脚手架悬挑工字钢加工图，包括细部构件的种类、数量、尺寸、规格、型号等，然后将加工设计图纸发送给工厂完成拼装焊接，同时现场对铝合金模板按照悬挑钢图纸尺寸开洞，安装时悬挑工字钢根部用高强度螺栓固定在结构边梁上，待工字钢斜拉杆连接完成后，下层外脚手架方可卸除荷载，保证外脚手架体系的安全性及整体稳定性。图 3-35、图 3-36、图 3-37、图 3-38 为上拉工具式悬挑脚手架施工的几个关键步骤及完成效果。

图 3-35　安装斜拉式挑梁　　　　　　　　　图 3-36　转角处钢梁

图 3-37　安装斜拉杆

图 3-38　安装完成效果

3.4.1.1　施工工艺

上拉工具式悬挑脚手架搭设施工流程：搭设准备→弹线、铝合金模板开洞→埋设套管→搭设临时脚手架→安装悬挑工字钢挑梁→进行上部脚手架搭设→安装斜拉杆→拧紧花篮螺栓、调整悬挑梁端头高度→验收→根据现场情况拆除临时脚手架。

混凝土浇筑完毕，混凝土强度等级达到 15MPa 后，即可进行安装悬挑工字钢的工作，悬挑工字钢安装时应注意型号、位置准确，保证悬挑的长度符合设计要求，位置确定后，采用 2 个 8.8 级 M24 高强度螺栓与结构固定。在悬挑层及悬挑上层混凝土结构强度未达到设计强度的 70% 时，悬挑钢梁应搁置在底层脚手架或临时脚手架上部的纵向横梁上，搁置高度不超过 4 步架。上层混凝土结构施工完毕并达到设计强度 70% 以上后，开始安装斜拉杆，拉结悬挑工字梁。建筑转角（阳角）部分处型钢悬挑架采取两道斜拉杆拉结补强措施。当上拉工具式外脚手架悬挑型钢梁长度大于等于 1.8m 时，悬挑型钢梁上设置两道斜拉杆（图 3-39），当采用两道

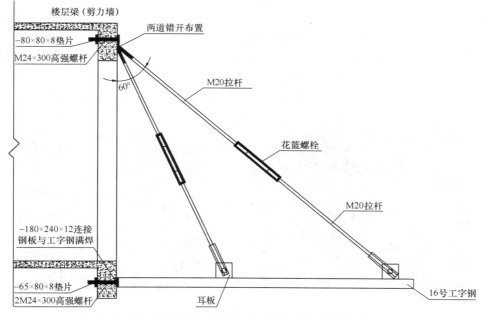

图 3-39　悬挑超过 1.8m 时的斜拉杆布置图（尺寸单位：mm）

斜拉杆时，宜采用力矩扳手调节花篮螺栓的松紧度，确保两道斜拉杆协同受力。

为了保证脚手架搭设和使用过程中的施工安全，必须加强施工过程中架体沉降变形、水平位移的监测监控工作，架体搭设期间监测频率不超过 3~5d/次，架体使用期间监测频率不超过 10~15d/次，直至脚手架完全拆除。

脚手架拆除应遵循由上而下，先搭后拆的原则，不得分立面拆除或上下两步同时进行拆除，做到一步一清、一杆一清。所有连墙杆等必须随脚手架拆除同时下降，严禁将连墙件整层或数层拆除后再拆除脚手架，分段拆除高差不大于 2 步，如高差大于 2 步，应先增设连墙件加固。拆除脚手架时，不得破坏脚手架的稳定性。拆除连墙杆前，设置临时支撑防止架体变形。拆除立杆时，防止架体失稳。

3.4.1.2 工程应用

上拉工具式悬挑脚手架适用于高层悬挑脚手架施工，尤其对周围剪力墙比较集中的建筑，可以减少大量的预留孔。由中建五局华东公司承建的上海天安金融中心项目位于浦东新区世博会地区，主建筑由塔楼、配套裙楼及地下建筑部分构成。塔楼为 18 层，配套裙楼为 6 层，地下建筑为 4 层。该工程总用地面积 7391m²，总建筑面积 69850m²。办公塔楼 18 层，建筑高度为 79.99m，配套裙楼 6 层，建筑高度为 28.50m。项目结构形式为框架-核心筒，外墙形式为玻璃-石材幕墙，各工序衔接紧凑、工程量大且工期较紧，传统悬挑式外脚手架施工方法不能满足施工进度和质量要求。项目应用"上拉工具式悬挑外脚手架"，推进了现场施工进度，保证了施工质量，提高了工效。

3.4.2 外挂式组合三角型钢悬挑脚手架

外挂式组合三角型钢悬挑脚手架采用组合焊接三角形型钢支架作为施工外脚手架的基础，竖向荷载通过三角体系及锚固螺栓传递至结构部位，在不同部位采用不同的组合形式，摒弃传统悬挑工字钢预留墙洞的弊端，具有平面排布灵活、装配式拼装、安装速度快、安全性高等特点。

外挂式组合三角型钢悬挑脚手架搭设前需要对三角支撑架进行设计，验算各构件及连接处，确定各部件型号及连接要求，在工厂完成定型化加工。混凝土浇筑前在钢筋笼中埋入钢套管，经验收合格后，浇筑混凝土，期间避免钢套管变形、跑位。混凝土强度满足施工要求后，安装三角支撑架，通过塔式起重机和人工搬运至安装位置，安装时双人配合，组合拼装的三角支撑架在安装前预先拼装完整（图 3-40、图 3-41）。上部架体依据专项施

(a)　　　　　　　　　　　　　*(b)*

图 3-40　三角支撑架安装完成图

工方案及规范要求，进行立杆、小横杆、大横杆、剪刀撑、脚手板的搭设。架体高度不超过 20m，搭设人员持证上岗，搭设过程中做好安保措施，保证安装人员安全。架体搭设高度应依据楼层进度逐层上升，随搭随附着，以保证架体的安全、稳定性（图 3-42）。架体拆除需严格遵循拆除顺序，由上而下，逐层拆除。架体拆除后，卸除锚固螺栓螺母，便可拆除三角支撑架。拆除后，各构件应集中收集整理，周转使用。

(a)　　　　　　　　　　　　　　　　　(b)

图 3-41　加长桁架支座与三角支撑架组合安装图

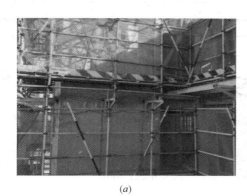 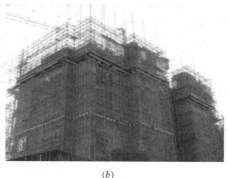

(a)　　　　　　　　　　　　　　　　　(b)

图 3-42　外挂式组合三角型钢悬挑外脚手架搭设立面图

外挂式组合三角型钢悬挑脚手架主要由型钢组合焊接而成，通过穿墙螺栓与结构外墙拉结，其主要技术指标见表 3-2。

外挂式组合三角型钢悬挑脚手架主要技术指标　　　　　　表 3-2

序号	主要技术指标	主要措施
1	组合三角桁架	根据平面结构图进行三角桁架布置，选用不同规格的三角桁架，主要有 3 种形式：90° 1.9m 三角桁架、135° 1.9m 三角桁架、90° 1.4m 三角桁架。三角桁架竖向主梁采用∟ 90mm×8 等边角钢，横梁和斜拉梁采用∟ 75mm×5 等边角钢，加强腹杆全部采用∟ 40mm×4 等边角钢与横梁和斜拉梁焊接连接，竖向主梁与横梁和斜拉梁焊接连接，焊缝高度为 5mm，穿墙螺栓采用 M20 螺栓，内外使用双螺母加 4mm 钢垫片，下部采用 ϕ10 膨胀螺栓固定

序号	主要技术指标	主要措施
2	螺栓孔	三角桁架标准间距1.5m，在转角处设置18号工字钢作为连梁，除转角外穿墙螺栓孔尽量采用原大模板螺栓孔，减少开洞。需要预留螺栓孔的部位，在合模前预埋直径22mm的塑料管，与墙体钢筋绑扎固定防止移位
3	转角部位组合桁架	阳角处和楼梯间转角处采用与墙体成125°角的组合型钢架，转角处连梁采用18号工字钢
4	阳台等外凸部位	阳台板采用90mm×1.9m三角桁架
5	卸荷钢丝绳	转角及阳台的1.9m三角桁架采用直径ϕ15.5mm钢丝绳斜拉卸荷

建筑施工过程中，根据平面结构图进行三角桁架布置，选用不同规格的三角桁架，三角桁架深化设计完成后交由厂家进行生产预制，其中90°1.9m和90°1.4m三角桁架加工图如图3-43、图3-44所示。

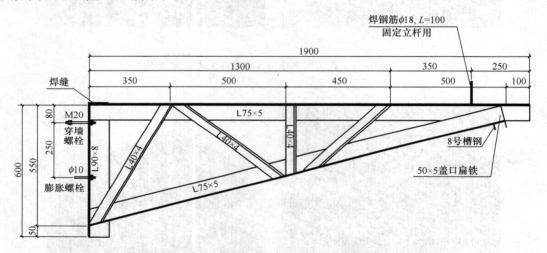

图 3-43　90°1.9m三角桁架加工详图（尺寸单位：mm）

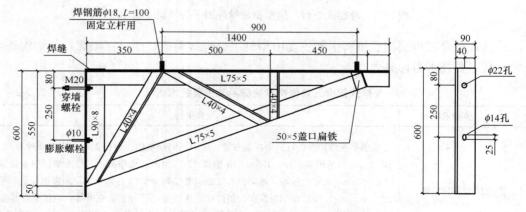

图 3-44　90°1.4m三角桁架加工详图（尺寸单位：mm）

与传统工字钢悬挑外脚手架相比，采用外挂式组合三角型钢悬挑脚手架无须在外墙预留施工洞，避免外墙渗漏、暗柱钢筋移位等质量弊端；外脚手架基础不占用楼梯通道，提高安全性，满足消防要求；不必占用房间内空间，便于室内砌筑等工序的穿插，可以节约施工工期；组合三角型钢受力底座自重轻，安拆方便，节约劳动力；组合三角型钢底座属于可周转组合构件，安拆方便，施工过程不易被破坏，可以多次周转，节约周转用材。

外挂式组合三角型钢悬挑脚手架适用于所有外墙为剪力墙结构的高层结构工程（特别适用于装配式高层住宅楼）。

3.4.3　盘扣式早拆支撑体系

盘扣式早拆支撑体系由立柱、横梁、调整螺丝、支撑头等构成，可以根据具体的施工需求进行组装，适用于不同类型和形状的结构，主要用于支撑混凝土梁、板或墙体等结构，在混凝土达到强度要求后可以快速拆除。该支撑体系组装简便，拆卸速度快，模板、方木周转效率高，并且具备较高的承载能力和稳定性。

盘扣式早拆支撑体系主要采用 1200mm×2000mm 的独立单元架体进行支撑（图 3-45）或者多个单元架体相互连接形成多单元体系进行支撑（图 3-46），也可由独立单元体系和多单元体系组成单元组合体系（图 3-47）。根据柱间距进行架体整体设计，楼板中部主要采用纵横向立杆间距 1200mm×2000mm 的标准架体单元，暗梁下部采用 900mm×2000mm 的非标准架体单元。

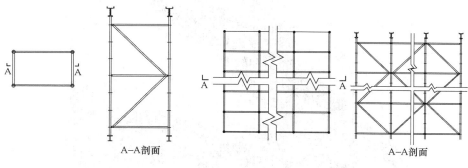

图 3-45　独立单元体系　　　　　图 3-46　多单元体系

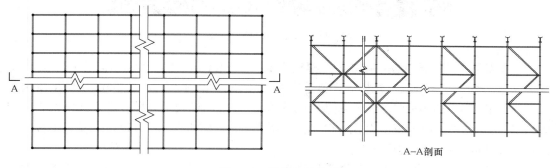

图 3-47　单元组合体系

盘扣式早拆支撑体系采用一种新型双螺母早拆头，它由几个部分组成，如图 3-48 所示。通过旋转两个螺母，可调整 U 形托和顶托的高度，从而实现龙骨对其顶托模板的松紧调节。支撑体系主要采用承插型盘扣式钢管脚手架（图 3-49）。

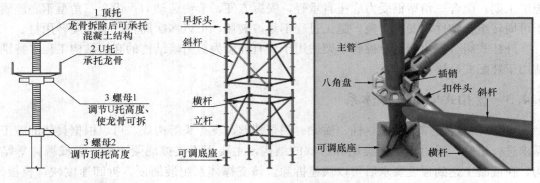

图 3-48　新型双螺母早拆头　　　　　　图 3-49　承插型盘扣式钢管脚手架

主龙骨采用双 C 型钢，其长度为 2m，两端搁置在双螺母早拆头的 U 形托上。双 C 型钢沿长边方向连续布置，接头处采用螺栓进行连接（图 3-50）。次梁采用 40mm×40mm×2mm 方钢，均匀铺设在主梁上，模板拼缝处采用 40mm×90mm 木枋。

图 3-50　双 C 型钢螺栓连接

根据架体布置，设计模板排布图，模板主要采用 915mm×1830mm、285mm×1830mm、285mm×170mm 三种规格。每根立杆顶托一块 285mm×170mm 模板，285mm×170mm 模板之间，布置一块 285mm×1830mm 模板，形成宽 285mm 的模板带；模板带之间布置未经裁减的 915mm×1830mm 模板，如图 3-51 所示。拆模时，顶托的 285mm×170mm 模板不拆，其余模板及加固材料均可实现早拆。

盘扣式早拆支撑体系通常适用于层高不高于 5m，板厚不大于 500mm 的现浇无梁楼盖结构，对于空心板，使用板厚可适当增大，也适用于板跨度较大的现浇梁板结构。

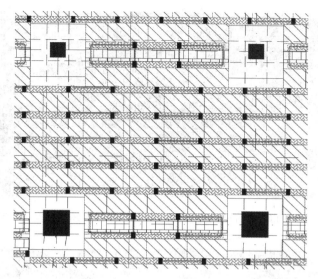

图 3-51 盘扣式早拆支撑体系模板排布设计

注：⬚ 为 915mm×1830mm 标准模板；⬚ 为 615mm×1830mm 模板；⬚ 为 285mm×1830mm 模板。图中实心填充部分为 285mm×170mm 模板。

3.5 爬架与施工平台

3.5.1 高支空间模架支撑转换平台

高支空间模架支撑转换平台技术是一种在一定条件下借助转换平台支模结构将高空支模优化为普通支模的施工方法。高支空间模架支撑转换平台主要在高支模两侧区域剪力墙或框架柱内预埋锚固钢板，钢平台主钢梁与锚固钢板焊接，钢平台次钢梁点焊固定于主钢梁之上，次钢梁铺设方木、模板构成支撑平台，将高支模变为普通支模结构。此技术可以有效减少满堂脚手架搭设的工作量并节约施工时间。高支空间模架支撑转换平台采用钢平台作为支模平台，材料采购容易，平台安装简单，焊接工艺成熟，安装质量容易控制，与传统的满堂脚手架高支撑体系相比安全风险大大降低，能够保证质量，施工速度快，节约施工成本。

高支空间模架支撑转换平台工艺流程：

（1）在高支模两侧区域剪力墙或框架柱内预埋锚固钢板，提前在钢筋混凝土柱和梁上焊接定位。

（2）将主钢梁起吊至预埋件部位，焊接于预埋件中心位置，上下翼缘和腹板均采用角焊缝焊接。将次钢梁逐根吊装至主钢梁面，点焊于主钢梁上。次钢梁点焊于主钢梁上连接，预埋件及钢梁安装如图 3-52 所示。

（3）在次钢梁上按间距铺设 50mm×100mm 方木，在方木上满铺一层 18mm 厚胶合板模板，模板用铁钉固定在方木上，该平台模板如图 3-53 所示。

图 3-52 高支空间模架支撑转换平台焊接示意图

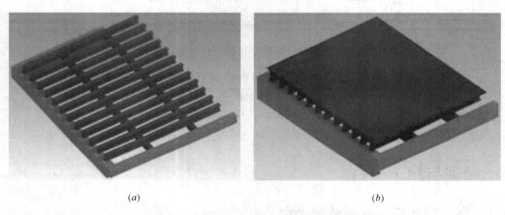

(a)　　　　　　　　　　　　(b)

图 3-53 高支空间模架支撑转换平台模板示意图

（4）在钢平台上搭设普通满堂脚手架，脚手架必须放置于次钢梁上。模板支设、钢筋绑扎和混凝土浇筑按照普通施工工艺执行。

（5）待上部梁板结构达到设计要求强度后，即可拆除平台上的脚手架和模板，平台及支撑系统保留至装饰装修完成后，组织拆除。

高支空间模架体系适用于两侧有剪力墙或结构柱的跨度在 12m 以内，支模高度达到对应规范中高支模高度的结构。中国文昌航天发射中心项目，主体建筑为 7.2m 的层高，共计 14 层，由此衍生出来的高支模施工成为项目最大的难点之一。该项目大部分支模高度为 7.2m，最高支模高度达 43.15m，采用在主体结构上设置高空操作平台的施工方法，利用钢结构自身结构与钢平台进行可靠连接，保证了施工操作安全可靠性。

3.5.2 高适应性整体顶升平台及模架体系

3.5.2.1 概述

超高层核心筒结构施工往往面临工期紧，结构复杂，垂直运输压力大等难题，传统模架体系无法很好适应于超高层建筑施工。高适应性整体顶升平台及模架体系凭借承载力大，一次顶升高度高，施工速度快等优点，能够有效解决 300m 及以上超高层核心筒的施工难题。它与传统顶模相比，高适应性整体顶升平台及模架体系在施工速度、对结构变化的适应性、施工安全性、实体结构施工质量等方面均具有明显优势，在超高层建筑施工中已广泛应用。

高适应性整体顶升平台（图 3-54）以整体钢结构作为骨架，设置若干全封闭操作层，以多个大行程油缸作为动力源，随结构上升而整体同步爬升。高适应性整体顶升平台及模架体系包含整体顶升平台偏心箱梁平衡提升；装配式增高节调节顶升步距；桁架挂架系统连接；智能监控；高空快速拆改等多项技术。

图 3-54　高适应性整体顶升平台

3.5.2.2　技术指标

高适应性整体顶升平台具有更好的通用性，可广泛应用于超高层施工领域，保证工程质量和安全，提高施工效率，并且该平台可以周转重复利用，实现绿色施工。

1. 平台模块化设计

通过将平台的桁架、挂架、增高节设计成装配式、模块化的标准部件，可实现平台的快速安拆，并且可重复利用，预计可实现周转率达 80%，降低平台整体造价约 20%。

2. 平台纠偏纠扭技术创新

平台纠偏纠扭技术是一项创新技术。它通过在支撑箱梁及牛腿部位分别设置纠偏装置和滑移装置，并将纠偏纠扭控制逻辑与顶升控制系统联动，实现平台的自动智能纠偏纠扭，可保证平台偏位≤20mm，可保障平台的正常顶升使用。

3. 平台同步顶升控制技术

基于姿态与应力控制的同步顶升控制技术：通过在平台内部设置多个静力水准仪，并将其数据传输至顶升控制系统；通过对平台整体的水准姿态进行分析，来调节不同液压油缸的顶升速度，使平台始终能保持同一水平的姿态向上同步上升，保证平台整体水准误差≤10mm，实现平台的真正同步顶升。

4. 大偏心支撑箱梁平衡提升技术

大偏心支撑箱梁平衡提升技术是通过在箱梁偏心端设置电动提升装置和行程传感器，从而平衡箱梁提升过程中的弯矩，并通过控制系统来协调电动提升装置与主油缸的同步性。此操作方法简单易行，造价低廉，可靠性高，能解决支撑立柱偏心布置的难题，能提高平台支撑立柱布置的灵活性。

5. 装配式增高节技术

装配式增高节技术将增高节设置成多段、多个圆形钢管，通过装配式斜杆进行连接，由于每个部件重量较轻，可以便捷地安拆，另外可以采用多段、不同高度的增高节进行自由组合，更大范围地调整平台顶升步距，使平台能够适应不同层高的顶升要求。高适应性整体顶升平台是基于现行超高层结构复杂多变的特点对核心施工模架体系的要求，通过采用装配式设计技术、三向可调节桁架设计与施工技术、大偏心支撑箱梁平衡提升技术、自动纠偏纠扭与同步顶升控制技术等，解决超高层核心施工中结构平面变化大，层高变化多，施工安全要求高，工期要求紧的难题，通过采用多维可调、安全可靠、智能高效的高适应性整体顶升平台使施工效率更高，施工质量更优，施工操作更便捷，安全防护效果更好，布置更灵活，通用性更广泛，能够节省工期约 5%，节省成本约 20%。

整体顶升平台适用于钢框架混凝土核心筒结构体系的超高层建筑核心筒墙体的施工，据不完全统计，高度超过 400mm 的核心筒墙体施工，高适应性整体顶升平台的使用率占到 89.5%。天津周大福金融中心项目位于天津市滨海新区内，工程总建筑面积 390000m²，地下室 4 层，地上裙楼 5 层，塔楼 100 层，建筑总高度 530m。虽然核心筒单层面积不大，但是因钢筋、钢结构用量大，垂直运输需求量大，且因平面空间狭小，塔式起重机与施工电梯布置受限，制约了塔式起重机与施工电梯的垂直运输能力。因此，该项目核心筒施工采用高适应性整体顶升平台和模架体系施工（图 3-55），竖向结构封顶时间较合约节点完成时间提前 28d，节省 3 台动臂塔式起重机及其他设备的租赁及管理费用 352.8 万元；平台使用过程中采用大偏心支撑箱梁平衡提升技术，有效减少了架及箱梁用钢量，节省了拆架材料成本 190 万元。

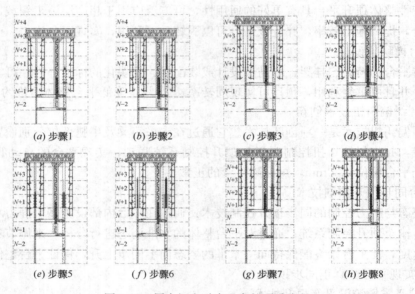

(a) 步骤1   (b) 步骤2   (c) 步骤3   (d) 步骤4

(e) 步骤5   (f) 步骤6   (g) 步骤7   (h) 步骤8

图 3-55　周大福金融中心完整顶升流程

3.5.3　高空大悬挑混凝土结构施工支撑平台

高空大悬挑混凝土结构施工支撑平台针对高空大悬挑混凝土结构的设计形式及现场施工条件，采用钢结构支撑平台，将钢结构支撑平台水平钢梁通过预埋件与主体结构连接，强度满足后，焊接平台主次梁及围护结构。该平台作为悬挑结构梁板模架及吊装钢骨柱的支撑平台，解决悬挑结构高空无法支模施工的难题，避免搭设落地钢结构胎架，实现悬挑结构的无胎架施工。

为保证悬挑结构的构件稳定，在每层悬挑结构的框架柱与吊柱之间安装斜支撑钢梁，通过三角形斜支撑钢梁将吊柱荷载提前传递至主体结构上，并与悬挑结构梁、框架柱共同构成稳定的平面桁架形式，无须增加额外支撑即可在吊柱合龙前维持悬挑结构自身稳定，解决了悬挑结构在与主体结构合龙前无法保持自身稳定的难题，保障了施工安全。

在主体悬挑结构施工前，按照设计图纸加工好钢埋件、型钢悬挑主梁及主梁下部斜支撑，部件独立散运至施工现场后，在施工现场将型钢悬挑主梁与下部斜支撑预拼装焊接（图 3-56），根据现场施工进度，在施工悬挑结构下两层结构板时，预埋钢板预埋件，以作斜支撑下部支撑点。在施工悬挑结构下层结构板时，预埋钢板预埋件及悬挑型钢锚环，在主体结构板强度达到要求后，将型钢悬挑主梁与斜支撑整体吊至预定位置（图 3-57），将固定端锚环锚固好后，将型钢悬挑主梁与钢板预埋件满焊固定（图 3-58），再将下部斜支撑与钢板预埋件以钢板焊接固定（图 3-59），至此，单榀型钢悬挑主梁安装完成。按照工程结构外形，依次吊装单榀型钢悬挑主梁，吊装加固完成后，焊接悬挑主梁上部连梁（图 3-60），然后在整个悬挑型钢平台上焊接架体定位筋及满挂大眼网，满铺脚手板之后进行模板支撑架体的搭设，以此来完成悬挑结构的施工。

图 3-56　型钢悬挑主梁与下部斜支撑现场拼装焊接

图 3-57　型钢悬挑主梁与下部斜支撑整体吊装

图 3-58　型钢悬挑主梁与
钢板预埋件焊接

图 3-59　下部斜支撑与钢板
预埋件焊接加固

图 3-60　焊接悬挑主梁上部连梁

3.5.4　超高层建筑吊装转运平台

超高层建筑吊装转运平台垂直运输技术，是基于点对点的运输理念，以充分利用塔式起重机吊运能力为前提，采用吊装转运平台为媒介，用以解决施工用地狭小，施工电梯运力不足等问题的垂直运输技术，形成以吊装转运平台为媒介的"场内↔场外"运输循环。超高层建筑吊装转运平台通常由底盘和多功能的吊装系统组成，底盘通常由多个轮子或履带组成，可以在施工现场自由移动，吊装系统则包括一个或多个起重机臂，用于吊起和运输建筑材料和构件。

建造所需建材、设备无须拆封，直接运至现场或场外指定堆场，并根据进度计划安排，直接装进吊装转运平台运至现场。部分物料（如砌体）需要在现场预留存货的，运至现场指定堆场，再由现场装至吊装转运平台进行吊运。吊装转运平台运至现场后，使用塔式起重机整体起吊至指定楼层后，使用卷扬机牵引吊装转运平台就位并做好防护，之后使用手动叉车将材料运至指定地点。卸货完毕后，吊装转运平台空篮直接被吊装至运输汽车，返回场外材料堆场重新装货。

吊装转运平台实施前，需结合项目实际情况，进行垂直运输规划，形成各施工物料的运输计划表，用以平衡塔式起重机和施工电梯的运力需求，进一步优化塔式起重机和施工电梯的布置。以吉隆坡标志塔项目为例，土建结构通过爬模系统、超高泵送和 1 部塔式起重机解决物料运输问题；各 1 台塔式起重机负责南北片区钢结构外框钢柱、钢梁的吊装；防火涂料采用超高泵送，后期精装修管线、装修等所需的大量的零散材料，通过吊装转运平台解决。平台的设计和深化，需结合运输的物料来进行，主要关键点在于物料堆积设计、物料模数匹配和单次起吊最大重量。吉隆坡标志塔项目的吊装转运平台主要用于砌体、幕墙、机电综合管道等三大项材料运输，在此基础上进行堆积设计，满足最紧密的物料堆积要求。经物料模数匹配等筛选，最终确定了主要卸料平台尺寸为 6500mm×2000mm×1800mm，最大载重量设计为 10t，实际控制按限载 8t 使用，物料平台自重约 3t，整体起吊重量最高为 13t，处于塔楼塔式起重机最大起吊性能范围内（13t）。吊装转运平台的设计及深化，还需结合项目实际情况，考虑平台卸货施工操作的安全性和可行性，进行特定的节点优化。以吉隆坡标志塔项目为例，节点深化时考虑了：①吊运时，将平台卸料口固定在卸货层楼板；②卸料时，为加快卸货速度，平台铺设卸料导轨，采用卷扬机牵引卸料，如图 3-61 所示。

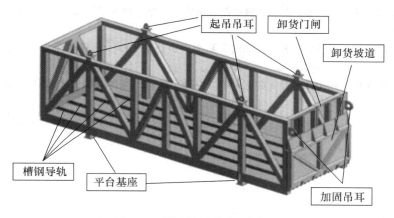

图 3-61　吊装转运平台三维图示

超高层建筑吊装转运平台技术适用于各类高层民用建筑垂直运输工程，特别是因施工要求施工电梯的安装位置与数量受到限制时，裙楼附属结构需同步施工时，以及施工用地紧张时的情况。

复习思考题

1. 简述清水混凝土模板的类型，并说明清水混凝土的应用。
2. 简述铝合金模板的发展历程，用工程实例说明铝合金模板的优势。
3. 简述液压爬模的爬升过程，并说明液压爬模的工程应用。
4. 试对比分析上拉工具式悬挑脚手架和外挂式组合三角型钢悬挑脚手架的区别。
5. 简述使用于高层施工的模架系统。

参 考 文 献

[1] 住房和城乡建设部．建筑业 10 项新技术（2017 版）［M］．北京：中国建筑工业出版社，2017．

[2] 住房和城乡建设部．清水混凝土应用技术规程：JGJ 169—2009［S］．北京：中国建筑工业出版社，2009：6．

[3] 住房和城乡建设部．施工脚手架通用规范：GB 55023—2022［S］．北京：中国建筑工业出版社，2022：8．

[4] 糜嘉平．国内外早拆模板技术发展概况［J］．建筑技术，2011，42(8)：686-688．

[5] 张良杰．早拆模板施工技术及新型水平模板支撑系统应用［J］．施工技术，2014，43(5)：24-28．

[6] 住房和城乡建设部．铝合金模板：JG/T 522—2017［S］．北京：中国标准出版社，2018：5．

[7] 戴桂扬．铝合金模板在建筑施工中的应用［J］．中国住宅设施，2012(10)：51-53．

[8] 顾国明．超高层建筑滑模法与爬模法施工技术［J］．建筑机械化，2009，30(11)：72-76．

[9] 于庆波，田彬，滕洪园，等．液压爬模施工技术在超高层建筑中的应用［J］．施工技术，2021，50(2)：56-59．

[10] 张伟，李超，常晨曦，等．高层建筑梁侧悬挑脚手架施工技术［J］．施工技术，2020，49(6)：61-63＋108．

[11] 周洪涛，苏亚武，柯子平，等．天津周大福金融中心工程整体顶升平台设计与施工［J］．施工技术，2017，46(23)：24-29＋52．

[12] 江志炜，吴立标，陈建锋，等．高空大悬挑混凝土结构支撑体系施工技术［J］．施工技术，2019，48(2)：79-82．

第4章 新型钢筋与混凝土施工技术

4.1 高强度钢筋与连接技术

4.1.1 热轧高强度钢筋应用技术

4.1.1.1 概述

根据国家标准《钢筋混凝土用钢 第2部分：热轧带肋钢筋》GB/T 1499.2—2018，热轧钢筋是指按热轧状态交货的钢筋，高强度钢筋是指屈服强度在400MPa以上的普通热轧带肋钢筋（Hot rolled Ribbed Bars，简称HRB）以及细晶粒热轧带肋钢筋（Hot rolled Ribbed Bars Fine，简称HRBF）。其中HRB400和HRBF400被称为三级钢筋，HRB500和HRBF500被称为四级钢筋，HRB600被称为五级钢筋。HRB钢筋通常由低合金钢热轧而成，而HRBF钢筋不需要添加或只需要添加很少的合金元素，通过控温轧制工艺就可以达到与添加合金元素相同的效果，既具有理想的强度，又保证了一定的塑性。近十几年来，国际上面向HRBF钢筋广泛开展了如何更好地获得细晶粒组织的相关研究，未来钢铁材料发展方向将继续以高纯洁度、高均匀度和细晶粒为主要发展目标，并以节省资源、降低成本和可回收利用为基本原则。

热轧高强度带肋钢筋的主要工艺流程包括热轧前处理、热轧生产、热轧拉伸、定型和铆焊。具体来说，在初步生产前，应用落粒、铣切、折弯、拉断等工艺以及热处理调质等一系列处理技术，将钢材变成适合机器切割尺寸的钢条，由此改善钢材的结构特性，使其获得较高的强度及韧性，以达到正常生产热轧带肋钢筋的要求。钢材经过调质处理后便可热轧成型，即穿过两侧石墨刀板，直接经过热轧机压成肋状钢筋。之后对钢筋进行冷拉伸处理，将较厚的母料拉伸成更加细小的条料，进一步提升钢筋的强度和韧性，使钢筋更加贴近工程需求。在钢筋被拉伸和定型后，再应用铆焊工艺，使钢筋更加美观并便于安装。

4.1.1.2 技术指标

按《混凝土结构设计规范》GB 50010—2010规定，热轧高强度带肋钢筋的直径通常为6~50mm，其主要性能应符合表4-1的规定。

热轧高强度带肋钢筋主要性能指标 表4-1

牌号	屈服强度标准值（MPa）	抗拉强度标准值（MPa）	断后伸长率（%）	最大力总伸长度 A_{gt}（%）
HRB400	400	540	≥16	≥7.5
HRBF400	400	540	≥16	
HRB500	500	630	≥15	
HRBF500	500	630	≥15	
HRB600	600	730	≥14	

4.1.1.3 热轧高强度带肋钢筋的优越性

热轧高强度带肋钢筋相对于传统钢筋具备可靠度高，强度大，延性好，用钢量少，节约成本等优势。数据显示，在钢筋直径和配筋量相同的情况下，使用 HRB500 钢筋比使用 HRB400 钢筋的构件承载力高 14%，建筑使用年限可由 50 年延长到 100 年。经对各类结构应用热轧高强度带肋钢筋的比对与测算发现，应用热轧高强度带肋钢筋平均可减少约 12%～18% 的钢筋用量，显示了良好的节材作用。按房屋建筑中钢筋工程节约的钢筋用量考虑，应用热轧高强度带肋钢筋可使土建工程每平方米平均节省 25～38 元。由此可见，在实践中应用热轧高强度带肋钢筋是一种经济合理且可持续的选择。

应用热轧高强度带肋钢筋可明显提高结构构件的配筋效率并显著改善梁、柱节点中钢筋密集的情况，例如，大型公共建筑普遍采用大柱网与大跨度框架梁，若在此类大型公共建筑中应用热轧高强度带肋钢筋，配筋数量将大幅减少，施工将更为便捷，这说明通过提高钢筋设计强度而非增加用钢量以增强结构的安全储备是更具备技术优势的选择。

4.1.1.4 适用范围

热轧高强度带肋钢筋适用于混凝土结构的主力配筋，并主要应用于梁与柱的纵向受力钢筋、高层剪力墙或大开间楼板的配筋。HRB500 及以上强度的钢筋可应用于高层建筑柱、大柱网或重荷载梁的纵向钢筋，也可用于超高层建筑的结构转换层与大型基础筏板等构件，以更好获得减少钢筋用量的效果。在超高层建筑、大型框架结构、高烈度区的钢筋混凝土结构和大跨度及重荷载下梁、板中应用 HRB500 和 HRB600 级钢筋已大势所趋。

4.1.1.5 应用现状

目前，HRB400 钢筋广泛应用于国内建筑项目的施工中。HRB500 钢筋在北京大兴国际机场、港珠澳大桥等多项工程中得到了应用。HRB600 钢筋在我国上海国际航空服务中心、苏州奥林匹克体育中心、安徽涡阳体育中心等工程中得到了应用。

图 4-1　苏州奥林匹克体育中心　　　　　图 4-2　安徽涡阳体育中心

2021 年我国钢铁（粗钢）总产量为 10.33 亿吨，占世界比重的 52.95%。作为世界最大的钢筋生产国，我国使用的钢筋强度等级却普遍低于发达国家 1～2 级。为尽快赶上发达国家 500MPa 热轧高强度带肋钢筋的生产应用技术，实现我国建筑用钢筋的升级换代，国内已成功研制 500MPa 热轧高强度带肋钢筋，并形成了批量生产能力，能够满足市场需求。我国现行的《钢筋混凝土用钢　第 2 部分：热轧带肋钢筋》GB/T 1499.2—2018 中增加了 600MPa 热轧高强度带肋钢筋等级。尽管如此，我国现行的《混凝土结构设计规范》GB 50010—2010 尚未规定 600MPa 热轧高强度带肋钢筋的设计参数及设计方法，使得 600MPa 热轧高强度带肋钢筋在应用时缺乏国家规范作为依据。各地在使用 600MPa 热轧高强度带肋钢筋时大多采用地方标准、行业标准或企业标准进行设计和施工验收。

4.1.2　冷轧高强度钢筋应用技术

4.1.2.1　概述

冷轧带肋钢筋（Cold rolled Ribbed steel wires Bars，简称 CRB）是热轧圆盘条经冷轧后，在其表面形成带有沿长度方向均匀分布的三面或二面横肋的钢筋。冷轧带肋钢筋与热轧带肋钢筋的工艺区别在于热轧钢筋在加工后只需自然冷却，而冷轧钢筋在加工后还需进行冷拉、冷拔等冷加工。这使得热轧钢筋和冷轧钢筋表现出不同的材料性能，具体来说，热轧钢筋屈服强度较低，延性性能好，而冷轧钢筋屈服强度较高，延性性能差。

冷轧带肋钢筋的牌号由冷轧（Cold-rolled）、带肋（Ribbed）、钢筋（Bar）三个词的英文字母，抗拉强度特征值及代表高延性的 H 构成。本书将以 CRB600H、CRB680H 和 CRB800H 为代表的高延性冷轧带肋钢筋统称为冷轧高强度钢筋。高延性冷轧带肋度钢筋，以"高延性"冠名，旨在区别于以往的冷轧带肋钢筋。既然是高延性，说明过去的冷轧带肋钢筋延性偏低。高延性冷轧带肋钢筋的工艺则突破了被动或主动式轧制的传统做法，应用了控制轧制技术、热处理控温技术、数控飞剪技术、自动收料技术，形成了一套全新的冷轧钢筋生产工艺装置，大幅度提高了钢材强度和延性，从而发展成为一项科学的冷轧形变热处理技术，大大优化了冷轧带肋钢筋的工艺技术和产品质量。

4.1.2.2　技术指标

按《冷轧带肋钢筋》GB/T 13788—2017 规定，CRB600H 和 CRB680H 高延性冷轧带肋钢筋的公称直径范围为 4～12mm，CRB800H 高延性冷轧带肋钢筋的公称直径为 6mm，其主要性能应符合表 4-2 的规定。

冷轧高强度带肋钢筋主要性能指标　　　　表 4-2

牌号	塑性延伸强度标准值（MPa）	抗拉强度标准值（MPa）	断后伸长率（%）	最大力总伸长度 A_{gt}（%）
CRB600H	600	680	≥14	5
CRB680H	680	800	≥14	5
CRB800H	720	800	—	4

4.1.2.3　冷轧高强度带肋钢筋的优越性

CRB600H 是目前最常见的冷轧高强度带肋钢筋，本书仅以其为代表阐释冷轧高强度带肋钢筋的优势。制作 CRB600H 的特殊工艺是于冷轧后又对钢筋进行了回火热处理，这使得在不添加任何微合金元素的情况下，钢筋内部的晶体组织重新排布，钢筋显微结构的缺陷得以修复，这不仅改变了我国细直高强度钢筋生产中必须添加微合金的历史，也使得钢筋的强度和延性得以极大提高。由于 CRB600H 强度设计值较高，且直径范围为 4～12mm，故将其应用在各类板、墙类构件中具有较好的经济效益。

由于传统热轧工艺生产小直径钢筋效率低，钢铁企业往往不愿意生产小直径钢筋，由此造成了小直径高强度钢筋市场供应少，价格高等现象，一直制约着高强度钢筋的推广应用。一方面，CRB600H 钢筋主要为 6～12mm 的小直径钢筋，性能完全满足板、墙类构件中应用高强度钢筋的各项指标；另一方面，目前在实践中已经实现以普通 Q235 盘条为原材，通过冷轧、在线热处理、在线性能控制等工艺的 CRB600H 钢筋生产线的自动化、连续化、高速化作业。这意味着 CRB600H 钢筋改变了小直径高强度钢筋供应不足的局面，为钢铁、建筑行业的转型升级与技术进步提供了优秀产品，为板、墙类构件中应用小直径高强度钢筋及淘汰低强钢筋提供了可靠支撑。

4.1.2.4 适用范围

CRB600H 钢筋适用于工业与民用建筑、高速公路、机场跑道、排水管道和一般构筑物，具体范围为：现浇楼板受力筋、剪力墙分布筋、梁与柱的箍筋、圈梁、构造柱的配筋、钢筋焊接网。

4.1.2.5 应用现状

目前，CRB600H 钢筋在河南、河北、湖北、湖南、安徽、山东、重庆等几个省市中的建筑工程中广泛应用，节材及综合经济效果十分显著。CRB600H 钢筋主要应用于各类公共建筑、住宅及高铁项目中。比较典型的工程包括武汉光谷之星城市综合体（图 4-3）、郑州河医大一附院综合楼、宜昌新华园住宅区、新郑港区民航国际馨苑大型住宅区、安阳城综合商住区等住宅和公共建筑；郑徐客专（图 4-4）、沪昆客专、宝兰客专、西成客专等高铁项目中的轨道板中均使用了 CRB600H 钢筋。

图 4-3　武汉光谷之星城市综合体

图 4-4　郑徐客专

目前，只有行业标准和地方标准中规定了 CRB600H 钢筋的设计使用规则，但其并没有被纳入我国建筑结构设计常用的《混凝土结构设计规范》GB 50010—2010、《建筑抗震设计规范》GB 50011—2010 等规范中，这造成了高延性冷轧带肋钢筋被设计运用到混凝土结构中缺乏重要规范依据，阻碍了其在我国建筑设计行业的进一步应用推广。此外，目前我国 CRB600H 钢筋主要应用于对建筑构件中的中小直径钢筋的替换，但是 CRB600H 钢筋作为构造或受力钢筋的性能研究还比较缺乏，且没有形成完整系统的实际应用体系。

4.1.3　高强度钢筋直螺纹连接技术

4.1.3.1　概述

直螺纹机械连接是高强度钢筋连接的一种方式，是指在热轧带肋钢筋的端部加工出直螺纹，利用带内螺纹的连接套筒对接钢筋，达到传递钢筋拉力和压力的一种钢筋机械连接技术。

钢筋螺纹加工工艺流程为：首先将钢筋端部用砂轮锯、专用圆弧切断机或锯切机平切，使钢筋端头平面与钢筋中心线基本垂直；然后采用镦粗或滚轧工艺在钢筋上加工出直螺纹；直螺纹加工完成后用环通规和环止规检验丝头直径是否符合要求；最后应用钢筋螺纹保护帽对检验合格的直螺纹丝头进行保护。

4.1.3.2　分类

根据直螺纹制作工艺的不同，高强度钢筋直螺纹连接可分为镦粗直螺纹连接技术、滚轧直螺纹连接技术和精轧直螺纹连接技术等，最后一种主要用于预应力混凝土结构中的高强度钢筋的连接，本书仅以前两种国内主要采用的连接技术进行具体介绍。

1. 镦粗直螺纹连接技术

镦粗直螺纹连接技术是先采用专用的钢筋镦头机将钢筋端部镦粗，在镦粗段上制作直螺纹，再用带肋螺纹的连接套筒对接钢筋，镦粗直螺纹连接技术的成品如图4-5所示。目前镦粗以冷镦工艺为主，原因在于冷镦工艺不仅能扩大钢筋端部的横截面积，也可以提升钢材的屈服强度和极限强度，由此保证了接头的强度高于钢筋母材强度。镦粗直螺纹钢筋接头强度高，钢筋丝头螺纹质量好，接头的整体质量稳定可靠，适合各种工况应用，尤其适合加长丝头型接头对接钢筋笼。

2. 滚轧直螺纹连接技术

滚轧直螺纹连接技术是利用钢筋的冷作硬化原理，在滚丝机滚轧螺纹的过程中提高钢筋材料的强度，补偿钢筋净截面面积减少给强度造成的损失，使滚轧后的钢筋接头能与钢筋母材保持基本等强，滚轧直螺纹连接技术的成品如图4-6所示。滚轧直螺纹连接技术工艺简单，操作容易，设备投资少，接头强度高，适合钢筋尺寸公差小的工况，然而当钢筋尺寸公差或形位公差过大时，其螺纹和接头质量易受影响。

图 4-5　镦粗直螺纹连接技术的成品

图 4-6　滚轧直螺纹连接技术的成品

4.1.3.3　技术指标

高强度钢筋直螺纹连接接头的技术性能指标应符合行业标准《钢筋机械连接技术规程》JGJ 107—2016 和《钢筋机械连接用套筒》JG/T 163—2013 的规定。接头应根据抗拉强度以及高应力和大变形条件下反复拉压性能的差异分三个等级，即Ⅰ级、Ⅱ级和Ⅲ级，视实际现场情况采用。结构构件中纵向受力钢筋的接头宜相互错开，在同一连接区段内有接头的受力钢筋截面面积占受力钢筋总截面面积的百分率应符合规范相关规定。

高强度钢筋直螺纹连接接头质量控制主要包括：连接套筒的质量控制、钢筋端部螺纹丝头的质量控制、接头安装的工艺检验和现场抽检。

4.1.3.4 优势

高强度钢筋直螺纹连接具有以下优势：

（1）接头强度高。接头强度大于钢筋母材强度，适用于承受拉压的各种钢筋结构中的钢筋连接施工，连接完成后即可承力。

（2）便于施工。操作方便，且钢筋连接质量检验可通过目测完成，质量容易控制。

（3）可全方位连接。高强度钢筋可方便连接如弯折钢筋、固定钢筋、钢筋笼等不能转动的结构，也能够解决钢筋连接不共线的问题。

（4）节材节能。材料基本无损耗，施工工具简单，无明火操作，符合环保要求。

（5）经济效益好。施工速度快，风雨无阻，可全天施工，可有效缩短施工工期，进而提升经济效益。

4.1.3.5 适用范围

高强度钢筋直螺纹连接可广泛适用于直径12~50mm的HRB400、HRB500钢筋各种方位的同异径连接，如不同直径的钢筋水平、竖向、环向连接，弯折钢筋、超长水平钢筋的连接，两根或多根固定钢筋之间的对接，钢结构型钢柱与混凝土梁主筋的连接等。

4.1.3.6 应用现状

高强度钢筋直螺纹连接已应用于超高层建筑、市政工程、核电工程、轨道交通等各种工程中，占据了国内钢筋机械连接市场的主导地位。镦粗直螺纹钢筋接头在田湾核电站一期工程、三峡水利枢纽工程（图4-7）、苏通长江大桥（图4-8）、杭州湾跨海大桥等工程中大量使用。在大型桥梁工程中，采用加长丝头型镦粗直螺纹钢筋接头实施钢筋笼的整体对接这一施工工艺受到业界的广泛认可，仅苏通长江大桥主桥墩基础的钢筋笼就使用了将近30万个40mm直径的镦粗直螺纹钢筋接头。

图4-7 三峡水利枢纽工程　　　　　　　图4-8 苏通长江大桥主桥墩基础

滚轧直螺纹钢筋接头已应用于首都博物馆新馆、国家游泳中心（水立方）、国家体育场（鸟巢）、国家大剧院（图4-9、图4-10）、北京首都国际机场3号航站楼等工程。近年来，随着钢筋连接技术的不断发展，直螺纹接头已经衍生出正反型、焊接型等新的类型，为结构施工带来了更多选择。

 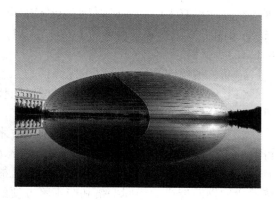

图 4-9　施工中的国家大剧院　　　　　　图 4-10　运营中的国家大剧院

4.1.4　钢筋机械锚固技术

4.1.4.1　概述

　　钢筋机械锚固技术是将螺母与垫板合二为一的锚固板与钢筋通过直螺纹连接方式相连，实现钢筋锚固。其作用机理为：钢筋的锚固力全部由锚固板承担或由锚固板和钢筋的粘结力共同承担，从而减少钢筋的锚固长度，节省钢筋用量，带锚固板钢筋的受力机理如图 4-11 所示。该项技术的主要内容包括：部分锚固板钢筋的设计应用技术、全锚固板钢筋的设计应用技术、锚固板钢筋现场加工及安装技术等。

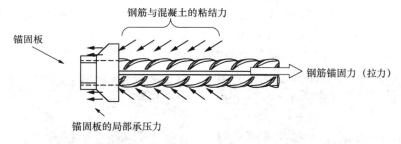

图 4-11　带锚固板钢筋的受力机理示意图

　　钢筋机械锚固的施工工艺流程：施工准备→工艺检验→钢筋切割→钢筋端部滚轧螺纹→螺纹检验→安装锚固板→锚固板钢筋拧紧→扭矩检查。具体来说，施工前应将检验合格的钢筋锚固板按规格存放整齐，妥善保管备用，同时做好施工交底。钢筋下料宜用专用钢筋切割机，钢筋端部不得有弯曲，钢筋端面须平整并与钢筋轴线垂直。在钢筋丝头正式加工前应按有关规定进行组装件的单向拉伸试验，钢筋丝头检验合格后应立即安装锚固板并码放在适当区域，以免钢筋丝头受到污损。锚固板安装后应用扭矩扳手抽检。

4.1.4.2　技术指标

　　部分锚固板钢筋由钢筋的粘结段和锚固板共同承担钢筋的锚固力，此时锚固板承压面积不应小于钢筋公称面积的 4.5 倍，钢筋粘结段长度不宜小于 0.4 倍的受拉钢筋的基本锚固长度；全锚固板钢筋由锚固板承担全部钢筋的锚固力，此时锚固板承压面积不应小于钢筋公称面积的 9 倍。锚固板与钢筋的连接强度不应小于被连接钢筋的极限强度标准值，锚固板钢筋在混凝土中的实际锚固强度不应小于钢筋的极限强度标准值，详细技术指标见《钢筋锚固板应用技术规程》JGJ 256—2011。

4.1.4.3 优势

钢筋机械锚固技术具有以下优势：

（1）质量稳定可靠。采用钢筋机械锚固技术可提高节点的受力性能，提高混凝土浇筑质量，保障结构的整体稳定性。

（2）降低成本。相比传统的钢筋锚固技术，在混凝土结构中应用钢筋机械锚固技术，可节约 40%以上的锚固用钢材，进而降低成本。

（3）便于施工。在复杂节点采用钢筋机械锚固技术可简化钢筋工程施工流程，克服传统的弯钩钢筋造成的锚固拥挤和施工不方便的缺点。

（4）有利于促进建筑业转型升级。采用钢筋机械锚固技术可促进我国高强度钢筋的使用，同时也符合绿色可持续发展的要求。

4.1.4.4 适用范围

钢筋机械锚固技术适用于混凝土结构中热轧带肋钢筋的机械锚固，适用于各类需要减小钢筋锚固长度的混凝土构件，可用于简支梁支座、梁或板的抗剪钢筋，可代替传统弯筋和直钢筋锚固，可广泛应用于建筑工程以及桥梁、水工结构、地铁、隧道、核电站等各类混凝土结构工程的钢筋锚固，锚固板还可用作钢筋锚杆（或拉杆）的紧固件。

4.1.4.5 应用现状

钢筋机械锚固技术已在核电工程、水利水电、房屋建筑等工程领域得到较为广泛的应用，典型的核电工程包括浙江三门核电站（图 4-12）、山东海阳核电站、秦山核电二期扩建工程、方家山核电站、海南昌江核电站；典型的水利水电工程包括溪洛渡水电站（图 4-13）、苗家坝水电站等项目；典型的房屋建筑工程包括中国建筑技术中心、海口大厦、太原博物馆、河北白沟国际箱包交易中心、深圳万科第五园等项目。

图 4-12　浙江三门核电站　　　　　　　　图 4-13　溪洛渡水电站

4.2　建筑用钢筋制品成型加工技术

4.2.1　概述

我国建筑用钢筋长期以来依靠人力在施工现场进行加工，这种加工方式不仅使钢筋质量难以控制，而且效率低，成本高，不利于环境保护。为了解决上述问题，大力发展钢筋制品成型加工技术至关重要。建筑用钢筋制品成型加工技术是指，由具有信息化生产管理系统的专业化钢筋加工机构主要采用成套自动化钢筋加工设备，经过合理的工艺流程，在固定的加工场所集中加工钢筋成为工程所需成型钢筋制品的钢筋加工方式。其中，成型钢筋是指按设计施工图纸规定的形状、尺寸和要求，采用机械加工成型的普通钢筋制品。信息化管理系统、专业化钢筋加工机构和成套自动化钢筋加工设备三要素的有机结合是成型钢筋加工区别于传统场内或场外钢筋加工模式的重要标志。以上三种技术的具体介绍如下。

（1）信息化生产管理技术：是指通过信息化管理软件对钢筋原材料采购；钢筋成品设计规格与参数生成；加工任务分解；钢筋下料优化套裁；钢筋与成品加工；产品质量检验；产品捆扎包装等全过程进行计算机信息化管理。

（2）钢筋专业化加工技术：主要分为线材钢筋加工，棒材钢筋加工和组合成型钢筋制品加工。线材钢筋加工是指钢筋强化加工；钢筋矫直切断；箍筋加工成型等。棒材钢筋加工是指直条钢筋定尺切断；钢筋弯曲成型；钢筋直螺纹加工成型等。组合成型钢筋制品加工是指钢筋焊接网、钢筋笼、钢筋桁架、梁柱钢筋成型加工等。

（3）自动化钢筋加工设备技术：自动化钢筋加工设备是建筑用成型钢筋制品加工的硬件支撑，是指具备强化钢筋、自动调直、定尺切断、弯曲、焊接、螺纹加工等单一或组合功能的钢筋加工机械，包括钢筋强化机械、自动调直切断机械、数控弯箍机械、自动切断机械、自动弯曲机械等。图 4-14 为钢筋制品在工厂生产中的某一流程，图 4-15 为已经成型的钢筋制品。

图 4-14　钢筋制品在工厂生产

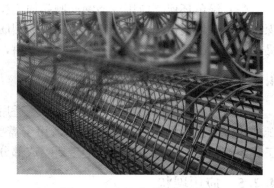

图 4-15　已经成型的钢筋制品

4.2.2　技术指标

建筑用成型钢筋制品加工技术指标应符合国家标准《混凝土结构用成型钢筋制品》GB/T 29733—2013 和行业标准《混凝土结构成型钢筋应用技术规程》JGJ 366—2015 的有关规定。其中，加工企业应制定全过程的技术和质量管理制度，并应及时对技术和质量有关资料进行收集、整理、存档和备案，存档备案资料保存年限应按建筑施工资料管理有关规定执行。成型钢筋加工工艺流程设计宜满足自动化作业要求。加工企业应对扬尘、噪声、光污染、油污染等采取控制措施。

4.2.3 优势

建筑用钢筋制品成型加工技术具有以下优势：

（1）降低成本。在施工现场加工钢筋不仅需要安装加工机械设备，准备原材料和码放半成品，还需严格控制作业时间防止加工噪声扰民，安全文明管理成本高。通过应用钢筋制品成型加工技术，加工成本和供应链运作成本可以大幅降低，也能够节约施工场地，简化现场管理，降低管理成本。

（2）提升质量。施工现场手工加工的钢筋制品误差较大，质量难以保证。钢筋制品成型加工技术通过利用专业设备能够保证钢筋制品的规格和尺寸准确。此外，信息化生产管理意味着每批成型钢筋制品都有完整的生产、检验信息，由此确保了钢筋制品的质量可追溯性。

（3）加快施工进度。通过采用工厂化加工方式，钢筋制品能够实现自动化、批量化生产，提升了加工效率，可满足大规模工程建设中钢筋加工的需求。钢筋配送到现场后便可直接应用，克服了现场钢筋加工条件有限的困难，确保了钢筋供应规模满足实际施工需求。

（4）降低建筑钢筋加工损耗。专业化加工工厂可同时为多个工程提供钢筋加工服务，能够综合多工程或同一工程不同部位钢筋需求进行套裁下料及加工，解决施工现场加工下料剩余长度难以利用，损耗大的问题。实践证明，该技术能使钢筋废损率从目前的 7％～8％降低到 1％～2％左右，降低钢材使用量 5％以上，加工每吨钢材节约资金 250 元以上。

（5）绿色环保。应用成型钢筋制品加工技术减少了现场钢筋加工造成的噪声污染，确保了施工现场整洁文明，排除了由于现场钢筋加工制作带来的安全隐患。同时成型钢筋制品加工通过工厂化生产能够有效节约原材料，避免浪费。

4.2.4 适用范围

建筑用钢筋制品成型加工技术可广泛适用于各种现浇混凝土结构的钢筋加工、预制装配建筑混凝土构件钢筋加工，特别适用于需要钢筋大量集中加工的大型工程，是绿色施工、建筑工业化和施工装配化的重要组成部分。

4.2.5 应用现状

在很长的一段时间内钢筋都是在工地现场进行加工和绑扎的，随着近些年高层建筑越来越多，建筑结构越来越复杂，许多钢筋技术工作已无法由现场工人胜任，于是钢筋制品成型加工的需求日趋显著。目前，建筑用钢筋制品成型加工技术已推广应用于多项大型工程，如阳江核电站（图 4-16）、防城港核电站、红沿河核电站、台山核电站等核电工程、港珠澳大桥、天津 117 大厦、北京中国尊、武汉绿地中心（图 4-17）、天津周大福金融中心等地标建筑和重点工程。

总的来说，国内钢筋制品成型加工技术的发展初具规模，但是业界仍多采用需人工干预的数控钢筋加工设备进行钢筋线材加工，后集中运往施工现场进行人工绑扎，其自动化和智能化发展应用尚需进一步探索和推广。事实上，钢筋加工制作不是简单地从工地现场走进工厂，成型钢筋加工也应注重软件开发，加强信息化管理和控制，通过应用 BIM 技术、RFID 技术等实现对进料、领用、加工、出库、库存的智能化管理。此外，为推进我国建筑工业化进程，应积极推广包括钢筋制品、建筑构件等在内的建筑成品和半成品的工厂化制作，从而提升施工的机械化、自动化和智能化水平。

图 4-16　阳江核电站

图 4-17　武汉绿地中心

4.3　高强度混凝土

4.3.1　概述

4.3.1.1　高强度混凝土的定义

关于高强度混凝土（high strength concrete，简称 HSC），目前各国还没有一个确切的定义。高强度混凝土无论从概念上还是配制技术上都经历了一个历史的变迁，不同的国家、地区因混凝土技术发展水平不同而有差异，其含义也有所不同。美国的 S. P. Shah 教授认为高强度混凝土的定义是个相对的概念，同一强度等级的混凝土在休斯敦被认为是高强度混凝土，而在芝加哥却被认为是普通混凝土。日本京都大学六车熙教授指出：在 20 世纪 50 年代，强度在 30MPa 以上的混凝土被称为高强度混凝土；在 20 世纪 60 年代，强度在 30～50MPa 之间的混凝土被称为高强度混凝土；在 20 世纪 70～80 年代，强度在 50～80MPa 之间的混凝土被称为高强度混凝土；在 20 世纪 90 年代，一些工业发达国家将强度在 80MPa 以上的混凝土称为高强度混凝土。

我国首次采用高强度混凝土的建筑是"毛主席纪念堂"（1977 年），全部混凝土结构采用 60MPa 的高强度混凝土。随着国内建筑业技术水平的不断提升，混凝土的强度等级也在不断地突破。当前，国内的不同规范对于高强度混凝土的定义也不完全一致，《高强混凝土结构技术规程》CECS104—1999 将高强度混凝土定义为采用水泥、砂、石、外加剂（减水剂、早强剂等）和矿物掺合料（粉煤灰、超细矿渣、硅灰等），以常规工艺配制的 C50～C80 级混凝土。《高强混凝土应用技术规程》JGJ/T 281—2012 规定强度等级不低于 C60 的混凝土为高强度混凝土。此外，强度等级在 C100 以上的混凝土通常被称为超高强度混凝土。

4.3.1.2 高强度混凝土的特点

总体来说，高强度混凝土具备以下特点：

(1) 强度高，耐久性好，变形小，使用寿命长，能适应现代工程结构大跨度、重载、高耸和承受恶劣环境条件的需要。

(2) 用高效减水剂配制的高强度混凝土一般具有坍落度大和早强的特点，因而便于浇筑和加快模板周转速度。

(3) 高强度混凝土的抗压强度很高，能够大大减小结构的截面尺寸，降低结构自身质量荷载，其抗渗性和抗冻性也远超普通混凝土。

(4) 对于预应力钢筋混凝土构件，使用高强度混凝土可以更早地施加更大的预应力，高强度混凝土较小的徐变还可减小预应力损失。

(5) 从脆性来对比高强度混凝土与普通混凝土就会发现高强度混凝土比普通混凝土更大，且强度的抗压比也明显降低。

4.3.2 高强度混凝土的原材料

高强度混凝土的原材料主要包括水泥、骨料、矿物掺合料、外加剂和水等，正确地选择原材料是高强度混凝土配制的前提。

4.3.2.1 水泥

根据《高强混凝土应用技术规程》JGJ/T 281—2012 的规定，配制高强度混凝土宜选用硅酸盐水泥或普通硅酸盐水泥。配制 C80 及以上强度等级的混凝土时，水泥 28d 胶砂强度不宜低于 50MPa。对于早强型硅酸盐水泥及明矾石水泥等，水泥中碱含量不超过 0.6%，限制碱含量是为避免与含有活性二氧化硅的骨料产生碱骨料反应，产生不均匀的膨胀风化物。水泥中氯离子含量不应大于 0.03%。配制高强度混凝土不得采用结块的水泥，也不宜采用出厂超过 3 个月的水泥，水泥温度不宜高于 60℃。

4.3.2.2 骨料

高强度混凝土使用的骨料主要分为粗骨料和细骨料，两者均应符合现行行业标准《普通混凝土用砂、石质量及检验方法标准》JGJ 52—2006 的规定，且高强度混凝土采用的骨料宜为非碱活性，不宜采用再生粗骨料。

粗骨料在混凝土结构中起到骨架作用，占骨料的 60%~70%，其性能对高强度混凝土的抗压强度及弹性模量起决定性的作用。对高强度混凝土来说，粗骨料的重要优选特性是抗压强度、表面特征及最大粒径等。岩石抗压强度应比混凝土强度等级标准值高 30%。粗骨料应采用连续级配，最大公称粒径不宜大于 25mm。粗骨料的含泥量不应大于 0.5%，泥块含量不应大于 0.2%。粗骨料的针片状颗粒含量不宜大于 5%，且不应大于 8%。

配制高强度混凝土宜采用细度模数为 2.6~3.0 的Ⅱ区中砂。砂的含泥量和泥块含量应分别不大于 2.0% 和 0.5%。当采用人工砂时，亚甲蓝（MB）值应小于 1.4，石粉含量不应大于 5%，压碎指标值应小于 25%。当采用海砂时，氯离子含量不应大于 0.03%，贝壳最大尺寸不应大于 4.75mm，贝壳含量不应大于 3%，高强度混凝土用砂宜为非碱活性。

4.3.2.3 矿物掺合料

在配制高强度混凝土时，如果加入适量的矿物掺合料，不仅可以促进水泥水化产物的进一步转化，也可有效提高混凝土配制强度，降低工程造价，改善高强度混凝土性能。根据《高强混凝土应用技术规程》JGJ/T 281—2012 指出，用于高强度混凝土的矿物掺合料可包括粉煤灰、粒化高炉矿渣粉、硅灰、钢渣粉和磷渣粉，各类矿物掺合料的采用应当符合相应的现行国家标准的规定。

其中，配制高强度混凝土宜采用Ⅰ级或亚级的 F 类粉煤灰。当配制 C80 及以上强度等级的高强度混凝土掺用粒化高炉矿渣粉时，粒化高炉矿渣粉不宜低于 S95 级。当配制 C80 及以上强度等级的高强度混凝土掺用硅灰时，硅灰的 SiO_2 含量宜大于 90%，比表面积不宜小于 $15\times10^3\,m^2/kg$。钢渣粉和粒化电炉磷渣粉宜用于强度等级不大 80 的高强度混凝土，并应经过试验验证其性能满足规范要求。

4.3.2.4　外加剂

混凝土中加入适量的外加剂，可以提高混凝土的施工技术性能，加快工程施工进度，节约水泥。外加剂的质量标准应符合《混凝土外加剂》GB 8076—2008，其应用应符合《混凝土外加剂应用技术规范》GB 50119—2013。

配制高强度混凝土宜采用高性能减水剂，这是高强度混凝土的重要组成材料之一，掺入高性能减水剂是改善混凝土性能非常重要的一个途径。配制 C80 及以上等级的混凝土时，高性能减水剂的减水率不宜小于 28%。膨胀剂是与水泥、水拌合后经水化反应生成钙矾石、氢氧化钙或钙矾石和氢氧化钙，使混凝土产生体积膨胀的外加剂。对于高强度混凝土结构，减少高强度混凝土早期收缩是非常重要的，采用适量膨胀剂可以在一定程度上改善高强度混凝土早期收缩。采用防冻剂是混凝土冬期施工常用的低成本方法，高强度混凝土也可采用。高强度混凝土不应采用受潮结块的粉状外加剂。液态外加剂应储存在密闭容器内，并应防晒和防冻，当有沉淀等异常现象时，应经检验合格后再使用。

4.3.2.5　水

高强度混凝土用水技术要求与其他普通混凝土用水并无差异。现行行业标准《混凝土用水标准》JGJ 63—2006 包括了对各种水用于混凝土的规定。混凝土搅拌与运输设备洗刷水不宜用于高强度混凝土，未经淡化处理的海水不得用于高强度混凝土。目前，国内外正在研究用磁化水配制高强度混凝土，普通水经磁场得以磁化可以提高水的"活性"，进而提高混凝土强度。但是由于各地磁场强弱及水中矿物质含量不同，因而磁化水对提高混凝土强度的影响也不同。有的可提高混凝土强度 $30\%\sim40\%$，甚至 50%，这对高强度混凝土意义很大。

4.3.3　混凝土高强化的技术方法

根据《新编混凝土实用技术手册》，混凝土高强化的技术方法主要包括胶结料本身的高强化，提高胶结料与集料界面强度和选择最适宜的集料等，如图 4-18 所示。混凝土高强化的技术方法不仅可以实现高强度混凝土配制，同时也是高性能混凝土配制过程中的关键途径，因为如何实现混凝土的高强化也是高性能混凝土的核心问题，这将在 4.4.2 节中作详细介绍。

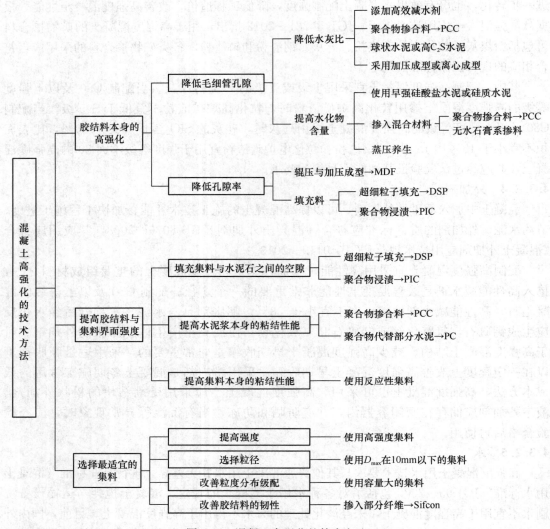

图 4-18　混凝土高强化的技术方法

4.3.4　高强度混凝土的配合比

4.3.4.1　高强度混凝土配合比设计

高强度混凝土配合比设计首先应符合现行行业标准《普通混凝土配合比设计规程》JGJ 55—2011 的规定，并应满足设计和施工要求。高强度混凝土配合比设计步骤包括：①确定水胶比；②选择单位用水量；③计算水泥用量；④选择砂率；⑤计算砂石用量；⑥确定初步配合比；⑦试配和调整。

根据《高强混凝土应用技术规程》JGJ/T 281—2012 规定，高强度混凝土配制强度可按以下公式计算：

$$f_{cu,o} \geqslant 1.15 f_{cu,k} \tag{4-1}$$

式中：$f_{cu,o}$——混凝土配制强度（MPa）；

$f_{cu,k}$——混凝土立方体抗压强度标准值（MPa）。

高强度混凝土配合比应经试验确定，在缺乏试验依据的情况下宜符合下列规定：

（1）水胶比、胶凝材料的用量和砂率可按表 4-3 选取，并应经试配确定。

水胶比、胶凝材料的用量和砂率的合理范围　　　　　表 4-3

强度等级	水胶比	胶凝材料用量（kg/m³）	砂率（%）
≥C60，<C80	0.28～0.34	480～560	35～42
≥C80，<C100	0.26～0.28	520～580	
C100	0.24～0.26	550～600	

（2）外加剂和矿物掺合料的品种、掺量，应通过试配确定；矿物掺合料的掺量宜为 25%～40%；硅灰量不宜大于 10%。

此外，根据《高强混凝土应用技术规程》JGJ/T 281—2012 的规定所述，高强度混凝土配合比的设计还须遵循以下原则：

（1）对于有预防混凝土碱骨料反应的设计要求的工程，高强度混凝土中最大碱含量不应大于 3.0kg/m³。粉煤灰的碱含量可取实测值的 1/6，粒化高炉矿渣粉和硅灰的碱含量可分别取实测值的 1/2。

（2）配合比试配应采用工程实际使用的原材料，进行混凝土拌合物性能、力学性能和耐久性能试验，试验结果应满足设计和施工的要求。

（3）在进行大体积高强度混凝土配合比的试配和调整时，宜控制混凝土绝热温升不大于 50℃。

（4）高强度混凝土配合比应在生产和施工前进行适应性调整，应以调整后的配合比作为施工配合比。

（5）在高强度混凝土生产过程中，应及时测定粗、细骨料的含水率，并应根据其变化情况及时调整。

4.3.4.2　高强度混凝土经验配合比

我国常用的强度等级为 60MPa 的高强度混凝土配合比例如表 4-4 所示。

混凝土等级为 60MPa 的配合比　　　　　表 4-4

编号	水胶比（W/C）	砂率（%）	泵送剂 NF（%）	每 1m³ 混凝土材料用量/（kg/m³）				7d 强度（MPa）	28d 强度（MPa）
				水泥	水	砂子	石子		
1	0.330	33.0	1	500	165	606	1229	—	70.2
2	0.350	35.7	12	550	195	566	1020	51.7	62.3
3	0.327	33.8	1.4	550	180	572	1118	52.4	65.1
4	0.360	36.0	1.4	500	180	634	1125	58.1	65.1
5	0.360	35.3	1.4	450 粉煤灰 50	180	613	1125	59.7	69.8
6	0.330	34.8	0.8	550	180	597	1120	63.4	74.2
7	0.330	34.8	1.4（NF-2）	550	180	597	1120	58.4	63.4
8	0.330	34.8	1.2	550	180	597	1120	55.6	60.4

编号	水胶比（W/C）	砂率（%）	泵送剂 NF（%）	每 1m³ 混凝土材料用量/（kg/m³）				7d 强度（MPa）	28d 强度（MPa）
				水泥	水	砂子	石子		
9	0.330	34.8	1	550	180	597	1120	61.9	70.1
10	0.390	40.0	1	500	195	689	1034	51.1	69.4
11	0.390	40.0	1.3	500	195	689	1034	49.5	67.8
12	0.336	34.0	1.4（NF-0）	550	185	579	1125	59.9	69.7
13	0.360	36.5	1.4	500	180	634	1105	59.9	72
14	0.360	35.3	1.4	450 粉煤灰 50	180	613	1125	58.8	70.4
15	0.380	40.0	0.7（NF-1）	513	195	685	1028	57.4	73.1
16	0.400	40.0	0.55（NF-1）	488	195	694	1040	55.4	67.6

4.4 高性能混凝土

4.4.1 概述

4.4.1.1 高性能混凝土的定义

高性能混凝土（high performance concrete，简称 HPC）自 20 世纪 80 年代首次提出。一直到 1990 年 5 月，由美国混凝土协会（ACI）在马里兰州主办的讨论会上给出了较为正式的定义：具有所要求的性能和匀质性的混凝土。这些性能包括：易于浇筑、捣实而不离析；高超的、能长期保持的力学性能；早期强度高，韧性高和体积稳定性好；在恶劣的条件下使用寿命长。然而至今为止，高性能混凝土仍有多种定义，各国及各国有代表性的学者对高性能混凝土的界定并不完全统一。

美国的 P. K. Mehta 和英国的 P. C Aitin 于 1990 年在论文中提出高性能混凝土应具有以下特性：（1）抗渗性。混凝土按美国的 AASHTO 277 方法，对 Cl^- 的渗透性检测，6h 总导电量≤500C（库仑）。（2）尺寸稳定性。混凝土具有高的弹性模量，低干缩和低徐变以及低的热变形性能。高性能混凝土的弹性模量应达到 40～45GPa，且 90d 的干缩变形 <0.04%。总体认为，抗压强度指标已不是某种混凝土能否满足高性能混凝土的主要指标，应将耐久性放在高性能混凝土性能指标的首位加以考虑。

日本学者以冈村为代表的学派，认为高性能混凝土即高流态、免振自密实的混凝土。他们将重点放在新拌混凝土的性能方面，主要原因是：（1）拌合自密实混凝土对混凝土技术工人的技术要求不高，既可保证混凝土的施工质量，又可保证施工速度；（2）可以有效地减少混凝土施工造成的噪声污染。但日本大多数研究混凝土的学者，对高性能混凝土仍强调是高强度、超高强度与高流态的混凝土，他们认为高性能首先意味着必须具有高强度。

美国的 B. C. Gerwick 认为，对高性能混凝土总的要求是：高强度，高和易性，高耐久性以及在超载、事故和地震发生时有要求的延性。对于特种结构还有其他的要求，如低的温度应变、低的泌水性、不渗透性、防火性能、轻重度、高耐磨性、低的干缩和徐变以及高抗拉强度和高的抗疲劳强度等。

我国著名的混凝土学者、清华大学教授冯乃谦认为高性能混凝土必须是高强度的，因为一般情况下高强度对耐久性有利，耐久性是高性能混凝土最重要的指标。高性能混凝土必须是流动性好的，可泵性好的混凝土，以确保混凝土的质量。高性能混凝土必须要具有满足施工要求的流动性和坍落度损失。

我国混凝土材料专家吴中伟院士认为高性能混凝土是在大幅度提高常规混凝土性能的基础上采用现代混凝土技术，选用优质原材料，除水泥、水、集料外，必须掺加足够数量的活性细掺料和高效外加剂的一种新型高技术混凝土。结合可持续发展的理念，提出高性能混凝土的含义还应包括节约资源，不破坏环境，符合可持续发展的原则。即在保证高工作性、高强度和高耐久性的前提下，尽量考虑少用水泥，以减少大量生产水泥而带来的大气污染和高能量消耗。

我国《混凝土结构耐久性设计与施工指南》CCES 01—2004 中对高性能混凝土的定义为：以耐久性为基本要求，并满足工程建设匀质性和其他特殊性能要求，采用常规工艺和常规材料所制成的混凝土，要求其达到良好的密实性、均匀性和稳定性。在《高性能混凝土应用技术规程》CECS 207：2006 中对高性能混凝土定义为：采用常规材料和工艺生产，具有混凝土结构所要求的各项力学性能，具有高耐久性、高工作性和高体积稳定性的混凝土。

4.4.1.2　高性能混凝土与高强度混凝土的辨析

从字面意思来解读，"性能"并不单单指某一种要求，而是对混凝土材料质量的一种综合要求或标准，例如高强度性、高耐久性、高工作性、高体积稳定性等等。因此，高性能混凝土并非特指一个品种，而是与材料的选择、拌合物的生产控制以及施工过程技术控制等方面都有关，是对材料质量以及施工等高标准或是高要求的统称，其性能具有多元化的特征。而"高强度"主要指的是混凝土的设计强度等级较高，高强度混凝土仅仅以强度的大小来表征或确定何为普通混凝土、高强度混凝土和超高强度混凝土。

可以说，高性能混凝土是基于高强度混凝土发展起来的，也是高强度混凝土的进一步完善。但是，高强度混凝土不一定具有高性能，高性能混凝土不一定具有高强度。美国教授 P. K. Mehta 早在 1990 年就提出："把高强度混凝土假定为高性能混凝土，严格地说，这种假定是错误的。"我国吴中伟院士也在 1996 年提出："有人认为高强度混凝土必然具备高耐久性，这是不全面的，因为高强度混凝土会带来一些不利于耐久性的因素……高性能混凝土还应包括中等强度混凝土，如 C30 混凝土。"他在 1999 年又提出："单纯的高强度混凝土不一定具有高性能。大量处于严酷环境中的海工、水工建筑对混凝土强度的要求并不高，但对耐久性的要求却很高，而高性能混凝土恰能满足此要求"。

因此，高强度混凝土不一定具有高性能，即高耐久性。往往在实际工程建设中片面追求混凝土强度的做法，还会损害到混凝土结构的耐久性。高性能混凝土的含义更加广泛，更加注重于混凝土综合性能的提高，并非仅仅追求高强度为其性能目标或者将高强度作为其性能目标之一。高性能混凝土应根据工程建设要求来确定，包括不同强度等级的高性能混凝土，如普通强度的高性能混凝土、高强度高性能混凝土（简称 HS-HPC）、超高性能混凝土（简称 UHPC）都属于高性能混凝土。

4.4.2 高性能混凝土研制的主要技术措施

高耐久性是高性能混凝土的关键特征。大量研究表明，耐久性与抗渗性有直接的关系，而抗渗性主要受两方面的因素影响：一是混凝土中硬化的水泥石中孔隙率、孔分布和孔的特征；二是水泥石与集料界面的粘结层。基于此，并结合混凝土的高强化技术途径，实现混凝土的高性能就应主要采取以下三种措施。

4.4.2.1 控制水胶比

首先来分析 Rüch 提出的水胶比与水泥浆组成的关系。当水胶比 $W/C>0.38$ 时，水泥全部水化后，水泥石中存在水泥凝胶、凝胶水、毛细管和空隙。而毛细管是水泥石被渗透的主要通道，即混凝土中有毛细管的存在，其抗渗性就会下降而导致耐久性下降。

当 $W/C<0.38$ 时，水泥颗粒不会全部水化，水胶比越低，未水化水泥颗粒越多。$W/C>0.38$ 时，水泥颗粒可全部水化，但当 W/C 进一步增大，水泥石中会有多余的自由水存在，当这部分自由水蒸发后，就会留下大量的毛细管。水胶比越大，这一现象就会越严重，会使抗渗性和耐久性大幅下降。

当 W/C 在 0.38 左右（$W/C=0.38\sim0.42$）时，水泥颗粒可以全部水化，同时又无毛细水，这时混凝土会具有优良的抗渗性和耐久性。因此配制高性能混凝土时，有资料介绍必须将水胶比控制在 0.38 以下是有道理的。

4.4.2.2 改善水泥石的孔结构

研究水泥石孔结构或孔特征的理论是孔隙学。该理论是 F. H. Wittmann 教授在第七届国际水泥化学会议上提出的。孔级配即孔径大小不同的孔相互搭配的情况，孔隙学理论认为，当孔隙率相同时，平均孔径小的混凝土材料强度高，渗透性低。孔径尺寸差别小，即孔径分布均匀时，混凝土强度高。因此可通过孔级配的改善来提高混凝土材料的某些性能。而小于某尺度的孔则对强度和渗透性无影响。

我国吴中伟院士早在 1973 年提出了对混凝土的孔进行孔级划分的概念，他将小于 500Å 的孔定义为无害或少害孔，他认为减少 1000Å 以上的孔，可大大地提高混凝土的强度及抗渗性。

法国路桥研究中心曾用 BJH 法测得高性能混凝土中水泥石的孔隙率约为 18.8%，并且孔半径多数小于 2.5nm（$1nm=10^{-9}m$）。而普通混凝土水泥石中大于 5nm 的孔隙率就达 26.7%。这说明高性能混凝土和普通混凝土中孔结构的差别是十分明显的。目前，改善孔结构最为有效的方法是采用高效减水剂尽可能地降低水胶比，以及添加适量超细矿粉。

4.4.2.3 改善水泥石集料界面结构

普通混凝土中的集料与水泥石的界面是整体混凝土结构的薄弱区。该区域内集料的表面定向排列着大量的六方板状 $Ca(OH)_2$ 晶体，形成混凝土中最疏松的区域，称为界面过渡层，如图 4-19 所示。

要使普通混凝土具备高强度、高耐久性，就要改善混凝土中集料与水泥石的界面结构，极力抑制界面过渡层的形成，有效手段是添加活性超细矿粉，如硅灰、超细矿渣粉、超细粉煤灰、超细沸石粉、稻壳粉以及超细石灰石粉等。这些超细粉均含有大量火山灰活性成分，细度很高，如硅粉比表面积达 $18000m^2/kg$。它们可以迅速与水泥水化产生的

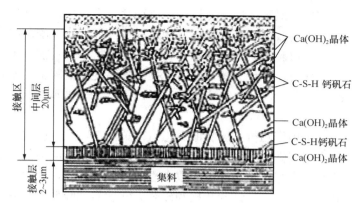

图 4-19　界面过渡层

$Ca(OH)_2$ 晶体进行二次反应，生成 C-S-H 钙矾石。这一反应可以大大降低水泥石中对强度及稳定性有不良影响的 $Ca(OH)_2$ 晶体数量，减少了界面过渡层 $Ca(OH)_2$ 晶体的含量及定向排列程度。有研究表明，掺硅灰的高性能混凝土的 $Ca(OH)_2$ 晶体含量，较其余条件相同的不掺硅灰的混凝土减少了一半以上。

4.4.3　高性能混凝土的新组分

4.4.3.1　超细矿粉

改善孔结构及水泥石集料界面结构是提高混凝土材料性能的主要手段之一，超细矿粉是配制高性能混凝土必不可少的新组分。目前使用最多的超细矿粉有：硅灰、超细矿渣、超细粉煤灰、超细沸石粉和超细石灰石粉等，以及上述超细粉的不同组合。这些超细矿粉以及它们的组合，作为配制高性能混凝土的新组分，在高性能混凝土中所起的作用（一般称为"粉体效应"）可归纳为活性效应以及微集料填充效应。

4.4.3.2　新型高效减水剂

高性能混凝土除应具有高耐久性的特性以外，还应具有高强度与高流动性，一般高性能混凝土的 W/C 上限不应超过 0.40，随着对强度更高的要求，W/C 应进一步降低。而对高流动性的要求通常是初始坍落度在 18～22cm 左右，如要求免振自密实，初始坍落度应达 22～24cm。同时更重要的是不但要求高性能混凝土初始坍落度大，还要求坍落度的经时损失要尽可能地小。低 W/C、高坍落度以及较小的坍落度经时损失，使得新型高效减水剂成为配制高性能混凝土不可缺少的组分之一。

氨基磺酸盐系高效减水剂和多羧酸系高效减水剂是目前配制高性能混凝土的首选外加剂。它们的特点是对水泥的分散能力强，减水率高，可大幅度降低 W/C，与水泥适应性好，保持混凝土坍落度不损失的能力强。并且这两大类高效减水剂均不含 Na_2SO_4，能提高混凝土的耐久性。

4.4.4　高性能混凝土的配合比

4.4.4.1　国外高性能混凝土的配合比设计方法

高性能混凝土的配合比设计与普通混凝土的配合比设计不同。由于对高性能混凝土材料性能的新的要求，如新拌混凝土的流变性（高流动性、可泵性、保塑性及低放热性等），硬化混凝土的高强度、高耐久性、高尺寸稳定性及高韧性等，使得配制高性能混凝土的原材料组分变得十分复杂，仅超细矿粉及外加剂就达几十种之多。目前，世界上并没有形成统一的高性能混凝土的配合比设计方法，国际上提出的高性能混凝土的配合比设计方法主要包括：美国混凝土协会（ACI）的方法、法国国家路桥试验室（LCPC）的方法、P. L. Mehta 和 P. C. Aitin 的方法等。

在诸多方法中，法国国家路桥试验室的思想值得关注。通过试验找出胶结料浆体流变性与对应高性能混凝土流变性的关系，以及砂浆力学性能与对应高性能混凝土力学性能的关系，并通过建立若干个不同条件情况下的数学模型再进行计算，这样会减少大量的试验并缩短工作时间。基于浆体流变性试验数据和砂浆力学性能试验数据建立模型，计算而得的其他参数的可靠性和实用性也会大大提高。

P. L. Mehta 和 P. C. Aitin 提出的方法也为我们提供了很好的思路，即在假定水泥浆与集料的体积之比，水泥与矿物超细粉的体积之比，复合双掺硅灰与其他矿物超细粉体积之比，以及粗、细集料体积之比的前提下，再参考相关的以往 W/C 的单方用水量的统计数据值，进行 W/C 及单方用水量的选择，这一办法在现阶段仍不失为一种简便有效的方法。

4.4.4.2 国内高性能混凝土的配合比设计方法

现阶段我国对高性能混凝土的配合比设计也没有统一的方法。不同的科研单位及不同的学者提出的设计方法差异也较大，甚至对高性能混凝土的试配强度确定方法还有诸多的不同意见，更何况其他参数的确定了。一些科研单位及学者投入较大的精力将高性能混凝土的配合比设计作为专题研究，有些研究生也选择与高性能混凝土的配合比设计有关的课题进行科研，并以此为主题编写研究论文，提出了很复杂的数学模型及公式，还编制了特定的计算机软件。高性能混凝土的配合比实际优化起来十分繁杂，在给出的不同条件下高性能混凝土的配合比参数的可靠性仍值得商榷。

根据中国的实际，清华大学冯乃谦教授将高性能混凝土按照一般劣化外力作用及特殊劣化外力作用进行耐久性设计。即考虑高性能混凝土的环境行为及其劣化，针对不同的使用环境的腐蚀性介质，按照耐久性要求设计高性能混凝土的配合比，使其既能满足耐久性的要求，又能满足强度要求。这一思路与普通混凝土配合比设计方法基本相同，具有计算步骤简单，计算结果比较精确，容易掌握等优点，十分具有指导意义。

该方法初步配合比的计算步骤主要包括：①配置强度的确定；②初步确定水胶比；③选取单位用水量；④计算混凝土的单位胶凝材料用量；⑤矿物掺合料的确定；⑥选择合理的砂率；⑦粗、细骨料用量的确定；⑧高性能减水剂用量的确定；⑨含水量的修正。为确保高性能混凝土的质量要求，设计配合比提出后，还须用该配合比进行 6～10 次重复试验确定该配合比满足要求。

此外，从实验室试验经验及实际工程实践经验来看，朱宏军等人在《特种混凝土和新型混凝土》一书中推荐的高性能混凝土 W/C 及单方用水量选取范围的数据，具有较好的参考价值，见表 4-5、表 4-6。

配制高性能混凝土时 *W/C* 推荐选取范围　　　　　　　　　　　　　表 4-5

选用水泥强度等级	*W/C*					
	C50～C60	C60～C70	C70～C80	C80～C90	C90～C100	≥C100
42.5	0.30～0.33	0.26～0.30	—	—	—	—
52.5	0.33～0.38	0.30～0.35	0.27～0.30	0.24～0.27	0.21～0.25	≤0.21
62.5	0.38～0.41	0.35～0.38	0.30～0.35	0.27～0.30	0.25～0.27	≤0.25

注：1. 本表 *W/C* 中，*C* 为水泥用量和超细粉的总量，当用硅灰或超细沸石粉时取上限；用超细矿渣粉或超细磷
　　　 渣粉时取下限；
　　2. 混凝土强度等级高时，*W/C* 取下限，反之取上限；
　　3. 如果用真空脱水法施工，*W/C* 可比表中所列数值大。

配制高性能混凝土用水量选取（kg·m^{-3}）　　　　　　　　　表 4-6

胶料	用水量/（kg·m^{-3}）					
	C50～C60	C60～C70	C70～C80	C80～C90	C90～C100	＞C100
水泥＋10%硅灰或超细沸石粉	195～185	185～175	175～165	165～155	155～145	＜145
水泥＋10%超细粉煤灰	185～175	175～165	165～155	155～145	145～135	＜135
水泥＋10%超细矿渣粉或超细磷渣粉	180～170	170～160	160～150	150～140	140～135	＜130

注：超细粉的掺入量为等量取代水泥量。

4.4.5　高性能混凝土的制备与施工

4.4.5.1　高性能混凝土的制备

　　高性能混凝土的制备实际上是高流动性混凝土的制备，需要经过计量配料、强制搅拌、质量检测等施工过程，其工艺流程如图 4-20 所示。

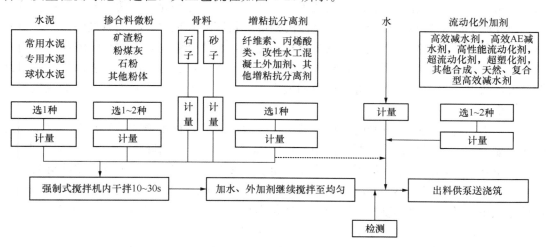

图 4-20　高性能混凝土制备工艺流程

4.4.5.2　高性能混凝土的运输

　　长距离运输拌合物应使用混凝土搅拌运输车，短距离运输可用翻斗车或吊斗。装集料

前应考虑坍落度损失，湿润容器内壁和清除积水。

第一盘混凝土拌合物出料后应先进行开盘鉴定。按规定检测拌合物工作度（包括冬期施工时的出罐温度），并按计划留置各种构件。混凝土拌合物的输送应根据混凝土供应申请单，按照混凝土计算用量以及混凝土的初凝、终凝时间，运输时间、运距，确定运输间隔。混凝土拌合物进场后，除按照规定验收质量外，还应记录预拌混凝土出场时间、进场时间、入模时间和浇筑完毕的时间。

4.4.5.3　高性能混凝土的浇筑

现场搅拌的混凝土出料后，应尽快浇筑完毕。使用吊斗浇筑时，下料高度超过 3m 时应采用串筒，浇筑时要均匀下料，控制速度，防止空气进入。除自密实高性能混凝土外，一般情况下应采用高频振捣器捣实，垂直点振，不得拉平。浇筑方式应为分层浇筑、分层振捣，用振捣棒振捣应控制在其有效振动半径范围内。混凝土浇筑应连续进行，施工缝应在浇筑之前确定，不得随意留置。在浇筑混凝土的同时按照施工试验计划，留置好必要的试件。不同强度等级的混凝土现浇连接时，接缝应设在低强度等级构件中，并离开高强度等级构件一定距离。当接缝连接混凝土强度等级不同且分先后施工时，可在接缝位置设置固定的筛网（孔径 5mm×5mm），先浇筑高强度等级混凝土，后浇筑低强度等级混凝土。高性能混凝土最适于泵送，泵送的高性能混凝土宜采用预拌的混凝土，也可以现场搅拌泵送混凝土应遵守《混凝土泵送施工技术规程》JGJ/T 10—2011 的规定。

此外，高性能混凝土胶凝材料含量大，细粉增加；水胶比低，使其拌合物十分黏稠，难以被抹光，表面会很快形成一层硬壳，容易产生收缩裂纹，所以要求尽早安排多道抹面程序，建议浇筑后 30min 之内抹光。对于高性能混凝土的易抹性，目前仍缺少可行的试验方法。

4.4.5.4　高性能混凝土的养护

混凝土的养护是混凝土施工的关键步骤之一。对于高性能混凝土，由于水胶比小，浇筑以后泌水量少。当混凝土表面蒸发失去水分而得不到充分补充时，使混凝土塑性收缩加剧，而此时混凝土尚不具有抵抗变形所需的强度，就容易导致塑性收缩裂缝的产生，影响耐久性和强度。另外高性能混凝土胶凝材料用量大，水化升温高，导致自收缩和温度应力也在加大。由于胶凝材料用量大，在大型竖向构件成型时，会造成混凝土表面浆体所占比例较大，故混凝土的耐久性受近表层影响最大，所以混凝土表层的养护对高性能混凝土显得尤为重要。

为了提高混凝土的强度和耐久性，防止产生收缩裂缝，很重要的措施是在混凝土浇筑后立即喷养护剂或用塑料薄膜覆盖。用塑料薄膜覆盖时，应使塑料薄膜紧贴混凝土表面，初凝后掀开塑料薄膜，用木抹子磨平表面，至少搓 2 遍。搓完后继续覆盖，待终凝后立即浇水养护，养护日期不小于 7d（重要构件养护 14d）。对于楼板等水平构件，可采用草帘、麻袋等包裹，并在外面再裹塑料薄膜，保持包裹物潮湿。应该注意尽量减少用喷洒养护剂来代替水养护，养护剂也绝非不透水，且有效时间短，施工中混凝土很容易被破坏。

混凝土养护中既要保证合适的湿度又要保证合适的温度。当在高性能混凝土中掺入膨胀剂时，养护的方法是否及时有效，对膨胀量的多少有很大影响，因钙矾石的形成需要大量的结合水，尤其是养护大构件混凝土时要注意覆盖保持湿润。此外，高性能混凝土拌合物比普通混凝土拌合物对温度和湿度更加敏感，混凝土的入模温度、养护湿度应根据环境状况和构件所受内、外约束程度加以限制。养护期间混凝土内部最高温度不应高于 75℃，并应该采取措施使混凝土内部与表面的温度差小于 25℃。

4.5 超高泵送混凝土及施工

4.5.1 概述

随着我国城镇化水平的提高以及建筑业的快速发展，为满足社会与经济的发展需求，高层建筑的规模和数量逐日攀升，国内也涌现出大量的超高层建筑。超高层建筑由于高度较高，在技术应用和材料运输等环节都面临着巨大挑战，尤其是混凝土作为最主要的材料之一，其输送和浇筑不仅要求及时、迅速，还要保证质量和降低劳动消耗。在此背景下，超高泵送混凝土技术应运而生，为应对超高层建筑施工中所面临的诸多问题提供了很多技术支撑。

超高泵送混凝土技术，一般是指泵送高度超过 200m 的现代混凝土泵送技术。超高泵送混凝土技术的原理是借助泵送设备的泵送压力一次将所需的混凝土方量运送到建筑工程的指定位置，泵送设备的高压泵送能力是决定超高泵送混凝土施工技术应用效果的关键。

自 1903 年美国俄亥俄州辛辛那提市建成 16 层、高 65m 的殷盖兹大楼（Ingalls Building）以来，混凝土在高层建筑中的泵送高度便不断被突破。一直到 20 世纪 90 年代，中国上海金茂大厦和马来西亚吉隆坡石油大厦两个超高层混凝土结构建筑建成高度接近 400m，分别达到 382.3m 和 380m。21 世纪以来，混凝土泵送高度不断被刷新，2003 年中国香港国际金融中心的建设使泵送混凝土的应用高度达到 408m；2007 年，上海环球金融中心工程，C60 混凝土一次泵送 290m，C40 混凝土一次泵送 492m；2008 年，迪拜哈利法塔（图 4-21）实现了泵送混凝土应用高度的新跨越，将 C80 混凝土一次泵送到 601m 的高度；而后，在我国上海中心大厦工程（图 4-22）中，C60 混凝土可一次泵送 582m，C45 混凝土可一次泵送 606m，C35 混凝土可一次泵送 610 m，创造了多项世界纪录。近年来，我国许多城市都完成了当地第一高楼的建设，这些超高层建筑都离不开超高泵送混凝土技术。

图 4-21 迪拜哈利法塔

图 4-22 上海中心大厦

超高泵送混凝土在施工方面主要有以下特点：

（1）材料性能要求高。混凝土必须具有良好的力学性能，如高强度、高弹性模量以及体积稳定性，以满足超高层建筑承载力和耐久性的需要；必须具有良好的工作性能，如良好的流动性、黏聚性和保水性以保障混凝土的超高层泵送；此外，还需要将工作性能和力学性能协调统一。

（2）施工设备要求高。由于泵送的混凝土强度大，高度高，容易出现泵送阻力过高甚至是堵管的情况，导致工期、质量等受到影响，尤其是随着泵送高度的不断突破，对混凝土泵送设备的要求也越来越高，在泵送速度和泵送质量等方面都提出了更高的要求。

（3）施工技术要求高。材料和设备是超高泵送混凝土技术顺利实施的基础，先进的施工技术保障也必不可少，如高效的施工组织和熟练的人工操作等，尤其是泵送工艺选择和泵送管理系统设计。

超高泵送混凝土技术是一项综合技术，包含混凝土原材料技术指标要求、混凝土制备技术、泵送参数计算、泵送机械选定与调试、泵管布设和过程控制等内容。

4.5.2 超高泵送混凝土的制备

4.5.2.1 原材料的选择

超高泵送混凝土的原材料与普通混凝土大致相同，都包括集料、水泥、掺合料、外加剂和水等。原材料的选择直接影响混凝土最终的泵送效果，而且由于泵送技术水平的不断提升，对混凝土原材料的要求也越来越高，在超高泵送混凝土制备中，应当从改善混凝土力学性能和工作性能两个方面来选择原材料。

应当优先考虑强度和弹性模量比较高的石灰岩、花岗石、硅质砂岩和石英岩等作为粗集料。粗集料母体岩石的立方体抗压强度应比所配置的混凝土强度高 20% 以上。当配制等级为 C70 及以上的混凝土时，细集料含泥量应小于 1.0%，配制等级为 C80 及以上的混凝土时，粗集料含泥量应小于 0.5%。同时，在高强度混凝土制备时应当优先选用碎石来改善混凝土的流动性，严格控制粗骨料最大粒径与输送管径的比值。水泥的选择多为硅酸盐水泥、普通硅酸盐水泥或矿渣水泥。根据施工需求，可选择的掺合料主要包括粉煤灰、矿渣微粉和硅灰等。外加剂则主要包括减水剂、引气剂、缓凝剂和泵送剂等类型，减水剂是最重要的外加剂，对于大体积混凝土还会加入适量的膨胀剂来防止产生收缩裂缝。

4.5.2.2 配合比设计原则

根据泵送混凝土的工艺特点，确定泵送混凝土配合比设计的基本原则如下：

（1）混凝土的适配强度必须高于设计强度，超出值取决于试验的标准方法和变异系数，若无可靠的强度统计数据和标准差数值时，应不低于设计强度的 1.15 倍，同时还要保证压送后能满足所规定的和易性、均质性和耐久性等方面的性能要求；

（2）根据所用材料的质量、混凝土泵的种类、输送管的直径、压送的距离、气候条件、浇筑部位及浇筑方法等，经过试验确定泵送混凝土配合比，试验包括混凝土的试配和试送；

（3）泵送混凝土配合比设计必须遵循低用水量、适宜的水胶比、适宜的砂率等原则，此外应尽量采用减水型塑化剂等化学附和剂，以降低水胶比，从而提升混凝土的可泵性。

4.5.2.3　配合比设计指标

混凝土配合比设计实际上就是确定水泥、水、细集料（砂）、粗集料（石子）作为 4 个基本组成材料用量之间的比例关系，4 个基本变量可分别表示为 C、W、S、G，指每立方米混凝土中 4 种材料的用量（kg/m^3）。基于此，在超高泵送混凝土的配合比设计中，应当重点考虑以下几个指标：

1. 混凝土的可泵性

目前，压力泌水试验是评定混凝土可泵性的有效方法，即以其 10s 时的相对压力泌水率 S_{10} 作为判断标准，其不超过 40%，此种混凝土拌合物是可以泵送的。

2. 坍落度的选择

如 4.5.1 中所述，超高泵送混凝土应当具备良好的力学性能和工作性能。对于工作性能的测定，一般采用坍落度法，评价指标为坍落度 S 或扩展度 D。泵送混凝土坍落度是指混凝土在施工现场入泵泵送前的坍落度。混凝土拌合物的工作性良好，无离析泌水，坍落度宜大于 180mm，混凝土坍落度损失不应影响混凝土的正常施工，经时损失不宜大于 30mm/h，混凝土倒置坍落筒的排空时间宜小于 10s。泵送高度超过 300m 的，扩展度宜大于 550mm；泵送高度超过 400m 的，扩展度宜大于 600mm；泵送高度超过 500m 的，扩展度宜大于 650mm；泵送高度超过 600m 的，扩展度宜大于 700mm。

坍落度首先应满足《混凝土结构工程施工质量验收规范》GB 50204—2015 的规定，另外还应满足泵送混凝土的流动性要求，并考虑到泵送混凝土在运输过程中的坍落度损失。对于不同的泵送高度，我国规定入泵时混凝土的坍落度应当满足表 4-7。

不同泵送高度入泵时混凝土坍落度选用值　　　　　　　　表 4-7

泵送高速（m）	<30	30~60	60~100	>100
坍落度（m）	100~140	140~160	160~180	180~200

3. 砂率的选择

在保证混凝土强度、耐久性和可泵性的前提下，水泥用量最小时的砂率即最佳砂率。由于输送泵送混凝土的输送管包括锥形管、弯管和软管等，在砂浆量不足时很容易造成管道堵塞，因此泵送混凝土的砂率应比一般施工方法所用普通水泥混凝土的砂率高 2%~5%。根据配制实践充分证明，粗骨料的最大粒径与泵送混凝土的砂率有密切的关联，如表 4-8 所示。

泵送混凝土的适宜砂率范围　　　　　　　　表 4-8

粗骨料最大粒径（mm）	适宜砂率范围（%）	粗骨料最大粒径（mm）	适宜砂率范围（%）
25	41~45	40	39~43

4. 水胶比的选择

泵送混凝土水胶比的选择不仅要考虑其可泵性，也要满足对混凝土强度和耐久性的要求。有关试验证明，水胶比与泵送混凝土在输送管中的流动阻力有关，水胶比 W/C 与流动阻力之间关系的临界值为 0.45。当水胶比小于 0.45 时，流动阻力呈现明显的增大趋势；当水胶比大于 0.60 时，流动阻力虽然明显减小，但是不利于混凝土的可泵性。

根据我国现行行业标准《混凝土泵送施工技术规程》JGJ/T 10—2011 的规定，泵送混凝土的水胶比宜为 0.40～0.60。对于不同强度等级的泵送混凝土，其水胶比的控制范围也是不同的。尤其是高强度泵送混凝土，为保证其强度等性能，水胶比应当酌情减小，C60、C70 和 C80 泵送混凝土的水胶比应当分别控制在 0.30～0.35、0.29～0.32 和 0.27～0.29 的范围内。

5. 最小水泥用量的限制

最小水泥用量与泵送距离、集料种类、输送管直径、泵送压力等因素有关。英国和美国分别规定泵送混凝土的最小水泥用量为 300kg/m³ 与 213kg/m³。根据我国的工程实践，普通混凝土最小水泥用量多为 280～300kg/m³，轻集料混凝土多为 310～360kg/m³。根据我国泵送混凝土的施工水平，我国规定泵送混凝土的最小水泥用量宜为 300kg/m³。

4.5.2.4 配合比设计步骤

泵送混凝土配合比设计的步骤为：

（1）选用正确的原材料，检验原材料质量，然后根据混凝土技术要求进行初步计算；

（2）通过试验室试拌调整，得出"基准配合比"；

（3）经过强度复核（如有其他性能要求，则须作相应的检验项目）定出"试验室配合比"；

（4）根据现场原材料修正"试验室配合比"，得到"施工配合比"，即为泵送混凝土的最终配合比。

4.5.3 泵送设备的选择和泵管的布设

4.5.3.1 泵送设备的选择

泵送设备的选定应参照《混凝土泵送施工技术规程》JGJ/T 10—2011 中规定的技术要求。混凝土泵是超高泵送混凝土技术的核心设备，根据驱动方式的不同分为三类：挤压式混凝土泵、活塞式混凝土泵和气压式混凝土泵。其中，活塞式混凝土泵可分为机械式和液压式，但由于机械式比较笨重，已逐渐被液压式所代替。

超高泵送混凝土泵送工艺又分为接力泵送工艺和一泵到顶工艺，前者是指利用 2 台或 2 台以上混凝土泵依次接力将混凝土泵送到超过单台混凝土泵送能力的高度，后者是指采用一台混凝土泵即可将混凝土直接泵送到需求高度，后者由于工效高，施工组织简单等原因被广泛应用。

混凝土泵的型号应当根据工程特点，所需的最大输送距离、最大输出量和混凝土浇筑计划（施工进度）来确定的。首先要保证混凝土泵的输送能力能够满足工程最大输送距离要求，其次要保证混凝土泵的输出能力满足最大输出量要求。混凝土泵送管理系统设计完成后，混凝土最大输送距离由混凝土输送管的水平换算长度（见表 4-9）来确定。

混凝土输送管的水平换算长度 表 4-9

类别	单位	规格	水平换算长度（m）
向上垂直管	每米	100mm	3
		125mm	4
		150mm	5

续表

类别	单位	规格	水平换算长度（m）
锥形管	每根	175mm→150mm	4
		150mm→125mm	8
		125mm→100mm	16
弯管	每根	R=0.5m	12
		90°	—
		R=0.1m	9
软管	每根	5～8m	20

在计算混凝土泵实际平均输出量、混凝土泵最大水平输送距离和施工作业时间的基础上，混凝土泵的配置数量可根据下式来确定：

$$N_2 = Q/(T \times Q_1) \tag{4-2}$$

式中：N_2——所需混凝土泵的台数（台）；

　　　Q——混凝土浇筑数量（m³）；

　　　T——混凝土泵送施工作业时间（h）；

　　　Q_1——每台混凝土泵的实际平均输出量（m³/h）。

4.5.3.2　输送管道的设计与布设

泵送混凝土输送管道的类型较多，焊钢管和高压无缝钢管是最为常用的类型。输送管道规格的确定主要受粗骨料最大粒径、混凝土输出量与输送距离、混凝土工作性能等因素的影响。

在应用超高泵送混凝土技术时，应选配耐高压、高耐磨的混凝土输送管道；应选配耐高压管卡及其密封件、高耐磨的 S 管阀与眼镜板等配件，如混凝土输送管间使用法兰夹密封圈，该配件方便拆卸且可增加管道连接刚度和密封性。混凝土泵车与输送管道的相连位置选用内部螺旋纹式泵管，可有效防止堵管。混凝土输送管道的设计应该遵循输送距离最短的原则，减少弯管和软管的使用频率。在同一条管线中，应该采用相同管径的混凝土输送管道，且管线铺设应当横平竖直。输送泵管的地面水平管折算长度不宜小于垂直管长度的 1/5，且不宜小于 15m；输送泵管应采用承托支架固定，承托支架必须与结构牢固连接，下部高压区应设置专门支架或混凝土结构以承受管道重量及混凝土泵送时的冲击力。此外，在混凝土泵 V 形管的出料口 3～6m 的输送管道根部应当设置截止阀，防止混凝土反流。

4.5.4　超高泵送混凝土的施工

4.5.4.1　前期布置与检查

在超高泵送混凝土正式泵送之前，必须做好前期的布置与检查工作，以保障混凝土能够顺利地被泵送到浇筑地点。前期布置与检查主要包括模板和支撑的检查、结构钢筋骨架的检查、泵送设备与管路的选择和检查、施工组织方面的准备等。其中，泵送设备与管路的选择与检查是超高泵送混凝土技术特有的准备工作，主要包括：高压泵、水平管道、垂直管道、泵送管道的布置与固定，全面检查泵机性能，保证后续泵送施工顺利完成。此外，对于到场的混凝土也要进行坍落度、扩展度和含气量的检测，混凝土入泵时的温度和环境温度也要根据实际工程需要进行检查。

4.5.4.2 中期泵送开始与泵送过程

为防止初次泵送时混凝土配合比发生改变，在正式泵送前应用水、水泥浆、水泥砂浆进行预泵送，对泵的料斗、泵室、输送管道等将要与混凝土接触的部分进行湿润，管路检查无异常后采用水泥砂浆润滑管道系统，一般 $1m^3$ 水泥砂浆可润滑约 300m 长的管道。在超高泵送混凝土施工前采用节水润管法的具体步骤如下：泵少量水→加纯水泥稀浆→泵送砂浆→泵送混凝土，在输送管道内部形成一层水泥浆膜，减少泵送损失，保证混凝土泵送到位；泵送砂浆约 20~50 个行程后，输送管内砂浆约 0.9~1 m^3，此时可泵入混凝土，开始时泵送频率不得过快，应不高于 10 次/min，直至混凝土完全贯通输送管道。

开始泵送时泵机应处于低速、匀速或随时可反泵的运转状态，并时刻观察泵的输送压力，待泵送顺利后方可提高到正常输送速度。当混凝土泵送困难，泵的压力突然升高时，可用槌敲击管路找出堵塞的管段，采用正反泵点动的方法处理或拆卸清理。在泵送过程中，要实时检查泵车的压力变化，泵管有无渗水、漏浆情况以及各连接件的状况等，发现问题及时处理。应保持混凝土的连续供应，尽量避免送料中断。若遇混凝土供应不及时的情况，应放慢泵送速度。

4.5.4.3 后期管路清洗工作

为响应绿色可持续建设的理念，在混凝土泵送工作即将结束时，要预估输送管道内残留的混凝土方量，这些混凝土经由水洗或是气洗后已到达循环利用的效果，节约资源。目前超高泵送混凝土工程结束后主要的洗管方法有气洗法、水洗法、超高压水洗法三种方法，具体选择哪种方法要结合工程实际充分考虑，确保整体清洁质量，为下次泵送作业做好充分准备。

复习思考题

1. 热轧钢筋和冷轧钢筋有何区别？
2. 请解释 HRB500、HRB500F、CRB600、CRB600F 各自的含义。
3. 高强度钢筋直螺纹连接技术按制作工艺可分为哪几类？
4. 简述钢筋机械锚固技术的原理。
5. 简述混凝土高强化的技术方法。
6. 高强度混凝土和高性能混凝土有什么不同？
7. 简述高性能混凝土研制的主要技术措施。
8. 进行超高泵送混凝土配合比设计时应当重点考虑哪些指标？

参 考 文 献

［1］ 中国建筑科学研究院．建筑业 10 项新技术（2017 版）[M]．北京：中国建筑工业出版社，2017．

［2］ 王山．高强混凝土的发展及应用[J]．山西建筑，2010，36(7)：143-145．

［3］ 李继业，刘经强，张明占．新编混凝土实用技术手册[M]．北京：化学工业出版社，2019．

［4］　邵显文．高强混凝土在建筑施工中的应用分析［J］.电大理工，2019，（4）：1-3＋12.

［5］　冯乃谦．普通混凝土、高强混凝土与高性能混凝土［J］.建筑技术，2004(1)：20-23.

［6］　张力川，李鸿迪，宋思谕．高强混凝土与高性能混凝土的关系探讨［J］.中国高新技术企业，2015 (23)：134-135.

［7］　方正，李伟，郭志杏．高性能混凝土和高强混凝土分类与比较［J］.科协论坛（下半月），2009(11)：1-2.

［8］　冯乃谦．高性能混凝土的发展与应用［J］.施工技术，2003(4)：1-6.

［9］　中国建设教育协会继续教育委员会．超高层建筑施工新技术［M］.北京：中国建筑工业出版社，2015.

［10］　董家鸣．超高泵送混凝土技术的应用［J］.江苏建材，2022(2)：61-63.

［11］　唐开军．超高泵送混凝土技术在超高层建筑工程中的应用研究［J］.建筑科学，2021，37 (5)：166.

［12］　冯乃谦．高性能混凝土结构［M］.北京：机械工业出版社，2004.

［13］　洪雷．混凝土性能及新型混凝土技术［M］.大连：大连理工大学出版社，2005.

［14］　关翔．钢筋直螺纹连接施工技术［J］.公路交通科技（应用技术版），2015，11(3)：205-207.

第 5 章　钢结构施工新技术

5.1　悬索、索膜与张拉弦结构

5.1.1　常见的张拉结构

5.1.1.1　索穹顶结构与轮辐式张拉结构

索穹顶结构是在 20 世纪末发展起来的一种大跨度空间结构，一般由中央张力环、脊索、环索、中继斜拉索、压力杆、斜拉索、压力环梁构成，形成一个完整封闭的张力拱结构系统。索穹顶结构是一种柔性张力结构体系。其大量采用预应力钢索，压杆少而短，可以有效避免失稳问题，所以能充分发挥钢材的抗拉强度，结构效率高，被广泛应用于一些大跨度、超大跨度建筑的屋盖设计中，是近年来国内外空间结构的研究热点之一。

此外，近年来还出现了外形与索穹顶（图 5-1）较为相似的轮辐式张拉结构（图 5-2）。虽然外形相似，但两者的受力机理并不相同。轮辐式张拉结构主要由外压环、拉索以及内拉环组成，分别对应于车轮的轮圈、辐条和轮毂。当轮圈受到荷载作用发生变形，部分辐条因缩短而卸载，其余辐条受拉伸长，受拉的辐条抵抗轮圈的继续变形，提高了轮圈的刚度。轮辐式张拉结构借鉴上述轮辐受力原理，外部受压环和内部受拉环通过辐射的施有预应力的索连接起来，形成一个自平衡受力体系。该结构在超大跨结构中有着较大的应用潜力。

图 5-1　索穹顶屋面　　　　　　　　图 5-2　轮辐式张拉结构

5.1.1.2　张弦结构

张弦结构，也被称为张弦梁结构，是一种杂交的空间结构，它将拱（梁）、桁架结构和在大跨体系中应用日益广泛的悬索结构相结合，形成了一种受力合理、施工方便的新型空间结构形式。张弦梁结构的创始人斋藤公男教授，对这种结构给出的定义是："用撑杆连接抗弯受压构件和抗拉构件而形成的自平衡体系。"

平面张弦结构有三种基本类型，分别是张弦梁（图 5-3a）、张弦拱（图 5-3b）和张弦人字拱（图 5-3c）。其中预应力张弦拱结构更为多见，此外还有系杆拱、拱形张弦拱等。

张弦结构的上部结构可以采用梁、拱、立体桁架、网壳等多种形式。柔性下弦是引入预应力的柔索，包括拉索、小直径圆钢拉杆、大直径钢棒等多种形式。

(a) 大连北站　　　　　　　(b) 延安火车站　　　　　　　(c) 郑州机场

图 5-3　张弦结构的形式

5.1.1.3　张拉膜结构

张拉膜结构（索膜结构）是依靠膜自身的张拉应力与支撑杆和拉索共同构成机构体系，一般由膜体、张拉索（边索、谷索、脊索和拉地索）、支承结构、锚固体系以及各部分之间的连接节点组成。该结构造型优美，且具有寿命长、质轻高强、节能环保等一系列优点。由于其建筑形象的可塑性和结构方式的高度灵活性和适应性，张拉膜结构在工程应用得非常广泛。

张拉膜结构中，膜不仅是屋面的覆盖材料，而且是结构膜。膜材为张拉主体，并与撑杆、拉索结构共同组成相互平衡的结构体系。

在实际工程中，张拉膜结构与索穹顶结构经常联合使用，应用于大跨度结构体系，英国的"千年穹顶"（图 5-4），就是典型的索穹顶—张拉膜混合结构模式的建筑。

图 5-4　"千年穹顶"

5.1.1.4　悬索结构

悬索结构是典型的，也是最为传统的采用张拉模式的大跨度结构，该结构只受拉不受压，几乎没有抗弯能力。近年来，随着空间结构体系的不断发展，悬索结构越来越多地应用于体育馆、展厅等大型公共建筑。对于传统的悬索结构，按受力状态可分为平面悬索结构和空间悬索结构，前者多用于悬索桥和架空管道，后者多用于大跨度屋盖结构。空间悬索结构按结构形式又可细分为：

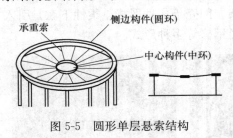

图 5-5　圆形单层悬索结构

（1）圆形单层悬索结构（图 5-5）用于圆形平面的屋盖，其索按辐射状布置，整个屋面形成下凹的旋转曲面，各根索的外端固定于周边的钢筋混凝土圈梁上，内端固定于圆心附近的拉环上，当圆心处允许设柱时，可形成伞形悬索结构。

（2）圆形双层悬索结构（图 5-7），其外形与圆形单层悬索结构类似，不同之处在于该结构有上下两层索，从而可以采用多种布置形式的预应力拉杆以增强刚度。中国北京工人体育馆（图 5-6）直径 94m 的比赛大厅屋盖即采用了这种结构形式。其圆心附近的拉环除承受环向拉力外，在竖直方向还承受压力。

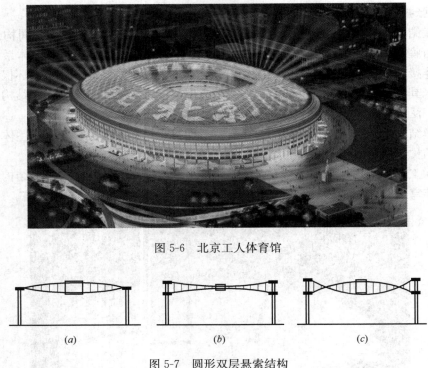

图 5-6　北京工人体育馆

（a）　　　　　　　　　　（b）　　　　　　　　　　（c）

图 5-7　圆形双层悬索结构

（3）双向正交索网结构（图 5-8），由互相正交的两组索组成。下凹的一组为承重索，上凸的一组为稳定索，两组索共同组成的曲面为负高斯曲率的曲面。对其中一组索施加预应力时，另一组索也同时获得预应力的效果。通过施加预应力，两组索在屋面荷载作用下始终贴紧，且获得良好的刚度。这种索网可用于椭圆平面、矩形平面、菱形平面等不同平面类型的屋盖。

（4）除上述悬索结构外，工程中还常用斜拉索结构，如斜张桥和斜拉索屋盖。这种斜

134

拉索主要用于减小屋面或桥面结构构件的跨度，以满足结构的大跨度要求，并能够节省材料。

5.1.1.5　张拉结构施工的基本原则

张拉结构的设计分析和施工有别于传统的刚性结构。由于建筑的形状不是事先确定的，而是从一个初始状态，通过预应力张拉得到预想的形状。通过施加不同预应力，可得到不同的形状，这一过程称为找形，也是施工中的关键步骤。在结构受力过程中，索膜等张力单元必须始终处于受拉状态，因此需要对结构进行受力全过程的跟踪分析，从施工开始直至结束，对拉索等张力构件进行全过程拉力监控。

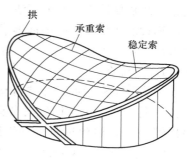

图 5-8　双向正交索网结构

5.1.2　悬索结构施工

悬索结构包括三部分：索网、边缘构件和下部支撑结构。悬索结构的一般施工程序是：建立支承结构（柱、圈梁或框架）并预留索孔或设置连接耳板，把经预拉并按准确长度准备好的钢索架设就位，将钢索调整到规定的初始位置并安上锚具临时固定，然后按规定的步骤进行预应力张拉和屋面铺设。接下来介绍悬索结构中索网的组成部件及钢索的安装。

5.1.2.1　钢索

1. 钢索的种类

钢索一般采用平行钢丝束、钢绞线或钢绞线束等。常用的高强度钢丝（用符号 ϕ_p 表示）的直径为 5mm、6mm 和 7mm，强度标准值为 1570MPa 或 1670MPa。钢绞线（用符号 ϕ_s 表示）是用多根高强度钢丝在绞线机上成螺旋形绞合，并经回火处理制成。常用的钢绞线的直径为 12.7mm 和 15.2mm，强度标准值为 1720MPa 或 1860MPa。尽管悬索结构是钢结构，但是钢索所采用的高强度钢丝与钢绞线的性能应符合《预应力混凝土用钢丝》GB/T 5223—2014 规范的规定。

2. 钢索的制作

悬索结构差异度较大，作为主要承重结构的钢索，需要按照结构的特殊要求单独制作。钢索的制作一般须经下料、编束、预张拉及防护等几个程序。编束时，无论是钢丝束还是钢绞线束均宜采用栅孔梳理，以使每根钢丝或多股钢绞线保持相互平行，防止互相交错、缠结。成束后，每隔 1m 左右要用铁丝缠绕拉紧。钢索的张拉强度一般取极限强度的 50%～55%。

钢索在下料前应抽样复验，内容包括外观、外形尺寸、抗拉强度等，并出具相应的检验报告。下料前先要以钢索初始状态的曲线形状为基准进行计算，下料长度由理论长度、张拉工作长度和施工误差等部分组成，其中理论长度应从支承边缘算起。另外在下料时还应进行实际放样，以校核下料长度是否准确。钢索应采用砂轮切割机下料，下料长度必须准确。在每束钢索上应标明索号和长度，以供穿索时对号入座。

3. 钢索的防护

钢索悬挂完成后，其表面需要进行防护，这样才能有效地防止空气中氧化腐蚀。钢索的常见防护做法有灌水泥浆法、涂油裹布法、涂油包塑法、PE料包覆法、多层防护做法等。钢索的防护做法应根据钢索所在的部位、使用环境及具体施工条件选用。无论采用哪种方法，在钢索防护前均应做好除污、除锈工作。

5.1.2.2 锚具

锚具是将钢索固定于支撑体系上的关键构件（图5-9）。包含钢丝束镦头锚具、钢丝束冷铸锚具与热铸锚具、钢绞线夹片锚具、钢绞线挤压锚具、钢绞线压接锚具等多种类型。根据是否施加预应力，锚具又分为张拉端锚具与非张拉端锚具，需要在使用中根据设计要求选用。在悬索结构中，对于使用的锚具，其原理、构造与预应力混凝土结构中的锚具基本相同，但是由于悬索结构主索的

图5-9　悬索结构锚具

索径更大，所需锚具也会更大，对锚具的安全性能的要求更高。

5.1.2.3 钢索的安装

1. 预埋索孔钢管

索孔钢管是钢索与支撑结构的连接构造，钢索通过钢管，依靠锚具固定于支撑结构上。

对于混凝土支承结构（柱、圈梁或框架），在其钢筋绑扎完成后，先进行索孔钢管定位放线，然后用钢筋井字架将钢管焊接在支承结构钢筋上，并标注编号。模板安装后，再对钢管的位置进行校核，确保准确无误。钢管端部应用麻丝堵严，以防止浇混凝土时流进水泥浆。

对于钢构件，一般在制作时先将索孔钢管定位固定，待钢构件吊装时再测量对正，以保证索孔钢管角度及位置准确；也可在钢构件上焊接耳板，待钢构件吊装定位后，将钢索的端头耳板用销子与焊接耳板连接。

2. 挂索

当支承结构上的预留索孔安装完成，并对其位置逐一检查和校核后，即可挂索。在高空架设钢索是悬索结构施工中难度较大，并且很重要的工序。挂索顺序应根据施工方案的规定程序进行，并按照钢索上的标记线将锚具安装到位，然后初步调整钢索内力及控制点的标高位置。

对于索网结构，先挂主索（承重索，向上受力），后挂副索（稳定索，向下受力），在所有主、副索都安装完毕后，按节点设计标高对索网进行调整，使索网曲面初步成型，此即为初始状态。索网初步成型后开始安装夹具，所有夹具的螺母均不得拧紧，待索网张拉完毕并经验收合格后再拧紧。

3. 钢索与中心环的连接

对于设置中心环的悬索结构体系，钢索与中心环的连接可采用两种方法，即钢索在中心环处断开并与中心环连接，此时中心环处于受拉状态；钢索也可以在中心环处直接通过，中心环仅起到规范作用。

4. 钢索与钢索的连接

在正交索网中，为使两个方向的钢索在交叉处不产生相互错动，应采用夹具（图 5-10）在交叉处连接固定。

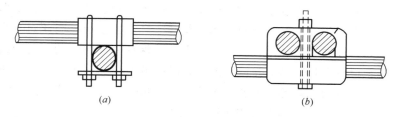

(a) 　　　　　　　　　　　(b)

图 5-10　连接钢索与钢索的夹具

5.1.2.4　钢索预应力的施加

施加预应力是悬索屋盖结构施工的关键工序。通过施加预应力，各索内力和控制点标高或索网节点标高都达到设计要求。对于混凝土支承结构，只有在混凝土强度达到设计要求后才能进行此项工作。

在悬索结构中，对钢索施加预应力的方式有张拉、下压、顶升等多种手段。其中，采用液压千斤顶、手拉葫芦（倒链）等张拉钢索是最常用的方式。采用整体下压或整体顶升方式张拉，是新颖的施工方法，具有简易、经济、可靠的优点。安徽体育馆、上海杨浦体育馆等建筑的悬索—桁架屋盖在建设时利用钢桁架整体下压在悬索上对悬索施加预应力，具体做法是借助于边柱顶部预埋螺杆，通过拧紧螺母将每榀桁架端支座同时压下。

常用的张拉千斤顶有：100～250t 群锚千斤顶（YCQ、YCW 型）、60t 穿心千斤顶（YC 型）、18～25t 前卡千斤顶（YCN、YDC 型）等。前两者可用于钢绞线束与钢丝束张拉，后者仅用于单根钢绞线张拉。

应根据结构受力特点、施工要求、操作安全等因素确定钢索的张拉顺序，以对称张拉为基本原则。钢索张拉时，对直线束，可采取一端张拉；对折线束，应采取两端张拉。张拉力宜分级加载，采用多台千斤顶同时工作时，应同步加载。实测张拉伸长值与计算值比较，其允许偏差为 5%～10%。

张拉结束后切断两端多余钢索，但应使其露出锚具的长度不少于 50mm。为保证在边缘构件内的孔道与钢索形成有效粘接，改善锚具的受力状况，要进行索孔灌浆和端头封裹。这两项工作一定要引起足够的重视，因为灌浆和封裹的质量直接影响到钢索的防腐措施是否有效持久，从而影响到钢索的安全与寿命。

5.1.2.5　钢索与屋面构件连接

悬索结构张拉后，可铺设檩条、屋面板及悬挂吊顶。屋面板可以采用预制钢筋混凝土薄板、彩色压型钢板等轻质材料。屋面板采用预制钢筋混凝土薄板时，可在预制板内预埋挂钩，安装时直接将屋面板挂在悬索上即可，连接时先用螺栓将夹板连到悬索上，再将屋面板搭于夹板的角处。屋面板采用彩色压型钢板时，可通过薄壁型钢檩条与钢索连接。对于索网结构，为使索网受荷均匀且与受力分析相对应，檩条可架设在索网节点立柱上。钢檩条安装完毕以后，开始铺设彩钢屋面板。

预应力张拉和屋面铺设常需交替进行，以减少支承结构的内力。在铺设屋面的过程中要随时监测索系的位置变化，必要时作适当调整，以使整个屋盖出现在预定的位置。

5.1.3 膜结构施工

5.1.3.1 膜材的制作和加工

索膜结构体形通常都较为复杂，这是由于膜片的各种角度变化较多，变形较大，膜片变形后产生的内应力极为复杂，会导致整体结构产生异常的变形。因此对于膜材的制作加工精度要求非常高，以便在安装过程中，顺利衔接，保证表面顺畅的同时，减少内部应力的作用。常见的膜材有 PTFE 膜、ETFE 膜、PVDF 膜和 PVC 膜，其中 PTFE 膜材是在超细玻璃纤维织物上涂聚四氟乙烯树脂（PTFE）而形成的材料，其透光性好，耐腐蚀，防水防火，自清洁效果好，在膜结构的应用中最为广泛。

膜材的加工一般在专业化工厂室内环境下进行，不能在现场操作。膜材必须按照设计要求的形状进行裁剪、编码。为避免不同批号间膜材的性能及颜色差异，对于同一单体膜结构的主体宜使用同一批号生产的膜材。

膜材的加工流程如下：

1. 膜的裁剪

膜的裁剪的方法有机械裁剪和人工裁剪。相比机械裁剪人工裁剪的精度较低，但人工裁剪对于极为复杂的形状适应性好。裁剪的下料图纸由设计师提供，并按照膜材实际的材性检验结果对裁剪下料图进行调整；裁剪过程中不得发生折叠弯曲；人工裁剪放样过程中，尽量采用统一的量具，以减小由于量具误差造成的裁剪误差；对已裁剪好的膜片应进行检验和编号，详细记录好尺寸、位置、实测偏差等。

2. 膜的连接

膜结构的空间曲面是由许多平面膜材经裁剪设计拼接而成，由于膜材幅宽较小，因此膜片间需通过接缝连接形成整体。膜材接缝的连接方式主要有缝合连接、热合连接、机械连接、粘结连接。

缝合连接，即使用缝纫机将膜片缝在一起，是一种最牢固、最传统的连接方法，且比较经济，但是采用此种连接方式时，缝纫线容易被损坏，且可以导致持续性的后继破坏，导致结构完全崩溃。缝合连接不适用于 PTFE 涂覆玻璃纤维织物和其他所有脆性布基的薄膜材料。缝制过程中应该做到宽度、针幅等均匀一致，严禁发生跳缝、脱线，避免膜片的扭曲、褶皱等不良现象。

热合连接，是通过加热连接缝，并使织物上层的涂层熔融，然后施加压力并使连接缝冷却。可以向膜材吹热空气，或者让膜材接触加热物件，或者使用高频电磁波，使得膜材获得相应的热量实现熔融。热合连接可在工厂或现场完成，其连接强度几乎可达到母材强度，是一种较为安全有效的膜材连接方式，膜材之间的主要受力缝宜采用热合连接。

机械连接（图 5-11），又称螺栓连接，简称夹接，是在两个膜片的边缘埋绳，并在其

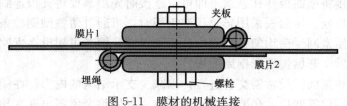

图 5-11 膜材的机械连接

重叠位置用机械夹板将膜片连接在一起。它是一种现场连接方式，一般适用于结构规模较大，需将膜材分成几个部分在现场拼接的情况。

粘结连接，即通过胶粘剂将膜片粘合在一起。这种连接方式的耐久性较差，一般用于强度要求不高，现场临时修补或无法采用其他连接方式的地方。

3. 包装和运输

对于经检验合格的成品膜体，在包装前，根据膜材特性、膜材尺寸、施工方案、现场场地条件等确定完善的包装方案。在制定包装方案时要考虑膜材基材的性能，如以合成纤维作基材的膜材可以折叠包装，以玻璃纤维作基材的膜材不适宜折叠。

膜体折叠时需要选用的填充材料应干净、不脱色，避免填充物对膜面的污染。由于单片膜体通常尺寸较大，包装完成后，在膜体外包装上标记包装内容、使用部位及膜体折叠与展开方向。这个过程要求施工单位严格按照包装方案实施，由专人负责。

在膜材运输过程中要尽量避免重压、弯折和损坏，减少由于包装和运输过程中膜面产生材料褶皱，影响结构外观。同时在运输时也要充分考虑安装方案，尽量将膜体一次运送到位，避免膜体在场内的二次运输，减少膜体受损的机会。

5.1.3.2　膜材的安装

在膜材安装之前，需要执行严格的质量检验（膜体表面有无破损、褶皱或油垢等），检查无误后，应该对支撑构件进行安装就位，以便形成确定的形状，方便膜材的安装。膜体安装包括膜体展开、连接固定、吊装到位和张拉成型四个部分。在具体施工之前，除了对基本材料的检查外，还应注意施工环境的要求，应该避免在冬季进行膜结构施工，还要关注天气状况，在风、雨天气下不宜开展高空膜材安装作业。

1. 膜材铺展及穿索

在施工现场靠近主体工程处，准备宽敞、平整的空地，搭设临时平台，用于展开膜片。膜片轻薄，展开时容易受外部环境影响，发生褶皱。膜材在重新铺展时会遇到很多问题，甚至损坏。因此在膜材展开时，应直接按照编码与方向的要求进行展开，确保准确无误。如果单片膜材面积过大，所需展开空间过大，则需要现场搭设脚手架与大面积施工平台，以保证膜材的平顺展开。展开过程中，也要尽可能避免膜材受损。

膜材铺展开后，按照图纸所标示的索具，分别摆放到位。在平台上将边索、脊索用 U 形夹分别安装到膜材上。膜的紧固夹板在安装前必须打磨平整，不得有锐角、锐边、飞刺等易破坏膜材的部分；紧固夹板的间距不应大于 2m，且应根据膜结构的跨度大小、荷载情况调整夹板中心的间距，防止膜材受拉力变形不均匀；紧固夹板的螺栓、螺母必须一次拧紧到位，以便在后期张拉时有效紧固；膜面上原则上禁止上人，如必须进行此项工作时，应做好防范，工作人员穿软底鞋，并避免在膜面踩出折痕。穿索结构如图 5-12 所示。

2. 挂膜与固定

挂膜应该在天气良好的状态下进行。吊装在整个膜结构工程

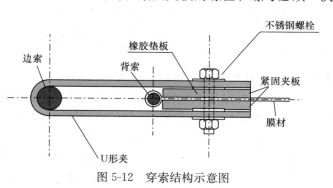

图 5-12　穿索结构示意图

中是一个关键技术，需要在施工前根据工程情况制定完善的吊装方案。在具体实施过程中，较大面积，或线形长度较长的膜体，可以在地面将膜体铺展开并连接好各种附件后，将膜体沿长向做"弖"模式折叠，然后用起重机械将膜体整体吊装到屋面，接着用卷扬机等张拉设备沿一定的方向将膜体展开并连接到支承结构的相应节点上。相对面积小的膜体，可以在地面铺展开后，直接将各个连接点用提升设备同步提升到设计标高，并与支承结构的相应节点连接好。

5.1.3.3 膜体张拉及收边

施加预应力是膜结构施工的关键环节，预应力的施加，不仅使膜体光滑平整，还可以使膜结构具有一定的几何外形和抵抗外荷载的能力，使其与边缘构件整合成为完整的结构体系。预应力技术贯穿膜结构设计、施工和使用的全过程，预应力的分析与控制是膜结构的核心技术。

膜结构的预应力值及其分布与膜结构的几何外形是对应的，设计者必须根据整体结构的分布，来确定膜结构内合理的预应力值及其分布，来维持合理的几何形状。一般常见的膜结构的预应力水平为 $2\sim10kN/m$，施工中通过张拉定位索或顶升支撑杆来实现施加预应力。在实际工程中，可以根据不同的结构形式和施工条件，选择不同的施工方法。

1. 顶升支撑杆法

该方法与搭帐篷类似，对于类似帐篷模式的膜单元，也可以借鉴采用该方法，在操作中可以先将周边节点固定，然后用千斤顶顶升支撑杆到设计标高，在膜面内形成预张力。在顶升支撑杆之前，整个结构体系没有刚度，是个机动体系；在顶升过程中各个结构构件做相对运动，体系中的预应力重新分布，最后达到各自设计的预应力状态，并且各结构构件达到设计位置，整个体系具备设计的刚度和稳定性。在整个顶升过程中采用以位移控制为主，应力控制为辅的控制方法，因此可以保证结构体系最终几何、应力状态的正确性。

2. 分阶段张拉法

索膜结构体系的膜片都通过索与主体结构连接到一起。对膜面施加张力的过程即调整索内力的过程，当索张拉到设计张力时，与索连接的膜面也就张拉到设计张力。对鞍形单元多采用对角方向同步或依次调整各个索的张力值，逐步加至设计值。在张拉过程中，应该避免膜片直接受力并逐级施加张力，最后一步张力施加必须与上一次张力施加间隔24h，以消除膜片在张力作用下的徐变效应，并注意监测张拉位移的误差，应控制在设计值的±10％范围内。

3. 分方向张拉法

该方法主要针对由一列平行拱架支撑的膜结构，可以首先沿膜的纬线方向将膜张拉到设计位置，然后再沿经线方向给膜面施加预张力。施工方案通常采用位移控制，来判断结构是否张拉到设计位置。

5.1.3.4 膜结构的施工监测及检验

膜结构的外形是不确定性的，需通过预应力进行张拉。预应力的张拉过程、张拉参数，都需要在设计时进行确定，并在施工过程中严格按照设计执行。由于膜材并非能绝对满足计算力学的有关假设，以及现实材料的不均匀性和瑕疵，使得膜材在张拉过程中可能出现与设计不吻合的问题。这些问题可能导致结构变形，膜材翘曲甚至撕裂。因此在预应力施加过程中，施工人员必须实时监测，不能简单依照设计参数来进行施加预应力这一工序。

　　传统的施工方式主要依靠工人的感觉与经验进行判断，现在有些先进的设备已能够实现对膜结构张拉过程的监测及检验。通过配合一些智能化机电设备，一些膜结构的新型施工方式已经应运而生。如北京无障碍冰壶冰球运动馆，采用新型气承式膜结构（图 5-13）工艺，通过一套智能化的机电设备向结构内部鼓风送气，膜结构内外保持一定的压力差，保证膜结构的整体刚度、安全性和稳定性，且能使膜结构外形美观。

图 5-13　北京无障碍冰壶冰球运动馆新型气承式膜结构

5.1.4　张弦与索穹顶结构施工

5.1.4.1　张弦结构的施工

　　张弦结构通常由上弦刚体、下弦柔性拉杆及其之间的刚性撑杆构成，柔性拉杆通常采用钢索或钢拉杆，在结构体系中为受拉构件。该结构一般都是采用大型钢管桁架制作成结构的上弦以承受压力，而下弦则采用受拉钢索，并被有效地施加预应力，形成较高的刚度与大跨度。

　　张弦梁结构的施工工艺有很多方面与网架结构的施工工艺类似，包括拼装法、滑移法与整体安装法。拼装法多采用单梁地面拼装，施加预应力，再吊装安装的方式；大型结构施工时可先进行上弦骨架的吊（拼）装，高空临时固定，再进行下弦安装和预应力的施加并最终成型的方式；而对于纵横双向的张弦结构、圆形或多边形等更加复杂的结构，则可以采用地面整体拼装，再进行整体提升的方式进行安装。

　　1. 单榀单向张拉弦桁架施工

　　由于没有下弦构造，张拉弦结构独立上弦构造的刚度往往较小，在地面进行拼装时应做好各种支撑，保证其基本形状。上弦构造多采用管桁架的模式，节点焊接构造是施工中的关键环节之一。为了保证节点受力的有效性与安全，节点本身一般采用加工厂单独制作的模式，焊接拼口留设在与之相连的杆件上，而不是采用复杂的杆件相贯线焊接模式。上弦桁架安装完成后，即可安装下弦支撑架，安装钢索下弦，各部件就位后进行张拉收紧。

张拉完成后，可以进行吊装与安装工作。

吊装时应该注意，由于张拉弦结构的下弦为预应力钢索，不能承担任何压应力，而张拉弦桁架的跨度又比较大，因此在吊装时只能采用两端抬吊的方式。由于张拉弦桁架结构的中心偏高，并可能高于吊点位置，在吊装过程中可能导致构件侧向反转，因此吊装多采用横向支架模式（图5-14），能有效避免事故的发生。

图 5-14 张拉弦结构的横向支架模式吊装

除了地面拼装、整体吊装之外，如果采用高空拼装的施工模式，应尽量避免将上弦管桁架在地面整体焊接，完成后再进行吊装安装的工艺。这是因为在没有下弦构造时，上弦管桁架刚度较小，在吊装过程中容易发生较大变形甚至弯折事故。此时应该做好计划，于地面架设好安装平台，并将上弦管桁架分成若干组成部分，分别吊装，在高空就位进行拼装焊接。当高空焊接拼装完成后，再进行钢索（拉杆）的安装、张拉。

无论地面张拉还是高空张拉，对于单榀张拉结构，下弦张拉时应注意，由于没有侧向约束，下弦的张拉可能导致结构侧向失稳，因此在施工中应及时与设计者进行沟通协调，确定张拉程序与应力指标，防止工程事故的发生。具体张拉时，应先进行预张拉，以便找形调整，准确无误后，再进行后续张拉直至达到设计指标。

2. 双向或辐射式张拉弦桁架施工

双向或辐射式张拉结构比较复杂，单榀桁架不能形成独立的受力结构，也难以独立存在，因此在施工中应做好整体施工程序的计划。双向或辐射式张拉弦桁架一般多采用地面整体拼装，整体提升的施工模式。在具体施工中，先按照结构几何特征做好地面支撑系统，再于其上部进行张拉结构的上弦拼装与焊接。上弦结构系统完成后，进行结构找型、调整与矫正，然后进行下弦钢索（拉杆）的安装。

由于双向或辐射式张拉弦桁架属于整体式的空间结构模式，因此在下弦的张拉过程中，特别强调与设计协商，确定预应力的张拉方案。双向或辐射式张拉弦桁架一般多采用多级对称张拉模式，即每一榀结构的预应力都是通过多次张拉与调整的过程，才达到设计的控制指标要求的。并且在张拉时，对于整体结构体系采用双向正交对称张拉（或多组均布张拉），张拉也应同步协调进行，防止单向张拉时可能导致的结构异常变形。每次（级）

张拉过程中，均应对于结构变形进行测控，随时调整结构的变形，保证单榀桁架变形满足要求的同时，也要保证整体结构尺寸、形状正确。整体张拉、测控完成后，再进行整体提升。整体提升的做法与工艺与网架结构的做法与工艺基本相同。

5.1.4.2 索穹顶结构的施工

索穹顶结构是一种连续拉，间断压的柔性张力结构体系，具有极高的结构效率。其刚性构件极少，在未施加有效张力前，几乎不存在完整形状，也不能承担外部作用。在没有可靠的措施保证下，对于索穹顶结构，应尽量采用地面拼装，整体张拉成型的施工工艺（图 5-15）。

图 5-15 索穹顶结构的地面拼装

在进行索穹顶地面拼装时，应在下部主体结构或支承结构完成后，将相关构件按编号在地面相应位置进行连接、拼装。钢索下料时，应充分考虑松弛状态与预应力张拉收紧过程中的变形差异。地面拼装完成后，需将索穹顶提升吊装到指定施工位置（图 5-16）。所有构件安装、调整紧固完成后，在索网周边按照均布对称的原则设置张拉设备，进行

图 5-16 索穹顶结构的提升吊装结果

143

张拉。

索穹顶结构的张拉过程也是分级进行的，每一级的张拉应力、张拉次序均应在施工之前与设计者进行沟通确定，在施工中严格按照预定程序进行，严禁随意变换施工程序。由于该结构几乎没有固定的形状，因此其每一级的应力张拉过程结束后，都需要进行形状与姿态的调整，确保其形状与变形符合设计要求。不能忽略或简化该调整过程，否则当变形累积，结构发生明显扭曲时，调整将可能没有良好的效果。每一级张拉、找形完成后，需要根据实际情况重新测控构件内力，分析其变形状况，对于下一级张拉应力的控制提供有效的修正。全部张拉、找形与姿态调整均完成并满足要求后，再进行屋面施工。

除了地面拼装，整体张拉成型以外，也可采用交替提升与张拉的施工方法，即通过分级交替提升内拉环与张拉最外圈斜索，对结构施加预应力，使其最终成型（图 5-17）。该方法相当于在结构的跨中设置临时支座，可减小施工时的结构跨度，从而减小索杆在施工过程中的内力。其中，内拉环每一级的提升高度，是该施工方法的关键控制指标，其会影响施工过程中索杆的内力，但该控制指标一般通过施工仿真分析人为给定。

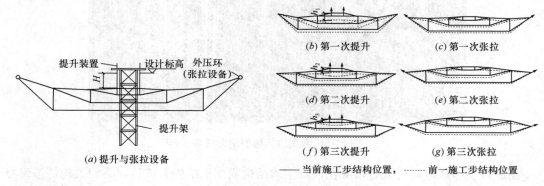

图 5-17　交替提升与张拉施工过程

5.2　钢-混凝土组合结构施工

钢-混凝土组合结构是钢部件和混凝土或钢筋混凝土部件组合成为整体而共同工作的一种结构，兼具钢结构和钢筋混凝土结构的一些特性。通常来讲，在一个构件的力学截面内，如果是采用型钢加混凝土的形式构成的，钢材与混凝土材料承担着不同的内部应力作用，并共同形成了截面的抗力，则该结构（构件）被称为钢-混凝土组合结构。

5.2.1　钢-混凝土组合梁板结构的施工

5.2.1.1　组合梁（板）结构的基本结构形式

组合梁（板）结构可以被认为是最为简单的组合模式，混凝土（根据需要进行配筋）承担截面内的压应力，型钢承担截面内的拉应力。常见的压型钢板－混凝土组合楼板、型钢梁-混凝土组合楼板等，均属于该类结构模式。

5.2.1.2　组合梁（板）结构的施工过程

组合梁（板）结构属于相对简单的钢-混凝土组合结构，在其施工工艺中，钢结构部分的要求与工艺与普通钢结构几乎无异，混凝土结构部分也是这样。其中，对于压型钢板组合楼板，尽管混凝土底部无须安装模板，但由于压型钢板的刚度可能并不满足要求，因此也需要根据具体情况，做好其下部的支撑或支架。需要根据板的跨度以及现场混凝土的强度发展状况来具体确定支撑与支架的拆除时间。

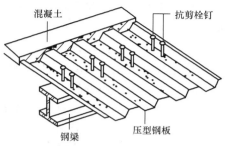

图 5-18　压型钢板—混凝土
组合楼板基本构造

为了防止钢结构表面与混凝土相脱离，增加两种材料的连接性，提高组合作用，一般在组合钢梁、压型钢板上部加设抗剪连接件。对于压型钢板-混凝土组合楼板（图 5-18），还可以通过对压型钢板本身进行形状处理或增设加劲肋、横向钢筋等达到上述目的。

钢-混凝土组合梁（板）结构的大致施工流程为：钢梁吊装→压型钢板铺设施工→模板、钢筋绑扎及布设必要的临时支撑→混凝土浇筑施工（需要注意后浇带的施工和混凝土的强度）→完成混凝土浇筑施工。

5.2.2　钢管混凝土结构的施工

5.2.2.1　钢管混凝土结构的定义

钢管混凝土是指在钢管中填充混凝土，且钢管及其内部的混凝土能够共同承受外部荷载作用的组合结构（构件）。钢管混凝土现已在高层建筑工程、工业厂房、地铁站的建设中得到了广泛应用。

5.2.2.2　钢管混凝土结构（构件）的施工

钢管混凝土的施工主要包含钢管的制作与安装、混凝土的施工及钢管混凝土与其他构件的连接三个方面的内容。

1. 钢管构件的制作与安装

优先采用螺旋焊管作为钢管混凝土结构的管件，无螺旋焊接管时，也可以用滚床自行卷制钢管。焊接时除一般钢结构的制作要求外要严格保证管的平、直，不得有翘曲、表面锈蚀和冲击痕迹。由于钢管内部在浇筑后无法处理，因此对钢管内壁需要进行特殊的除锈环节，这将增加钢管的制作周期，但却是必需的。

钢管焊接后必须满足管肢平、直的要求，这就需要在焊接时采取相应的措施，消除焊接应力与焊接变形。管肢对接焊接前，对小直径钢管应采用点焊定位；对大直径钢管应另用附加钢筋焊于钢管外壁作临时固定。为了确保连接处的焊缝质量，现场拼接时，在管内接缝处必须设置附加衬管。

在吊装钢管构件时要控制吊装荷载作用下的变形，吊点的设置应根据钢管构件本身的承载力和稳定性经验算后确定。吊装时应将管口包封，防止异物落入管内。钢管构件吊装就位后，应立即进行校正，采取可靠的固定措施以保证构件的稳定性。

2. 混凝土的浇筑

混凝土浇筑宜连续进行，若有特殊的间歇要求，不应超过混凝土的初凝时间。特殊情况下，需要在钢管内部留施工缝的，应将管口封闭，防止水、油污和异物等落入管内。施工缝的衔接操作与钢筋混凝土结构对应操作大致相同，不同点在于钢管混凝土结构应该一次浇筑完成，以避免水、油污和异物等落入。管内混凝土浇筑可采用人工逐层浇筑法、导管浇筑法、高位抛落免振捣法与泵送顶升浇筑法等。在具体操作中，重点关注混凝土配合比的设计、钢管混凝土输送管的连接、钢管混凝土柱混凝土的顶升浇筑三个关键性工艺的实施情况。

（1）混凝土配合比设计

采用塑性混凝土，混凝土的配合比设计应遵循满足可泵性要求，尽可能使水灰比小、坍落度大，尽可能减小混凝土的收缩，且强度、均匀性和凝聚性均要优于普通同强度等级的原则。在塑性混凝土中同时掺加减水剂和膨胀剂，可使混凝土拌合物泌水率减小，含气量增加，和易性改善，从而满足泵送要求。

（2）钢管混凝土输送管的连接是通过短管和一个135°弯头来实现的。连接钢管柱的短管呈45°自下而上插入管洞。管外径与弯头及混凝土输送管的外径相同，以便于使用管卡连接，从而使混凝土泵送顶升浇筑更加顺利。连接短管用螺栓与钢管柱连接，并通过计算来选配螺栓，以满足结构受力的要求。

（3）钢管混凝土柱混凝土的顶升浇筑施工工艺。在混凝土泵送顶升浇筑作业过程中，不可进行外部振捣，以免泵压急剧上升，甚至使浇筑被迫中断。当混凝土的供应量不能确保连续浇筑一根钢管时就不浇筑，以免出现堵塞现象。当混凝土中石子从卸压孔洞中溢出以后稳压2～3min方可停止泵送顶升浇筑。等待2～3min后再插入止回流阀的闸板，混凝土顶升浇筑施工完毕。

（4）泵送混凝土止流装置：为防止在拆除输送管时出现混凝土回流，需在连接短管上设置一个止流装置，其形式可以是闸板式的，或者是插楔式的。混凝土泵送顶升浇筑结束后，控制泵压2～3min，然后略松闸板的螺栓，打入止流闸板，即可拆除混凝土输送管，转移到另一根钢管柱浇筑。待核心混凝土强度达70％后切除连接短管，补焊洞口管壁，并对补焊处进行磨平和补漆。补洞用的钢板宜为原开洞时切下的钢板。

（5）卸压孔：采用泵送顶升浇筑工艺时，钢管柱顶端必须设溢流卸压孔或排气卸压孔。溢流卸压孔的面积应不小于混凝土输送管的截面面积，并将洞口适当接高，以填充混凝土停止泵送顶升浇筑后的回落空隙。

在实际施工过程中，使用普通混凝土浇筑的钢管混凝土，其混凝土成型质量难以保证，容易出现因振捣不足使混凝土耐久性不足，存在浇筑缺陷等问题。随着混凝土材料的发展，自密实混凝土作为一种高流动性，无须振捣即可密实的混凝土材料，十分适合用于钢管混凝土结构中。在钢管中用自密实混凝土，不仅可以更好地保证混凝土的密实度，而且可以简化混凝土的振捣工序，降低混凝土的施工强度和工程费用，还可减轻城市噪声污染。

图5-19 钢管混凝土柱-混凝土梁连接

3. 钢管混凝土与其他构件的连接

钢管混凝土柱与梁之间的连接按梁的类型可分为钢管混凝土柱-混凝土梁连接（图5-19）、钢管混凝土柱-钢梁连接（图 5-20）和钢管混凝土柱-钢与混凝土组合梁连接（图 5-21）三种类型。按照传力性质，又可分为铰接连接、刚接连接和半刚接连接三种类型。

梁柱节点是建筑框架结构的关键部位，对荷载传递、结构整体性和结构在强震作用下弹塑性阶段的稳定性起着关键作用。在进行节点设计和施工时，应严格遵循构造要求，以构造合理；传力直接；便于施工为基本原则。当涉及焊接施工时，应严格把关焊缝质量，注意焊接的施工顺序，合理选择焊接工艺和技术。对于螺栓连接，应注意螺栓孔的精度。

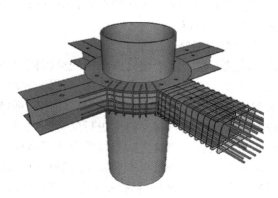

图 5-20　钢管混凝土柱-钢梁连接　　　　图 5-21　钢管混凝土柱-钢与混凝土组合梁连接

5.2.2.3　钢管束混凝土的施工

钢管束混凝土施工的一般流程为：

1. 预埋件安装

对于有地梁的筏板基础，由于地梁上排钢筋密集，可利用 BIM 技术预排布地梁钢筋，画出钢筋的规格、间距、位置，并把预埋件位置布置在梁筋图上，找出影响柱脚就位的钢筋，结合设计图进行调整。

2. 钢管束及钢框架吊装

钢结构工程所用材料应符合设计文件和现行有关标准规定并具有质量合格证明文件，材料经进场检验合格后方能使用。

（1）钢管束安装：首节钢管束安装于基础预埋件上部，在预埋件上部先焊接临时固定耳板；钢管束吊装就位后，与埋件临时耳板进行固定，初步校正后，再用连接夹板临时固定；同时拉设缆风绳对钢管束进行稳固。标准节钢管束采用对接固定，每节上部和下部均设有固定耳板。

（2）钢梁安装：同一列柱的钢梁从中间跨开始对称向两端扩展安装；同一跨钢梁，先安装上层再安装中下层。先安装主梁后安装次梁。

3. 钢框架校正

每吊装一节钢框架，对钢管束标高、轴线定位、垂直度偏差进行校正。

相邻钢管束之间的轴线偏差应控制在 3mm 以内，如偏差过大，需调整后安装的钢管束。每一节钢管束高度范围内的全部构件，在完成安装、栓接、焊接并验收合格后，方能从地面引放上一节钢管束的定位轴线。

4. 高强度螺栓的初拧及终拧

高强度螺栓的穿入方向应以便于施工操作为准，设计有明确要求的按设计要求施工，框架周围的螺栓穿向结构内侧，框架内侧的螺栓沿规定方向穿入，同一节点的高强度螺栓穿入方向应一致。对于同一层梁，先拧主梁后拧次梁；对于同一节点，先拧中心再向四周扩散。高强度螺栓连接摩擦面应保持干燥、整洁，不应有飞边、毛刺、焊接飞溅物、焊疤、氧化铁皮、污垢等；除设计要求外，摩擦面不应补漆。

5. 钢管束对接节点焊接

钢管束对接节点焊接主要包括首节构件与基础预埋件板面之间的焊接、钢梁翼板的焊接、局部钢管束构件纵向拼接的焊接、钢管束构件端部对接处的焊接。钢管束节间焊缝应在墙面两侧对称分布。

6. 钢管束内混凝土施工

（1）浇筑方法：由于钢管束结构的空腔截面小，所以利用钢管束灌浆漏斗浇筑混凝土的施工方式较为实用。这种方法适用于任何高度，一般配置 2 个料斗，料斗容量可根据现场塔式起重机的起重性能确定。钢管束构件端部设置联排式分料漏斗以方便投料。

（2）混凝土浇筑：施工前应进行配合比设计（其中粗骨料粒径不应大于 20 mm），并进行浇筑工艺试验，浇筑方法与结构形式相适应，钢管束内混凝土可采用无收缩自密实混凝土。浇筑前，应对钢管束安装质量进行检查确认并清理钢管束内水及内壁污物。浇灌自密实混凝土前，按要求在钢管束适当的位置设排气孔，孔径以 20mm 为宜，钢管束楼板位置的插筋孔亦可作为排气孔。混凝土采用顶部向下灌注的方式，使混凝土通过漏斗进入钢管束内。将混凝土料斗吊至投料斗上方 100 mm 时，人工扶稳料斗，将混凝土投入料斗。对浇筑完成的混凝土束，可采用超声波等方法进行密实度检测。对于浇筑不密实部位，采用钻孔压浆法进行补强，然后将钻孔进行补焊封固。

（3）钢管束内插筋施工应在混凝土初凝前完成，插筋分布整齐，端部平齐，宜与钢管束构件端部连接固定。

（4）混凝土试块留置及养护：在混凝土浇筑过程中，按照规范和相关标准的留置标准养护试块和与现场同条件的试块并按时送检；浇筑完成后，采取必要的养护措施。

5.3　钢结构高效连接技术

5.3.1　钢结构高效连接概述

随着我国建筑工业化的推进和装配式建筑的逐步发展应用，钢结构焊接连接因其对工人的技术要求高；劳动强度大；装配效率低；质量保证难而受到限制。同样地，螺栓连接也存在着构件截面类型限制；复杂工况下难以定位和更换等一系列问题，其应用也受到限制，如在闭口型截面的连接中，目前还是以焊接为主。因此，为突破目前钢结构连接存在的局限性，钢结构高效连接技术应运而生。

所谓钢结构高效螺栓连接，即在已有传统的（高强度）螺栓连接的基础上，针对传统螺栓连接的局限性进行改进、优化所形成的施工更加方便；适用范围更加广泛；装配效率更高；受力性能更好的螺栓连接形式。所谓钢结构高效焊接连接，即着重解决目前焊接存在的焊缝质量问题等缺陷，通过焊接质量控制工艺和机器人自动焊接技术等衍生出的更为高效的焊接连接技术来提升焊接质量。

5.3.2　钢结构螺栓高效连接技术

5.3.2.1　钢结构与既有混凝土结构的高效连接

在城市建筑改扩建的过程中，新旧建筑构件的连接是非常重要的环节。其中，原有混凝土建筑与新建钢结构建筑之间存在着受力不均匀，结构不稳定等问题，以及新建钢梁与原有混凝土柱的连接处理问题。为了解决上述问题，需对新建钢梁与钢筋混凝土柱、钢筋混凝土梁之间的连接重点关注，并进行专门研究，采用特定的高效螺栓连接形式及合理构造进行连接。

1. 新建钢梁与钢筋混凝土柱的连接

在既有混凝土建筑结构上新建钢结构建筑，必定要将钢梁与混凝土柱相连接，连接会进一步加大混凝土柱的受荷面积。由于该工程中既有建筑物的建设时间较为久远，无法准确掌握混凝土柱的强度承载力，因此，要对梁柱连接进行处理。

设计中将工字钢柱紧靠混凝土柱，钢梁和钢柱之间采用铰接方式连接起来。铰接在一起的梁和柱能够独立转动，梁与柱之间没有弯矩的传递，这样，钢柱只需要承受钢梁传递的轴力。铰接的方法为：首先要在原钢筋混凝土墙中设置预埋件，并在预埋件上焊牢连接板，采用高强度螺栓将连接板与型钢梁腹板连接起来；然后再沿着混凝土柱的长度方向植入钢筋，钢筋的间隔可设为 0.5 m，钢筋要锚入墙中，锚固长度与箍筋配置应符合国家相关标准；在钢筋锚入墙体中后，用混凝土将钢柱的外部包围起来，钢柱采用柱脚栓与原有钢筋混凝土柱的承台相连接，使新建钢结构与原混凝土柱连接成一个整体。

2. 新建钢梁与钢筋混凝土梁的连接

在连接钢筋混凝土梁与新建钢梁时，最关键的问题是确定复合钢筋混凝土的最大承载能力，当钢筋混凝土结构超过最大限度承载能力时，有可能导致混凝土结构遭到破坏。在对既有建筑的安全性进行鉴定以及明确工程参数的基础上，可以采用铰接的方式将新建钢梁与钢筋混凝土梁连接起来。在混凝土梁上使用螺栓安装底座，再将钢梁固定或者焊接在底座上。钢筋混凝土梁承受钢梁传递来的剪力可以有效减少钢筋混凝土梁的扭转效应。连接钢筋和混凝土梁的锚栓的受拉承载力通过钢筋混凝土梁受到的剪力来设计。

5.3.2.2　装配式钢结构的高效连接

在钢结构中，传统螺栓连接技术主要应用于开口截面构件中，难以应用于闭口截面构件，闭口截面构件进行连接时主要还是采用焊接形式，或者采用法兰螺栓连接形式，但传统法兰螺栓连接采用扭矩法施工，在疲劳荷载作用下易发生螺栓松动，疲劳寿命低。此外，钢结构与基础采用地脚螺栓形式的传统锚栓连接，存在无法更换、定位和预应力施加困难等问题，难以满足动载下大型钢结构与基础的可靠连接的需求。

针对上述问题，相关学者积极研发探索新型的高效螺栓连接方式，目前已提出单边高强度螺栓连接、反向平衡法兰螺栓连接和高效锚栓连接三种新型螺栓连接方法，并均得到了应用。

5.3.2.3　单边高强度螺栓连接

方（矩）形钢管外形美观，受力性能和防腐耐火性能均优于 H 形钢，是一种优异的钢构件形式，在钢框架和钢桁架结构中应用广泛。但方（矩）形钢管构件难以采用传统螺栓连接，而是需要一种可实现单侧安装、拧紧且便于拆卸的单边螺栓。

目前国内研发出并实现应用的单边高强度螺栓连接有两种，分别为嵌套式单边高强度螺栓和套筒自锁式单边高强度螺栓。

嵌套式单边高强度螺栓（图 5-22）由圆头螺栓、圆头螺栓操控杆、嵌套部分、嵌套操控杆、安装盘、垫圈和螺母构成。圆头螺栓尾部设置有圆头螺栓操控杆；安装盘上加工有各个操控杆的定位孔，从而可对各个嵌套组件的安装进行定位。除了能够满足单边紧固的功能性要求外，该螺栓还具有构造设计原创性、安装便捷性、制造成本经济性的特点。

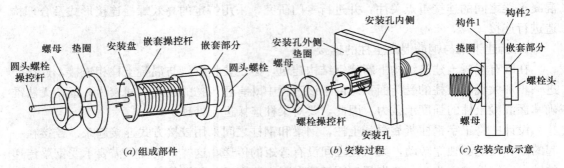

图 5-22　嵌套式单边高强度螺栓的构造

安装嵌套式单边高强度螺栓时，先将安装盘穿入圆头螺栓操控杆相应的定位孔，通过圆头螺栓操控杆将圆头螺栓穿过安装孔，再通过嵌套操控杆将第一嵌套部分穿过安装孔。当第一嵌套部分抵达安装孔内侧时，调节第一嵌套部分的位置将嵌套操控杆穿入安装盘相应的定位孔，以此类推，按照同样的操作完成剩余部分嵌套的安装，此时所有嵌套部分组合成一个完整的嵌套。然后通过圆头螺栓操控杆将圆头螺栓回抽，圆头螺栓的螺栓头将各个嵌套部分紧压在安装孔内侧孔壁上，此时可以分别拆下安装盘及嵌套操控杆，将垫圈和螺母穿过圆头螺栓操控杆进行安装，通过螺母与螺栓的螺纹连接将螺栓圆头压紧在嵌套部分头部外表面，嵌套头部内表面则压紧在安装孔内侧表面，从而有效实现构件的单边连接与紧固。最后拆下圆头螺栓操控杆。

套筒自锁式单边高强度螺栓（图 5-23）采用自锁式原理。目前技术人员已研发出 8.8 级和 10.9 级的 M12、M16、M20 自锁式单边高强度螺栓，包括非标准化套筒和标准化套筒两种形式。非标准化套筒自锁式单边高强度螺栓由全螺纹螺杆、钢垫圈、橡胶垫圈、开缝套筒、锥头 5 个部件组成，标准化套筒自锁式单边高强度螺栓由全螺纹螺杆、钢垫圈、

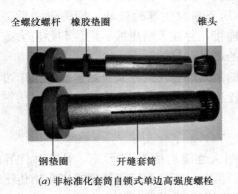

(a) 非标准化套筒自锁式单边高强度螺栓

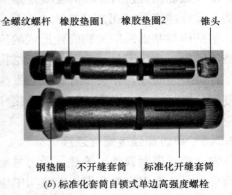

(b) 标准化套筒自锁式单边高强度螺栓

图 5-23　套筒自锁式单边高强度螺栓的构造

橡胶垫圈 1、不开缝套筒、橡胶垫圈 2、标准化开缝套筒、锥头 7 个部件组成。通过套筒的标准化，可以降低螺栓的制造成本，当连接钢板较薄时还可以去掉不开缝套筒和其中 1 个橡胶垫圈。

套筒自锁式单边高强度螺栓的安装（图 5-24）比较简单，不需要使用专用工具即可完成螺栓的拧紧施工。安装时，将螺栓放入螺孔后，先用一个扳手固定住金属垫圈，再用扭矩扳手在六角螺杆头部拧紧螺栓，利用橡胶垫圈的摩擦锁紧套筒，套筒卡紧锥头使锥头不能转动，旋紧时锥头逐渐将套筒撑开，卡住连接部件，从而实现连接。

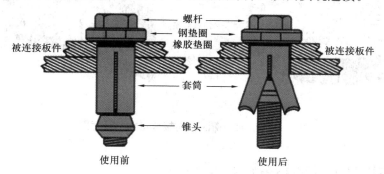

图 5-24　套筒自锁式单边高强度螺栓安装示意图

5.3.2.4　反向平衡法兰螺栓连接

对于没有疲劳作用的普通钢管结构，如桁架、单管柱等，一般采用刚性法兰拼接 ［图 5-25（a）］。刚性法兰因法兰板厚度有限，螺栓预拉力施加的大小难以达到设计要求，受较大弯矩作用时法兰板会开口，抗弯刚度无法保证。对于疲劳作用显著的大直径钢管结构，如风力发电机钢塔筒，一般采用厚型法兰连接 ［图 5-25（b）］。厚型法兰的法兰板厚度较大，螺栓长度较长，因而施加预拉力和控制预拉力的大小比刚性法兰方便，能够同时满足强度和刚度不变的要求。但厚型法兰用钢量大，而且要求整体锻造成型，造价高昂，且主要依靠进口。

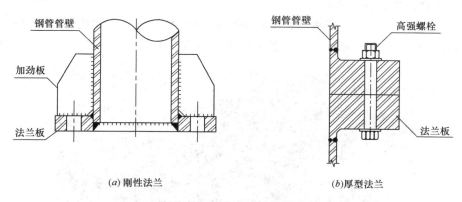

(a) 刚性法兰　　　　　　　　　　　(b) 厚型法兰

图 5-25　传统法兰连接形式

根据持续动载作用下大直径钢管结构的构造和受力特点，一种反向平衡法兰连接节点被学者提出（图 5-26）。该连接节点主要由钢筒节段、法兰板、加劲板和高强度螺栓组成，其主要特点在于"反向"和"平衡"。通过"反向"设置法兰板和加劲板，可在塔筒内侧向心设置"平衡面"，合理优化结构受力和生产成本。反向平衡法兰连接与一般刚性法兰与加劲板的连接关系相反，反向平衡法兰的加劲板在前，法兰板在后，不增加法兰板厚度即可增加螺栓长度，从而方便螺栓预拉力的施加和控制，实现受力过程中钢筒连接处始终受压以及筒身抗弯刚度不变的目的。

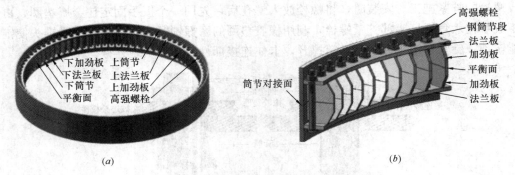

图 5-26　反向平衡法兰连接节点构造示意图

5.3.3　钢结构焊接高效连接技术

5.3.3.1　钢结构焊接深化设计技术

钢结构焊接深化设计是指按照现有施工图设计文件及钢结构焊接相关规范，对焊接部分进行细化、优化设计。具体深化设计内容包括：

①焊接材料的要求；②焊缝类型、焊接部位、焊缝等级、检测方法、探伤比例；③不同宽度、厚度钢板对接边坡的要求（合理过渡，避免应力突变）；④栓钉焊接要求、预埋件施焊要求；⑤型钢混凝土结构中钢筋连接器、钢筋连接板的焊接要求；⑥焊接衬垫板、引弧板、熄弧板的设置要求及焊后处理方法；⑦焊接工艺要求（焊接顺序、厚板焊接措施、焊接变形控制等）；⑧焊缝外观要求；⑨焊缝布置情况及返修方法。

5.3.3.2　制造厂焊接机器人技术

将机器人应用到工厂的焊接工作中，能够发挥其效率高、连续性强、质量稳定的优势，实现连续焊接、程序化控制和智能化管理，提高设备使用率，图 5-27 为牛腿机器人

图 5-27　牛腿机器人焊接系统

焊接系统。但该技术也有其局限性。与汽车行业机器人焊接相比，其焊接板的厚度更大，常被用来进行多层多道焊接，且工艺参数复杂，有小批量为非标准单件，因而实施难度更大，对机器人的控制需求更高。

5.3.3.3　钢结构冷丝复合埋弧焊接技术

冷丝复合埋弧焊接（图 5-28）是指在热丝中间插入冷丝，利用热丝多余的能量熔化冷丝，从而大幅度提高生产效率，增加焊接速度，降低焊剂消耗。冷丝复合埋弧焊接的关键技术指标在于热粗丝与细冷丝的排布方式设计以及冷丝送丝速度控制。中建钢构提出了一种钢结构冷丝复合埋弧焊焊接技术，将冷丝和热丝控制系统集成在一起，双细冷丝枪头采用固定板件集成在热丝焊枪上，冷丝高度和插入位置

图 5-28　冷丝复合埋弧焊接示意图

可调。从微观角度来看，与单粗丝埋弧焊相比，冷丝复合埋弧焊焊缝区组织处晶粒排布更为细致，热影响区组织处晶粒更为细小均匀，且焊接效率整体提升约 26％，焊剂使用量减少约 24％。

5.3.3.4　施工现场自动埋弧横焊技术

施工现场自动埋弧横焊技术，即通过自动埋弧横焊装置和设备，实现建筑钢结构超高空、超厚板材原位现场焊接自动化的技术。该技术具有以下优势：

①门式刚架的主机架体设计：安拆简便，实现设备一体化；②行走动力系统：实现厚板多层多道往返行走焊接，提高效率；③焊枪角度变位装置：提高焊接坡口角度自适应性（15°～45°）；④焊缝导航装置：提高焊缝外观成型质量；⑤双侧双向焊剂回收系统：实现自动回收代替人工回收；⑥磁吸附式焊剂保护装置：实现平焊转换横焊技术。

该技术已在广州东塔项目中对巨柱横焊缝焊接施工（图 5-29）进行了应用。与传统施焊方式相比，该技术能够将工效提高 2.5 倍，使人工费用降低约 60％。

塔楼巨柱对接施焊现场

（a）

5m长焊缝成型效果

（b）

图 5-29　施工现场自动埋弧横焊技术在广州东塔项目现场应用（巨柱横焊缝）

5.3.3.5　施工现场 MINI 机器人焊接应用技术

施工现场 MINI 机器人焊接（图 5-30）应用技术能够适应多种施工条件及焊接工艺，

其对工效的提升十分显著，焊接质量稳定，成型美观。MINI 机器人体型小，便于操作和控制，使用它的流程简单。该技术适用于适合焊接机器人作业，且对坡口加工质量要求高的钢构件焊接。

图 5-30　MINI 机器人焊接

5.4　钢结构智能测量与虚拟预拼装技术

5.4.1　钢结构智能测量

钢结构智能测量技术是指在钢结构施工的不同阶段，采用智能全站仪、三维激光扫描、近景摄影测量、多源数据融合等更高效精准的智能测量技术，提高钢结构安装的精度、质量和施工效率，解决传统钢结构测量方法难以解决的测量速度、精度、变形等技术难题，实现对钢结构施工进度、质量、安全的有效控制。

目前在超高层、超大跨钢结构施工领域使用的测量仪器主要有全站仪、铅直仪、测量机器人、实时差分定位（RTK）、三维激光扫描仪等。这些仪器因功能、精度不同，分别适用于不同的测量环节。在智能测量技术的应用过程中，应依据场地环境、结构类型等因素，结合不同测量仪器各自的适用范围和局限性，选择最适合的测量仪器组合，进行综合应用。此外，与测量所对应的放样技术也向着智能化发展，如 BIM 放样机器人等。

5.4.1.1　三维激光扫描技术

三维激光扫描技术可以快速获取钢结构构件的三维点云模型，其具有速度快、精度高、非接触、全天候等特点，在大型钢结构模拟预拼装领域得到了许多工程界学者的广泛关注。该技术的核心在于三维激光扫描系统（图 5-31），该系统主要由三维激光扫描仪、计算机、电源供应系统、支架以及系统配套软件构成。三维激光扫描仪作为三维激光扫描系统的主要组成部分，由激光发射器、激光接收器、时间计数器、电机控制可旋转的滤光镜、控制电路板、微电脑、CCD 机以及适配的软件等组成，是测绘领域继 GPS 技术之后的又一次技术革命。它突破了传统的单点测量方法，具有高效率、高精度的独特优势。

三维激光扫描仪能够在任何可视的位置以点云的形式扫描出构件外形，扫描结果可用于构件预虚拟拼装的校核和构件改进。其局限性在于价格较贵，需要可视条件，不能测量

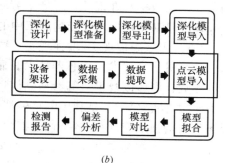

图 5-31　三维激光扫描系统

单个关键特征点，无法获得构件实际空间坐标，精度受构件外观和环境对比度的影响较大。

　　在实际工程应用中，三维激光扫描形成的点云结果通常被用来与事先建立的 BIM 模型进行对比，通过基于 BIM 形成的深化模型与基于三维激光扫描技术形成的点云模型之间的拟合与对比来进行误差分析，以达到检测预拼装精度的目的。设计者依据该仪器形成的检测报告，能够根据统计分析表的数据偏差大小调整相关杆件的尺寸，调整加工或重新加工相关杆件后再进行计算机拟合比对，直至数据偏差符合要求。

5.4.1.2　BIM 放样机器人

　　BIM 放样机器人（图 5-32）由机器人全站仪、手簿和棱镜杆等组成，其主机部分是一台精度为 $1''$ 的自动全站仪，此精度换算成具体的距离数值即"在 100m 处 的 角 度 偏 差 为 ± 0.48mm"。BIM 放样机器人的误差加上人为描点误差，总的距离误差仅 ± 3mm左右，该精度完全可满足现场施工要求。其测量工作原理与全站仪类似，采用后方交会法进行测量。该机器人不依赖于现场的轴网和标高线，而是依据现场的控制点坐标系，其放样误差基于现场坐标系的整体误差而定，且每个测站中的所有测量值之间

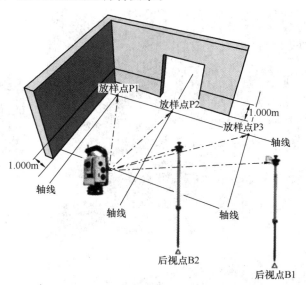

图 5-32　BIM 放样机器人的放样原理

不会有任何误差传递。放样全过程中不需拉皮尺，放样机器人会自动打出红色激光点用于标识。与传统的人工放线定位相比，BIM 放样机器人具有快速、高效、精准、智能和操作方便等特点，为实现 BIM 模型成果与实际施工结合提供了有效途径。

　　在建筑工程中应用 BIM 放样机器人，不仅可提高测量放样效率，还可提高 BIM 模型的准确性。通过建立 BIM 综合协调模型提高深化设计质量，对提升工程管理信息化管理水平和实现精益化生产意义重大。结合先进的自动化测量设备，BIM 放样机器人提升了

测量放样的效率和准确性，降低了劳动力投入，对保证工期和施工质量具有显著意义。

5.4.1.3 VR/AR 技术在结构施工中的应用

VR/AR（虚拟现实/增强现实）技术是 3D 可视化的人机交互技术，集计算机图形技术、计算机仿真技术、传感器技术、显示技术等多种科学技术，使用户能够通过视觉、听觉、触觉、形体以及手势等参与到信息处理的环境中去，从而取得身临其境的交互体验。其中虚拟现实（VR）是利用电脑模拟产生三维虚拟空间，让用户身临其境地进入体验虚拟场景。增强现实（AR）是将虚拟内容渲染叠加在真实场景上，用户可以同时看到现实世界以及叠加在现实世界上的虚拟内容。随着科技进步和建设工程领域的发展，VR/AR 技术在工程中也结合 BIM 技术有了综合性的应用。其中在结构施工领域，BIM＋VR 实现的 3D 可视化技术、VR 工程仿真技术、虚拟工地演示技术等技术为施工提供了高效的辅助作用。

1. 基于 BIM＋VR 的 3D 可视化

VR 技术是 3D 可视化工具，可将 BIM 模型的设计、施工和管理过程以三维的感知交互形式展示出来，并让设计、施工及运营人员进行虚拟仿真协同工作，这将进一步提升 BIM 模型的应用效果并加速其推广应用。BIM＋VR 的结合（图 5-33）能够整合庞大的数据，实现 3D 可视化，从而减少项目变更次数，减少材料浪费，缩短工期，为项目带来巨大效益。

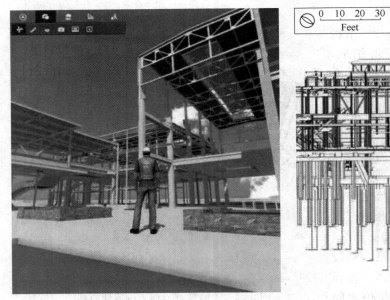
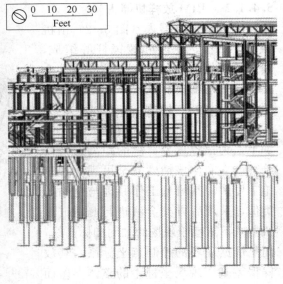

图 5-33　BIM＋VR 的结合

2. VR 工程仿真

VR 工程仿真技术主要应用于重难点施工的仿真演练，能够针对不同施工技能培训的需要，搭建高度仿真的施工场景，模拟施工过程出现的各种状况。体验者只需佩戴上 VR 眼镜，拿起操作手柄或戴上数据手套，就可以随时随地地进行重点难点施工技能的 VR 培训演练。

例如 VR 仿真模拟高空作业场景，能让培训者在虚拟高空环境下更快适应工作环境，更快掌握高空作业技能，更重视高空作业安全措施。工程施工中的预制构件安装、铝合金模板安装、高大模板安装等重点难点施工工艺，均可通过 VR 技术实现更安全、高仿真、高效率、低成本、系统化的工程安全培训。

3. 虚拟施工

在工程建造过程中，针对重点难点施工环节或施工工艺，需要展开多方会议时，可采用 VR 或 AR 技术替代平面动画，通过建模、美术、编程及动作制作后，进行多人 VR 模式的建造演示。施工方、甲方、设计方可同时佩戴 VR 眼镜，进入虚拟工地观看施工演示（图 5-34），或进行施工重难点工艺的交互体验，也可以通过手机、平板电脑和 AR KIT/AR CORE 技术，将施工过程以 3D 立体的 AR 形式展示出来。

图 5-34　虚拟施工

此外，在实际工程施工中，复杂结构的施工方案设计和施工结构计算是一个难度较大的问题，前者的关键在于施工现场的结构构件及机械设备间的空间关系的表达；后者的关键在于施工结构在施工状态和荷载下的变形大于就位以后或结构成型以后的变形。可通过在虚拟的环境中，建立周围场景、结构构件及机械设备等的三维 CAD 模型（虚拟模型），形成基于计算机的具有一定功能的仿真系统，让系统中的模型具有动态性能，并对系统中的模型进行虚拟装配，根据虚拟装配的结果，在人机交互的可视化环境中对施工方案进行修改。同时，利用虚拟现实技术可以对不同的方案，在短时间内进行大量的分析，保证施工方案的最优化。

4. BIM＋AR 协同施工

AR 增强现实技术是将实时的计算机虚拟影像叠加到现实环境中并实现人机交互的 3D 技术。BIM 是三维建筑模型技术，利用 AR 属性，可实现 BIM 三维模型与工程施工的无缝对接。在设计图纸方面，利用 AR 技术可将二维结构、装饰、管线等图纸进行 BIM 模型三维可视化，充分发挥 BIM 三维协同设计的施工指导作用（图 5-35）。

图 5-35　BIM＋AR 协同施工

在重难点施工工艺方面，利用 AR 技术将虚拟施工指导内容加载到工人或工程管理人员的设备中，可用于现场施工指导与管控。在施工部署或工程建设管理方面，利用 BIM＋AR 可加强工程会议的沟通与理解，直观反映施工的进程。

另外，AR 技术开始被应用在基础设施的设计、施工和运行维护中，例如使用 AR 技术与测量软件，将具体数字植入现实世界，帮助工程师精准判断工程状况。BIM＋AR 技术可实现 BIM 技术与工程施工的实时结合，提高施工效率，降低施工错误而返工的概率，减少工程建设成本。

5.4.2　钢结构虚拟预拼装

钢结构预拼装技术按方法分类可分为实体预拼装和虚拟预拼装。钢结构预拼装即现场安装前的实体模拟预拼装，常简称为"预拼装"。《钢结构工程施工质量验收标准》GB 50205—2020（以下简称《规范》）规定，预拼装是为检验构件是否满足安装质量要求而进行的模拟拼装，以确保现场结构安装顺利，并满足《规范》要求。

虚拟预拼装即"计算机仿真模拟预拼装"，一般采用三维设计软件，将钢结构分段构建控制点的实测三维坐标，在计算机中模拟拼装形成分段构件的点云模型，如图 5-36 所示，与深化设计的理论模型拟合比对，检查分析加工拼装精度，得到需要的信息。经过必要的反复加工修改与模拟拼装，直至满足精度要求。《规范》规定，虚拟预拼装的检查项目、检查数量、允许偏差与实体预拼装完全一致。虚拟预拼装的检查方法是计算仿真模拟比对。

5.4.2.1　钢结构虚拟预拼装的内容

进行钢结构工程的虚拟预拼装的大致思路为：

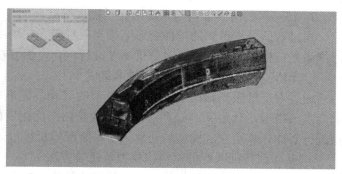

图 5-36 三维激光扫描仪生成点云模型

1. 建立三维几何模型

根据设计图文资料和加工安装方案等技术文件，在构件分段与胎架设置等安装措施可保证变形不致影响安装精度的前提下，建立设计、制造、安装全部信息的拼装工艺三维几何模型，通过模型导出分段构件和相关零件的加工制作详图。

2. 实测控制点三维坐标

构件制作验收后，利用全站仪实测外轮廓控制点三维坐标。

①设置的全站仪测站点坐标应以坐标原点为依据，且仪器可自动转换，并显示位置点（棱镜点）坐标；②设置仪器高和棱镜高，以得到目标点坐标；③设置已知点方向角，用准棱镜测量并记录数据。

3. 计算机模拟拼装，形成实体构件的轮廓模型

①将全站仪与计算机连接，导出测得的控制点坐标数据，导入 Excel 表格，换成（x，y，z）格式，收集构件的各控制点三维坐标数据并整理汇总；②选择复制全部数据，输入三维图形软件，以整体模型为基准，根据分段构件的特点，建立各自的坐标系，绘出分段构件的实测三维模型；③根据制作安装工艺图的需要，模拟设置胎架及其标高和各控制点坐标；④将分段构件的自身坐标转换为总体坐标后，模拟吊装胎架定位，检测各控制点的坐标值。

4. 预拼装坐标系的建立

将理论模型导入三维图形软件，合理地插入实测整体预拼装坐标系。

5. 误差采集

采用拟合方法，对比构件实测模拟拼装模型及相对应的理论模型，得到分段构件和端口的加工误差及构件间的连接误差。

6. 统计分析相关数据记录

对未达到规范要求和现场安装精度的分段构件或零件，应修改校正后重新测量、拼装、比对，直至符合精度要求。必要时，须重新加工，重新模拟。

5.4.2.2 钢结构虚拟预拼装的技术要点

虚拟扫描检测结果受检测仪器精度、构件实际加工误差、构件不固定变形等因素影响，因而面对超大跨、超高层建筑时，其精度不一定能够满足需求。为了优化、解决上述局限性，国内外学者也对虚拟预拼装进行了很多技术上的优化研究，目前主要的技术要点

159

如下：

1. 将结构的仿真分析与三维激光扫描进行结合

通过数值分析得到的构件变形结果与三维激光扫描得到的变形结果之间的对比，得到三维激光扫描的分析偏差，对分析偏差进行优化，提升精度。

2. BIM 点云＋三维激光扫描技术集成

通过对三维激光扫描形成的点云模型的降噪、配准等预处理，以及将 BIM 模型也离散为点云模型，利用 ICP 等算法将三维激光扫描优化后的点云模型与 BIM 形成的点云模型进行对比，从而完成模型的几何质量和装配质量评价。

3. 基于线特征匹配的钢结构模拟预拼装方法

该方法首先提取待拼接处两个构件的特征线，然后通过线特征自动匹配的方式实现两个构件的模拟预拼装。

复习思考题

1. 试简述悬索结构的分类。
2. 常见的张拉结构有哪些？试分析各张拉结构的优缺点及适用场景。
3. 试简述膜材的制作和加工流程。
4. 试简述钢—混凝土组合板的大致施工流程。
5. 试简述钢管混凝土管内混凝土的三种浇筑方法。
6. 试简述钢结构高效螺栓连接与传统螺栓连接相比的优势。
7. 影响高强度螺栓施工的主要因素有哪些？
8. 试简述三维激光扫描技术的主要优缺点。
9. 试简述使用虚拟预拼装技术的大致流程。

10. VR/AR 技术目前在钢结构施工领域中的部分工程中实现应用，加速推进了建筑行业的升级转型，若想实现该技术的进一步广泛应用，你认为还有哪些方面的问题需要解决？

参 考 文 献

[1] 陆栢坚，王荣辉，甄晓霞. 采用"先缆后梁"施工方法的自锚式悬索桥施工方案研究[J]. 甘肃科学学报，2022，34(6)：62-69.

[2] 张杨，何松，陈绍忠. 超大跨度双层双向悬索结构张拉施工技术研究[J]. 建设机械技术与管理，2022，35(S1)：127-129.

[3] 任俊，董万龙，杜福祥，等. 大空间单双层复合索承 PTFE 膜结构施工技术[J]. 施工技术（中英文），2021，50(22)：88-91.

[4] 韩学兵. 大跨度钢结构及索膜结构施工质量控制[J]. 建材发展导向，2020，18(20)：84-86.

[5] 姜正荣，苏延，石开荣，等. 交替提升与张拉的索穹顶结构施工优化方法[J/OL]. 西南交通大学学报：1-7[2023-05-11].

[6] 武岳，胥传喜. 膜结构设计(4) 膜结构的节点和相关结构设计[J]. 工业建筑，2004(9)：87-92.

[7] 白经炜，苏奎奎，崔鹏，等. 气承式膜结构施工技术[J]. 安装，2022(11)：62-64.

[8]　李磊．张拉索膜结构设计及主要施工工艺[J]．科学技术创新，2021(25)：119-120.

[9]　黄涛，赵耽葳，张晓光．长春奥林匹克公园体育场轮辐式张拉结构的施工模拟分析[J]．建筑结构，2020，50(9)：98-102＋126.

[10]　宋思敏，马建辉．超高顶部大悬挑钢-混凝土组合结构施工技术[J]．广东土木与建筑，2018，25(3)：28-31.

[11]　刘莎．钢骨混凝土柱概论及施工技术工程实践[J]．建筑机械化，2020，41(3)：56-59.

[12]　孟岩岩．钢管混凝土束结构施工技术在装配式建筑中的应用[J]．中国高新科技，2021(21)：157-158.

[13]　徐名尉，徐小洋，程文良，等．钢-混凝土组合结构复杂节点设计施工一体化技术研究[J]．建筑机械，2022(11)：69-73.

[14]　王维．钢-混凝土组合结构施工技术研究[J]．建筑科技，2021，5(2)：55-57.

[15]　何洪银．建筑工程中型钢混凝土组合结构施工技术[J]．建筑技术开发，2021，48(15)：47-48.

[16]　郑文杰．浅析钢管混凝土结构施工技术[J]．中国建筑金属结构，2022(8)：26-30.

[17]　王巨腾．压型钢板混凝土组合楼板施工技术分析[J]．江西建材，2021(1)：134＋136.

[18]　李国强，马人乐，王伟，等．钢结构高效螺栓连接关键技术研究进展[J]．建筑钢结构进展，2020，22(6)：1-20＋28.

[19]　姜彦波．钢结构连接与高强度螺栓施工技术[J]．黑龙江科技信息，2014(21)：226.

[20]　吴灏斌，孟珊，张楠祥，等．既有混凝土建筑与新建钢结构建筑连接设计建议[J]．工程建设与设计，2022(22)：201-203.

[21]　肖永利．建筑钢结构连接技术与施工质量控制的策略分析[J]．住宅与房地产，2021(2)：182-183.

[22]　王昊．浅谈钢结构连接与高强度螺栓施工问题[J]．建材与装饰，2019(32)：16-17.

[23]　徐成贤，张德军．现场施工过程中的钢结构连接方法及其质量控制[J]．建设监理，2019(3)：63-66.

[24]　孔伟．BIM放样机器人在钢结构测量放样中的应用[J]．建筑技术，2020，51(2)：135-137.

[25]　徐红日．超高层钢结构安装测量控制技术[J]．工程建设与设计，2020(4)：165-166.

[26]　庄会云，王沁怡，倪超，等．超高层钢结构测量仪器综合应用技术[J]．建筑施工，2022，44(3)：510-511＋524.

[27]　余永明．钢结构工程中的智能测量技术[J]．测绘通报，2018(S1)：218-220.

[28]　郭满良．钢结构虚拟预拼装技术[J]．建筑技术，2018，49(4)：381-384.

[29]　陈振明，隋小东，李立洪，等．钢结构预拼装技术研究与应用[J]．施工技术，2019，48(8)：100-103.

[30]　胡绍兰，黄凤玲，张国兴，等．基于BIM＋点云数据的钢结构质量智能检测方法[J]．土木工程与管理学报，2022，39(5)：28-33＋49.

[31]　茹高明，戴立先，王剑涛．基于BIM的空间钢结构拼装及模拟预拼装尺寸检测技术研究与开发[J]．施工技术，2018，47(15)：78-81＋142.

[32]　王剑，郭晓红，王玉晓，等．基于BIM技术的钢结构高精度加工测量施工技术[J]．建筑施工，2021，43(7)：1376-1378.

[33]　朱明芳，程效军，李金涛，等．基于底面特征匹配的钢结构桥梁虚拟预拼装[J]．北京测绘，2022，36(2)：168-172.

[34]　王强强，苏英强，赵切，等．基于结构仿真分析与三维激光扫描的钢结构数字化预拼装技术[J]．施工技术(中英文)，2022，51(10)：135-138.

[35]　蒋海里，陈柳花，程效军等．基于线特征匹配的钢结构模拟预拼装方法[J]．北京测绘，2021，35(8)：997-1001.

［36］ 付洋杨，吕彦雷．三维激光扫描虚拟预拼装技术在钢结构工程上的应用分析［J］．中国建筑金属结构，2020（4）：45-47．

［37］ 孙国维，周国庆，耿开通等．三维扫描仪在钢结构预拼装过程中的应用［J］．施工技术，2017，46（S2）：514-515．

第6章 桥梁施工新技术

我国桥梁建设在近30年来取得了巨大的成就，桥梁规模已位居世界第一。桥梁施工技术的发展和水平的提高为桥梁建设提供了有力的保障，也促进了桥梁结构的快速发展。桥梁结构可分为梁桥、拱桥、刚架桥、悬索桥、斜拉桥及组合结构桥梁，其中梁桥包括简支梁桥、悬臂梁桥、连续梁桥、T形刚构桥和连续刚构桥，图6-1给出了几种桥梁结构的示意图。

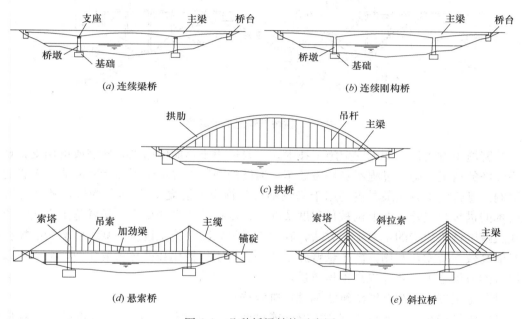

图 6-1　几种桥梁结构示意图

由于桥梁结构形式多样，且桥位建设条件复杂、多样，因此出现了诸多的桥梁施工方法以满足不同的桥梁建设需要，包括落地支架现浇法、移动模架逐孔现浇法、整孔预制安装法、悬臂施工法、顶推施工法、转体施工法等。本章仅针对几种大跨度桥梁的施工技术进行介绍，包括悬臂施工技术、顶推施工技术、转体施工技术、索塔施工技术、缆索施工技术。

6.1 悬臂施工技术

6.1.1 悬臂施工技术原理及适用范围

悬臂施工技术主要用于悬臂梁桥、连续梁桥、连续刚构桥、斜拉桥的主梁架设施工，有时也用于拱桥的拱肋架设施工，其原理是：从桥墩或拱座开始，对称或不对称地逐段悬

163

臂浇筑或悬臂拼装桥梁的主梁或拱肋，悬臂长度不断增大，直至主梁或拱肋合龙。图 6-2
和图 6-3 给出了梁桥和拱桥悬臂施工的示意图。

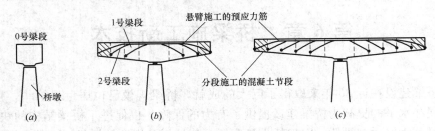

图 6-2　梁桥悬臂施工示意图

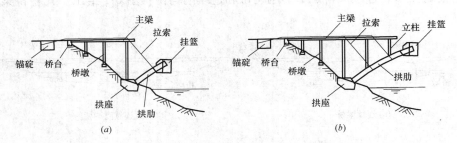

图 6-3　拱桥悬臂施工示意图

悬臂施工方法是一种无支架施工技术，主要适用于不能使用支架现浇或可用支架现浇
但不经济的情况，施工过程不受桥下通车、通航的限制，也不受下面所跨河流、山谷的地
形限制。悬臂施工方法最早主要用于修建钢桥和预应力混凝土 T 形刚构桥，随着悬臂施
工技术的进步与完善，加上机械化程度及施工控制技术水平的提高，悬臂施工方法已成为
现代大跨度桥梁建造的重要施工方法，其优点是可以减少施工设备，减少所使用的模板数
量且能高效周转循环利用。由于悬臂施工方法实现了机械化和循环重复作业，从而可以改
进原有的桥梁施工工艺并提高工程质量。

悬臂施工方法分为悬臂浇筑法和悬臂拼装法。

悬臂浇筑法是用挂篮分段现浇主梁（或拱肋），待混凝土达到要求强度并张拉预应力
后，将挂篮前移到下一节段，用于浇筑下一节段混凝土。悬臂浇筑的每一节段将要承受随
后浇筑节段的自重及施工机具、人员等荷载，并要保持悬臂对称和平衡稳定。一般悬臂浇
筑的节段长度为 3～8m，节段太长会增大挂篮的设计难度，同时也会引起前面已完成结构
的过大内力和变形。图 6-4 和图 6-5 分别为梁桥和斜拉桥的主梁悬臂浇筑施工的照片。

图 6-4　梁桥主梁悬臂浇筑施工

图 6-5　斜拉桥主梁悬臂浇筑施工

　　悬臂拼装是将已预制好的梁段（混凝土梁或钢梁）或拱段，用悬臂起重机起吊到已完成结构的端部进行拼装，一个节段拼装完毕后，将起重机移动至下一节段，然后进行下一节段的拼装，悬臂长度不断增大，直至结构在跨中合龙，或直接拼至下一墩台上。对于预应力混凝土梁，预制梁段的节段长度一般为 2～5m，节段过短，过多拼接缝不利于结构受力，而且工期将会加长；节段过长则会导致节段过重，对吊装设备的要求较高，结构的受力变化较大。图 6-6 为斜拉桥和拱桥悬臂拼装施工的照片。

(a) 斜拉桥主梁悬臂拼装　　　　　　　　　　　(b) 拱桥拱肋悬臂拼装

图 6-6　悬臂拼装施工

　　对于悬臂浇筑与悬臂拼装两种方法的选择，应综合考虑桥梁建设的实际情况来决定。悬臂浇筑法具有以下优点：特殊设备投资少，不需要大吨位的吊装和运输设备，结构的钢筋连续性和混凝土的整体性较好，结构的几何线形易于调整。但是，悬臂浇筑的混凝土需要养护使得工期较长，施工进度受不良天气影响大；悬臂浇筑一般为高空作业，施工条件差，故保证混凝土质量的难度较大。悬臂拼装具有以下优点：施工速度快，梁段施工质量好，受气候影响小。但是，如果拼装节段接缝处的质量不能保证，则影响桥梁的整体性，而且悬臂拼装需要特殊的预制场地和大吨位的吊装运输设备。另外，采用悬臂拼装法施工时，上部结构的预制可以与下部结构的施工同时进行，而采用悬臂浇筑法施工时需要先施工下部结构，再施工上部结构。因此，工期要求紧时，应首先考虑采用悬臂拼装法。

6.1.2　悬臂浇筑施工方法

　　连续梁桥的主梁采用悬臂浇筑法施工时，主要包括以下施工阶段：在墩顶浇筑 0 号梁段，在 0 号梁段上拼装挂篮，依次浇筑各梁段，主梁合龙。

6.1.2.1　施工挂篮介绍

　　挂篮是一个由承重结构、模板系统、锚固系统、行走系统等组成并能沿梁顶移动的承重构架。将挂篮锚固悬挂于已施工完成的梁端后，可在其上进行下一梁段的钢筋和预应力钢筋的安装、混凝土浇筑，当混凝土强度达到规定要求后，进行预应力筋的张拉。然后挂篮可前移到下一待施工的梁段处，进行下一梁段的浇筑施工，如此循环直至悬臂浇筑完成。挂篮按结构形式可分为桁架式、斜拉式、型钢式及组合式等，图 6-7 至图 6-9 给出了三种挂篮结构示意图。

　　挂篮在使用前应进行加载试验，用于验证挂篮的承载能力，同时获取加载与挂篮变形的关系曲线，用于设置挂篮的预拱度，保证浇筑的混凝土梁段满足线形要求。条件允许时，应对使用的每个挂篮进行加载试验，以便检验全部挂篮的性能。加载试验应尽量模拟梁体重量分布，一般采用 1.2 倍梁重的等效荷载。加载试验应采用分级加载，且分级应均匀。在进行加载试验时注意主梁两端平衡加载和卸载。

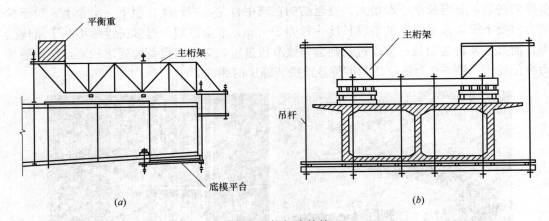

图 6-7　桁架式挂篮

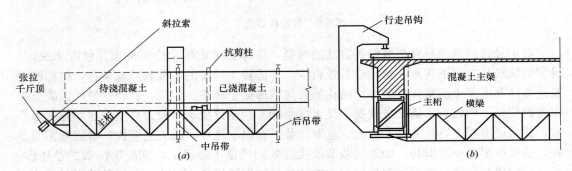

图 6-8　斜拉式挂篮

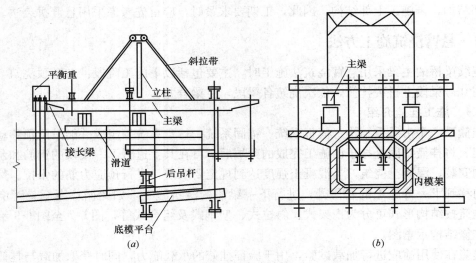

图 6-9　组合式挂篮

6.1.2.2　混凝土浇筑施工

　　悬臂浇筑施工的主梁一般可分为四个部分：墩顶梁段 A（一般称为 0 号梁段）、悬臂梁段 B、支架现浇梁段 C、合龙梁段 D，如图 6-10 所示。主梁各部分的节段划分长度应根据主梁断面形式、各孔跨径、挂篮结构以及施工周期确定。墩顶 0 号梁段采用支架浇筑施工，其长度与桥墩和基础的尺寸有关，0 号梁段位于桥墩上方，浇筑 0 号梁段相当于给挂篮提供了一个安装场地；每节悬臂梁段的长度一般为 3～5m；支架现浇梁段的长度约为边跨跨度与 1/2 主跨跨度之差；在满足连接施工空间的条件下，合龙梁段长度应尽量短，一般为 2m 左右。

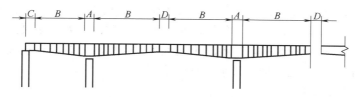

图 6-10　悬臂浇筑分段示意图

　　悬臂浇筑施工一般过程为：在桥墩处支架上或墩顶托架上浇筑 0 号梁段→实施墩梁临时固结（墩梁固结的桥梁不需此工序）→在 0 号梁段两端安装挂篮→利用挂篮分段浇筑悬臂梁段主梁→利用支架或托架浇筑支架现浇梁段→利用锚固于梁端的托架浇筑合龙梁段。

　　1. 墩顶 0 号梁段浇筑及墩梁临时固结施工

　　0 号梁段一般需在桥墩两侧设托架或支架现浇，模板和支架是 0 号梁段施工的关键，应有足够的刚度和承载能力，事先准确估算在浇筑过程中结构的弹性变形和非弹性变形，用于设置预拱度。当墩身较高时，可利用墩身设置托架，或由墩顶放置的型钢和墩身预埋的牛腿作为贝雷梁的支承而形成 0 号梁段的施工托架，再在托架上设立模板、支架，浇筑混凝土。当 0 号梁段高度较大时，可以分层浇筑，浇筑顺序是先底板，再腹板，后顶板，分层应尽量少，以免施工缝过多影响质量。

　　对于墩梁之间设置支座的桥梁，在悬臂施工阶段必须进行墩梁临时固结，以保证悬臂施工过程中主梁的稳定性。连续梁桥 0 号块的墩、梁临时固结的一般方法是在永久支座两侧设置临时支座，并利用预应力筋将主梁和桥墩固结，如图 6-11（a）所示。如果墩顶尺寸过小，不能满足设置临时支座的要求，也可利用承台作为基础，设置临时墩和临时支座支承主梁，如图 6-11（b）所示。临时支座可采用砂筒或硫磺胶泥块。

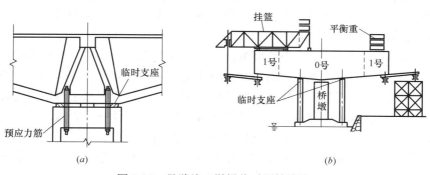

(a)　　　　　　　　　　　　　　　　　　(b)

图 6-11　悬臂施工墩梁临时固结措施

2. 悬臂梁段浇筑施工

悬臂梁段 B 采用挂篮悬臂浇筑施工。挂篮就位后，为了使施工完成的桥梁结构符合设计标高，应对模板设置准确的标高。各节段的立模标高应考虑节段设计标高、预拱度和挂篮的自身变形，后浇筑的梁段应在已施工梁段有关实测结果的基础上进行调整，逐步消除误差，以使结构线形匀顺。

各节段混凝土浇筑前，应对模板标高、预应力预留管道、钢筋、锚头、预埋件进行认真核对，确认无误后方可浇筑混凝土。浇筑混凝土时应从前端开始，避免挂篮变形降低新、旧混凝土界面的混凝土质量。为提高混凝土早期强度，加快施工进度，混凝土配置时可添加早强剂或减水剂。主梁两侧应尽量对称平衡浇筑，以免墩梁固结受力过大。主梁混凝土应尽量一次浇筑完成，以提高其施工质量。若箱梁截面较大，混凝土数量较多，可分层浇筑，一般先浇筑底板和腹板，待混凝土达到规定强度后，再浇筑顶板。混凝土浇筑完毕后，应及时检查预应力孔道是否漏浆，避免堵管。

3. 支架现浇梁段施工

支架现浇梁段的施工与一般支架浇筑主梁基本相同，这里不再赘述。

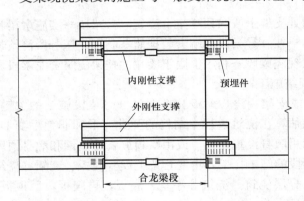

图 6-12　合龙梁段临时劲性支撑锁定措施

4. 合龙梁段施工

主梁合龙一般包括中跨合龙和边跨合龙，中跨合龙是两个悬臂浇筑的梁端在跨中相遇时采用合龙梁段固结在一起，而边跨合龙是一个悬臂浇筑的梁端与边跨的支架现浇梁段之间的固结。为保证结构按设计要求合龙，保证合龙前、后结构变形协调，在合龙梁段处需要设置临时劲性支撑锁定已完成的两侧梁端。锁定措施分为体内支撑法、体外支撑法和混合法，如图 6-12 所示。体内劲性支撑是在箱梁的顶、底板及腹板内沿纵向设置刚性支撑来锁定合龙口，而体外劲性支撑是在箱梁顶、底板预埋钢板，将外刚性支撑与之焊接或栓接。由于体内劲性支撑的特点是受力直接，抗压性能好，但其抗拉性能差，一般可通过张拉预应力筋弥补其不足。另外，体内劲性支撑占用主梁断面的空间，影响钢筋、预应力筋的布置和混凝土浇筑，钢材也不能回收。体外劲性支撑可以根据受力需要合理设置，能够较好地承担弯矩，限制梁端相对转角。

在合龙梁段锁定前，应对合龙期间的结构变形和气温进行监测，掌握结构变形与气温之间的相互关系，以确定合龙锁定时间和混凝土浇筑时间。合龙口锁定的同时应解除墩梁固结约束，避免温度变形导致结构或临时措施破坏。合龙梁段混凝土浇筑宜选择在当日气温较低，温度变化幅度较小时进行，使混凝土浇筑后处于梁体升温阶段。为了避免混凝土收缩和温度变化产生合龙梁段裂缝，浇筑合龙梁段的混凝土应具有早强、微膨胀性。为避免混凝土浇筑引起的合龙口变形影响混凝土质量，应尽量减小合龙口变形，必要时可在各悬臂端施加与混凝土重量相等的压重，在混凝土浇筑时逐步卸载。

6.1.3　悬臂拼装施工方法

悬臂拼装施工法可用于梁桥、拱桥、斜拉桥,悬臂拼装块件可以是混凝土构件,也可以是钢构件,二者的区别是梁段的材料不同和块件之间的连接方式不同,而采用的吊装、运输的方法基本相同。考虑到钢结构的拼接为焊接或高强度螺栓连接,与一般的钢结构连接没有区别,因此本书仅介绍混凝土结构的悬臂拼装施工。

混凝土结构的悬臂拼装施工过程包括:在墩顶浇筑 0 号梁段→在 0 号梁段上拼装吊装设备→逐段拼装预制节段→浇筑合龙梁段或架设挂梁。

6.1.3.1　混凝土梁段预制

混凝土梁段预制工作可以在专业桥梁预制厂内进行,也可以在桥位处的预制场内进行。悬臂拼装施工的桥梁须在设计时将主梁沿纵向进行分段,分段数量和长度应根据桥梁结构形式、施工阶段受力、设备的运输和吊装能力等确定。在条件允许的情况下,分段数量应尽量少,以减少接缝数量,缩短工期。节段的预制质量对于桥梁的施工质量非常重要,箱形梁段可采用长线预制方法或短线预制方法,桁架梁段通常采用卧式预制方法。

长线预制方法是在工厂或施工现场按梁底曲线形状制作固定台座,在台座上安装模板进行节段混凝土浇筑工作,如图 6-13 所示。台座可用土胎或石砌形成梁底形状,底模长度可取桥跨的一半或从桥墩对称取桥跨的长度。浇筑时常采用间隔浇筑法,即先浇筑奇数节段,然后让先浇筑的节段端面成为浇筑偶数节段的端模,也可按照奇偶交替的方式浇筑。长线预制方法的优点是预制的梁体端面完全吻合,易于拼接,且成桥线形较好。但其缺点是预制施工场地较大,施工设备需能在预制场地内移动,该法较适于具有相同外形的多跨桥梁采用。

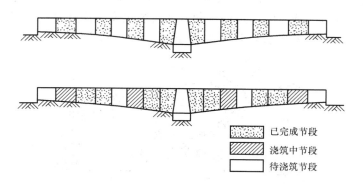

图 6-13　长线预制混凝土梁段施工方法

短线预制方法是利用可调整外部及内部模板的台车和端模架来逐段浇筑梁段,如图 6-14 所示。首先利用台车浇筑第一个梁段混凝土,待混凝土达到规定强度后,拆除模板,然后在其一侧安装相邻梁段的模板,并利用第一个梁段的端面作为下一梁段的端模,用于混凝土的浇筑。如此周而复始,完成梁段的预制工作。短线预制方法的优点是场地要求相对较小,台座仅需三个梁段长度,且浇筑模板及设备基本不需移动。但其缺点是施工精度要求高,预制工期相对较长,曲线桥梁的线形不易控制。

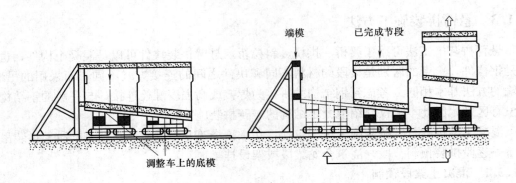

图 6-14　短线预制混凝土梁段施工方法

6.1.3.2　预制梁段运输与吊装

预制梁段从预制厂运至施工现场称场外运输，可采用驳船或大车运至桥位现场。预制梁段在施工现场内的运输称场内运输，可采用吊车或滚筒拖拽法，也可以采用运输轨道平板车运输或轨道龙门架运输等方法。

吊装系统是悬臂拼装施工的重要机具设备，常用的吊装方法有悬臂式吊装、安装梁吊装、缆索吊装、浮式起重机吊装等。悬臂式吊装方法是利用锚固于主梁端部的起重机将运至需安装位置下方的预制梁段起吊，梁段安装就位后进行拼接，然后前移起重机到下一待安装梁段的位置，进行下一梁段的安装。悬臂式吊装系统应由起重机、支撑起重机的悬臂结构以及行走装置构成，如图 6-15 所示。安装梁吊装方法一般用于预制块件难以运至安装位置下方的情况，预制梁段运至已修建完成的梁上，然后利用架设于桥墩或主梁上的桁架来进行悬臂拼装，如图 6-16 所示。缆索吊装方法是采用缆索吊装系统（由主索、牵引索、起重索、缆风索等构成）将岸边的预制构件吊装至安装位置进行拼装，该方法多用于桥下不通航，且桥墩较高的场合，常常被用于拱桥拱肋的拼装施工中，如图 6-17 所示。

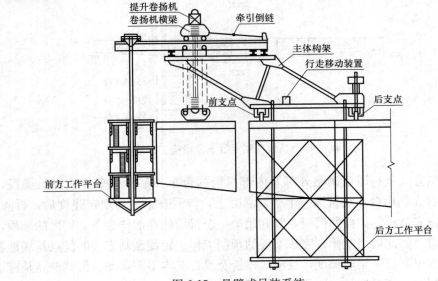

图 6-15　悬臂式吊装系统

在水深较大但流速不很大的江河湖海上安装桥梁时，也可采用浮式起重设备进行预制构件的吊装。

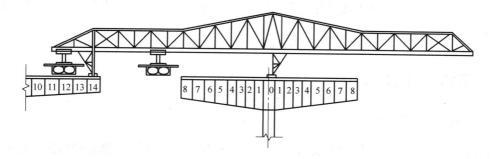

图 6-16　安装梁吊装系统

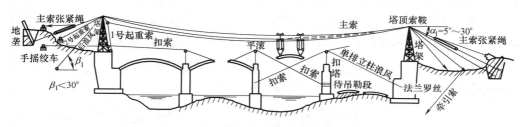

图 6-17　缆索吊装系统

6.1.3.3　预制梁段连接

预制梁段吊装就位后，应对两个块件进行连接施工，包括块件定位、穿预应力筋、接缝处理、预应力筋张拉。

预制块件接缝分湿接缝、干接缝、胶接缝和半干接缝等几种形式，用于不同的施工阶段和不同部位。湿接缝是在两预制块件之间预留一定的间隙，一般缝宽为 10～20cm，采用混凝土或水泥砂浆填筑，湿接缝有利于调整制作或拼接误差，增加接头的整体性，但是该方法所耗费的时间较长，一般被用于第一个预制块与墩顶 0 号块接缝，或在拼接过程中，如拼装线形出现过大误差，难以用其他办法补救时，也可以增设一道湿接缝来调整，增设的湿接缝宽度通过凿打块件端面的办法来提供。采用直接密贴形式的干接缝可简化施工，但由于接缝渗水会降低结构的耐久性，应尽量避免采用。采用环氧树脂粘结的胶接缝是一种广泛应用的方法，胶接缝能消除水分对接头的不利影响。为了提高块件之间的抗剪能力，方便定位，胶接缝可以做成平面形、多齿形、单级形和单齿形等，如图 6-18 所示。半干接缝形式是在预制块的顶底板处采用干接缝连接，而在腹板处采用湿接缝连接，这种接缝可用于调整悬臂结构的线形。

采用湿接缝连接的施工程序一般包括：块件定位；矫正中线及高程；接头钢筋焊接；

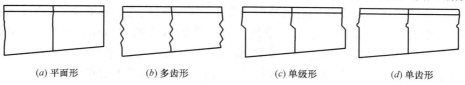

(a) 平面形　　　　(b) 多齿形　　　　(c) 单级形　　　　(d) 单齿形

图 6-18　胶接缝形式

安装湿接缝混凝土浇筑模板；浇筑湿接缝混凝土；穿预应力筋并张拉锚固。采用胶接缝或干接缝连接的施工程序包括：利用悬拼吊装设备提升预制块就位；进行试拼；移开块件；穿预应力筋；在接缝端面上涂抹接缝胶；将块件合龙定位；矫正中线及高程；张拉预应力筋并锚固。

6.2 顶推施工技术

6.2.1 顶推施工方法

顶推施工方法是以千斤顶为动力，利用钢导梁导向，借助不锈钢板和四氟乙烯板组成的滑动装置，将制作好的梁体沿纵向推进至设计位置的一种桥梁架设方法。梁体在桥头预制场地上分段制作，制作一段，沿纵向向前顶推一段，跨越几个中间桥墩，直至设计位置，如图 6-19 所示。为了减小顶推过程中的梁体前端伸出长度和梁体负弯矩，需要在前端设置导梁，为进一步减小导梁和主梁的内力，还可以设置临时墩或使拉索加强。

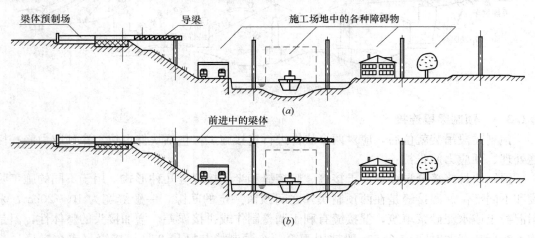

图 6-19　顶推施工示意图

顶推施工方法可用于预应力混凝土连续梁桥、斜拉桥以及上承式拱桥的桥面系架设，图 6-20 为某斜拉桥主梁顶推施工的照片。为了方便顶推，梁体应采用等高度截面。顶推施工方法多用于桥下空间为不能利用的施工场地，例如在高山深谷、水深流急的河道上，桥下有通航、通车要求的情况，或需要在恶劣天气情况下不间断施工的情况。另外，采用顶推施工方法时，顶推力远小于梁体自重，顶推设备轻型简便，不需大型吊运机具；梁体的制作可以在桥头固定的预制场制作，不受气候条件的影响；梁体制作的模板可以反复周转，节省材料，施工工厂化，易于保证质量。但是，顶推施工方法也存在诸多缺点，在顶推进程中，梁体的每个截面在到达墩顶时承受负弯矩，到达跨中时承受正弯矩，梁体的每个断面的弯矩是不断变化的，施工阶段的内力与营运阶段的内力相差很大，结构受力复杂，施工中需要增设临时预应力筋，所以顶推施工方法一般用于跨数多且跨径不大的桥梁。当桥梁较长时，受工作面所限，顶推长度过长，顶推施工工期相对较长。

图 6-20　某斜拉桥主梁顶推施工

6.2.2　预应力混凝土梁顶推施工

顶推施工方法主要用于多跨预应力混凝土梁的施工中，其施工的主要内容包括：预制场设置；梁段预制；顶推方式选择；导梁和临时墩设置；滑动和导向装置布置；梁段顶推；落梁。

6.2.2.1　预制场地设置

预制场地一般设置在桥台后面的引道上。500m 左右的桥长，通常只在一端设置预制场，较长的桥梁，或者中间跨为不同结构时，也可在桥两端设置预制场地，相向顶推。预制场地的长度宜大于预制节段长的三倍以上，综合主梁预制节段长度、拼装导梁的长度、机具设备以及材料进场需要等因素确定。预制场的宽度应满足梁段两侧施工作业的需要。预制场地是预制梁体和顶推过渡的场地，包括主梁节段的浇筑平台和模板、钢筋和预应力筋的加工场地，混凝土搅拌站以及砂、石、水泥的堆放和运输路线用地。预制场上空宜搭设固定或活动的作业棚，长度宜大于两倍的预制梁的节段长度，使梁段的预制不受天气的影响。

6.2.2.2　梁段预制

顶推施工方法中的制梁有两种方法，一种方法是在工厂制成预制块件，运送到桥位并连接后进行顶推，该方法需要大型起重和运输设备，同时存在预制块件连接问题，一般不建议采用。另一种制梁方法是在沿梁轴线上设置的预制场内制作，逐段制作，逐段顶推。现场预制主梁的节段长度划分主要考虑梁段间的连接处应该避开连续梁受力最大的支点与跨中截面，尽量减少分段，缩短工期，节段划分尽量标准化，以利于施工。如果梁段在支架上预制，应在梁段制作前通过压重消除支架的非弹性变形，并考虑支架弹性变形设置一定的预拱度。

同一梁段应尽量一次浇筑完成，避免施工缝对梁体受力的不利影响，对于梁段较大者也可以分两次浇筑。为了缩短顶推周期，梁体材料可采用早强混凝土。在梁体顶推之前，需先张拉部分预应力筋，张拉的此部分预应力筋应能够满足顶推时结构的受力安全需要，必要时可设置临时预应力筋；待顶推就位后，拆除临时预应力筋，再补充张拉剩余的预应力筋。

173

6.2.2.3 顶推的临时结构

顶推过程中结构体系在不断变化，每个截面正负弯矩交替出现，且施工弯矩包络图与使用状态的弯矩包络图相差较大，为了减小施工中的内力，扩大顶推施工方法的使用范围，同时也从安全施工和方便施工的角度出发，在施工过程中使用一些临时结构，如导梁、临时墩、拉索、托架等，顶推辅助拉索如图 6-21 所示，导梁及临时墩如图 6-22 所示。

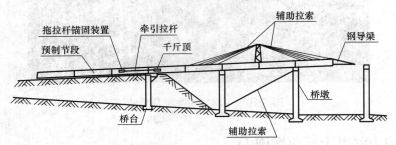

图 6-21　顶推辅助拉索

图 6-22　导梁及临时墩

导梁是顶推法施工的主要设施之一，导梁设置在梁段的前端，为变截面或等截面的钢板梁或钢桁架梁，主梁前端装有预埋件与钢导梁连接。导梁一般在工厂分段制作，运输到工地拼装成型。导梁设置的长度一般为顶推跨径的 0.6～0.7 倍，导梁的刚度为主梁的 1/9～1/5。采用钢桁架导梁时，应注意导梁与梁段的协调，导梁的刚度不能过小，且应采取措施减小节点的非弹性变形。顶推桥梁的跨径过大时，主梁顶推过程中内力过大，增大了设计和施工难度，有条件时可以通过增加临时墩来加以克服，临时墩可采用钢管墩、钢筋混凝土墩、钢桁架墩等。临时墩如有不均匀沉降现象，可利用千斤顶予以调整，使主梁达到设计标高要求。当主梁跨度较大时，也可以在主梁上设置塔架，并用拉索加强主梁，以减小顶推时的主梁弯矩。对于纵坡较大和桥墩较高的情况，可以采用斜拉索加固桥墩，以减小桥墩所受的水平力，增加结构的稳定性。

6.2.2.4 顶推施工

顶推施工方法按顶推装置的数量可分为单点顶推和多点顶推，按照顶推方向可分为单向顶推和双向顶推。对于多联桥梁，可以采用各联分别顶推的方式，也可采用多联一起顶推的方式。三种顶推施工方式如图 6-23 所示。

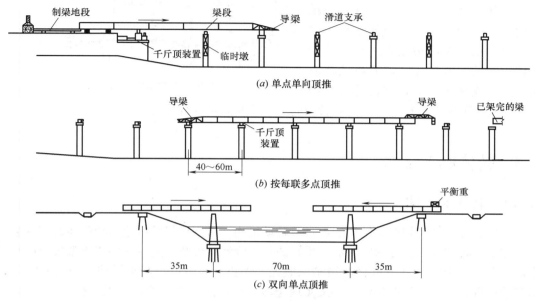

图 6-23 三种顶推施工方式

顶推装置可分为两种：一种是由水平千斤顶与竖直千斤顶联合使用，顶推主梁前进；另一种是由水平千斤顶拉动与主梁相连的钢拉杆使主梁前进。图 6-24 为采用水平千斤顶与竖直千斤顶联合实施顶推过程的示意图，一个顶推循环包括顶升梁体、顶推滑移、梁体下落、水平千斤顶复原四个步骤。顶推装置由水平千斤顶、竖直千斤顶、滑道装置组成，其中滑道装置由混凝土垫块、不锈钢板和四氟乙烯滑板组成。当采用多点顶推时，各个桥墩墩顶均需设置滑道装置，在顶推过程中应保证各千斤顶同步，且尽量做到每个墩上的水平千斤顶出力与该墩上的摩阻力相等。另外，为了防止顶推过程中梁体偏移，需要在梁体

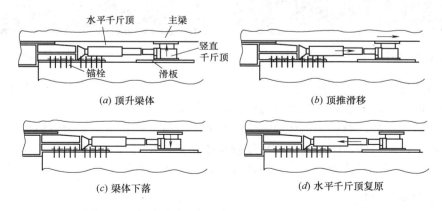

图 6-24 水平千斤顶与竖直千斤顶联合实施顶推过程

侧面设置滑道和导向装置，并在顶推时严格控制梁体两侧千斤顶同步顶推，如图 6-25 所示。

6.2.2.5　顶推就位及落梁

主梁顶推完毕就位后，拆除顶推用的临时预应力筋束，补充张拉纵向预应力筋束，然后用竖直千斤顶顶升梁体，安装永久支座，最后将梁体放落在永久支座上。应根据设计规定的顺序和每次下落量进行落梁，同一墩台的千斤顶应同步进行落梁。

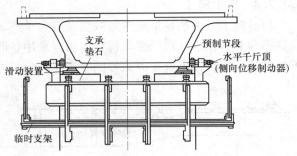

图 6-25　滑道和导向装置

6.3　转体施工技术

6.3.1　转体施工法

转体施工法是利用桥梁结构的本身及转动机构，将制作好的桥梁结构整体旋转安装到位的方法。转体施工法分为竖转法、平转法和平竖转结合法。竖转法多用于架设拱肋和索塔，如图 6-26 所示。拱肋和索塔结构一般先水平拼装，也可以竖直拼装，竖转时需要在固定端设置转铰，利用斜拉索或塔架实现竖转。平转法可用于梁桥、斜拉桥、拱桥施工，如图 6-27 所示，该法能够避开桥位深谷、急流、铁路和公路等不利施工条件，利用桥跨两侧的有利地形制作结构，然后利用转盘将结构在平面内转至设计位置。

图 6-26　斜拉桥拱形塔竖转法施工

图 6-27　拱桥拱肋平转法施工

采用转体施工法时，结构受力较为明确，易于控制结构的受力状态。转体施工法将复杂的、技术性强的水上或高空作业变为岸边陆上作业，施工过程安全，施工速度快，结构的施工质量易于保证，而且采用转体施工法在通航河道上或在车辆繁杂道路上修建桥梁可以避免中断交通。另外，转体施工法可以减少施工对环境的损害，降低施工费用。因此，转体施工法是具有良好技术经济效益和社会效益的一种桥梁施工方法。

6.3.2　平转施工法

平转施工法是按照桥梁的设计标高，利用两岸的地形，先在两岸预制桥梁上部结构，在桥墩或桥台上设置转盘，将预制的上部结构置于其上，当结构混凝土强度达到设计要求后，利用牵引系统转动转盘，在水平面内转动至桥位中线处，封固转盘后，进行合龙段施工的方法。

桥体的预制应根据桥形充分利用两岸的地形，因地制宜地搭设支架和模板，合理布置预制场地，使桥体的转角尽量小，既要节约支架材料，又使转动设施构造简单。平面转体可分为有平衡重转体和无平衡重转体两种。

6.3.2.1　有平衡重转体施工法

对于有平衡重转体施工法，转动体系的重心基本落在下盘转动磨心球铰上，其施工内容包括：转动体脱架、实施转动、转盘封固、结构合龙。

1. 转动体脱架

转动体在胎模或支架上制作完成后，进入转动阶段前，需要采取一定的措施，使转动体脱离支架。转动体脱架的方法有两种，第一种是利用桥梁结构本身的对称性或自身的重量实现平衡，在重心轴上设置转动球铰形成转动体系。采用这种脱架方式的桥梁一般为三跨结构，边跨与主跨的一半保持平衡，如斜拉桥、T 形刚构桥、连续梁桥、中承式拱桥等。斜拉桥可采用张拉斜拉索脱架，而 T 形刚构桥、连续梁桥可采用拆除支架方式脱架。

第二种脱架方法适于专门配置平衡重量的转体，一般以桥台背墙作为平衡重，用来稳定转动体系和调整重心位置，如图 6-28 所示。平衡重结构不仅为桥体转动提供平衡重量，还要作为上部结构转体用拉索的锚固结构。有平衡重转体施工受到转动体系重量的限制，过大的平衡重增大了转动的难度且不经济，一般适用于跨径较小的拱桥。配置平衡重量转体桥梁的脱架

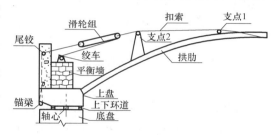

图 6-28　配置平衡重平面转体施工

方式有外锚扣体系和内锚扣体系两种。外锚扣体系是将扣索的扣点设在旋转体的端点或拱顶附近，使梁体或拱体受力合理。扣索的后锚固点设在平衡墙上，如锚固点过低，可以在梁体或拱体上设置钢支架，扣索中部支于支架上，使结构受力更为合理。内锚固体系适宜桁架拱和刚架拱等桥型，利用结构本身的抗拉构件或在结构内部穿入的拉杆作为扣索。两种锚扣体系均可通过张拉扣索使结构脱离支架。

2. 实施转动

桥体脱架后，悬臂结构支承于转盘上，进入转体阶段。转盘的结构主要有两种形式，一种是环道与中心支承相结合的双支承式转盘结构，另一种是中心支承的单支承式转盘结构。对于桥梁跨径较大，转动体重心较高的桥梁应采用双支承式转盘结构，以保证整个结构转动时的稳定，防止发生侧向倾覆。中小跨径的桥梁常采用单支承式转盘结构，但要求转动体系的重心应精确调整至支承中心，以防止过大的倾覆力矩对转体造成危险。

双支承式转盘结构由轴心、中心支承及环形滑道组成，如图 6-29 所示。轴心采用钢材制作，用于限制转动体的水平位移，其下部固定于下转盘中，上半部分利用钢套隔离浇筑在上部结构中。转动体的重量主要由中心支承承受，中心支承由下盘混凝土、上盘混凝土以及二者之间铺设的四氟乙烯滑板和不锈钢板构成。环形滑道由下环道混凝土、上环道

混凝土以及二者之间设置的弧形钢板和四氟乙烯滑板组成，用于保持转体中的稳定性，防止转动体侧向倾覆。

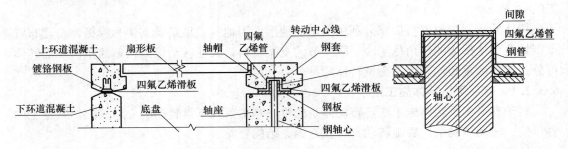

图 6-29　双支承式转盘结构

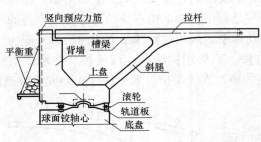

图 6-30　单支承式转盘结构

单支承式转盘结构由球面铰轴、上下转盘、钢滚轮与钢环滑道等部件组成，如图 6-30 所示。球面铰轴可采用钢材或混凝土，制作安装时应使其轴帽与轴座的中心吻合，接触面光滑，并涂润滑剂。为保证转动过程中转体稳定，在上转盘上设置滚轮，在下转盘上设置环道，滚轮与环道之间保留一定的间隙。为限制转动体的水平位移，可以在中心设置一钢轴。

实施转体前需拆除转动体的支架结构，检查转盘和主要结构的受力状态是否正常，确认牵引系统是否正常工作。转体可以采用钢索牵引或采用千斤顶顶推，转体启动后，应保持匀速转动，速度不宜过快。转体达到设计位置后，应立即测量并调整结构轴线和标高，使误差满足预定的要求。某桥转体牵引构造如图 6-31 所示。

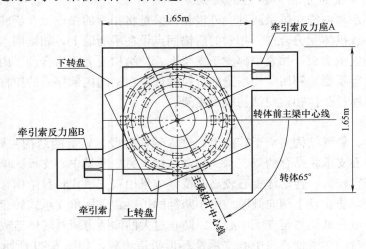

图 6-31　某桥转体牵引构造

3. 转盘封固

转体就位后，连接上下转盘钢筋和钢构件，浇筑混凝土封固上下转盘。

4. 结构合龙

转盘封固混凝强度达到要求的强度后，连接合龙劲性骨架，同时拆除转体用锚扣体系，浇筑合龙梁段混凝土。浇筑合龙梁段混凝土宜选择在当日气温较低，温度变化幅度较小时进行，使混凝土浇筑后结构处于升温状态。为了避免混凝土收缩和温度变化产生合龙梁段裂缝，合龙梁段应采用早强、微膨胀混凝土。为尽量减小合龙口变形，必要时可在合龙梁段两侧施加与合龙梁段混凝土重量相等的压重，在混凝土浇筑时逐步卸载。

6.3.2.2 无平衡重转体施工法

无平衡重的平转施工法主要用于施工较大跨度的拱桥，是利用锚固体系、转动体系和位控体系，构成平衡的转动系统，用锚固系统代替平衡重的方法。

1. 锚固体系

锚固体系由锚碇、尾索、平撑、锚梁（或锚块）及立柱组成，如图 6-32 所示。锚碇设于引道或边坡岩层中，锚梁支承于立柱上，两个方向的平撑及尾索形成三角形稳定结构。以上转轴为固定支点，无论拱体转至哪个角度，锚固体系均可平衡拱体的扣索拉力，从而节省了平衡转动体系中庞大的平衡重坞工结构。

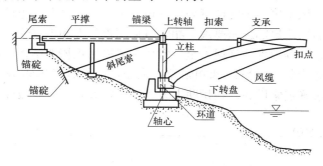

图 6-32 锚固体系一般构造

2. 转动体系

转动体系由拱体、扣索和转动构造（包括上转轴、下转轴、下转盘、下环道）组成，上转轴由埋于锚梁中的轴套、转轴和环套组成。扣索一端与环套相连，另一端与拱体顶端连接。下转盘为一马蹄形钢环，卡于下转轴外，下转盘与环道、下转轴之间均有摩阻系数很小的滑道材料，以利转动。

3. 位控体系

为了有效控制拱体在转动过程中的转动速度和位置，需要设置由锚于拱顶扣点的缆风索和转盘牵引系统构成的位控体系。由于上转轴和下转轴之间有偏心，扣索张拉到一定拉力后，拱体可能发生脱架。由于扣索拉力产生一个向外分力，从而形成一个向外的力矩，此时需在拱顶拉一缆风索，拉住拱顶。当利用卷扬机释放缆风索时，拱肋可自动向外转体，即可利用缆风索来控制转体的速度和位移。无平衡重转动体系与位控体系示意图如图 6-33 所示。

6.3.3 竖向转体施工法

竖向转体施工法是将桥梁从跨中分为两半，在桥轴线上浇筑或拼装拱肋，在拱脚处安

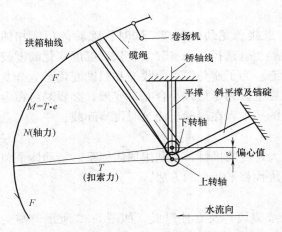

图 6-33　无平衡重转动体系与位控体系

装转动铰，利用扣索的牵引将结构竖向旋转至设计位置，并在跨中合龙。竖转方向大多采用从下向上正角度转体，如图 6-34 所示，少数桥梁采用从上向下的负角度转体，如图 6-35 所示。正角度转体施工可以大大降低拱肋制作支架高度，也大大降低了施工难度，提高了施工安全性。而负角度施工可以充分利用地形，将拱肋制作由水平向施工变为竖向施工，占地少，不受桥下地形影响，可以降低施工费用，缩短施工周期。图 6-36 为负角度竖向转体施工照片。

　　一般正角度竖向转体体系包括拱肋、竖转铰、扣索、索塔、拱上撑架、锚碇、缆风索等，负角度竖向转体体系包括拱肋、竖转铰、扣索、锚碇、缆风索等。竖转铰可采用钢板销子铰、钢管混凝土铰、插入式球铰，要求转动灵活，接触面满足局部承压要求。扣索可采用钢丝绳和钢绞线，其数量应充分考虑结构的冲击、温度、风等因素，确保安全。索塔一般采用钢桁架结构，索塔的高度直接关系到拱肋在竖向转体中的受力状况和扣索拉力大小，应综合考虑索塔施工难度、拱肋受力、扣索拉力等因素确定索塔高。在拱肋上设置拱上撑架，可以有效改善拱的受力状况。

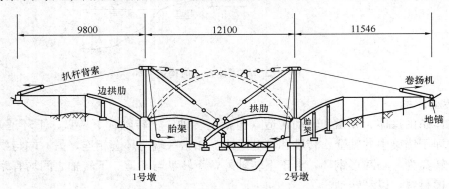

图 6-34　正角度竖向转体施工示意图（尺寸单位：mm）

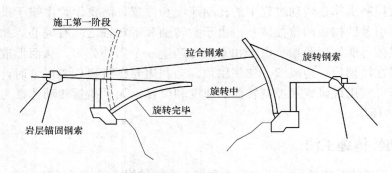

图 6-35　负角度竖向转体施工示意图

图 6-36　负角度竖向转体施工照片

缆风索用于确保竖向转体过程中拱肋的横向稳定性和变形，并用于抵抗横向的风力。

竖向转体过程中，拱肋内力随角度不断变化，因而要求拱肋具有足够的强度、刚度和稳定性。拱肋的重量直接关系到竖转规模及技术难度，因此，竖向转体的拱肋应尽量轻型化。

竖向转体施工内容包括：安装拱肋胎架，安装拱脚旋转装置，拼装拱肋，施工锚碇和塔架，安装扣索和缆风索，实施转体，调整标高进行合龙，封固转铰。

6.3.4　平、竖结合转体

当跨越宽阔河流且桥位地形较平坦时，采用平转法难以有效利用地形，常采用竖向转体和平转相结合的施工方法，如图 6-37 所示。即通过竖向转体将组拼拱肋的高空作业变为低矮支架上拼装拱肋的低空作业，通过平转完成障碍物的跨越。竖向转体和平转结合的施工方法，使得转体施工工艺的适应性更强，适用范围进一步扩大。

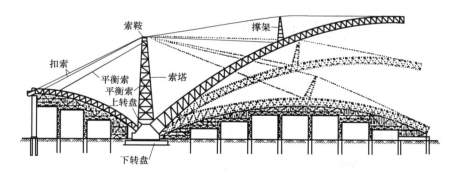

图 6-37　竖向转体和平转相结合的施工示意图

6.4　混凝土索塔施工技术

索塔是斜拉桥和悬索桥的主要受力结构，一般高度较大。选择合适的施工方法，对于桥梁的安全建设和保证施工质量非常关键。索塔分钢索塔和混凝土索塔。钢索塔一般采用预制拼装方法施工，具有造价高，成桥后维护费用高，施工过程中对起重设备能力及施工精度要求高等特点。国外有部分斜拉桥采用钢索塔，而我国已建成和在建的斜拉桥大多采用混凝土索塔，钢索塔在国内采用较少，因此本节仅介绍混凝土索塔施工方法。

常用的混凝土索塔施工方法包括滑模施工法、爬模施工法、翻模施工法。

6.4.1 滑模施工法

滑模施工法最早用于高桥墩的施工，由于其节省模板、进度快、操作简单，因而被推广应用于混凝土索塔施工。整个滑模结构一般由模板系统、操作平台、提升系统和垂直运输设备四部分组成。滑模施工工艺的流程是预先在塔身混凝土结构中埋置钢管（称之为支承杆），利用千斤顶与提升架将滑升模板的全部施工荷载转至支承杆上，待混凝土具备规定强度后，通过自身液压提升系统将整个装置沿支承杆上滑，模板定位后再继续浇筑混凝土并不断循环，如图6-38所示。滑模施工适宜浇筑低流动度或半干硬性混凝土，施工速度快，安全度高。但受其工作原理所限，滑模施工法要求索塔外形单一、断面变化少、无局部凸出物及其他预埋件等，其应用范围较窄。另外，滑模施工投入较大，施工质量相对较差，且不便于在施工和养护期间对桥墩混凝土进行保温和蒸汽养护。

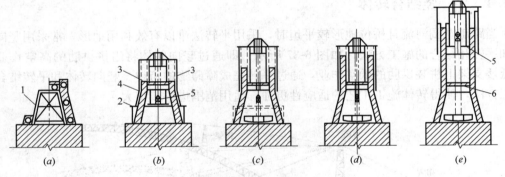

图6-38 滑模施工工艺的流程示意图
1—下塔柱施工模板支架；2—施工平台；3—滑模模板；4—提升支架；5—运输吊斗；6—下横梁

6.4.2 爬模施工法

爬模施工法是将一段模板固定在已浇筑的混凝土塔柱顶部，用于浇筑下一施工段的混凝土，在混凝土达到规定强度后，将模板拆除并提升至新浇筑塔柱的顶部固定，再用于浇筑下一施工段的混凝土的方法。如此由下至上依次交替上升，直至达到设计的施工高度位置。爬模施工系统一般由模板、爬架及提升设备三部分组成，如图6-39所示。爬模施工所用的模板为钢模，可采用角钢和钢板制作，模板沿高度方向可根据提升设备的能力分为几节。爬架采用钢构件组拼而成，爬架的下部固定在已施工完成的混凝土塔柱侧面，上部与索塔劲性骨架连接，爬架设置施工工作平台。应根据塔柱构造、模板高度和施工现场条件综合确定爬架高度，一般在 15m 左右。爬模施工的提升设备可以采用塔式起重机，也可以采用手动葫芦、千斤顶等。相对于其他施工方法，爬模施工方法具有施工速度快，安全可靠，对起重设备要求不高的特点。但此法一般多用于直线形索塔施工，而对折线形或曲线形索塔适应性较差。

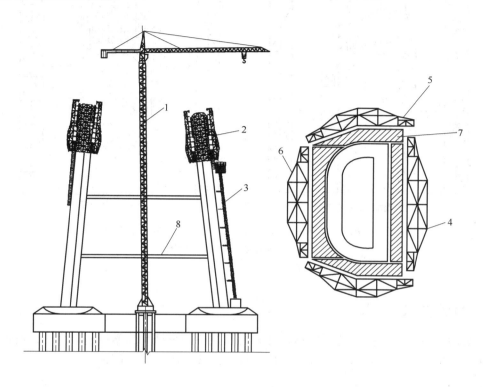

1—塔式起重机；2—爬模；3—电梯；4—1 号爬模；5—2 号爬模；

6—3 号爬模；7—活动脚手架；8—临时支架

图 6-39　爬模施工系统示意图

6.4.3　翻模施工法

翻模施工法是将一段混凝土塔柱的模板分为 2～3 节，每节高度为 1～3m，在浇筑完混凝土后，上面一节模板保留不动，将下面的模板拆除并利用塔式起重机等起重设备提升至未拆除模板的上方，并与之连接成一体，用于浇筑下一施工段的混凝土的方法。如此由下至上依次交替上升，直至达到设计的施工高度位置，翻模施工系统如图 6-40 所示。由于每次将下面的模板转到上面去，因而称为翻模。每套翻模施工系统由模板、对拉螺杆、护栏及工作平台等组成，不必另设脚手架。模板分节高度及分块大小，根据所采用的塔式起重机起重能力、模板结构、塔柱构造等确定。采用翻模施工时，模板构造简单，构件种类少，混凝土接缝较易处理，施工速度快，能适应各种结构形式的斜拉桥索塔施工。翻模施工法目前被大量使用，特别是对于折线形索塔，使用翻模施工法的优势显著。

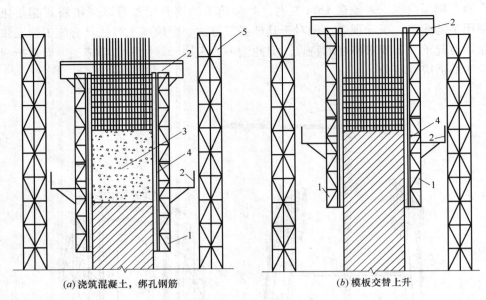

(a) 浇筑混凝土，绑孔钢筋　　　　　　　　(b) 模板交替上升

1—模板桁架；2—工作平台；3—已浇筑的塔身；4—外模板；5—脚手架

图 6-40　翻模施工系统示意图

6.5　缆索施工技术

悬索桥的主缆、斜拉桥的斜拉索、悬索桥和拱桥的吊杆均为索结构，由于吊杆的安装相对简单，本节仅对悬索桥主缆和斜拉桥斜拉索的架设施工予以阐述。

6.5.1　悬索桥主缆架设

悬索桥主缆架设施工一般采用以下步骤：先导索架设；牵引索和猫道架设；主缆架设；索夹安装；吊索安装。

6.5.1.1　先导索架设

先导索架设一般有陆地牵引架设、空中牵引架设和水上牵引架设三种方法。陆地牵引架设是利用人工、机械在陆地上进行拖拉架设，可在地形有利、跨度不大、无地面障碍物的情况下采用，不适合用于有高深陡坡、高压线、植物和农作物多的地方。空中牵引架设是利用直升机或飞艇吊拉、火箭射击拖拉等方式在空中直接架设，该方法对实施技术的要求高，一般用于跨越高深峡谷和急流江河的情况。水上牵引架设最为常用，一般采用浮子法和自由悬挂法两种，如图 6-41 和图 6-42 所示。

1. 浮子法

在先导索上按一定间隔固定浮子，使其漂浮在水面上，然后由拖船将导索的一端从始发墩旁浮拖至需到达的墩旁，再由到达墩的塔顶垂直下来的拉索直接拉到塔顶。该法适用于流速慢且无突出岩礁等障碍物的水域，具有施工简单可靠，速度快的优点，条件许可时应优先考虑此法。

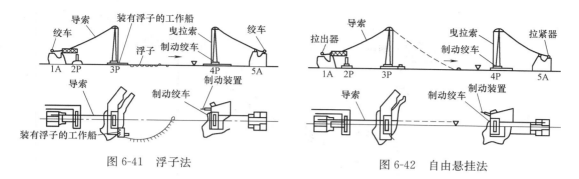

图 6-41　浮子法　　　　　　　　　　　图 6-42　自由悬挂法

2. 自由悬挂法

当桥位处水流急时，采用浮子法会使水面上拖运的先导索流散得较远，并且由于入水段较长，受水流的冲击力较大。另外，当桥位附近有岩礁时，导索流散越远，它被挂阻于岩礁的可能性也越大，此时可采用自由悬挂法。自由悬挂法是在桥台锚碇附近设置可连续发送先导索的装置，这种装置可以流畅地送出先导索，并施加一个反拉力。从此装置引拉出的先导索经过塔顶后其前端固定在拖船上，随着拖船横越水面，可使连续发送出来的先导索不沉落到水中，并在始终保持悬挂状态下完成先导索的渡水架设。当桥梁跨度太大，先导索的截面不足以满足绳索始终处于悬挂状态时，可以在水面间隔一定距离用拖船拖住先导索。此法是常用的传统方法，施工简便，但桥梁跨度较大时封航时间较长。

6.5.1.2　牵引索和猫道架设

当先导索架设完毕后，就可由它来架设牵引索。牵引索是布置在两岸之间的一根环状无端头的钢丝绳索，可由两岸的驱动装置来使牵引索走动，从而一来一往地引拉其他需要架设的缆索或钢丝。

牵引索架设完毕后，首先要架设的就是猫道。所谓猫道就是在悬索桥架设施工中，在空中架设的工作走道，它是在主缆编制和架设中必不可少的临时设施，如图 6-43 所示。每座悬索桥的施工一般设有两个猫道，每个猫道各供一侧主缆施工所需，它是由若干根猫道索来承载的。

6.5.1.3　主缆架设

主缆一般采用空中编缆 AS 法或预制平行索股 PWS 法架设。

图 6-43　悬索桥猫道

1. 空中编缆 AS 法

空中编缆 AS 法也称空中放线法，简称 AS 法，它是利用专门设备将高强度钢丝直接在桥孔上空来回牵引编成索股，最后由多根索股组成悬索桥主缆的施工方法，如图 6-44 所示。当牵引钢丝至一定根数后，将其捆成索股，经就位、调股后予以锚固。空中编缆 AS 法的施工步骤主要包括绕成丝股单元、丝索架设、垂度调整、捆扎索股和丝股调整等。

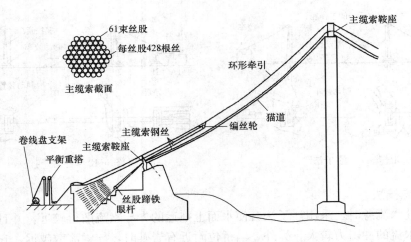

图 6-44 空中编缆 AS 法施工示意图

2. 预制平行索股 PWS 法

预制平行索股 PWS 法也称预制钢丝索股法，是将工厂预制好的平行钢丝索股牵引到猫道上，架设后再捆扎成主缆的施工方法，如图 6-45 所示。预制平行索股 PWS 法的制索方法主要采用长线法、直上法、短线法和工厂预制等。

6.5.2 斜拉索架设施工

斜拉索一般由索体、锚具和防腐构造组成，常用的索体有钢丝绳、粗钢筋、高强度钢丝、钢绞线等，两端锚具可采用墩头锚、冷铸锚、热铸锚、夹片群锚等。斜拉索可以采用工厂内制作的成品索，也可在现场制作。

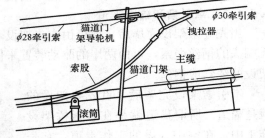

图 6-45 预制平行索股 PWS 法施工示意图

斜拉索的安装施工内容包括：

1. 拉索运送

对于工地制作的拉索，只存在短距离水平和垂直运输时，可采用人工搬运方法，也可采用小车、托架、吊车等方式搬运。对于工厂预制的拉索，需要远距离运输到现场进行安装，为了防止拉索在运输过程遭受损伤，拉索通常采用钢结构焊成的索盘将索卷盘，索盘采用起重机吊装，采用船舶或货车运输到工地。

2. 拉索安装

拉索安装是将索的两端分别穿入梁上和塔上预留的索孔内，并初步固定在索孔端面的锚板上。不同的拉索、不同的锚具，采用不同的安装方式。一般情况下，可根据斜拉索张拉方式确定拉索的安装顺序，拉索张拉端位于塔部时可先安装梁部拉索锚固端，后安装塔部拉索锚固端；反之，则先安装塔部，后安装梁部。斜拉索安装方法较多，包括吊点法、起重机安装法及分布牵引法等。

（1）吊点法

吊点法分为单吊点法和多吊点法。拉索上桥后，从索塔孔道中放下牵引绳，连接拉索的前端，在离锚具下方一定距离设一个（多个）吊点。索塔吊架用型钢组成，配置转向滑轮。当锚头提升到索孔位置时，牵引绳与吊绳配合调节，将锚头准确牵引至索塔孔道内，穿入锚头就位固定。单吊点法施工简便、迅速，所需起重索拉力大，斜拉索在吊点处折角较大，适用于柔性短拉索。斜拉索单吊点法安装示意图如图 6-46 所示。多吊点法吊点分散，弯折小，无须大吨位起重索。

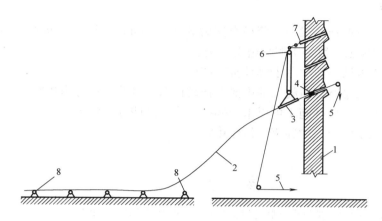

1—索塔；2—待安装斜拉索；3—吊装索夹；4—锚头；5—卷扬机牵引；6—滑轮；7—索孔吊架；8—滚轮

图 6-46　斜拉索单吊点法安装示意图

（2）起重机安装法

采用索塔施工时的提升起重机，用特制的扁担梁捆扎拉索起吊。拉索前端由索塔孔道内伸出的牵引索引入索塔拉索锚孔内，下端用移动式起重机提升。

（3）分步牵引法

首先用大吨位的卷扬机将索的张拉端从桥面提升到预留孔外，然后用穿心式千斤顶将其牵引至张拉锚固。牵引过程：首先采用柔性张拉杆-钢绞线束，利用两套钢绞线夹具系统交替牵引；然后随着索力逐渐增大，采用刚性张拉杆牵引到位。分步牵引法安装示意图如图 6-47 所示。

3. 斜拉索张拉

斜拉桥的受力状态主要取决于斜拉索的索力，由于斜拉桥施工过程中结构体系不断变化，施工过程中斜拉索的索力与成桥时的设计索力差异较大。应根据桥梁施工程序和结构受力安全需要，确定各阶段的索力，并按照规定的次序对斜拉索进行分期分批张拉。施工中的斜拉索应尽量同步对称张拉，以使结构受力合理。成桥后，也可以通过张拉斜拉索调整索力，以改变结构受力和线形，使结构受力和线形更合理。

斜拉索张拉的工具多采用液压千斤顶，并利用压力表控制张拉力。斜拉索索力是斜拉桥设计的一个重要参数，必须确保其准确可靠。因此，除利用

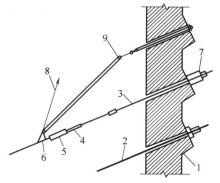

1—索塔；2—已安装拉索；3—钢绞线；4—刚性拉杆；5—拉索锚头；6—待安装拉索；7—千斤顶；8—卷扬机牵引；9—滑轮

图 6-47　斜拉索分步牵引法安装示意图

187

压力表测量索力外，尚需其他索力测量方法进行校对，目前比较可靠的索力测量方法有压力传感器测定法、磁通量测定法和振动频率测定法等，其中振动频率测定法是最常用的方法。

复习思考题

1. 某跨越山谷的连续梁桥，跨径布置为 85m＋150m＋85m，主梁采用预应力混凝土箱形梁，其主梁施工一般采用哪种施工方法？

2. 顶推施工方法一般适用于哪种桥梁结构？

3. 混凝土桥梁悬臂浇筑施工的主要设备是什么？这种设备有哪些形式？

4. 混凝土索塔的塔柱施工可以采用哪些方法？这些方法各自有何优缺点？

5. 悬索桥施工时架设的猫道有何作用？

参 考 文 献

[1] 范立础. 桥梁工程（上册）（第三版）[M]. 北京：人民交通出版社，2017.

[2] 顾安邦，向中富. 桥梁工程（下册）（第三版）[M]. 北京：人民交通出版社，2017.

[3] 雷俊卿. 桥梁悬臂施工与设计[M]. 北京：人民交通出版社，2000.

[4] 张联燕，程懋方，谭邦明，等. 桥梁转体施工[M]. 北京：人民交通出版社，2003.

[5] 桂业昆，邱式中. 桥梁施工专项技术手册[M]. 北京：人民交通出版社，2005.

[6] 王伯惠. 斜拉桥结构发展和中国经验[M]. 北京：人民交通出版社，2003.

[7] 周昌栋，谭永高，宋官保. 悬索桥上部结构施工[M]. 北京：人民交通出版社，2004.

第 7 章　新型防水与围护结构节能技术

7.1　地下防水工程新技术

7.1.1　防水卷材机械固定施工技术

7.1.1.1　技术内容

由于聚氯乙烯（PVC）与热塑性聚烯烃（TPO）防水卷材抗拉强度高，断裂伸长率较低，故它们可以防止卷材在受到风荷载的情况下因受力过度产生过大的拉伸和变形，适用于机械固定施工方法。机械固定即采用干连接方式，利用固定钉、垫片、套管和压条等，将高分子防水卷材以及其他地面层次的材料机械固定在地面基层或结构层上。其中常用的机械固定件规格如表 7-1 所示，固定钉可采用马氏体不锈钢、碳钢等；普通垫片可采用塑料、镀铝锌板、不锈钢等；套管可采用聚丙烯、尼龙等；压条可采用镀锌钢板、镀铝锌钢板、铝合金板等。

机械固定包括点式固定方式和线性固定方式。固定件的布置与承载能力应根据实验结果和相关规定严格设计。聚氯乙烯（PVC）或热塑性聚烯烃（TPO）防水卷材的搭接缝可选用焊接法进行施工。可以根据不同的焊缝搭接宽度将焊接缝分为单焊缝与双焊缝。整个焊接过程使用到的机具有半自动化温控热熔焊机、手持温控热熔焊枪、打毛机、热风机、真空泵及真空盒等。

机械固定件的常用规格　　　　　　　　　　表 7-1

固定件名称	项目名称	常用规格（mm）	物理性能
固定钉	螺纹直径	4.8，5.5，6.3	拉力≥1500N，抗弯抗折≥15°
	长度	50，75，100，125	
	螺距	1.60，1.80，1.95，2.00	
垫片	厚度	0.8，1.0	拉力≥2000N，粘合强度≥2000N
套管	有效长度	35，65，85，125	抗冲击性≥2.0kg，热老化≥80℃（28d 内）
压条	厚度	0.8，1.0	抗弯抗折≥15°
	宽度	25	抗压≥150N
	孔间距	50	拉力≥2000N

7.1.1.2　技术指标

（1）地面为压型钢板的基板厚度不宜小于 0.75mm，且基板最小厚度不应小于 0.63mm，当基板厚度在 0.63～0.75mm 时应通过固定钉拉拔试验；钢筋混凝土板的厚度不应小于 40mm，强度等级不应小于 C20，并应通过固定钉拉拔试验。

（2）聚氯乙烯（PVC）防水卷材的物理性能应满足《聚氯乙烯（PVC）防水卷材》GB 12952—2011 中的要求；热塑性聚烯烃（TPO）防水卷材物理性能指标应满足《热塑性聚烯烃（TPO）防水卷材》GB 27789—2011 中的要求。以上两种防水卷材的主要性能指标见表 7-2、表 7-3。

聚氯乙烯（PVC）防水卷材的主要性能指标　　　　　　　　　　表 7-2

试验项目		性能要求
最大拉力（N/cm）		≥250
最大拉力时延伸率（%）		≥15
热处理尺寸变化率（%）		≤0.5
低温弯折性		−25℃，无裂纹
不透水性（0.3MPa，2h）		不透水
接缝剥离强度（N/mm）		≥3.0
人工气候加速老化（2500h）	最大拉力保持率（%）	≥85
	伸长率保持率（%）	≥80
	低温弯折性（℃）	−20，无裂纹

热塑性聚烯烃（TPO）防水卷材的主要性能指标　　　　　　　　表 7-3

试验项目		性能要求
最大拉力（N/cm）		≥250
最大拉力时延伸率（%）		≥15
热处理尺寸变化率（%）		≤0.5
低温弯折性		−40℃，无裂纹
不透水性（0.3MPa，2h）		不透水
接缝剥离强度（N/mm）		≥3.0
人工气候加速老化（2500h）	最大拉力保持率（%）	≥90
	伸长率保持率（%）	≥90
	低温弯折性（℃）	−40，无裂纹

7.1.1.3　施工流程

聚氯乙烯（PVC）与热塑性聚烯烃（TPO）防水卷材机械固定的辅助工具主要包括：固定螺钉、固定 U 形压条、金属垫片、收口压条、胶粘剂、熔焊机等。

工艺流程：基层清理→铺设金属压型钢板→铺贴节点卷材附加层与防水卷材→机械固定卷材→卷材焊接→做保护层。

（1）基层清理：基层必须牢固，无松动、起砂等缺陷。基层表面应保持平整，基层与变形缝或管道等相连接的阴角处应做成均匀光滑的折角与圆弧。排水口与地漏不应高于基层，有管道的位置不应低于基层表面 20mm。可用复合做法进行细部增强处理，以高分子防水涂膜或密封胶作密封增强处理，也可增焊双层卷材。

（2）铺设卷材防水金属压型钢板：压型钢板在檩条处搭接，搭接长度不小于 200mm，搭接处采用带防水垫圈的自攻螺丝固定，固定点在压型钢板波峰上，间距为 250mm，连接处及螺丝处用密封胶密封，以防止渗漏，并使接缝咬合严密、顺直。当相邻两块压型钢板横向搭接时，搭接处需要采用咬边连接。

（3）铺设聚乙烯膜（PE）隔汽层与岩棉板：聚乙烯膜（PE）与压型钢板之间空铺，相邻聚乙烯膜搭接宽度不小于 50mm，并通过胶带连接使其形成一个密封层面，以降低屋面内侧产生冷凝的风险。聚乙烯膜（PE）上方铺设 60mm＋60mm 岩棉板，岩棉板的重量不得小于 180kg/m³，岩棉板需双层错缝搭接（错缝搭接能更有效地保证屋面的气密性，降低风阻力）并用自攻螺丝及垫片直接固定，每块板上固定 2 个固定件，固定力量保证一致以使保温层不会过分凹陷。固定后的保温层必须平整顺直，不得起翘变形。

（4）卷材铺设与固定：施工前应进行精确放样，尽量减少防水接头。先进行预铺，卷材的铺设应垂直于屋面压型钢板的波峰方向。卷材搭接宽度不应小于 120mm，其中有 50mm 预留用于固定件和金属垫片的覆盖。

卷材的机械固定按固定方式分为点式固定和线性固定两种。点式固定即使用专用垫片或套筒对卷材进行固定，卷材搭接时覆盖住固定件。卷材搭接宽度不应小于 120mm，其中有 50mm 预留用于固定件和金属垫片的覆盖。按照设计方案中的间距，用电动螺丝刀直接在屋面压型钢板上将固定件旋紧，螺钉穿出金属屋面板的有效长度不应小于 20mm。线性固定即使用专用压条和螺钉对卷材进行固定，使用防水卷材覆盖条对压条进行覆盖。卷材纵向搭接宽度为 80mm，焊接完毕后，将金属压条合理排列，在屋面压型钢板上，用电动螺丝刀直接将固定件旋紧。

（5）卷材焊接与收头：自动焊接，采用爬行式自动焊接机，主要应用于大面积的防水焊接。焊接前，焊接部位不得有水渍、油污等。焊接程序为：调整卷材搭接宽度→设置焊接参数→预热焊机→焊接→焊缝检查。机械固定卷材的搭接宽度为 120mm，细部处理的焊接采用手持式热风机手动焊接。手工焊缝时，应注意控制焊嘴与焊接方向的角度呈 45°～50°，压辊与焊嘴应保持大约 5mm 的距离并且平行。焊接边缘不应出现烧焦现象，应有亮色均匀的溶浆溢出。焊接时应从一端开始，一边焊接一边排出空气。焊接完成后及时按顺序用手压辊滚压一遍，接缝处必须把气泡、褶皱排除。在拐角等部位特别注意均需要进行 PVC 焊条的加强处理。用平头螺丝刀进行检查，对焊缝进行挑试，不能存在有挑开的现象。

（6）保护层施工：在卷材防水层质量验收合格后，在平面、坡面可使用细石混凝土保护层，在立面可使用水泥砂浆、泡沫塑料、砖墙保护层。

7.1.1.4　适用范围

防水卷材机械固定施工技术适用于厂房、仓库和体育场馆等低坡大跨度或坡屋面的建筑防水工程。

7.1.2　地下工程预铺反粘防水技术

7.1.2.1　技术内容

预铺反粘防水技术是一种在结构施工之前预先铺设防水卷材，然后在卷材表面直接绑扎钢筋浇筑混凝土，卷材的自粘面与浇筑的结构混凝土形成粘接的防水施工技术。采用预铺反粘防水技术时，将防水卷材带有自粘胶膜的一面朝上预先铺设在基础垫层表面，卷材施工完毕后在卷材上直接绑扎钢筋并浇筑混凝土。在混凝土固化过程中，卷材的自粘层在重力作用下与混凝土相互渗透，在水泥固化过程中产生吸附和胶合作用，卷材与混凝土可以牢固紧密地连接在一起，不易形成空隙。混凝土固化后，与胶粘层形成完整连续的粘结。这种粘结是由混凝土浇筑时水泥浆体与防水卷材相互胶合而形成。高密度聚乙烯主要提供高强度，自粘胶层提供良好的粘结性能，可以承受结构产生的裂纹影响。耐候层既可以使卷材在施工时可适当外露，又可以提供不粘的表面供施工人员行走，使得后道工序可以顺利进行。

7.1.2.2 技术指标

地下工程预铺反粘防水技术所采用的材料是高分子自粘胶膜防水卷材，该卷材是在一定厚度的高密度聚乙烯卷材基材上涂覆一层非沥青类高分子自粘胶层和耐候层复合制成的多层复合卷材，其特点是具有较高的断裂拉伸强度和撕裂强度，胶膜的耐水性好，一、二级的防水工程单层使用该卷材可达到防水要求。该防水卷材主要物理力学性能指标见表7-4。

高分子自粘胶膜防水卷材主要物理力学性能指标

表 7-4

项目		指标
拉力（N/50mm）		≥500
膜断裂伸长率（%）		≥400
低温弯折性		−25℃，无裂纹
不透水性		0.4MPa，120min，不透水
冲击性能		直径（10±0.1）mm，无渗漏
钉杆撕裂强度（N）		≥400
防窜水性		0.6MPa，不窜水
与后浇混凝土剥离强度（N/mm）	无处理	≥2.0
	水泥粉污染表面	≥1.5
	泥沙污染表面	≥1.5
	紫外线老化	≥1.5
	热老化	≥1.5
与后浇混凝土浸水后剥离强度（N/mm）		≥1.5
热老化（70℃，168h）	拉力保持率（%）	≥90
	伸长率保持率（%）	≥80
	低温弯折性	−23℃，无裂纹

7.1.2.3 施工流程

预铺反粘工艺流程为：基层处理→铺设非沥青基预铺反粘式高分子自粘胶膜防水卷材（自粘胶模面朝向构筑物）→卷材搭接处理→检查验收→保护成品。

（1）基层处理：卷材、其他辅助设备和材料提前准备好并运送至指定位置且有序安放。整理构筑物表面，清理杂物，使用榔头等工具去除尖锐的部分，凹陷部位需用水泥砂浆找平，施工部位表面允许有一定程度潮湿，但不允许存在可视的积水或聚水。当施工面存在积水或聚水时，应当进行积水引排水清理与漏水部位的堵漏处理。阴阳角可设置为直角或钝角，要求顺直。预埋设计必须要做好密封设置，以防漏水、窜水的问题出现。

（2）铺设高分子自粘胶膜防水卷材：将卷材定位好，直接铺设在基面上，注意将卷材粘结层朝向基面,铺设之后,卷材表面可能会出现上下起伏的情况,但这并不影响其与混凝土的粘结效果,同时其防水效果也未衰减。相邻两幅卷材要进行搭接处理,搭接走向沿其边缘搭接指导线进行,搭接宽度以>80mm 为宜,但是不得越过搭接指导线;搭接位置要保持干净整洁无污染,以防影响防水卷材的使用性;在进行搭接施工时取下隔离膜,随后用工具压实搭接边,且保证搭接位置不产生气泡;相邻卷材搭接位置充分粘结,紧密压实。水泥渗透结晶型防水涂料制备完成后,应按照"先低位,后高位;先局部,后整体"的方法进行,涂料次数≥3 次,涂刷方向应垂直交叉,每次涂刷的剂量应≥0.6 kg/m²,在特殊的防水部位应适当增加涂料用量。

(3)卷材搭接处理:不能直接使用射钉枪将卷材固定在直立面上,需要采用垫片对卷材进行保护,固定之后需要采用热风焊枪进行密封,在加热密封的过程中,尽可能少地加热卷材,要边加热边按压,使其紧密粘结。相邻两卷材之间以长边搭接指导线作为参考,搭接宽度≤70mm,且不得越过搭接指导线;施工时在临近基面的卷材搭接位置钉上钉子,钉子应钉在卷材平整且无明显凸起的位置;搭接位置要保持干净整洁无污染,保证防水卷材的实用性;用工具压实搭接边,且保证搭接位置不产生气泡;相邻卷材搭接位置充分粘结,紧密压实。

(4)检查验收与成品保护:为保证防水层的完整性和防止防水层出现窜水漏水灾害,应在施工完成后检查验收,若发现防水层出现磨损等问题,应立刻用油性马克笔进行标记并修复。卷材上的任何穿透性破损点,在进行下一步施工之前都必须被修复完善。采用单面自粘胶带(盖口条)覆盖破损处,修复完成后应对其进行质量检验,保证修补效果良好。对铺设完成后的卷材的保护也是保证防水质量至关重要的环节,一是避免物理损坏,如在铺设好的卷材上面直接进行绑扎钢筋操作时,应在堆放的钢筋下垫支木板,防止钢筋拖拽造成卷材划伤等机械损伤;二是在施工现场人员应按照规定,禁止用高跟鞋、带钉鞋踩踏已经完成铺设的卷材,技术人员在施工操作时应保证穿着软底鞋、平底鞋;三是在焊接施工的位置,卷材可能会被焊接掉落的高温焊渣烧穿,应采取必要的保护措施;四是在进行构筑物浇筑过程中,为避免损伤防水层卷材,不可采用机械振捣器而需要使用人工振捣的方法。

7.1.2.4　适用范围

地下工程预铺反粘防水施工技术适用于地下工程底板和侧墙外防内贴法防水施工。

7.1.3　预备注浆系统施工技术

7.1.3.1　技术内容

预备注浆系统可用来进行地下建筑工程混凝土结构接缝防水施工。在混凝土结构施工时,将具有单透性、不易变形的注浆管预埋在接缝中,当接缝渗漏时,向注浆管系统设定在构筑物外表面的导浆管端口中注入灌浆液,即可密封接缝区域的任何缝隙和孔洞,并终止渗漏。与传统的接缝处理方法相比,预备注浆系统施工技术不仅材料性能优异,安装简便,而且节省工期和费用,并在不破坏结构的前提下,确保接缝处不渗漏水,是一种先进、有效的接缝防水措施。

当采用普通水泥、超细水泥或者丙烯酸盐化学浆液时,该系统可用于多次重复注浆。利用这种先进的预备注浆系统可以达到"零渗漏"的效果。如果构筑物将来出现渗漏,可重复注浆管系统也可以提供完整的维护方案。预备注浆系统是由注浆管系统、灌浆液和注浆泵组成。注浆管系统如图 7-1 所示，由注浆管、连接管及导浆管、固定夹、塞子、接线盒等组成。注浆管分为一次性注浆管和可重复注浆管两种。

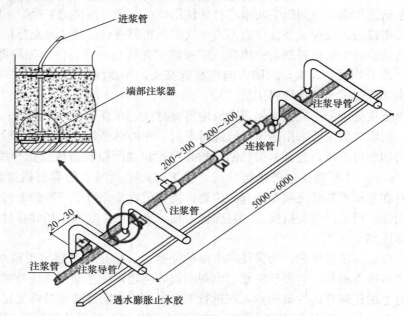

图 7-1　注浆管结构示意图（尺寸单位：mm）

7.1.3.2　技术指标

（1）硬质塑料、橡胶管或螺纹管骨架注浆管的主要物理力学性能应符合表 7-5 的要求。

硬质塑料、橡胶管或螺纹管骨架注浆管的主要物理力学性能　　　　表 7-5

序号	项目	指标
1	注浆管外径偏差（mm）	±1.0
2	注浆管内径偏差（mm）	±1.0
3	出浆孔间距（mm）	≤20
4	出浆孔直径（mm）	3～5
5	抗压变形量（mm）	≤2
6	覆盖材料扯断永久变形（%）	≤10
7	骨架低温弯曲性能	−10℃，无脆裂

（2）不锈钢弹簧骨架注浆管的主要物理性能应符合表 7-6 的要求。

不锈钢弹簧骨架注浆管的物理性能　　　　表 7-6

序号	项目	指标
1	注浆管外径偏差（mm）	±1.0
2	注浆管内径偏差（mm）	±1.0

续表

序号	项目	指标
3	不锈钢弹簧钢丝直径（mm）	≥1.0
4	滤布等效孔径 O_{95}（mm）	<0.074
5	滤布渗透系数 K_{20}（mm/s）	≥0.05
6	抗压强度（N/mm）	≥70
7	不锈钢弹簧钢丝间距，圈（cm）	≥12

7.1.3.3　施工流程

预备注浆系统工艺流程为：注浆外围清理→选择注浆管→注浆机构的通入与固定→底板浇筑→渗漏检查→定点高压注浆。

（1）注浆外围清理：对基面上的水泥残渣与附着的浮土等杂物进行清理。

（2）选择注浆管：技术人员根据底板厚度与地下连续墙的位置选择合适长度的注浆管。

（3）注浆机构的通入与固定：注浆管从上向下紧贴底板钢筋，将注浆管与地下连续墙和底板连接部位的底板钢筋固定，在注浆机的通入与固定过程中，注浆管本身不能露出将要浇筑的混凝土体，同时确保临时封闭装置暴露在混凝土体外。通过将注浆管完全覆盖于底板混凝土内，便于减少外部裸露的注浆管的损坏概率，从而使注浆管可以用于后续的填缝注浆中。通过使用分隔的吸盘脚蹼定位板，将注浆管固定到底板钢筋上，在不破坏底板的同时，提供一种对注浆管更加稳固的固定方式，便于后期对其他渗漏点的注浆填补。注浆管的位置按照施工缝的方向布置，便于后续的注浆工作。

（4）底板浇筑：在进行底板浇筑之前，需要先铺设回填料。回填料的铺设可以用砖头、石头、瓦片等材料。回填料的铺设使得混凝土在硬实的基础上浇筑，能够更好地分散重量，避免底板存在突出、脱落等现象。需要按照设计方案的要求进行钢筋的布置。钢筋布置要保证钢筋的截面积和间距达到设计要求，且要保证钢筋布置得横平竖直，其夹缝处要严密，以保证底板不出现裂缝、变形等情况。混凝土通过注浆机浇筑在底板处。同时，要在混凝土浇筑后进行捣实，以便混凝土底板内部的气泡逸出，避免在使用过程中出现空鼓、翘曲等情况。

（5）渗漏检查：待主体结构完全施工完毕，检查地下连续墙和主体结构间无差异沉降后，再检查地下连续墙和底板连接部位的渗水情况，对渗水处进行标记。在渗漏检查过程中，技术人员使用标记装置在地下连续墙上做渗水标记，记录渗漏处的具体位置，便于后续的注浆填补缝隙工作准确快速展开。

（6）定点高压注浆：打开注浆装置的临时封闭装置，并进行高压注浆止水，在底板浇筑前应在连接处增设浇筑机构，便于对底板连接处附近的缝隙进行注浆填补，且填补方式为从内部填补，减少对地下连续墙和底板的破坏，同时通过吸盘脚蹼定位板将注浆管固定于底板内部，在不破坏底板的同时，便于施工后期对其他渗漏点的注浆填补。

7.1.3.4　适用范围

预备注浆系统施工技术应用范围广泛，可以在施工缝、后浇带、新旧混凝土接触部位使用。其主要应用于地铁、隧道、市政工程、水利水电工程以及房建工程中。

7.1.4 丙烯酸盐灌浆液防渗施工技术

7.1.4.1 技术内容

丙烯酸盐灌浆液是一种新型的防渗堵漏材料，它可以灌入混凝土的细孔中，生成防渗凝胶，填充混凝土的细孔，达到防渗堵漏的目的。可以通过改变外加剂及其添加量来精确调节丙烯酸乳液的凝胶时间，从而达到控制扩散半径的目的。丙烯酸乳液防水涂料具有成膜性能好；断裂伸长率高；无毒无味；无溶剂污染；防水隔热；可用于冷施工；维护方便等优点。这些涂料广泛应用于隧道工程、地下车库及内墙施工等。大多数丙烯酸酯乳液防水涂料的主要成分是丙烯酸酯聚合物乳液（纯丙烯酸乳液）或改性丙烯酸乳液。丙烯酸和乙烯基聚合物乳液为主要成膜材料，用于弹性耐用的防水涂料，可应用在屋顶和外墙的防水，具有高弹性和良好的耐久性。

7.1.4.2 技术指标

丙烯酸盐灌浆液是一种新型防水堵漏材料，它是一种新的交联剂，浆液中不含有酰胺基团的化合物，更具有环保功能，其中添加了促使丙烯酸盐灌浆液在水中膨胀的凝胶，提高了防渗效果。丙烯酸盐灌浆液及其凝胶的主要性能指标应满足表 7-7 和表 7-8 的要求。

丙烯酸盐灌浆液物理性能

表 7-7

序号	项目	技术要求	备注
1	外观	不含颗粒的均质液体	
2	密度（g/cm³）	生产厂控制值≤±0.05	
3	黏度（MPa·s）	≤10	
4	pH 值	6.0~9.0	
5	胶凝时间	可调	
6	毒性	实际无毒	按我国食品安全性毒理学评价程序和方法为无毒

丙烯酸盐灌浆液凝胶后的性能

表 7-8

序号	项目名称	技术要求	
		Ⅰ 型	Ⅱ 型
1	渗透系数（cm/s）	$<1\times10^{-6}$	$<1\times10^{-7}$
2	固砂体抗压强度（kPa）	≥200	≥400
3	抗挤出破坏比降	≥300	≥600
4	遇水膨胀率（%）	≥30	

7.1.4.3 施工流程

丙烯酸盐灌浆液防渗工艺流程为：布置灌浆孔→检查嵌缝、埋嘴效果→选择浆液浓度和凝胶时间→卷材搭接处理→检查验收→保护成品。

（1）灌浆孔布置：当裂缝深度小于 1m 时，只需骑缝埋设灌浆嘴和嵌缝止漏就可以灌浆。灌浆嘴的间距宜为 0.3~0.5m，在上述范围内选择裂缝宽度大的地方埋设灌浆嘴；当裂缝深度大于 1m 时，除骑缝埋设灌浆嘴外和嵌缝止漏外，还需在缝的两侧布置穿过缝的斜孔。穿缝深度视缝的宽度和灌浆压力而定，缝宽或灌浆压力大，穿缝深度可以大些，反之应小些。孔与缝的外露处的距离以及孔与孔的间距宜为 1～1.5m。

（2）嵌缝、埋嘴效果的检查：由于嵌缝、埋嘴效果会影响混凝土粘结与灌浆质量。灌浆前，灌浆孔应安装阻塞器（或埋管），在一定的压力下通过灌浆孔、嘴压水，检查灌浆嘴是否埋设牢固，缝面是否漏水。压水时应记录每个孔、嘴每分钟的进水量和邻孔、嘴及无法嵌缝的外漏点的出水时间。

（3）浆液浓度和凝胶时间的选择：针对裂缝漏水的防渗堵漏，应选用丙烯酸盐等单体含量为 40％的 A 液，和 B 液混合后形成丙烯酸盐单体含量为 20％的浆液。（A 液是丙烯酸盐水溶液、丙烯酸酯交联剂与促进剂、碱金属氢氧化物添加剂和水的混合液体；B 液是引发剂、碱金属氢氧化物添加剂和水的混合液体。）浆液凝胶时间应相当于压水时水扩散到治理深度所需时间的 2～3 倍。如有无法嵌缝的外漏点，浆液的凝胶时间应短于外漏点的出水时间。

（4）灌浆压力：灌浆压力应根据该部位混凝土所能承受的压力确定，应大于该部位承受的水头压力。

（5）灌浆工艺：垂直裂缝的灌浆次序应为自下而上，先深后浅。水平裂缝的灌浆次序应从一端到另一端。如果压水资料表明某些孔、嘴进水量较大，串通范围较广，应优先灌浆。灌浆时，除已灌和正在灌浆的孔、嘴外，其他孔、嘴均应敞开，以利排水排气。当未灌孔、嘴出浓浆时，可将其封堵，继续在原孔灌浆，直至原孔在设计压力下不再吸浆或吸浆量小于 0.1L/min，再对临近未出浓浆和未出浆的孔、嘴灌浆。一条缝最后一个孔、嘴的灌浆，应持续到孔、嘴内浆液凝胶为止。

7.1.4.4　适用范围

丙烯酸盐灌浆液的适用范围为：矿井、巷道、隧洞、涵管止水；混凝土渗水裂隙的防渗堵漏；混凝土结构缝止水系统损坏后的维修；坝基岩石裂隙防渗帷幕灌浆；坝基砂砾石孔隙防渗帷幕灌浆；土壤加固；喷射混凝土施工。

7.2　种植屋面防水施工技术

7.2.1　种植屋面防水施工技术概述

随着屋面绿化技术的不断发展，屋面绿化、墙体绿化、阳台绿化和地面绿化相结合的完整立体绿化景观，将成为城市建筑的一道绿色风景线。种植屋面具有改善城市生态环境、缓解热岛效应、节能减排和美化空中景观的作用。屋顶绿化不同于地面绿化，种植技术要求高，既要考虑植物正常生长的需要，又要考虑植被对建筑物的影响，植物需要浇水、排水、灌溉、施肥，对建筑物又要解决保温、防水的问题。屋顶从上到下的一般结构是：屋面结构层、保温层、找平层、普通防水层、耐根穿刺防水层、隔离层、细石混凝土保护层、排（蓄）水层、过滤层、种植基质层以及植被层，如图 7-2 所示。

（1）植被层：植被层是屋顶绿化层的主要构成部分，具有生态效益和社会效益，可节约能源。植被的选择应遵循气候适应原则，兼顾视觉艺术要求。虽然任何植物都可以种植在屋顶上，但气候、建筑系统、维护成本等因素都会影响最终的决定。

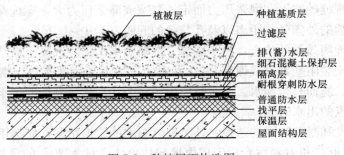

图 7-2 种植屋面构造图

（2）种植基质层：种植基质是植物开始生长的空间。由于特殊的结构要求，种植基质的重量应低于普通土壤。在这种情况下，应该使用尽可能轻的生长介质，在潮湿的情况下，每立方米生长介质重约 900kg。典型的混合物是三分之一的沙子，三分之一的多孔岩石，三分之一的人工土壤（腐烂的木头和蔬菜粪便的组合），它们共同形成一个合适的环境。

（3）过滤层：在种植基质层和排水层之间的过滤器可以从根部环境中除去水分，防止根部腐烂。过滤层往往选用粗砂、玻璃纤维布或稻草。过滤层能顺利排水并防止土壤颗粒物质渗漏，能防止土壤中的细颗粒和养分流失。

（4）排（蓄）水层：屋顶通常可以容纳大量的雨水，从而减少了排水系统的压力。然而，总有一些多余的水必须排出。在种植基质层和保护层之间设置排（蓄）水层。排（蓄）水层可使雨雪水流向绿色屋顶上任何地方的排水系统。多余的水可以通过屋顶本身，与斜坡相连的排水沟、水道和水渠等排出。

（5）细石混凝土保护层：细石混凝土保护层可以起到初步预防植物根系对防水层的破坏的作用。在细石混凝土中，粗骨料的最大粒径不宜大于 15mm，含泥量不应大于 1%，细骨料应采用中砂或粗砂，其含泥量不应大于 2%，拌合用水应采用不含有害物质的洁净水。

（6）隔离层：防水隔离层存在于屋面防水层与上面的刚性保护层之间。表面的刚性层（通常是 40mm 厚的细石混凝土）会有热胀冷缩变形。在防水层上的其他构造层施工时，为避免破坏防水层，需要进行适当的保护，隔离层的作用就在于此。

（7）耐根穿刺防水层：这一层位于普通防水层之上，设置该层的目的是避免植物的根系对普通防水层的破坏。目前有阻根功能的防水材料有：聚脲防水涂料、化学阻根改性沥青防水卷材、铜胎基-复合铜胎基改性沥青防水卷材、聚乙烯高分子防水卷材、热塑性聚烯烃（TPO）防水卷材、聚氯乙烯（PVC）防水卷材等。

（8）防水层：防水层可以有效防止屋顶漏水和滴水。当防水层为一道设防时，可分别采用金属铜胎改性沥青防水卷材或聚乙烯胎高聚物改性沥青防水卷材单层施工，厚度均不小于 4mm。当防水层为二道设防时，宜联合使用金属铜胎改性沥青防水卷材与聚乙烯胎高聚物改性沥青防水卷材，其中金属铜胎改性沥青防水卷材的厚度宜为 4mm，聚乙烯胎高聚物改性沥青防水卷材的厚度宜为 3mm。

7.2.2　种植屋面防水施工技术指标

上述改性沥青类防水卷材的厚度不宜小于 4.0mm，若采用塑料类防水卷材则厚度不宜小于 1.2mm。

种植屋面系统耐根穿刺防水卷材基本物理力学性能，应符合表中相应国家标准中的全部相关要求，见表 7-9。

种植屋面耐根穿刺防水卷材的应用性能指标应符合表 7-10 的要求。

种植屋面耐根穿刺防水卷材现行国家标准及相关要求　　表 7-9

序号	标准	要求
1	GB 18242—2008	Ⅱ 型全部相关要求
2	GB 18243—2008	Ⅱ 型全部相关要求
3	GB 12952—2011	全部相关要求（外露卷材）
4	GB 27789—2011	全部相关要求（外露卷材）
5	GB 18173.1—2012	全部相关要求

尺寸变化率应符合表 7-10 的规定。

种植屋面耐根穿刺防水卷材的应用性能　　表 7-10

序号	项目			技术指标
1	耐霉菌腐蚀性	防霉等级		0 级或 1 级
2	尺寸变化率（%）	匀质材料		≤2
		纤维、织物胎基或背衬材料		≤0.5
3	接缝剥离强度	无处理（N/mm）	改性沥青防水卷材 SBS	1.5
			改性沥青防水卷材 APP	1.0
			塑料防水卷材 焊接	3.0 或卷材破坏
		热老化处理后保持率（%）		≥80 或卷材破坏

7.2.3　种植屋面施工流程

由于使用不同的防水卷材会导致种植屋面施工技术存在一定的差异，本节以铺设铜胎基-复合铜胎基改性沥青防水卷材为例，其种植屋面工艺流程为：清理基层→涂刷基层处理剂→铺贴附加层卷材→热熔铺贴大面根阻防水卷材→热熔封边→蓄水试验→防水层质量验收→保护层施工→铺设排（蓄）水层→铺设过滤层→铺设种植土。

（1）清理基层：将基层浮浆、杂物彻底清扫干净。

（2）涂刷基层处理剂：基层处理剂一般为沥青基防水涂料，在屋面基层将基层处理剂满刷一遍。要求涂刷均匀，不得见白露底。

（3）铺贴附加层卷材：基层处理剂干燥后（约 4h），在细部构造部位，如平面与立面的转角处、女儿墙泛水、伸出屋面管道根、水落口、天沟、檐口等部位铺贴一层附加层卷材，其宽度应不小于 300mm，要求贴实、粘牢、无折皱。

①先在基层弹好基准线，将卷材定位后，重新卷好卷材。点燃火焰喷枪（喷灯），烘烤卷材底面与基层交界处，使卷材底边的改性沥青熔化，要沿卷材宽边往返加热，边加热，边沿卷材长边向前滚铺，排除空气，使卷材与基层粘结牢固。②在卷材热熔施工时，火焰加热要均匀，过分加热会烧穿卷材；温度不够会使卷材粘结不牢，因此施工时要注意

调节火焰大小及移动速度。火焰喷枪与卷材底面的距离应控制在 $0.3\sim0.5m$，卷材接缝处必须溢出熔化的改性沥青胶，溢出的改性沥青胶的宽度以 2mm 左右、均匀、笔直、不间断为宜。③根阻防水卷材在屋面与立面转角处、女儿墙泛水处及穿墙管等部位要向上铺贴至种植土层面上 250mm 处才可进行末端收头处理。④当防水设防要求为两道或两道以上时，复合铜胎基改性沥青根阻防水卷材必须作为最上面的一层；下层防水材料宜选用聚酯胎改性沥青防水卷材。

（4）热熔铺贴大面根阻防水卷材：将卷材搭接缝处用汽油喷灯烘烤，火焰的方向应与操作人员前进的方向相反，应先封长边，后封短边。

（5）热熔封边：用改性沥青密封胶将卷材收头处密封严实。

（6）蓄水试验与防水层质量验收：屋面防水层完工后，应做蓄水或淋水试验。有女儿墙的平屋面做蓄水试验，蓄水 24h 无渗漏为合格。坡屋面可做淋水试验，一般淋水 2h 无渗漏为合格，完成质量验收。

（7）保护层施工：铺设一层聚乙烯膜（PE）或油毡保护层。

（8）铺设排（蓄）水层：排（蓄）水层采用专用排（蓄）水板或卵石、陶粒等。

（9）铺设过滤层：铺设一层 $200\sim250g/m^2$ 的聚酯纤维无纺布过滤层。搭接缝用线绳连接，四周上翻 100mm，端部及收头 50mm 范围内用胶粘剂与基层粘牢。

（10）铺设种植土：根据设计要求铺设不同厚度的种植土。

7.2.4　适用范围及工程案例

某工程位于广西南宁市北回归线以南，气候较为温和，项目为六层框架剪力墙结构住宅建筑，采用大面积的种植屋面，增加遮阳隔热效果，项目实际效果见图 7-3。该项目种植屋面的防水系统采用双层防水材料。面层防水材料选择德国威达具有根阻性能的铜胎复合型根阻防水卷材，底层防水材料选择普通的改性沥青防水卷材，两个材料均属于改性沥青材料，完全兼容。另外，防水材料所有泛水部位的节点处理有别于普通屋面，要求高出种植土层 15cm，施工中严格限定防水收口在土层以上至少 15cm，以确保防水效果。项目建成后具有如下效果：

| (a) | (b) |

图 7-3　种植屋面用于住宅屋顶项目示范

（1）绿色种植屋面具有储水和减少屋面排水的作用。该项目所处区域雨量充沛，日最大降水量大，在这种情况下，普通屋面的排水压力很大，而对于跨度很大的公共建筑而言，排水更是难上加难。但种植屋面能够把大部分降水储存起来，约有一半以上的降水会存在于种植基质层上或之后通过植物蒸发掉，大大缓解了公共建筑屋面的排水压力，也缓解了公共建筑周边的排水排污压力，从而大量节省了排污费用和排水系统的维护费用。

（2）当采用种植屋面时，屋面上的绿色植物能够吸附空气中的尘埃，同时吸入二氧化碳，放出氧气，在一定程度上能改善公共建筑周围的空气质量，从而改善建筑物周围的小气候。

（3）调节工作环境温度。种植屋面能显著减缓热传导，使文化公共建筑内温度适宜，减少空调的使用率，节省能量耗费。另外种植屋面可以起到隔声和降低噪声的作用。公共区域周边噪声污染较大，不但种植屋面是抵挡噪声的一道屏障，而且植物层本身对声波也有吸收作用，故种植屋面可降低噪声污染，提高劳动保护水平。

7.3　高性能外墙保温技术

因外墙保温技术的施工工艺不同，导致各种技术所产生效果的各不相同，具体可见表7-11。目前外墙保温施工应用较多的为外墙外保温与外墙自保温技术。对比其他工艺，外墙内保温技术虽然施工便利，造价低，但是内墙粘贴保温板会导致住户住宅使用面积缩小，且不利于住宅再装修，最关键的是目前技术无法解决外墙内保温出现的结构热桥问题，因此该技术在实际应用中运用较少。外墙夹芯保温技术虽然能解决加气混凝土砌块在施工中的灰缝不密实和裂缝等质量问题，提高了保温效率。但是该技术会造成墙体较厚，热桥会影响墙体自身的绝热性能，造成结构两端的温度波动较大，容易破坏墙体结构。综上，本节主要介绍外墙外保温与外墙自保温技术的创新应用。

不同外墙保温施工工艺对比　　　　　　　　　　　　表 7-11

外墙保温技术	优点	缺点
外墙内保温	对建筑物垂直度要求不高，外界的大气污染和雨水侵蚀对保温材料无影响，无须搭设脚手架，施工便利，保温材料的外侧均为难燃建筑材料，安全性能高，造价较低	结构热桥问题难以解决，室内热环境差，易形成结露现象，不利于住户的二次装修，保温结构易被墙体悬挂物破坏，占用空间
外墙夹芯保温	解决加气混凝土砌块在施工中的灰缝不密实和裂缝等质量问题，隔热保温效率较高，墙体与保温层一次完成，施工便利，造价较低	热桥的影响会削弱墙体绝热性能；保温层对墙体抗震性能有较大的负面影响；墙体较厚，减少房屋的实际使用面积；结构两端的温度波动较大容易破坏墙体
外墙外保温	基本上消除热桥，保温效果好，不影响房间的使用面积，对墙体的结构无影响	施工受到季节性影响，施工工艺要求较高
外墙自保温	无需另外附加保温隔热材料	保温材料强度较低且易出现裂缝，保温效果有限

7.3.1　复合聚氨酯外墙外保温技术概述

聚氨酯（Polyurethane，PU）是以多异氰酸酯（Polyisocyanate，Po）和多元醇

（Polyol，Pol）化合物经过化学反应而得到的有机高分子聚合物，主要包括纤维、橡胶、塑料等类别，其中复合聚氨酯泡沫塑料因其良好的物理和化学性能，在建筑保温材料领域得到广泛应用，复合聚氨酯外墙外保温构造如图 7-4 所示。

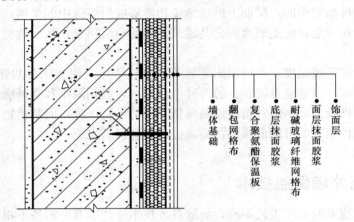

墙体基础 翻包网格布 复合聚氨酯保温板 底层抹面胶浆 耐碱玻璃纤维网格布 面层抹面胶浆 饰面层

图 7-4　复合聚氨酯外墙外保温构造示意图

根据制作工艺的差异性，复合聚氨酯泡沫塑料可划分为干挂、喷涂、粘贴及预制板材等方式。预制板材采用工业化生产，流程简单便捷，产品和施工质量可以有效控制，因此建筑保温施工中常采用聚氨酯预制板材的方式组织施工。复合聚氨酯泡沫板（Rigid Poly-urethane Foam Panel，RPUF）是以高阻燃聚氨酯板材为芯板，辅以无机增强卷材为界面剂，在生产线发泡固化成型的保温板材，具有较好的绝热性、优异的保温性以及较低的导热系数等特点。

7.3.2　复合聚氨酯外墙外保温技术指标

复合聚氨酯泡沫板的出厂规格宜为 600mm×600mm 或 1200mm×600mm，出厂前常温条件下应存放不少于 28d，具体物理和力学性能及复合聚氨酯外墙外保温系统构造见表 7-12 和图 7-4。

复合聚氨酯外墙外保温系统物理性能　　　　　　　　　　　　表 7-12

项目	指标性能
芯材表观密度	≥35kg/m³
导热系数（MT＝25℃）	≤0.024 W/（m・K）
压缩性能（形变 10%）	≥150 kPa
氧指数	OI≥26%
芯材吸水率	≤3%
燃烧性能	≥B₁
尺寸稳定性（70℃，48 h）	≤1.0%

复合聚氨酯外墙外保温系统抹面胶浆的物理和力学性能应满足《硬泡聚氨酯保温防水工程技术规范》GB 50404—2017 中相关要求，见表 7-13。

复合聚氨酯外墙外保温系统抹面胶浆物理性能　表 7-13

项目		指标性能
可操作时间（h）		1.5～4.0
柔韧性	压折比（水泥基）	≤3.0
	开裂应变（非水泥基）	≥1.5%
拉伸粘结强度 （与硬泡聚氨酯）（MPa）	原强度	≥0.10 破坏发生在聚氨酯芯板中
	耐冻融	
抗冲击性		3J 级
吸水量		≤500g/m²
不透水性		试样抹面层内侧无水渗透

复合聚氨酯外墙外保温系统用耐碱玻璃纤维网的物理性能应满足《硬泡聚氨酯保温防水工程技术规范》GB 50404—2017 中相关要求，见表 7-14；锚栓的技术性能要求应根据行业标准《外墙保温用锚栓》JG/T366—2012 确定。

复合聚氨酯外墙外保温系统填缝采用发泡聚乙烯圆棒（背衬），其直径按照缝宽的 1.3 倍选用。外侧嵌填建筑密封膏，应符合《聚氨酯建筑密封胶》JC/T 482—2003 标准要求。

复合聚氨酯外墙外保温系统用耐碱玻璃纤维网物理性能　表 7-14

项目	指标性能
单位面积质量	≥130g/m³
耐碱断裂能力（径向、纬向）	≥750N/50mm
耐碱强力保留率（径向、纬向）	≥50%
耐碱伸长率（径向、纬向）	≤5.0
单个锚栓抗拉强度标准值	≥0.30kN
单个锚栓对系统传热增加值	≤0.004W/（m²·K）

7.3.3　复合聚氨酯外墙外保温技术施工流程

复合聚氨酯外墙外保温施工中，贴板应自下往上，打磨、贴网、抹面应自上往下，常温施工流水间隔 24h 以上。该施工的具体工艺流程：清理基层→基准与控制线设置→胶粘剂配制→耐碱玻璃纤维网格布预粘贴→复合聚氨酯保温板粘贴→固定件安装→抹底层面层聚合物砂浆→玻纤网格布埋贴→面层聚合物抗裂砂浆涂抹→验收。

（1）清理基层，基准与控制线设置：基层表面应清洁，无油污、蜡、脱模剂、憎水剂、涂料、风化物、污垢、泥土等妨碍保温板粘结的材料。基层墙体应采用 1：3 水泥砂浆找平密实，保证基层表面平整度偏差≤5mm，杜绝出现空鼓、起砂、裂缝等质量缺陷，过于干燥的基层应喷水湿润。根据建筑立面设计和外墙外保温技术要求，在外门窗洞口及伸缩缝、装饰线处弹水平、垂直控制线；在外墙大角及关键位置挂垂直基准线；各楼层关键部位设置水平线以控制复合聚氨酯保温板的垂直平整度。

（2）耐碱玻璃纤维网格布预粘贴：在耐碱玻璃纤维网格布预粘贴之前，应严格按产品说明书技术要求规范配合比配置聚合物粘结砂浆，并在 2h 之内用于耐碱玻璃纤维网格布与复合聚氨酯保温板的粘贴。在外墙侧边外露处的细部处理部位（如门窗洞口、阴阳角、管道及设备穿墙洞口处；勒脚、阳台、雨篷等系统的尽端部位；变形缝等终止系统处）预粘贴窄幅翻包耐碱玻璃纤维网格布。翻包部分在基层上粘结宽度为 100mm，翻包网宽度为 100mm＋板厚＋100mm。在翻包处理处涂抹宽为 2～3mm 厚的粘结砂浆，粘结砂浆上方铺设玻璃纤维网格布条，均匀压入粘结砂浆内（压入宽度为 100mm）。

（3）复合聚氨酯保温板粘贴：在耐碱玻璃纤维网格布预粘贴之后，可开始进行复合聚氨酯保温板的粘贴工作，在粘贴时应从细部节点（挑檐）及阴、阳角部位开始向中间进行水平连续铺贴，竖向错缝 1/2 板长，板间缝隙≤2mm，严禁上下通缝。保温板粘贴采用"条点粘法"，施工时轻柔挤压，及时清理板间交界处外溢的粘结砂浆，并使用 2m 靠尺反复压平，保证其板面平整及粘结牢固。门窗洞口处的保温板严禁使用碎板拼凑，其附加切割边缘必须顺直、平整、尺寸方正，拼缝距洞口四角距离应≥200mm。

（4）固定件安装：①锚栓安装应在保温板粘结牢固后 8～24h 内进行，依据设计规定采用冲击钻在相应位置钻孔，孔径视锚固件直径而定。在混凝土墙面的锚栓深度≥30mm，在加气混凝土墙的锚栓深度≥40mm。②固定件个数：每平方米 4～6 个锚栓。③固定件加密：阳角、孔洞边缘及窗四周在水平、垂直方向 2m 范围内需采用加密设置，间距需≤300mm，距基层边缘为 60mm。

（5）抹底层面层聚合物砂浆：将聚合物砂浆均匀抹在保温板面上，厚度控制在 1～2mm，不得漏抹。第一遍抹底层面层聚合物砂浆需要从滴水槽凹槽处抹至滴水槽槽口边即可，槽内暂不抹聚合物砂浆。其中，伸缩缝保温板端部及窗口保温板通槽侧壁位置要抹聚合物砂浆，以粘贴翻包网格布。

（6）玻璃纤维网格布埋贴：①埋贴网格布用抹子由中间开始水平预先抹出一段距离，随后向上向下将网格布抹平，使其紧贴底层聚合物砂浆。②门窗洞口内侧周边及洞口四角处加贴网格布进行加强，其尺寸为 300mm×200mm，大墙面粘贴的网格布搭接在门窗口周边的加强网格布之上，一同埋贴在底层聚合物砂浆内。③网格布左右搭接宽度为 100mm，上下搭接宽度为 80mm；不得出现网格布褶皱、空鼓、翘边等现象。砂浆饱满度为 100%，严禁干搭接。④在墙身阴、阳角处必须从两边墙身埋贴的网格布双向绕角且相互搭接，阴角处搭接宽度为 150mm，阳角处搭接宽度为 200mm。

（7）面层聚合物抗裂砂浆涂抹：底层聚合物砂浆涂抹完成并压入网格布后，待砂浆凝固至表面干燥，呈不粘手状，即可开始涂抹面层聚合物抗裂砂浆，抹面厚度以盖住网格布且不出现网格布痕迹为准，同时控制面层聚合物抗裂砂浆总厚度为 6mm。在所有阳角部位，面层聚合物抗裂砂浆均应做成尖角状。

（8）验收：外饰面施工完成后，复合聚氨酯保温系统的验收标准应符合《建筑节能工程施工质量验收标准》GB 50411—2019 中相关规定。

7.3.4　适用范围及工程案例

复合聚氨酯外墙板适用于新建建筑和既有建筑节能改造中各种主体结构的外墙外保温，适宜在严寒、寒冷和夏热冬冷地区使用。

　　内蒙古呼和浩特市某住宅建设工程在建筑保温施工中采用复合聚氨酯外墙外保温系统，复合聚氨酯保温板的导热系数约为模塑聚苯乙烯（EPS）的 1/2、粉胶聚苯颗粒砂浆的 1/3，其达到相同保温效果所需材料的厚度较其他材料更为轻薄，能够很好地满足节能 65％ 的相关规范要求，现场应用情况如图 7-5 所示。作为热固性材料，适当调节复合聚氨酯保温板中阻燃剂的含量，可使其达到 A 级，板面周围采用无机材料作为界面剂，一旦遇到火灾事故，其表面会迅速产生碳化层，隔断空气进入内部空间，从而有效减少火势蔓延，可有效避免在施工过程中的火灾事故。复合聚氨酯保温板生产成型后结构致密，闭孔率超过 92％，具有较好的渗透阻隔性能，且与基层粘结牢固可靠，从而降低了层间的渗水率。RPUF 具有耐酸碱；低温 $-50℃$ 不脆裂；高温 $150℃$ 不离析等特点，在 $20℃$ 条件下 RPUF 的导热系数可稳定保持 50 年左右，也表现出 RPUF 具有很强的耐久性。

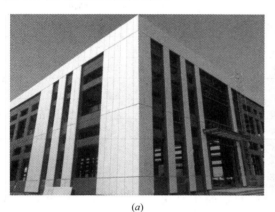 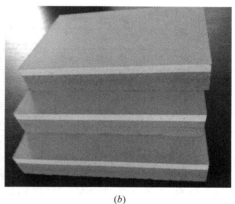

（a）　　　　　　　　　　　　　　　　　　（b）

图 7-5　复合聚氨酯外墙外保温系统案例应用

7.4　高效外墙自保温技术

7.4.1　高效外墙自保温技术概述

　　墙体自保温体系是指以蒸压加气混凝土、陶粒增强加气砌块和硅藻土保温砌块（砖）等制成的蒸压粉煤灰砖、蒸压加气混凝土砌块和陶粒砌块等为墙体材料，辅以节点保温构造措施的自保温体系，即可满足夏热冬冷地区和夏热冬暖地区节能 50％ 的设计标准。自保温体系能实现外墙围护和保温节能的双效合一。保温砌块除具备砌体的基本性能外，还兼有保温隔热、隔声降噪、防火阻燃等性能，且施工便捷，造价相对较低。

7.4.2　外墙自保温系统技术指标

　　砌块常用规格尺寸和主要性能指标见表 7-15。
　　砌筑胶粘剂能够保证砌块稳定砌筑时的稳定性，以实现外墙围护和保温节能双效合一，其主要物理性能指标见表 7-16。

砌块常用规格尺寸和主要性能指标　　　　　表 7-15

项目/密度等级		B04	B05
规格尺寸	长度（mm）	600	600
	高度（mm）	250	250
	厚度（mm）	200、250、300	200、250、300
干密度（kg/m³）		≤430	≤530
抗压强度（MPa）		≥2.0	≥2.5
干燥收缩值（mm/m）		≤0.5	≤0.5

砌筑胶粘剂物理性能　　　　　表 7-16

试验项目		性能指标
外观		均匀，无结块
保水性（mm）		≤8
流动性（mm）		150～180
28d 抗压强度（MPa）		7.0～15.0
28d 抗折强度（MPa）		≥2.2
压剪胶接强度（MPa）	原强度	≥1.0
	耐冻融	≥0.4

7.4.3　外墙自保温施工流程

施工准备→砌块砌筑→安装 L 形铁件→砌筑混凝土砌块→安装门窗过梁→墙体顶部嵌填→修正墙面→粘贴玻璃纤维网格布或设置钢丝网片→饰面层→检测验收。在整个施工外墙自保温施工流程中需要注意以下三点：①在建筑构造柱、圈梁、框架梁柱的部位要采用高效保温材料做外保温，防止冷桥的形成。②含水率对保温材料热工性能的影响很大，对于加气混凝土尤其突出，在施工过程中应采取措施减少加气混凝土的含水率。③在施工中应采取措施减少砌筑灰缝对加气混凝土墙体的整体热工性能影响。

（1）施工准备：①弹好轴线、墙身线以及门窗洞口的位置线，经验线须符合设计要求，并办理完预检手续。②砌筑前要先编制排块图，根据排块图进行摆底排砖。③砌块应堆置于室内或不受雨、雪影响并能防潮的干燥场所。④墙体砌筑前，应在转角处立好皮数杆，间距宜小于 15m，皮数杆应标明砌块的皮数，灰缝的厚度以及门窗洞口、过梁、圈梁和楼板等部位的位置。⑤主要机具包括刮勺、橡皮锤、水平尺、搅拌器、射钉枪、磨砂板、台式切割机等。

（2）砌块砌筑和安装 L 形铁件：①砌筑胶粘剂应使用电动工具搅拌均匀，按产品说明书的规定取水灰比的值。②砌块不得在洒水后进行砌筑。③第一批砌块砌筑前，应先用水湿润基面，再施铺 M7.5 水泥砂浆，并将砌块底面水平灰缝和侧面垂直灰缝满涂胶粘剂后方可砌筑。④第二批砌块的砌筑，应待第一批砌块灰缝砂浆和胶粘剂初凝后方可进行。⑤已砌筑的砌块表面（铺灰面）应平整，否则需用磨砂板磨平并清理灰尘后，方可继续往上砌筑。⑥砌筑砌块时，砌块之间（灰缝）的胶粘剂应饱满并相互挤紧，砌块与墙体间的粘面必须均匀满铺胶粘剂，不得漏铺，严禁出现空鼓与裂缝。灰缝大小宽度和厚度应为

2~3mm，并及时将挤出的胶粘剂清理干净。⑦已砌筑或刚砌筑的砌块不应受到外来撞击或随意移动，若需校正，应重新铺抹胶粘剂后进行砌筑。⑧砌块与结构柱相接处应保留10~15mm 宽的缝隙，并按每两皮砌块高度设置 L 形铁件（或 $2\phi6mm$ 拉结钢筋，钢筋顶头不打弯钩为宜）固定。缝隙内侧应嵌塞 PE 棒再打发泡剂，外侧缝隙应在发泡剂外再用外墙弹性腻子封闭。⑨砌块墙体砌完后，应检查墙体平整度。不平整之处，应用钢齿磨板和磨砂板磨平，控制偏差值在允许范围内。

（3）安装门窗过梁等环节：①安装砌块墙体内的过梁、圈梁、连梁、窗台板、预制混凝土块等构件应平齐，还应按设计要求采取保温措施。②建筑物外围的混凝土结构柱和梁应根据设计要求，采取保温措施，如外侧粘贴保温块，其表面应与相邻接的填充墙齐平。③砌块墙体上的各种预留孔洞、管线槽、接线盒等应在安装后用专用修补材料修补，也可用砌块碎屑拌以水泥、石灰膏及适量的建筑胶水进行修补，配合比为水泥：打灰膏：砌块碎屑＝1：1：3。④砌块墙体与构造柱、剪力墙、框架柱、混凝土梁交界处批嵌时，应粘贴耐碱网格布；粉刷时，应设置镀锌钢丝网片。镀锌钢丝网片中钢丝直径为 1.0mm，网孔尺寸为 10mm×10mm，镀锌钢丝网片的布设在界面缝两侧，宽度不小于 100mm。

（4）饰面层：①在砌块墙体外粉刷施工前，墙面应满刷专用界面剂或专用防水界面剂。粉刷施工应分层进行，总厚度宜等于 20mm。②砌块墙体外饰面采用饰面砖时，必须按满粘法粘贴牢固。饰面砖的厚度宜≤10mm。③砌块墙体内侧的粉刷、批嵌，饰面砖粘贴及饰面板安装应按相应规定执行。

7.4.4 适用范围及工程案例

自保温砌块就是通过原材料自身或复合其他现有保温材料生产而成的具有自保温性能的砌块，适用于非承重外填充墙，可通过砌块墙体自身达到节能规范要求，现场实际应用如图 7-6 所示。并且该砌块采用闭孔发泡技术，加上内置的 EPS 保温板，保温板导热系数≤0.04W/(m·K)，墙体采用具有保温性能的专用砌筑砂浆砌筑（或薄缝砌筑）。墙体可有效减小砌缝处热桥部位热量损失，节约 75％能源消耗。其密度≤530kg/m³，导热系

(a)　　　　　　　　　　　　　　*(b)*

图 7-6　自保温砌块案例应用

数≤0.12W/（m·K），抗压强度均≥3.5MPa，可有效减小建筑物自重并且保温效果良好，可减轻墙体施工劳动强度，降低建筑物总造价。该砌块的吸水率≤15％，干燥收缩率≤0.6mm/m，可有效杜绝墙体空鼓、开裂、渗水等墙体质量通病问题。自保温砌块的原材料均为无机不燃物，保温板外侧最薄部位只有50mm，具有较好的防火性能。若墙体采用自保温砌块则无须再作其他辅助保温处理，实现了保温与建筑墙体同寿命。

7.5　高性能门窗

7.5.1　节能保温门窗

高性能门窗是基于可持续设计而存在的，对于实现建筑节能和环保的目标及提升居住者的舒适性、满意度和工作效率等方面扮演着重要的角色。高性能保温门窗的主要特征有传热系数低，气密性高。门窗气密性越高，热量损失就越小，越能够让室内保持在恒温状态下。

高性能断桥铝合金保温窗的传热系数低于4.0，保温隔热效果优于一般的铝合金窗。断桥铝合金保温窗由尼龙隔热条分成两部分，目的是阻断铝合金框架的导热。同时，框架材料上设有2个或3个空腔的中空结构，空腔壁垂直于热流分布方向，多通道空腔壁对通过空腔的热流起到了多重阻隔作用，空腔内的传热（对流、辐射和热传导）相应减弱，特别是随着空腔数量的增加，辐射传热强度也相应增加，能够有效提升门窗的保温效果。

高性能PVC塑钢门窗，包括塑钢底框，塑钢底框的内部插有钢板，塑钢底框上开设有排水孔，塑钢底框内侧与顶部连接有开启扇连接型材，开启扇连接型材上有密封条。塑钢底框上设置有用于卡住密封条的卡槽，卡槽底部设有漏水口，开启扇连接型材的上部贴近塑钢底框的一侧设有漏水口，塑钢底框的内部在排水孔附近设有集水槽，它能够汇集漏水口中的水并将其送到排水孔排出。集水槽右侧设有与塑钢底框一体成型的钢板，保温板粘贴在钢板内侧，保温板通常为石棉材料。高性能PVC塑钢门窗可以应用在雨水较多的地区，通过其排水构造保证雨水不会滞留在塑钢门窗内部并飞溅到室内。此外，内设钢板与保温板能够增加门窗的使用性能与保温性能。

无论是哪一种类型的框扇结构均可以采用Low-E玻璃，又称低辐射镀膜玻璃，是一种对中远红外线（波长范围2.5～25μm）具有较高反射率的镀膜玻璃，其作用原理如图7-7所示。其特点是利用镀膜能透过可见光而把起加热作用的远红外光反射到室外（能量的辐射值低于25％），同时玻璃材料吸收的太阳能被镀膜所隔离，使热主要散发到室外一侧，尽可能地减少太阳的热作用，使室内热环境得到控制，同时减少眩光和色散，降低室内空调负荷和减少设备投资，从而达到节能的目的。其中两层玻璃之间有空气层的窗有利于隔热、隔声。提高空气层保温隔热效果的主要手段之一是增加玻璃与窗扇之间的密封，确保双层玻璃之间空气层为不流动空气。根据窗的传热系数计算公式可得出：传热系数并不是随着空气层厚度逐渐增加而降低。当空气层厚度在6～30mm范围内，传热系数呈递减趋势，超过30mm以上传热系数降低幅度不大，故一般设计20mm左右厚度的空气层比较合适。

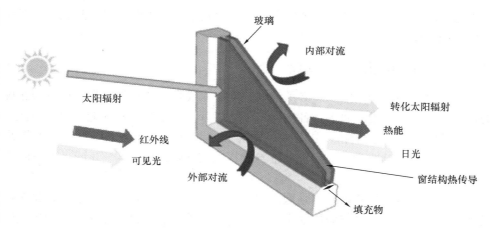

图 7-7　低辐射镀膜玻璃作用原理

7.5.2　耐火节能门窗

耐火节能门窗是针对国标《建筑设计防火规范（2018 年版）》GB 50016—2014 对高层建筑中部分外窗应具有耐火完整性要求研发而成。建筑外窗作为建筑物外围护结构的开口部位，是火灾竖向蔓延的重要途径之一，外窗的防火性能已成为阻止高层建筑火灾层间蔓延的关键因素。同时建筑外窗也是建筑物与外界进行热交换和热传导的窗口，因此在高层建筑上应用同时具备耐火和节能性能的外窗具有重大的工程应用价值。耐火窗是指在规定时间内，能满足耐火完整性要求的窗。目前市场上主流的建筑外窗，如断桥铝合金窗、塑钢窗等，采取一定的技术手段后，可实现耐火完整性不低于 0.5h 的要求。对有耐火完整性要求的建筑外窗，所用玻璃最少有一层应符合《建筑用安全玻璃　第 1 部分：防火玻璃》GB 15763.1—2009 的规定，耐火完整性达到 C 类不小于 0.5h 的要求。

高性能防火窗，其构造如图 7-8 所示，包括由平开框型材焊接构成的窗框，通过连接在窗框上的平开中梃型材将窗框分割成的开启窗和固定窗，设置在开启窗内由平开扇型材焊接构成的平开窗扇，固定窗的平开框型材和平开中梃型材通过玻璃压条安装的中空玻璃。平开窗扇的平开窗扇型材上通过玻璃压条安装防火中空玻璃，平开窗扇上设有传动器和执手五金件实现开启窗锁闭，开启窗的平开框型材和平开中梃型材的胶条槽口上穿入大胶条，平开框型材及平开中梃型材与平开窗扇之间形成独立的水密腔室和气密腔室。外窗型材所用的加强钢或其他增强材料应连接成封闭的框架。在玻璃镶嵌槽口内宜采取钢质构件固定玻璃，该构件应安装在增强型材料钢主骨架上，防止玻璃受火软化后脱落窜火，失去耐火完整性。耐火窗所使用的防火膨胀密封

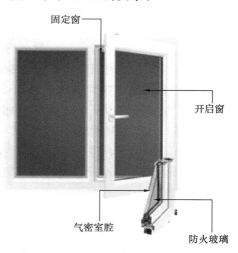

图 7-8　高性能防火窗构造图

条、防火密封胶、门窗密封件、五金件等材料，应是不燃或难燃材料，其燃烧性能应符合现行国家标准的要求。

7.5.3 高性能门窗施工安装要点

（1）门窗框、副框和扇的安装必须牢固，固定片或膨胀螺栓的数量与位置应正确，各构件的连接方式应符合设计要求，各构件安装结束后，门窗的气密性能、保温性能应符合现行标准。固定点应距窗角、中横框、中竖框 150～200mm，固定点间距应不大于600mm，并做好隐蔽验收记录。门窗外框与副框左右间隙值应为 4～6mm，上下间隙值应为 3～5mm。

（2）高性能门窗拼樘料内衬增强型钢的规格、壁厚必须符合设计要求，型钢应与型材内腔紧密吻合，其两端必须与洞口固定牢固。窗框必须与拼樘料连接紧密，固定点间距应不大于 60mm。

（3）窗框与墙体间缝隙应采用高效保温材料填堵，表面采用弹性密封胶密封；外窗（门）洞口室外部分的侧墙面应作保温处理。耐火窗可以采用湿法和干法安装，耐火窗安装与保温窗洞口安装不一样的地方在于洞口与窗框之间的密封要采用防火阻燃密封材料（如防火密封胶），并做好隐蔽验收记录。

（4）不同气候区封闭式阳台的保温应符合下列规定：

① 当阳台和直接连通的房间之间不设置隔墙和门、窗时，阳台与室外空气接触的墙板、顶板、地板的传热系数应符合《严寒和寒冷地区居住建筑节能设计标准》JGJ 26—2018 与《民用建筑热工设计规范》GB 50176—2016 的规定，阳台的窗墙面积比必须符合《严寒和寒冷地区居住建筑节能设计标准》JGJ 26—2018 与《夏热冬冷地区居住建筑节能设计标准》JGJ 134—2010 的规定。

② 当阳台和直接连通的房间之间设置隔墙和门、窗，且所设隔墙和门、窗的传热系数不大于《严寒和寒冷地区居住建筑节能设计标准》JGJ 26—2018 与《民用建筑热工设计规范》GB 50176—2016 中所列限值，窗墙面积比不超过《严寒和寒冷地区居住建筑节能设计标准》JGJ 26—2018 与《夏热冬冷地区居住建筑节能设计标准》JGJ 134—2010 的限值时，可不对阳台外表面作特殊热工要求。

③ 当阳台和直接连通的房间之间设置隔墙和门、窗，且所设隔墙和门、窗的传热系数大于《严寒和寒冷地区居住建筑节能设计标准》JGJ 26—2018 与《民用建筑热工设计规范》GB 50176—2016 中所列限值时，应按《严寒和寒冷地区居住建筑节能设计标准》JGJ 26—2018 的规定，进行围护结构的热工性能的权衡判断。

④ 当阳台的面宽小于直接连通房间的开间宽度时，可按房间的开间计算隔墙的窗墙面积比。

7.5.4 适用范围及工程案例

高性能门窗的设计符合现代节能环保要求，相较于普通门窗增大了采光通风面积，提高了门窗的密闭性能。由于我国不同地区环境与气候各有不同，各种高性能门窗应因地制宜地投入使用，具体见表 7-17。如断桥铝合金门窗更适用于严寒、寒冷地区，而塑料门窗更适用于夏热地区。针对不同建筑种类，对门窗的热工性能也有不同要求，由于办公楼、厂房、住宅中电气设备使用更为频繁，对门窗的耐火性能也提出了更高的要求。

不同高性能门窗类型应用地区　　　　　　　　　　　　　　　表 7-17

门窗类型	适用气候	适用地区	适用建筑
断桥铝合金门窗	严寒、寒冷地区	东北、西北、华北	大型公建、住宅、公寓、办公楼等
塑料门窗	夏热地区	不限地区	商店、超级市场、实验室、教学楼、宾馆、剧场影院、住宅等
耐火门窗	夏热地区	不限地区	办公楼、实验室、教学楼、厂房、住宅等

相对普通门窗，断桥铝门窗结构设计更复杂。施工断桥铝门窗结构采用高精级铝合金一体挤压成型技术，设置多腔体结构，其框体中间由尼龙、玻璃纤维材质的隔热条连接，结构设计上的先天优势让断桥铝门窗的隔热、隔声性能更出众。以优质断桥铝合金窗为例，如图 7-9 所示。大连市沙河口某改造项目采用 2.0 壁厚的断桥铝合金窗，抗风压 8级，水密性 6 级，气密性 8 级，K 值 7 级，可以有效地将热量隔断，使室内恒温，内型材表面温度更接近于室温，防止由于室内水分过高在窗户上形成冷凝。优质断桥铝门窗，选用三层全钢化中空玻璃，内充惰性气体，搭配三腔断桥铝型材，在关窗瞬间可以将噪声降低 38dB（A），同时使用多腔 EPDM 海绵发泡密封胶条，双道密封，其极强的密封性可有效阻隔噪声。玻璃钢化处理，强度高，抗冲力性更强，碎裂会形成钝角颗粒，避免割伤人的风险，坚固更安全。在冬季，断桥铝门窗可以有效减少热量流失，让室内温度更稳定。在夏季，室内空调开启，隔热窗框更能阻断室外热量进入，节约能耗同时更环保。断桥铝门窗的应用有效解决了铝合金推拉窗密封不严的问题，相比普通铝合金门窗具有保温性、隔声性、耐冲击、气密性、水密性、防火性，防盗性等优势。

(a)　　　　　　　　　　　　　　　　　(b)

图 7-9　断桥铝门窗案例应用

复习思考题

1. 机械固定存在几种方法？各种机械固定方法的差异是什么？

2. 种植屋面防水构造包括哪些内容？

3. 外墙保温技术有哪些施工工艺？不同施工工艺的优点与缺点是什么？

4. 复合聚氨酯外墙外保温技术的施工流程有哪些？其技术要点包括哪些？

5. 何为高性能门窗？它与普通门窗有哪些不同之处？

6. 低辐射镀膜玻璃的作用原理是什么？

7. 高性能门窗的安装要点包括哪些？

参 考 文 献

[1] 李忠富，宋永发. 现代土木工程施工新技术[M]. 北京：中国建筑工业出版社，2014.

[2] 住房和城乡建设部. 建筑业 10 项新技术（2017 版）[M]. 北京：中国建筑工业出版社，2017.

[3] 建筑业 10 项新技术（2017 版）应用指南编委会. 建筑业 10 项新技术（2017 版）应用指南[M]. 北京：中国建筑工业出版社，2017.

[4] 李忠富，周智. 土木工程施工[M]. 北京：中国建筑工业出版社，2018.

[5] 建筑施工手册（第五版）编委会. 建筑施工手册（第五版）[M]. 北京：中国建筑工业出版社，2013.

[6] 马龙，刘薇. 复合聚氨酯外墙外保温系统施工技术[J]. 建筑技术开发，2022，49(23)：62-66.

[7] S. Ziaee, Z. Gholampour, M. Soleymani, P. Doraj, O. H. Eskandani, S. Kadaei, Optimization of Energy in Sustainable Architecture and Green Roofs in Construction: A Review of Challenges and Advantages, Complexity. 2022. https://doi.org/10.1155/2022/8534810.

[8] A. Khaled Mohammad, A. Ghosh, Exploring energy consumption for less energy-hungry building in UK using advanced aerogel window, Sol. Energy. 2023(253)：389-400.

第8章 建筑工业化施工新技术

8.1 构件工厂生产加工技术

8.1.1 构件工厂生产加工技术概述

目前，我国预制混凝土构件生产企业正处于由粗放式、劳动密集型企业向技术型企业转变的关键时期。此前，我国大部分预制混凝土构件一般采用相对粗放的方式生产，普遍存在自动化程度低；作业人员多；生产效率不高等问题，环境与质量控制水平也相对低下。预制混凝土构件的生产大多数是大批量进行，市场上的产品同质化现象严重，随着设计技术及经济发展水平的提高，个性化定制成为各行业发展的必然趋势，一味依赖大批量的生产组织形式必然使行业面临难以持续发展的困境，建筑工业化和智能建造全面拉开智能生产的序幕。

建立智能化生产工厂是建筑行业企业未来发展的必然选择，随着新型建筑工业化的快速发展，近年来，大量建筑行业企业已经将预制混凝土构件生产纳入主营业务，据统计，截至2021年，全国混凝土预制构件生产企业有1200余家，生产线4000余条，其中三分之二左右的工厂已经配置了自动化生产线，实现了不同程度的智能化生产。在市场的驱动作用下，我国智能制造的整体水平得到了显著提升，制造企业利用大数据、机器人、物联网等技术赋能传统制造业，逐步打造柔性生产、定制化产品交付等核心竞争力，形成了一批典型应用系统与场景，建成了一批智能工厂，工业机器人、3D打印、智能物流装备、工业软件等新兴产业规模，实现了30%以上的快速增长。2022年11月25日，住建部办公厅关于印发《装配式建筑发展可复制推广经验清单（第一批）》。该清单指出，提高预制构件智能化水平，可有效提升预制构件生产品质。通过搭建公共服务平台，推动产业要素聚集，实现工程项目建造信息在建筑全生命周期的高效传递、交互和使用，提升信息化管理能力。与此同时，有关部门已发布了一大批智能制造国家标准，基本覆盖设计、生产、物流、销售、服务制造全流程。在社会化公共平台技术的基础上，协同绿色建筑与建筑工业化发展，推动装配式建造与绿色建材、绿色建筑融合发展，发挥绿色建筑的引领作用，积极选用绿色建材，采用装配式建造方式，促进绿色技术集成应用，推进城乡建设绿色发展。

8.1.2 预制构件深化设计技术

8.1.2.1 预制构件深化设计要点

在装配式建筑中，深化设计是非常关键的一个环节，发挥着将设计信息与生产加工及施工安装信息相结合的功能，因此需要在装配式建筑方案的设计阶段就开始介入，以便提前解决建筑、设计、生产、施工等各个环节中存在的问题，并将建筑、结构、设备、装修等专业与深化设计图结合起来，这样可以降低造价，提升生产和施工的效率。构件深化设计的具体内容有：设计封面、目录、装配式构件设计说明、构件布置图、构件信息统计表、大样图、构件模板图、配筋图、辅料清单等。

为了使预制构件中所包含的设计、生产等相关信息可以在预制构件的生产过程中高效地传递和交流，目前，装配式建筑预制构件的深化设计工作主要是以工厂为中心，以设计成果为基础，与工厂自身的生产工艺及设备相结合，更多地利用 BIM 技术来进行预制构件的深化设计。在装配式建筑工程的详细设计过程中，BIM 技术是一种重要的建模方法，它可以为施工过程中的各个参与者提供决策依据。与传统的使用二维 CAD 出图的方法不同，使用 BIM 模型进行出图，能够有效地解决图纸和实际情况之间在一些细节上的差异问题，从而达到节省时间，提高建筑质量的目的。各个参与方还可以充分利用 BIM 模型参数化设计的特性，开展各个专业之间的沟通协作、设计优化等工作，从而降低设计变更带来的工作量。与此同时，在创建装配式建筑三维模型的过程中，需要根据特定的建筑参数，借助系统快速地、自动地进行模块的配置，并对安装步骤进行明确，这样可以有效地缩短建筑施工周期，提升整体的工作效率。在此基础上，结合 BIM 可视化、协同化、信息完备性等特点，对装配式建筑中的预制构件进行详细设计。

8.1.2.2 预制构件深化设计过程

在预制构件的设计过程中，深化设计阶段是一个非常重要的阶段，它是使设计图更加精细的一个过程。预制构件的深化设计可以划分为五个阶段（表 8-1），即构件拆分、构件设计（包括节点设计、模具设计等）、优化设计（包括碰撞检查、结构分析、受力计算等）、构件出图和物料明细表。

预制构件深化设计各阶段主要内容   表 8-1

序号	深化设计阶段	主要内容
1	构件拆分	拆分对象分为水平构件（预制叠合梁、预制叠合板、预制楼梯等）和竖向构件（预制柱、预制剪力墙等）
2	构件设计	预制柱、预制叠合梁、预制叠合板、预制剪力墙以及预制楼梯的深化设计
3	优化设计	三维预拼装、碰撞检查（构件内部钢筋之间、内部钢筋与预埋件之间是否存在冲突）、结构分析、受力计算等
4	构件出图	构件配筋图、构件模板图、构件安装图等一系列图纸的生成与导出
5	物料明细表	生成并导出各构件的钢筋明细表、混凝土明细表以及预埋件明细表

1. 构件拆分

构件拆分是构件设计的基础，也是深化设计中的重要环节。构件拆分对象可分为水平构件和竖向构件，其中水平构件包括预制叠合梁、预制叠合板、预制楼梯等，竖向构件包括预制柱、预制剪力墙等。构件拆分除遵循"少规格、多组合"原则之外，还需要考虑建筑的使用功能、技术的可行性以及经济的合理性，以减少预制构件的种类，从而提高构件的拆分效率和模具的重复利用率。

2. 构件设计

在深化设计阶段，构件设计是最重要的，它的主要工作是对施工图设计阶段，尤其是在初步设计阶段中的预制部分进行进一步的深化，从而达到预制工厂生产，运输单位运输以及施工现场安装的要求。除了预制柱、预制叠合梁、预制叠合板、预制剪力墙、预制楼梯等构件的设计之外，还包括连接节点、关键辅材（例如内支撑、角支撑等）以及模具的设计。其中，主体部分构件设计时不仅要合理排布各种光圆钢筋和带肋钢筋，还需要综合考虑《装配式建筑评价标准》GB/T 51129—2017 中的评分表，尽可能地提高各个组成部分的分值，从而提高整个装配式建筑施工项目的装配化程度。装配式建筑结构的整体性能取决于预制与现浇连接节点的牢固程度，借助 BIM 技术进行预制与现浇复杂节点的设计，不仅可以实时可视化地进行三维预演示，还可以保证连接节点的结构的安全性能和质量。

3. 优化设计

优化设计是基于 BIM 技术以及构件设计模型，对每个预制构件进行深入分析，从而确保结构的安全性和设计质量。三维预拼装指的是将各预制构件、围护墙以及设备管线拼装在同一模型中，预先确定各个构件的施工安装顺序，并对施工现场可能发生的各种紧急情况进行仿真，以避免在施工现场发生构件安装冲突的问题。优化设计中的碰撞检验主要针对预制构件内部钢筋之间以及钢筋与预埋件之间的碰撞，如果在仿真的结果中出现了碰撞，需要操作人员及时地对发生碰撞的钢筋和预埋件进行调整，提高构件加工图纸的合理性与精度。

4. 构件出图

为了便于施工图纸审查单位的核查，深化设计后的 BIM 模型以及导出的施工图纸均需交付至图纸审查单位。构件配筋图、构件模板图以及构件安装图经审查无误后，方可交付至预制工厂。图纸具体包含的内容有封面、图纸目录、设计说明、节点大样图、预埋件及连接件详图、预制构件平面布置图、预制构件立面布置图、楼梯大样图等。预制构件导出的施工图纸与现浇部分的图纸合并，即形成一套完整的施工图纸，从而为后续的构件生产、运输和施工现场安装提供指导性文件。

5. 物料明细表

物料明细表是指与预制构件加工图相对应的各类钢筋、混凝土以及预埋件的明细表，例如叠合板钢筋明细表、叠合梁钢筋明细表、预制外墙钢筋明细表、预制内墙钢筋明细表、预制楼梯钢筋明细表等。物料明细表不仅可以为预制工厂提供详细的物料清单，以便于预制工厂提前采购物资并及时完成生产任务，还是预制工厂的核心文件，便于工厂各流水线之间协调资源，合理排期，从而减少人工、材料和设备的浪费。

8.1.3　典型预制构件生产加工技术

8.1.3.1　典型预制构件生产线

预应力混凝土（PC）构件的生产分游牧式工厂预制（现场预制）和固定式工厂预制两种形式。其中现场预制分为露天预制、简易棚架预制两种。工厂预制也有露天预制与室内预制之分。近年来，随着机械化程度的提高和标准化的要求，工厂化预制的混凝土构件逐渐增多。目前大部分 PC 构件为工厂化室内预制。根据模台的运动与否，PC 预制构件生产工艺分为平模传送流水线法和固定模位法。平模传送流水线法是目前 PC 构件的主流生产方法。

PC 生产系统由五大生产系统构成，即 PC 生产线、钢筋生产线、混凝土拌合运输、蒸汽生产输送以及车间门吊起运。其中 PC 生产线作为主线；钢筋生产线；混凝土拌合运输；蒸汽生产输送以及门吊起运系统为辅助线。按照功能的不同，环状自动流水生产线分为五大功能区，分别是：钢筋存放；加工；骨架绑扎；流水生产线；预制构件存放和运输。其中，在主厂房内建立的一条流水生产线，它由两条生产线和一套立体式干湿热养护窑组成，主要用于构件钢筋骨架入模；预埋件安装；混凝土浇筑振捣；养护成型；构件出模等工作。

1. 环形平模传送流水线

平模传送流水线一般为环形布置，适用于构件几何尺寸规整的板类构件。这种布置方式具有效率高，耗能低的特点，但建设初期资金投入大，也是目前国内普遍采用的 PC 构件生产流水线方式。以生产外墙板为例，环形平模传送流水线示意图如图 8-1 所示。

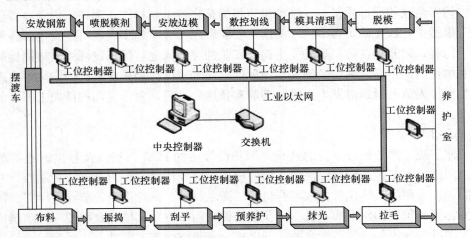

图 8-1 环形平模传送流水线示意图

这种流水生产线所需的设备主要包括驱动轮、从动轮、模台、清扫喷涂机、划线机、布料机振动台、振捣刮平机、拉毛机、护窑、抹光机、码垛机、立体蒸养窑、翻板机等。流水生产线布置有模台运输线，模台清理机、混凝土自动布料机、混凝土摇摆振动台、拉毛装置、赶平机、预养护窑、抹光机、码垛车、立体式养护窑、横移摆渡车以及中央控制室共 12 个小功能区，包含一条生产运输线，两条预养运输线和三个平移摆渡车。每个功能区之间衔接紧密，行程短，工序操作和模台行走的时间与流水节拍一致。

2. 柔性平模传送流水线

近年来在传统的平模传送流水线只能生产单一的产品，兼容性较差，不能将生产线的生产能力很好地释放出来的情况下，柔性平模传送流水线是一种从机械、电子制造业的柔性生产线中得到灵感，从而创造出来的一种能够最大限度地将生产线的生产能力释放出来，以提高经济效益的新型 PC 流水生产线。该流水线具有较强的适应性和灵活性，可在同一条流水线上同时完成多个不同型号的 PC 构件的生产，流水线的生产能力得到了大幅度的提升。可充分利用该流水线自动化的优势，迅速地将流水线的投资费用分摊到了一个较低的水平，从而提高了成本的回收率。目前，我国柔性平模传送流水线还处在研究和实验阶段，还没有大规模投入使用。

柔性平模传送流水线与传统平模传送流水线相比，具有以下特点：

（1）针对不同 PC 构件混凝土强度等级的不同和混凝土配合比的差异，柔性平模传送流水线会增加拌合站料仓的个数，安装多台混凝土搅拌设备，为拓宽 PC 产品的外延性提供硬件支持。

（2）在模具的设计上，以最大构件的模具为控制尺寸。在一张流转模台上，最大尺寸的 PC 构件只预制 1~2 件，而中、小尺寸的 PC 构件则以组合模具的模块化形式，一次生产多件。最终达到在一条流水线上共同循环生产的目的，同时提高养护窑的利用率。

（3）在规划柔性平模传送流水线时，针对不同体量、配合比的 PC 构件，要进行分仓设计。

（4）根据不同 PC 构件存在不同流水节拍的特点，在某个工位进行"到发线"或"蓄水池"式设计。即将大于整个流水节拍日时间的复杂工位进行横向移动设计，让模台能横移到"发线"工位后，进行相对复杂的安装生产作业，待本工位的工作完成后，再复位到流水线中，进入下一工位。开拓并利用车间内各种工位上下左右的立体空间，采用全方位立体交叉的生产工艺设计。例如在预养窑顶部设计立体通过性的工位，让 PC 构件在预养窑顶部的工位上，进行与下部 PC 构件生产工艺不同的构件生产过程。

（5）为了达到构件混凝土密实的相关技术指标，可以采取使用自密型混凝土差异化生产的措施，也可以根据不同 PC 构件的不同工艺路线，设置梯度分明、层次合理的混凝土振捣工位，满足不同 PC 构件预制生产需要。

3. 固定模位法

固定模位法适用于构件的几何尺寸不规整，超长、超宽、超重的异形 PC 构件。例如楼梯、阳台、飘窗、PCF 板等。固定模台生产线既可设置在车间内，又可设置在施工现场。此种工艺具有投资少，制作简便的优点，但也有效率低，能耗高，速度慢等缺点。在建筑工地一角开辟出预制场地，进行大型构件的现场生产，可以减轻 PC 构件的运输压力，同时大大降低工程成本。根据模板的水平与否，固定模位法分为平模法、立模法两种。对于板式预应力构件，如普通预应力楼板，一般采用挤压拉模工艺进行预制生产。对于预应力叠合楼板，通常采用长线预制台座进行成批次的预制生产。每个台位的预应力筋张拉到设计值后，浇筑混凝土并振捣。非预应力叠合板、柱亦可采用长线台座法预制生产。

8.1.3.2　新型预制构件生产加工技术

1. 高效配料及智能混凝土构件制备关键技术

（1）混凝土原料配合比优化技术

为解决混凝土耐久性的问题，调整混凝土原料配合比是一种较为理想的手段和方法，有针对性地对水泥、砂石、掺合料及外加剂等一系列有关原材料的具体用量进行分析和探究，同时寻找对原料配合比产生影响的混凝土材料，有效地确定其用量和混凝土质量之间的内在联系，并结合实际情况，建立原料配合比与混凝土等级对应关系的数据库。

（2）智能布料技术

布料机设有多个布料孔，每一个布料孔内都有一台螺旋运输机，输送机的运行速度是通过软件来控制的。对 PC 构件而言，某些构件的形状是不唯一的，例如构件上有门窗的区域，则需将布料口封闭。对于尺寸较小的构件，在构件的尺寸范围之外，布料口必须封闭。所以，如何对每一个小布料口的开合度、布料速度进行分散控制，使得布料机能够对各种大小、厚度的零件进行适当的调整，就显得尤为重要。

（3）高效密实技术

一般所说的混凝土密实，本质上就是在振动台上，对边模中浇筑好的混凝土进行有效的振动，以排除其中的气泡，从而进一步提高构件的强度。在此过程中要尽量避免粗骨料沉降以及骨料分布不均匀的情况，以免影响构件的整体性能。因此，应重点考虑如何选取最佳的振频与振幅，以保证构件的总体性能良好。

2. 多功能机械手集成关键技术

机械手纵向在大梁上运行，横向在横梁上运行。通常划线机械手和置模机械手合二为一，这就需要在结构设计上对机械手进行集成，使机械手具有多种功能。机械手需要将输入的 PC 构件尺寸转化为在托盘上的划线动作，画出构件轮廓尺寸。划线完毕后，机械手需要将边模从输送装置上取下，准确快速地放置在画好的构件轮廓尺寸线上。在边模对接处，机械手需要将两块边模按照尺寸对齐，缝隙的大小需要满足工艺要求，在此生产环节中，置模速度和精准度对机械手的工作效率有很大的影响。在具体的应用过程中，通常会有针对性的融合划线机械手和置模机械手的相关功能，使其发挥合力，在这样的情况下就需要在结构设计层面集成机械手，确保机械手呈现出更多的功能。机械手在具体操作环节根据实际需要有针对性地将输入的 PC 构件尺寸转化成在托盘上的划线动作，结合具体情况画出相对应的构件轮廓尺寸，使边模与尺寸线对齐，在这个过程中要确保对齐缝隙和相关工艺高度吻合。

3. 混凝土预制构件钢筋网全自动生产线关键技术

（1）钢筋网全自动生产线结构设计与工艺规划

结合 PC 构件生产流程的需要，对钢筋网全自动生产线工艺进行研究，并制定出生产线流程图，并以各工艺的特点和时效为依据，对工艺路线进行了优化。为实现全自动化流水线的结构设计和仿真，一些单位与研究所研制了基于虚拟样机的钢筋网自动化流水线虚拟样机平台，对自动化生产线中多路协同控制技术进行了研究，对系统的可靠性进行了分析，并研制了相应的安全防护系统和在线监控管理系统。

（2）自动焊接技术

为实现自动焊接技术需要完成的内容有：研究钢筋网电渣压力焊工艺技术及自动焊接交直流电源系统，进行不同类型、不同尺寸钢筋网焊接头专用夹具的模块化设计与分析；开发出电渣压力焊在线质量检测与管理技术；对电渣压力焊进料速度、焊接频率工艺等参数进行优化以及构建工艺数据库；开发电渣压力焊焊接设备故障诊断与数据采集技术；开发钢筋网电渣压力焊系统全自动控制与管理系统。

在运用该技术的过程中，要与具体情况相结合，有效地研发出钢筋网自动化生产线虚拟样机平台。在具体操作环节，可以进行全自动化生产线的设计，并在操作环节实现虚拟化制造。对全自动生产线的多通道协同控制技术进行有效的探讨和分析，能够让系统更加安全可靠，同时该技术能够推动生产保护系统的研发与应用，也能够让在线监控与管理系统获得更好的应用效益。

4. 混凝土预制构件工艺多智能体控制关键技术

在整体的自动化生产线中，多智能体控制系统是其中枢，具有许多的功能，比如中央控制、视频监控、节拍控制等，能够从整体上有效地协调和控制整个 PC 构件预制工厂的各项生产经营活动。中控系统利用相关的各自独立的控制系统完成指令的传递，对相应设备的运行状态进行监控，并对其进行有效的掌握，当出现问题时，系统会自动报警，并根据具体情况进行有针对性的处理和解决，从而确保整个生产线可以有序的运转。在实际的应用中，PC 构件控制系统结构模型可以有效控制配料搅拌合 PC 构件养护脱模等工艺的质量。

5. 小众精品装饰类混凝土构件技术

随着我国人民生活水平的不断提升，对高质量的小众精品装饰构件的要求越来越高，部分构件工厂持续开展技术研究和开发，对图像混凝土、造型混凝土、透光混凝土、清水混凝土等各种混凝土的生产环节中的一些技术开展了"小众精品"化的研究和应用，并获得了较好的推广和应用效果。上海建材科技研发 UHPC 外墙挂板技术具有超强、超韧、超抗弯、超耐久、超可塑性，可有效解决构件收缩变形、易开裂等问题，同时配套开发 UHPC 挂板模具，通过钢模、木模、硅胶模这三种模板结合的生产形式，解决了精度尺寸控制难度大的问题，充分彰显了 UHPC 作为装饰构件材料的性能优势。此外，研发的造型丰富、纹理多样、色彩可调、轻质高强等多功能高品质的装饰混凝土构件生产和成型技术，已在西湖大学、苏州河防汛墙、上海建工医院等工程项目中得到成功应用，一些案例如图 8-2～图 8-5 所示。

图 8-2 清水混凝土看台板

图 8-3 西湖大学外墙挂板

图 8-4 苏州河防汛墙

图 8-5 上海建工医院清水镜面门头构件

8.1.4 预制构件模具制造技术

8.1.4.1 预制构件模具方案设计准则

模具设计是生产环节的开始环节，它在装配式建筑的整个施工过程中扮演着非常重要的角色。它不仅要与上游的深化设计进行对接，还对整个构件的生产环节起到决定性的影响。如果设计不合理或者是设计有缺陷，就会引起 PC 构件的问题，构件将无法被组装和使用，从而造成直接的经济损失。因此，模具的好坏与产品的质量有着直接的联系，设计出一种满足需求的模具，不但可以大量地制造出构件，而且可以确保构件的精度和一致性，同时还可以极大地缩短制造时间，提高生产效率。

然而，由于装配式建筑才刚刚兴起，它的每一个环节都还处在研究和探索的阶段，所以装配式建筑的模具设计还没有引起行业内足够的重视，这就造成了在行业中，模具设计还没有形成一个统一的设计标准，不管是模具设计、材料选用、制造工艺还是脱模方式，都没有一个统一的模板模型，设计的生产方式比较粗糙，还存在着很多缺陷。在当前的模具发展中，最重要的问题就是怎样对传统进行创新，朝着现代化的生产模式迈进，并在当前行业发展的大背景下，构建出一套与市场行情相适应的装配式建筑模具的发展思路和路线。

根据当前装配式建筑构件生产车间的生产状况和国内其他成熟的模具设计行业的设计标准，在进行装配式建筑构件的模具设计时，应该遵守下列原则，才能确保设计出的模具具有实用性。

1. 便于构件脱模

PC 构件为混凝土构件，质量大，体积大，不便于运输，所以是否脱模方便是模具设计过程中首要考虑的问题，若是设计不当无法脱模，则将造成直接的经济损失，设计的模具不便于脱模，也将给现场脱模增加工作难度，也会导致构件在脱模过程中损坏，极大降低生产效率，造成人工、材料成本的大量浪费，故在设计过程中，不易于脱模的地方需要增加拔模斜度。

2. 模具尺寸精度

模具尺寸精度包括了两个方面，分别是构件的尺寸精度和模具的尺寸精度。其中，模具的尺寸精度直接影响到了所生产的构件的精度，因此，设计人员要确保模具的尺寸精度符合要求，以及用模具生产的构件的尺寸精度符合要求。由于在模具中浇筑的混凝土凝固之后，会产生膨胀，所以在进行模具设计的时候，就应该将这个因素纳入到模具设计之中，在模具中留出一定的余地，这样才能确保模具所做出的构件尺寸不会超出容许的公差范围。在模具制造和焊接时，模具材质和使用的焊接技术也会对模具的尺寸精度产生影响。

3. 模具强度

在模具内的混凝土凝固之后，它的体积会发生变化，从而对模具的边模造成压力。如果在模具强度不足的情况下，模具就会出现变形，而且每一套模具都被用来生产多个构件，所以其弱变形量比较大，构件的尺寸误差会逐步积累，最终可能超出容许的公差范围。提高模具强度的方法有很多，比如在边模增加加强筋的数量，增加杆件、型材作为支撑等。

4. 模具出筋方式的处理

模具出筋的设计主要体现在钢筋开豁尺寸及开豁形式，若设计中的开豁尺寸较大，则模具的密封性会出现问题，有很大可能出现漏浆现象。模具漏浆会严重影响 PC 构件的外观，使构件出现表面粗糙的现象，需要耗费大量人力进行修整。若开豁尺寸过小，则会影响脱模，导致构件卡死情况发生的概率变大。

5. 安全性及实用性

因为楼梯、阳台等部件大多是大型模具，不但模具的尺寸比较大，而且模具的重量也比较重。因此，在进行设计的时候，应该对实用性和可操作性进行充分的考虑，让工作人员能够更好地进行搬运等操作，给工作人员留下充足的操作空间和操作平台，让模具的组装、拆卸以及生产过程中的操作变得更加方便。

8.1.4.2　预制构件模具制造技术应用

1. 快速成型模具制造技术

相对于传统的模具制造而言，快速成型模具制造技术具有许多优点，例如其速度更快，成本更低，精度更高。快速成型模具技术使用了计算机技术，在实际操作的过程中，可以保证模具制作的精度，还可以有效地节约成本和时间，降低在产品研发上的投入。利用快速成型模具制造技术，可以在较短的时间内使构件成型。

图 8-6　外墙设计效果图

在美国纽约布鲁克林的东河沿岸，有一座名叫多米诺的糖厂，由于经营问题在 2000 年关闭了。地产商决定将这个老建筑重建成一座半商业、半住宅的综合体。在构思这栋建筑的设计风格时，建筑设计师们想把糖的结晶形式加入到外墙设计中，外形像切割的钻石一样，让人联想到糖晶体的反射和形状（图 8-6）。设计方案已经做好，却在实际操作中遇到了困难。运用预制的手段，可以将外墙在工厂里提前制作好，最后运到现场组装。但是由于每块外墙的形状不尽相同，要完成这座 42 层的建筑的外立面需要制造数百个模具。按原计划，建设该项目需要 993 个预制混凝土板，光是模具制作就需要整整 9 个月的时间。如何能更快交货，并保证质量，这是摆在构件生产商面前的一件大事。于是业主选择在项目中使用创新技术——3D 打印模具。为了减少建筑物上使用的不同窗户型材的数量，使其具有成本效益，结合 3D 打印形式的实用性，设计师对外立面进行了更改。最终选定了五个不同的窗户型材，并制造了 40 个 3D 模具，每个模具花费 8~11 个小时打印制作。使用 3D 打印模具制作出的预制构件相较于采用传统工艺制作的构件表面更加平滑，角落更锐利。

另外混凝土模板通常由胶合板和玻璃纤维制成。虽然它们为传统的现场混凝土浇筑和固化提供了更快的解决方案（在质量有保证的环境中），但是它们的寿命很短。在仅 20 次或更少的铸件之后，这些模具经常开始变形。虽然许多工作只需要 10 个或更少的铸件，但较大的项目通常需要更多的混凝土铸件。木质模具的平均成本约为 12000 元，需要一些时间和材料来制作。但由于建筑业劳动力短缺，企业有时无法满足需求，这将使项目完工时间进一步推迟。而混凝土模板的 3D 打印大约需要 8~11 个小时。该过程消除了对熟练木匠的需求，提高了生产效率。虽然每个 3D 打印模具可能制作费用高达 60000 元左右，但可以在一个 3D 打印模具中完成多达 200 个预制混凝土浇筑。从长远看，这项技术可以节省资金和时间。

2. 拼块式预制构件模具技术

传统的预制模由侧模、端模和模台组成，通常是用钢质材料制作。模具制造的流程：采用粗料下料，经简单机械加工后根据设计尺寸要求进行组装。构件尺寸变化大，制造过程周期长，制造费用高，而且一般都是非标操作，工人的劳动强度很大。因此，模具的轻量化是必然的趋势。同时，建筑预制构件的模具也应由钢结构改为轻质材料，如高强度塑料、轻质铝合金等。建筑预制构件模具必然向批量化方向发展，批量化生产不同类型的产品。

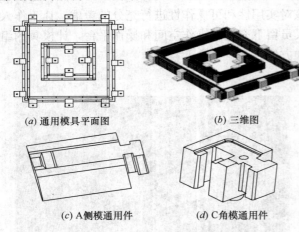

(a) 通用模具平面图　　(b) 三维图

(c) A侧模通用件　　(d) C角模通用件

图 8-7　拼块式通用模具

全新的拼块式预制构件模具技术方案既能解决现有传统模具不足的问题，又能促进建筑预制件的多样化，推动装配式建筑的发展。拼块式模具如图 8-7 所示，包括 C 角模和模数化的 A 侧模，角模尺寸固定，侧模尺寸分为 a（200mm）和 b（300mm）两种类型以满足不同尺寸预制构件的需求。在角模和侧模的顶部开一排定位槽放入定位件，用侧压块固定在模台上，保证所有侧模和角模拼接后的成型面没有台阶。侧模和角模底部有安装条，可根据是否有钢筋决定是否安装橡胶条。

随着塑料模板在建筑领域的广泛应用，在拼块式模具中，用塑料材料取代了传统的钢铁，通过注塑成型的方法，大批量地制造出侧模，使其形成标准化产品，从而实现不同尺寸的模具的拼接。因为角模具有很大的受力和定位功能，所以角模具采用铝材铸造。在角模下放定位销钉使其与模具台面能迅速地对齐，角模的上部设有吊螺纹孔，方便拆卸时将角模直接吊出。因为角模几乎没有受到混凝土的影响，所以可以很容易地进行拆除，而侧模参与到了混凝土的成型过程中，的材质是塑料，与混凝土之间的粘合力很小，在拆除侧模的时候，不需要使用任何机械设备就可以将它移除，因此拆模很容易，还可以节省大量的人力。当预制构件尺寸为 2000mm×2100mm×200mm，内部洞口尺寸为 900mm×1500mm，可使用厚 200mm 的侧模和角模进行拼装，以优先使用 300mm 尺寸的侧模为原则，使用 42 件侧模 b、8 件角模和 2 件侧模 a 即可完成该构件的装配。

8.1.5　预制构件机械化成型与养护技术

8.1.5.1　预制构件机械化成型工艺

预制构件机械化成型工艺包括胎膜制作；钢筋绑扎；模板安装；混凝土浇筑；预应力筋张拉和孔道灌浆。胎膜制作包括胎膜成型；压光；涂刷隔离剂和放置位置线。混凝土浇筑包括浇筑；振捣；抹平压光；养护和抽管。预应力筋张拉包括焊接螺丝端杆；穿预应力筋；安装垫板；张拉和锚固钢筋；而且该工序需要在抽管之后，焊接螺丝端杆之前进行。孔道灌浆前需进行清渣处理工序，清渣处理时需配备有可变径式清理装置，可以根据孔道的孔径选用合适的刮头，先刮除孔道内部粘附较紧的杂物，再将刮落的杂物彻底清离孔道，该装置可显著地提高清理效果，为后续施工工序打下良好基础。

近年来，中国建筑业的预制构件机械化成型工艺突飞猛进，建筑工程师以及相关人员致力于预制构件机械化成型工艺的不断改进，在中国建筑第八工程局有限公司申请的专利中公开了一种预制构件的灌浆连接结构及其施工方法。通过在预制构件的下端预埋观测管，浆液可充满灌浆套筒及观测管，利用灌浆浆液的自身压力，完成灌浆套筒顶部液面下降时的自我补浆，并利用观测管将灌浆液面抬高，方便工人进行观察，及时补灌，确保灌浆密实度符合要求。中国建筑第八工程局有限公司在另一项专利中公开了一种灌浆密实度的检测方法及检测结构，通过在灌浆界面上布置预制测点，可以利用预制测点来检测灌浆施工缝中的浆液灌注的密实度，确保浆液填满、无气泡，从而保证预制构件间的灌浆连接质量。中建科技湖南有限公司申请的专利中公开了一种预制混凝土构件成型工艺及其装置，利用真空工艺可以将在混凝土内部的气泡快速排出，减少混凝土的内部孔隙，提高预制混凝土构件的抗压强度。

8.1.5.2　预制构件养护技术

1. 蒸汽养护技术

对于 PC 构件蒸养设施的准备来说，当生产在工厂内进行时，蒸汽发生设备、养护室的设置、构件的转运等都较方便。对于蒸汽发生设备，目前符合绿色环保要求的是燃气式锅炉。对于养护室的设置，则需根据构件的尺寸形状搭建封闭的隔热保湿房。养护室内应设置温、湿度显示器，以便于对构件蒸养过程中的温、湿度进行监控。有条件的工厂可以设置温、湿度自动感应调节装置，确保温、湿度处于合理的区间内。

PC 构件的蒸养，需要依照一定的工艺流程并按相应的工艺参数来执行。具体工艺参数如下：①构件移送与静置。将浇筑完成的 PC 构件移送至蒸养室内，并静置至少 15 分钟。②构件升温。静置阶段过后，将蒸汽送入换热器，持续升高养护室的温度。但升温速度应控制在 10～15℃/h，最高温度不应高于 65℃。③构件恒温保持。当养护室温度达到最高温度后，应停止升温并保持，该过程大约需要 1.5～2h。④构件降温。恒温保持阶段完成后，可对养护室温度进行降温，但降温速度不应超过 10℃/h，当温度接近室温时，方可将构件移出养护室。

2. 雾化棚养护技术

养护棚制作材料为 PVC 采光板、矩形管。养护棚的长、宽、高均应大于预制构件的长、宽、高 1m 以上。BYS—Ⅱ标准养护室自动控制仪应用温湿同步控制的方法，自动把水温升至设定温度，经水泵加压，使加湿出口喷出雾状高湿水分，在养护棚内进行温湿交换。同时也可采用大功率制冷机自动把水温降至一定温度，经水泵加压，使加湿出口喷出雾状水分，在养护棚内进行温湿交换，如湿度达不到设定值，养护设备会自动加湿，加湿至设定值停止加湿，达到了全自动恒温恒湿的目的。全自动供水水泵及水泵自动控制器可将附近的水源输送至养护棚，在养护棚内设置输水线路实现智能化自动供水。

雾化棚养护的工艺施工流程如下：

（1）养护棚安装

养护棚采用龙门式起重机吊装，吊装时制作成型的养护棚会被完全拼装，并将预制构件完全遮盖，确保雾化养护在恒温恒湿的环境下进行。

（2）养护设备安装

雾化棚养护设备安装就位后，可以实测实量控制养护棚内的温度和湿度，使养护棚的温度与湿度达到标准养护试件的养护标准。

（3）记录数据及检查设备

为保证雾化棚的养护效果，雾化棚 24h 不间断养护，根据雾化养生的用水量每隔15min 自动加水一次，每隔 3h 记录养护棚内温度和湿度的数据一次，每隔 12h 检查设备一次。

（4）完成养护

按照混凝土试块标准养护条件进行养护，试件被养护 7d 即可达到养护效果。

（5）拆卸养护棚

预制构件养护完成后，用龙门式起重机拆卸养护棚移至下一处养生位置进行其他预制构件的养生。

3. 全干养护技术

全干养护指的是利用热风介质在养护窑中的流动，来实现对混凝土进行加热养护的目的，它是一种不使用水蒸气作为传热介质的养护方法，并且在养护的过程中，混凝土不会变湿。当前，我国预制混凝土构件的热养护方式已经从传统的湿热养护向全干养护转变。养护手段从以前的间歇式养护发展到了采用机械化、连续作业的立式蒸养窑养护，养护时间由过去的十几个小时缩短到了 6~8h。从设备投资的角度来看，湿热法养护需对养护室内进行增湿，生产成本更高一些。

全干养护以热空气为主，改变了混凝土的热养护环境，在实际生产中具有许多优势，如产品表面平整，生产周期缩短，热耗减少等。迟培云等人对混凝土的干-湿养护机理进行了研究，通过对混凝土的强度、收缩等方面的分析，得出了以下结论：干-湿养护存在"临界干热强度"和"最佳干热期"，最佳干热期为 2.5h。

混凝土构件采用工厂化预制，混凝土浇筑完成后，由中控室操作，模具在流水生产线上自动流转，预制混凝土构件被送入养护窑进行全干养护。

全干养护技术的生产流水线的工艺流程：模具清理、刷脱模剂→装框、拧紧螺栓→混凝土下料、振捣→混凝土压光、清理覆膜、码放→静养、进窑、养护→出窑、吊运、拆模→清理、打包。

8.2 装配式现场施工技术

8.2.1 装配式现场施工技术概述

装配式建筑是在工厂生产预制构件，而后运输到工地现场组装而成的建筑。按照《装配式混凝土建筑技术标准》GB/T 51231—2016 对装配式建筑的定义，结构系统、外围护系统、内装系统、设备与管线系统的主要部分采用预制部品部件集成的建筑是装配式建筑。

20 世纪 20 年代初，英国、法国、苏联等国家做了装配式建筑的尝试。第二次世界大战后，欧洲建筑遭受重创，劳动力短缺，装配式建筑由此开始发展。20 世纪 70 年代，装配式建筑逐渐发展成型。我国装配式混凝土结构的应用起源于 20 世纪 50 年代，但其后经过一段发展停滞期。自 20 世纪 80 年代起，我国装配式建筑的标准化体系快速建立，装配式建筑的应用达到全盛时期。但因为地震以及经济条件和技术水平的限制，80 年代末装配式建筑的发展开始迅速滑坡。

近年来国家重新认识到装配式建筑的优越性。装配式现场施工技术充分利用了现代化机械设备，大大提高了施工速度，并将其对环境的不利影响降低到了较低的程度。自 2008 年以来，我国广大的科研技术人员在前期研究的基础上做了大量实验和理论研究工作，对装配式结构的抗剪性能、预制构件的连接技术和纵向钢筋的连接性能进行了深入研究。2016 年，国务院办公厅出台《国务院办公厅关于大力发展装配式建筑的指导意见》（国办发〔2016〕71 号），提出要引导企业研发应用与装配式施工相适应的技术。装配式混凝土框架结构技术、混凝土叠合楼板技术以及预制混凝土外墙挂板技术等建筑业新技术开始得到了广泛的应用。

8.2.2　预制构件施工准备

8.2.2.1　预制构件运输

1. 构件运输的准备工作

（1）清查构件种类、数量和质量。

（2）确定车辆组织形式。构件的种类、数量决定了车辆组织形式。大批量的预制混凝土构件可以以招标的形式确定运输方式，少量的构件则可以自行组织车辆运输。发货前，需要对承运单位进行审验，并申请交通主管部门的批准。

（3）规划运输路线。事先应对每条可能的运输路线所经过的桥梁、涵洞、隧道等结构物的限宽、限高等要求进行详细调查，要确保运输车辆能顺利通过。最后选择 2～3 条路线作为运输方案，以其中一条作为常规运输路线，其余的运输路线作为备选方案。

2. 构件的运输方式

平层叠放运输方式：将预制构件平放在运输车上，一件一件地往上叠放在一起后用车辆进行运输，如图 8-8 所示。叠合板、阳台板、楼梯、装饰板等水平构件多采用平层叠放运输方式。

立式运输方式：在底盘平板车上安装专用运输架，墙板对称靠放或插放在运输架上，如图 8-9 所示。对于内、外墙板和 PCF 板等竖向构件多采用立式运输方式。

图 8-8　构件平层叠放运输方式

图 8-9　构件立式运输方式

散装运输方式：对于一些小型构件和异型构件，多采用散装运输方式。

3. 构件运输的基本要求

（1）运输道路必须平整坚实，并有足够的路面宽度和转弯半径。

（2）在施工现场内运输时严禁车辆掉头，宜设置循环路线。

（3）运输构件车辆应满足构件尺寸和载重要求，大型货运汽车装载构件高度从地面起不准超过4m，宽度不得超出车厢，长度不准超出车身。

（4）构件运输时的混凝土强度，如无设计要求，一般构件的混凝土强度不应低于设计强度等级的70%，屋架和薄壁构件的混凝土强度应达到设计强度等级的100%。

（5）堆放时的垫点和起吊时的吊点应严格按照设计要求进行。

（6）采用铁路或水路运输时，须设置中间堆场临时堆放构件，再用载重汽车、拖车向吊装现场转运。

8.2.2.2 预制构件进场验收

按照《混凝土结构工程施工质量验收规范》GB 50204—2015的有关规定，专业企业生产的预制构件作为产品应进行进场验收。对于总承包单位制作的预制构件，没有"进场"的验收环节。

预制构件应全部进行外观检验，其外观不宜有一般缺陷，对已经出现的一般缺陷应处理后重新进行检验。预制构件的尺寸检验应按同规格、同批次进行分批检验，每批抽检不应少于30%，且不少于5件。

8.2.2.3 预制构件存放

1. 堆放场地要求

（1）施工场地出入口宽度不宜小于6m，现场运输道路应平整坚实，以防车辆摇晃时导致构件碰撞、扭曲和变形。道路宽度应满足运输车辆双向开行及卸货吊车的支设空间。

（2）堆放场地应满足平整度和低级承载力要求，并应设有排水设施。

（3）构件堆放时底板与地面之间应有一定空隙，避免构件与地面直接接触，有防止污染构件表面的措施。

（4）构件的堆放场地应选择在吊装设备的有效起重范围内，尽量避免二次吊运，以免造成工期延误和成本增加。

现场预制构件堆放案例如图8-10所示。

图8-10　现场预制构件堆放

2. 平放、竖放注意事项

（1）构件堆放时垫木应放置在桁架侧边，板两端（至板端200mm）及跨中位置均应设置垫木且间距不大于1.6m。垫木上下应对齐，避免构件承受弯曲应力和剪应力。

（2）不同板号的构件应分别堆放，预制底板叠放层数不应大于6层；预制阳台叠放层数不应大于4层；预制楼梯叠放层数不应大于6层。

（3）对于宽度不大于500mm的构

件，宜采用通长垫木。

（4）构件平放时应使吊环向上标识向外，便于查找及吊运。

（5）立放可分为插放和靠放两种方式。插放时场地必须清理干净，插放架必须牢固，挂钩应扶稳构件，垂直落地；靠放时应有牢固的靠放架，必须对称靠放和吊运，其倾斜角度应保持大于 80°。

（6）构件断面高宽比大于 2.5 时，构件下部应加支撑或有坚固的堆放架，上部应固定，避免倾倒。

8.2.3　预制构件安装技术

8.2.3.1　安装前准备

1. 技术准备

预制构件安装前，应编制专项施工方案，按设计要求对各工况进行施工验算和施工技术交底。安装施工前对施工作业工人进行安全作业培训和技术交底。吊装前应合理安排吊装顺序，结合施工现场情况满足先外后内、先低后高的作业原则，绘制吊装作业流程图，方便吊装机械行走。根据施工组织设计要求划定危险作业区域，在主要施工部位、作业点、危险区都必须设置醒目的警示标志。

2. 人员准备

构件安装是装配式结构施工的重要施工工艺，将影响整个建筑质量安全。因此，施工现场应安排好施工管理人员和专业技术人员。施工管理人员一般有 6 类，包括项目经理、计划调度岗、吊装指挥、质量控制与检查人员、技术总工和质量总监。项目经理不仅要具有组织施工的基本管理能力，还应熟悉施工工艺、质量标准和安全规程，计划调度岗的人员需要对现场作业进行调度。专业技术人员包括测量工、塔式起重机驾驶员、起重工、安装工、临时支护工和灌浆工等。与传统建造方式相比，装配式混凝土施工现场作业工人较少，有些工种的工人人数大幅度降低，也增加了一些新工种。

在装配式混凝土施工前，施工单位应对管理人员及安装人员进行专项培训和相关交底。特种作业人员应必须经过专门的安全培训，经考核合格，持特种作业操作资格证书上岗，且应按规定进行体检与复审。

3. 现场条件准备

（1）根据预制构件吊装及施工要求，确定现场外脚手架采用形式。如采用外挑架，需要给定预留槽钢位置，洞口位置及墙体现浇位置。

（2）根据施工现场平面情况确定吊装方案。规划场内运输道路，确定现场构件临时堆场的位置。

（3）在楼板中预留放线洞口位置，在当前楼层四个基准外角点相对应的正上方预留一个 20cm×20cm 的方洞，以便于上层轴线定位放线时，经纬仪对下层基准点的引用。根据规划给定的基准线及基准点，对引入楼层的控制线、控制点的轴线及标高进行复核检查。

（4）在预制构件上标出轴线位置，以便于安装方向的控制。

（5）预制构件与混凝土基础结合面在构件安装前进行凿毛，剔除表面浮浆并洒水湿润等工作，即按混凝土施工缝进行处理。

（6）确定首层预制剪力墙的插筋位置。在底层内、外墙构件安装前先与构件加工厂确认墙体预留插筋位置，根据工厂预制的墙体上部模具固定插筋位置，用与剪力墙主筋相同的规格焊接梯子筋，现场施工时控制梯子筋连接的第一排钢筋，焊接固定后对插筋的品种、规格、位置、间距及外露长度进行验收，合格后方可进行构件安装。

8.2.3.2 预制梁安装

1. 预制梁安装施工流程

预制梁进场验收→放线→设置支撑→预制梁起吊→预制梁就位微调→接头连接。

2. 主要安装工艺

（1）放线：用水平仪测量并修正柱顶与梁底标高，确保标高一致，然后在柱上弹出梁边控制线。

（2）支撑架搭设：梁底支撑采用"钢立杆支撑＋可调顶托"，可调顶托上铺设长×宽为 100mm×100mm 的木方，预制梁的标高通过支撑体系的顶丝来调节。

临时支撑位置应符合设计要求；设计无要求时，梁的长度小于等于 4m 时应设置不少于 2 道垂直支撑，梁的长度大于 4m 时应设置不少于 3 道垂直支撑。应根据构件类型、跨度来确定叠合梁的后浇混凝土支撑件的拆除时间，强度达到设计要求后方可承受全部设计荷载。

（3）预制梁吊装：预制梁一般用两点吊，预制梁两个吊点分别位于梁顶两侧距离梁两端 0.2L（L 为梁长）；由生产构件厂家预留，吊装现场如图 8-11 所示。

（4）预制梁调节就位：当预制梁初步就位后，两侧人员借助柱上的梁定位线将梁精确校正。梁的标高通过支撑体系的顶丝来调节，调平同时需将下部可调支撑上紧，这时方可松去吊钩，预制梁的调节就位现场如图 8-12 所示。

图 8-11　预制梁的吊装　　　　　　图 8-12　预制梁的调节就位

（5）接头连接：在混凝土浇筑前应将预制梁两端键槽内的杂物清理干净，并提前 24h 浇水湿润。

3. 安装要求

（1）梁吊装顺序应遵循先主梁后次梁，先低处后高处的原则。预制梁安装就位后应对水平度、安装位置、标高进行检查。

（2）预制梁安装时，支承结构（墩台、盖梁）的强度应达到设计要求的 80% 以上。支承结构和预埋件（包括预留锚栓孔、锚栓、支座钢板等）的尺寸、标高及平面位置应符合设计要求。

预制梁在起吊、运输、装卸和安装过程中的应力应始终小于设计应力。安装前，构件的上拱度不得大于设计值，从构件出坑至开始浇筑结构整体混凝土的时间不宜大于 90d。

（3）预制梁移运时的吊点位置应按设计规定设定。构件的吊环应顺直；吊绳与起吊构件的交角小于 60°时，应设置吊架或扁担，尽可能使吊环垂直受力。

（4）预制次梁与预制主梁之间的凹槽应在预制楼板安装完成后，采用不低于预制梁混凝土强度等级的材料填实。

（5）在梁吊装前，在柱核心区内先安装一道柱箍筋，梁就位后再安装两道柱箍筋，之后才可进行梁、墙吊装，以保证柱核心区的质量。

（6）在梁吊装前应将所有梁底部标高进行统计，应根据先低后高原则进行施工。

（7）在安装预制梁前，所有的支座应按技术规范要求进行检查，如不符合设计要求时，不得使用。

8.2.3.3　预制柱安装

1. 预制柱安装施工流程

放线→预制柱进场验收→标高控制→起吊→预制柱安装→安装支撑→灌浆施工。

2. 主要安装工艺

（1）柱标高控制：首层柱标高可采用垫片控制，标高控制垫片设置在柱下面，垫片应有不同厚度；上部楼层柱标高可采用螺栓控制，利用水平仪将螺栓标高测量准确。

（2）预留钢筋矫正：根据所弹出的柱线，采用钢筋限位框，对预留插筋进行位置复核，对有弯折的预留钢筋进行矫正，以确保预制柱连接的质量。

（3）柱起吊：起吊柱采用专用吊运钢板和吊具，用卸扣、螺旋吊点将吊具、钢丝绳、相应重量的手拉葫芦、柱上端的预埋吊点连接紧固。起吊过程中，柱不得与其他构件发生碰撞。在预制柱就位前，应清理柱安装部位基层，然后将柱吊运至安装部位的正上方，预制柱的起吊如图 8-13 所示。

（4）预制柱的调节就位：预制柱安装时由专人负责柱下口定位、对线，并用 2m 靠尺找直。安装第一层柱时，应特别注意安装精度，使之成为以上各层的基准。柱临时固定采用可调节斜支撑螺杆，每个预制柱每两个方向的临时支撑不宜少于 2 道，其支撑点距离柱底的距离不宜小于柱高的 2/3，且不应小于柱高的 1/2。安装柱的临时调节杆、支撑杆应在与之相连接的现浇混凝土达到设计强度要求后，才可拆除，预制柱的调节就位如图 8-14 所示。

图 8-13　预制柱的起吊

图 8-14　预制柱的调节就位

3. 安装要求

（1）预制柱的基础必须符合设计要求，基础表面应平整，无杂物，无水泥浆等。

（2）在安装前需要对预制柱进行检查，确认无损坏、变形等情况。

（3）预制柱的临时支撑应在套筒连接器内的灌浆料强度达到设计要求后拆除。当设计无特殊要求时，混凝土或灌浆料达到设计强度的 75% 以上方可拆除临时支撑。

（4）安装完成后应对预制柱及周边进行清理，确保无杂物、水泥浆等。且应进行验收，确认符合设计要求。

8.2.3.4 预制墙板安装（包括墙体和楼板）

1. 预制板安装施工流程

定位放线→搭设支撑→预制板吊装→就位→校正定位。

2. 主要安装工艺

（1）定位放线：清理楼、地面，由专业测量员放出测量定位控制轴线、预制柱定位边线及 200mm 控制线，并做好标识，板缝定位线允许误差为 10mm。

（2）预留钢筋校正：对板面预留竖向钢筋进行复核，检查预留钢筋位置、垂直度、钢筋预留长度是否准确，对不符合要求的钢筋进行矫正，对偏位的钢筋及时进行调整。

（3）支撑架搭设：支撑系统的间距及距离墙、柱、梁边的净距应符合设计要求，上下层支撑应在同一直线上。

（4）预制楼板吊装：吊装施工前由质量工程师核对墙板型号、尺寸，检查质量无误后，由专人负责挂钩，待挂钩人员撤离至安全区域时，由下面信号工确认构件四周安全情况，确认无误后进行试吊，指挥缓慢起吊。起吊到距离地面约 0.5m 左右时，进行起吊装置安全确认，确定起吊装置安全后，继续起吊作业。

（5）预制板校正：采用定位调节工具对预制墙板微调；根据预制墙体水平控制线及竖向板缝定位线，校核叠合板水平位置及竖向标高情况；通过调节竖向独立支撑，确保叠合板满足设计标高要求；经检查预制墙板水平定位、标高及垂直度调整准确无误后紧固斜向支撑，卸去吊索卡环。

3. 安装要求

（1）预制墙板安装时应设置临时斜撑，每件预制墙板在安装过程中使用的临时斜撑应不少于 2 道，临时斜撑宜设置调节装置，支撑点位置距离底板不宜大于板高的 2/3，且不应小于板高的 1/2，斜支撑的预埋件安装、定位应准确。

（2）安装时应设置底部限位装置，每件预制墙板对应的底部限位装置不少于 2 个，其间距不宜大于 4m。

（3）临时固定措施的拆除应在预制构件与结构可靠连接，且在装配式混凝土结构能达到后续施工要求后进行。

（4）钢筋套筒灌浆连接与钢筋锚固搭接连接灌浆前应对接缝周围进行封堵；墙板底部采用坐浆时，水泥浆的厚度不宜大于 20mm。

（5）预制墙板校核与调整应符合以下要求：预制墙板安装垂直度应该以满足外墙板面垂直为主；预制墙板拼缝的校核与调整应以竖缝为主、横缝为辅；预制墙板阳角位置相邻的平整度的校核与调整应以阳角垂直度为基准。

8.2.3.5　其他预制构件安装（阳台、空调板、楼梯等）

1. 预制阳台板安装要求

（1）在预制阳台板安装前，测量人员应根据阳台板的宽度，对竖向独立支撑放出定位线，并安装独立支撑，同时要在预制叠合板上对阳台板进行定位放线。

（2）预制阳台临时支撑采用底部带三脚架的独立钢支撑，顶部 U 形托内放置通长的木方。

（3）当预制阳台板吊装至作业面上空 500mm 处，减缓降落速度，由专业操作工人稳住预制阳台板，根据叠合板上的控制线，校核预制阳台板水平位置及竖向标高情况，并通过调节竖向独立支撑，确保预制阳台板满足设计标高要求；通过撬棍调节预制阳台板水平位移，确保预制阳台板的安装效果满足设计要求，预制阳台板如图 8-15 所示。

2. 预制楼梯安装要求

（1）预制楼梯安装前应复核楼梯的控制线及标高，并做好标记。

（2）预制楼梯支撑应有足够的强度、刚度及稳定性，楼梯就位后调节支撑立杆，确保所有立杆全部受力。

（3）预制楼梯在吊装时应保证上下高差相符，顶面和底面平行。

（4）预制楼梯落位时，应先用钢管独立支撑进行临时支撑。在预制楼梯平台两端各设置不少于 2 个钢管独立支撑，通过独立支撑调整楼梯的标高。

（5）预制楼梯安装位置应准确，在采用预留锚固钢筋方式安装时，应先放置预制楼梯，再与现浇梁或板浇筑连接成整体，并保证预埋钢筋锚固长度和定位符合设计要求，预制楼梯板如图 8-16 所示。

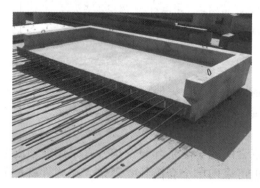

图 8-15　预制阳台板

图 8-16　预制楼梯板

8.2.4　预制构件连接技术

装配式建筑是将工厂加工的预制构件运至现场进行安装，因此，预制构件的连接技术对整体建筑的质量影响十分重要。预制构件连接技术主要有套筒灌浆连接、直螺纹套筒连接、浆锚搭接连接以及挤压套筒连接等，其中套筒灌浆连接运用得最为广泛。

8.2.4.1　质量控制要求

预制构件节点的构件连接应满足现行行业标准《钢筋机械连接技术规程》JGJ 107—2016 中的要求，并符合国家现行标准的相关规定，如《钢结构设计标准》GB 50017—

2017 和《钢筋连接用灌浆套筒》JG/T 398—2019 等。以钢筋套筒灌浆连接技术为例，在施工质量验收环节应进行抗压强度检验、灌浆料充盈度检验、灌浆接头抗拉强度检验和施工过程检验。其中，对于抗压强度检验，每工作班取样不得少于 1 次，每楼层取样不得少于 3 次；对于抗拉强度检验，同一类型预制构件一个批次数量不超过 1000 个，每批随机取一定数量进行检验。

8.2.4.2 套筒灌浆连接

钢筋套筒灌浆连接技术是指带肋钢筋插入内腔为凹凸表面的灌浆套筒，向套筒与钢筋的间隙灌注专用高强度水泥基灌浆料，灌浆料凝固后将钢筋锚固在套筒内实现针对预制构件的一种钢筋连接技术。该技术将灌浆套筒预埋在混凝土构件内，在安装现场从预制构件外通过注浆管将灌浆料注入套筒，完成预制构件钢筋的连接。套筒灌浆连接是预制构件中受力钢筋连接的主要形式，主要用于各种装配整体式混凝土结构的受力钢筋连接。套筒灌浆原理图如图 8-17 所示，套筒灌浆现场施工图如图 8-18 所示。

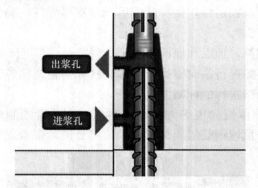

图 8-17　套筒灌浆原理图　　　　　　　　图 8-18　套筒灌浆现场施工图

1. 技术内容

钢筋套筒灌浆连接施工流程主要包括：预制构件在工厂完成套筒与钢筋的连接；套筒在模板上的安装固定；进出浆管道与套筒的连接；在建筑施工现场完成构件安装，灌浆腔密封，灌浆料加水拌合及套筒灌浆。

竖向预制构件的受力钢筋连接可采用半灌浆套筒或全灌浆套筒。构件宜采用连通腔灌浆方式灌浆，并应合理划分连通腔区域。构件也可采用单个套筒独立灌浆，在构件就位前水平缝处应设置坐浆层。套筒灌浆连接应采用由经接头型式检验确认的与套筒相匹配的灌浆料，使用与材料工艺配套的灌浆设备，以压力灌浆方式将灌浆料从套筒下方的进浆孔灌入，从套筒上方出浆孔流出，及时封堵进出浆孔，确保套筒内有效连接部位的灌浆料填充密实。套筒灌浆施工后，灌浆料同条件养护试件的抗压强度达到 35MPa 后，方可进行对接头有扰动的后续施工。

水平预制构件纵向受力钢筋在现浇带处连接可采用全灌浆套筒连接。套筒安装到位后，套筒进浆孔和出浆孔应位于套筒上方，使用单套筒灌浆专用工具或设备进行压力灌浆，灌浆料从套筒一端进浆孔注入，从另一端出浆孔流出后，进浆、出浆孔接头内灌浆料浆面均应高于套筒外表面最高点。

套筒材料主要性能指标：球墨铸铁灌浆套筒的抗拉强度不小于 550MPa，断后伸长率不小于 5 ％，球化率不小于 85％；各类钢制灌浆套筒的抗拉强度不小于 600MPa，屈服强度不小于 355MPa，断后伸长率不小于 16％；其他材料套筒应符合有关产品的标准要求。

灌浆料主要性能指标：初始流动度不小 300mm；30min 流动度不小于 260mm；1d 抗压强度不小于 35MPa；28d 抗压强度不小于 85MPa。

2. 特点

套筒使用钢制材料制作而成，机械性能稳定，外径及长度较小；套筒外表局部有凹凸，可增强与混凝土的握裹；套筒采用配套灌浆材料，手动灌浆和机械灌浆均可；加水搅拌后的灌浆料具有较大的流动性、早强性、高强度、微膨胀性，填充于套筒和带肋钢筋间隙内，形成钢筋灌浆连接接头；套筒灌浆连接更适合竖向钢筋连接，例如剪力墙、框架柱、挂板灯的连接。

3. 适用范围

套筒灌浆连接技术适用于装配整体式混凝土结构中直径 12～40mm 的 HRB400、HRB500 钢筋的连接，包括：预制框架柱和预制梁的纵向受力钢筋、预制剪力墙的竖向钢筋等的连接，也可用于既有结构改造现浇结构竖向及水平钢筋的连接。

8.2.4.3　直螺纹套筒连接

直螺纹套筒连接是指将待连接钢筋端部的纵肋和横肋采用切削的方式剥掉一部分，然后直接滚轧成普通直螺纹，由专用直螺纹套筒连接，形成钢筋连接，如图 8-19 所示。

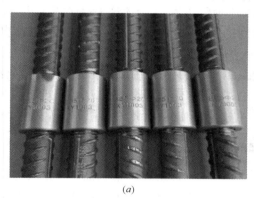 

(a)　　　　　　　　　　　　　　　(b)

图 8-19　直螺纹套筒连接

1. 技术内容

（1）钢筋直螺纹丝头加工。首先将钢筋端部用砂轮锯、专用圆弧切断机或锯切机平切，使钢筋端头平面与钢筋中心线基本垂直；其次用钢筋直螺纹成型机直接将钢筋端头加工成直螺纹，或者使用镦粗机将钢筋端部镦粗后再用直螺纹加工机将其加工成镦粗直螺纹；直螺纹加工完成后用环通规和环止规检验丝头直径是否符合要求；最后用钢筋螺纹保护帽对检验合格的直螺纹丝头进行保护。

（2）钢筋直螺纹连接。高强度钢筋直螺纹连接工艺流程是：用连接套筒先将带有直螺纹丝头的两根待连接钢筋使用管钳或安装扳手施加一定拧紧力矩旋拧在一起，使其达到行业标准《钢筋机械连接技术规程》JGJ 107—2016 规定的各规格接头最小拧紧力矩值的要求，并且使钢筋丝头在套筒中央位置相互顶紧，标准型、正反丝型、异径型接头安装后的单侧外露螺纹不宜超过 2P，对无法对顶的其他直螺纹接头，应采取附加锁紧螺母，顶紧凸台等措施紧固接头。

（3）直螺纹连接套筒设计、加工和检验验收应符合行业标准《钢筋机械连接用套筒》JG/T 163—2013 的有关规定；钢筋直螺纹加工设备应符合行业标准《钢筋直螺纹成型机》JG/T 146—2002 的有关规定；钢筋直螺纹接头应用、接头性能、试验方法、型式检验和施工检验验收，应符合行业标准《钢筋机械连接技术规程》JGJ 107—2016 的有关规定。

2. 特点

使用直螺纹钢筋套筒连接可以大大减少材料的使用，而且操作方便，不受钢筋成分种类的限制；使用此法可以提前预制钢筋，施工效率高；同时，直螺纹套筒具有连接方便、快捷、简单的优点，并可全天候施工。剥肋滚压直螺纹连接技术的施工方法高效、便捷、快速，并且节能降耗、连接质量稳定，因此该方法广受施工单位和业主的青睐。

3. 适用范围

高强度钢筋直螺纹套筒连接可广泛适用于直径 12～50mm 的 HRB400、HRB500 钢筋各种方位的同异径连接，如粗直径、不同直径的钢筋水平、竖向、环向连接；弯折钢筋、超长水平钢筋的连接；两根或多根固定钢筋之间的对接；钢结构型钢柱与混凝土梁主筋的连接。

8.2.4.4 浆锚搭接连接

运用浆锚搭接连接方法时，需要在预制构件中预留孔洞，受力钢筋分别在孔洞内外通过间接搭接实现钢筋间应力的传递。此项技术的关键在于孔洞的成型方式、灌浆的质量以及对搭接钢筋的约束等 3 个方面。目前该方法主要包括约束浆锚搭接连接和金属波纹管搭接连接两种方式，如图 8-20 所示。该方法主要用于剪力墙竖向分布钢筋（非主要受力钢筋）的连接。

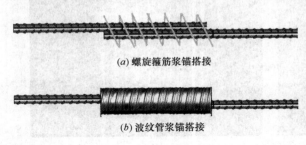

(a) 螺旋箍筋浆锚搭接

(b) 波纹管浆锚搭接

图 8-20　浆锚搭接连接

1. 施工工艺

首先清理施工面，清除掉基础表面的浮灰、油污等，并且要确保将构件灌浆表面润湿且无明显积水；其次检测钢套筒的灌浆孔及出气孔是否有堵塞的情况，如有堵塞须先进行疏通；接着连接灌浆管，并准备好堵头；然后按照厂家推荐的用水量加水搅拌灌浆料（加水量控制在 12%～13%），一般搅拌 3min 左右；最后采用人工或者机械灌浆，从一端灌入，浆液至另一端流出后封闭进浆孔和出气孔。灌浆后 24h 内不能扰动灌浆部位。施工完成后立即清洗搅拌机、灌浆泵（或灌浆枪）和灌浆管等器具。

2. 特点

浆锚搭接连接机械性能稳定；浆锚搭接连接采用配套灌浆材料，可手动灌浆和机械灌浆；灌浆料在加水搅拌后具有较强的流动性，具有早强性、高强度、微膨胀性，灌浆料填充于钢筋的间隙处，形成钢筋灌浆连接接头。浆锚搭接连接更适合竖向钢筋连接，例如剪力墙、框架柱、挂板灯的连接。

8.2.4.5 挤压套筒连接

带肋钢筋挤压套筒连接是指将两根待接钢筋分别先后插入钢套筒，用挤压连接设备沿径向挤压钢套筒，使之产生塑性变形，依靠变形后的钢套筒与被连接钢筋纵、横肋产生的机械咬合成为整体的钢筋连接方法，如图8-21所示。

1. 施工工艺

首先要对钢筋挤压部位进行清理、矫正；其次将钢筋按照压接标志上的说明插入套筒内，插入深度按定位标志确定（当钢筋纵肋影响插入时可进行打磨，但横肋严禁打磨）；插好钢筋后，在接头处用压钳进行挤压，再操作超高压泵站，使钢筋达到规定深度；最后进行检查验收，保证连接质量。

2. 特点

挤压套筒连接具有接头性能可靠；质量稳定；不受气候和焊工技术水平的影响；连接速度快；安全；无明火；节能等优点。采用该技术可连接各种规格的

图8-21 钢筋挤压套筒连接

同径或异径钢筋（直径差不大于5mm），也可连接可焊性差的钢筋，但价格较贵。

8.2.5 工程案例

1. 工程概况

南京万科上坊保障房6-05栋，位于南京市江宁区东山街道，属于夏热冬暖地区，项目实际情况如图8-22所示。该项目总建筑面积10380.59m²，其中地下建筑面积为655.98m²，地上建筑面积为9724.61 m²。项目建筑高度为45m。地下一层为车库，地上共15层，底层为架空层，二至十五层为廉租房，共计196套。为提高结构的抗震性能及预制率，该项目体系采用了新型预制框架-钢支撑结构体系，既保证了结构的抗震性能，又提高了结构的预制化率。工程采用全装配整体式框架-钢支撑结构体系，竖向构件、水平构件、抗侧向构件及内外填充墙均预制，预制率达65.4%，装配率达81.3%，是国内已建成的最高装配整体式框架-钢支撑建筑。15层楼完全实现无外脚手架，无现场砌筑，无抹灰的绿色施工。混凝土梁柱部分采用37mm厚ALC纳米保温板，围护结构节能率达

(a)   (b)

图8-22 南京万科上坊保障房6-05栋项目

到 65%。

2. 技术应用

本项目全部楼板采用预制预应力混凝土叠合板技术，预应力混凝土叠合板采取部分预制、部分现浇的方式，其中的预制板在工厂内预先生产，现场仅需安装，不需模板，在施工现场的钢筋及混凝土工程量较少，板底不需粉刷，预应力技术使得楼板结构含钢量减少。

图 8-23　钢筋挤压套筒连接施工

结构主体梁、板、柱均采用预制构件，预制柱及预制框架梁在梁柱节点处连接，预制楼板搁置于预制梁上，现场仅需绑扎梁上部钢筋及板面钢筋。外围构件上设置了混凝土外模板后，外脚手架完全取消，内部仅在梁柱交接处设计少量模板，现场模板支撑及钢筋绑扎的工作量大大减少，施工快捷，该节点做法已获得国家新型实用专利。

在预制柱底钢筋套筒连接头位置设置了定位装置。由于预制装配框架柱钢筋的连接采用套筒连接，钢筋被浇筑在柱子内，配筋情况不易观察，拼装时，可能会发生框架柱钢筋 X 向与 Y 向对接定位错误的情况，影响施工机械的使用效率。框架柱的钢筋接头处设置了定位钢筋和定位套筒，可以使现场施工人员迅速准确地确定预制柱的接头方位，有效地解决了上述问题。该节点做法已获得国家新型实用专利。

在预制装配体系中，预制柱内钢筋采用直螺纹套筒连接技术，将预制柱间上下钢筋连接长度缩短为钢筋的 8 倍直径左右；预制柱由多节柱改为单节柱，实现了构件完全标准化，有利于柱垂直度的控制调节，实现了制作、运输、吊装环节的标准化操作，易于质量控制，同时外立面预制柱顶及预制外框架梁外侧增加预制混凝土（PC）模板，完全取消了外脚手架及外模板，实现绿色施工，图 8-23 为钢筋挤压套筒连接施工的施工现场。

8.3　现场工业化施工技术

近年来，随着建筑业技术水平和创新能力的不断提升，我国许多大型建设企业（集团）借助先进的技术手段（铝模、爬架、空中造楼机、BIM 等）以及精益建造等科学的现代管理理念，将现浇混凝土施工发展成为一种新型的工业化建造模式——现场工业化建造（On-site Industrialized Construction，OIC）。该模式实现了技术、组织、信息和资源等在施工现场的高度集成，实现了"质量可靠、效率提升、垃圾减量排放、环境可持续"的建筑工业化目标。

8.3.1　现场工业化建造的内涵

现场工业化建造是指在建筑施工现场用工业化的技术和理念对建筑生产对象进行工业化生产的建造方式，施工现场被打造为建筑产品生产的"临时工厂"，在整个过程中采用通用施工机械或大型模具（如定型铝模板）、先进的信息化技术和科学的生产管理标准组织生产。

相比装配式建造，现场工业化建造强调用机械设备代替人的手工劳动，其建造过程是技术、组织、信息和资源等在施工现场的高度融合和集成。现场工业化建造考虑建筑产品及生产的特点，考虑钢筋混凝土等材料在中、高层建筑中施工的特性，不涉及分散化的混凝土预制构件的工厂生产和构件运输环节，比装配式建筑具有更强的适用性、结构整体性和更低的成本，生产效率和建筑质量也更加出色。近年来，在工程业界，不少企业相继推出新型工法的实践，通过对传统现浇施工方式进行改良，作出了具有代表性的积极探索。碧桂园的SSGF 高质量建造体系、中建三局的空中

图 8-24　现场工业化建造实践

造楼机、中建八局的"六化"、万科的"5＋2＋X"、旭辉的"X"智造和三一筑工的 SPCS 体系等都是对现场施工工艺进行工业化改进的典型代表，本质上都属于现场工业化建造，图 8-24 为现场工业化建造实践中的照片。因此，现场工业化建造既是对传统现浇施工方式的改进和升级，又是对工业化建造方式的多样化探索。但是目前相比装配式建造而言，该施工方式现场用工量更大，所用模板更多，施工容易受到季节时令的影响，自动化水平也仍需进一步提升，故这种建造技术一直处于持续更迭的过程中。

8.3.2　现场工业化建造的特征

现场工业化建造通过创新施工工艺和管理理念，将传统混乱、粗放的施工现场改造为广义的临时生产工厂，从而提高施工效率，缩短施工工期，稳定施工质量，保障施工安全，减少环境污染和资源浪费。这与以往装配式建造将配件转移到场外工厂生产的工业化建造逻辑大相径庭。对比装配式建造，现场工业化建造的显著特征主要体现在以下六个方面。

8.3.2.1　施工现场工厂化

工厂化生产被认为是传统建造业向工业化转变的重要途径之一，现场工业化建造仍然沿用工厂化生产的思路。相比装配式建造，仅有少部分标准化程度较高的非承重构件（如内隔墙、楼梯、阳台等）仍然采用场外工厂生产的方式，而大部分施工任务实现了建造空间上由"模具固定，构件移动"向"构件固定，模具移动"的建造逻辑转变。施工企业创建了可移动的"空中装配工厂"，将施工现场工厂化。施工现场工厂化以每层结构为一个基本构件单元，通过爬架和定制化的高精度建筑模具纵向移动，使大型建筑构件的生产和装配过程在施工现场合二为一，实现了楼层模具空中装配，混凝土结构一次性浇筑成型。施工现场工厂化生产有利于发挥混凝土的特性，保障施工过程的连续性，大大提高作业效率和工业化程度。必须指出的是，这种"空中装配工厂"并非真正意义上的工厂，而是一个相对封闭且满足工厂生产条件的临时场地，因此将其定义为广义工厂。

8.3.2.2　生产要素集成化

现场工业化建造是面向最终建筑产品的现场集成模式，其工厂化特征为施工现场各类要素的集成提供了空间条件。在爬架、高精度铝模等先进技术的基础上，将人、机、财、信息、组织等生产要素在现场选择搭配，相互之间以合理的结构形式集成在一起，在现场形成一个能发挥各要素优势，且最终能实现整体优势和整体优化目标的建造系统。相对于传统建造模式，现场工业化建造的生产要素在施工现场不再是简单的叠加组合和松散的合作，而是一种有效的集成和融合，通过不同的工序、专业以及组织间的协同工作，实现现场集成建造系统整体功能倍增的效果。换句话说，现场工业化建造在施工现场形成了一个技术生态系统，集成后的技术比作为单独存在的技术能获得更大的效应，技术生态系统的整体效应也就大于各个技术独立组成部分之和，即实现了"1+1＞2"的效果。相对于装配式建造，现场工业化建造强调施工现场面向最终建造产品的高度集成，打破了装配式建造只能面向构件进行连续生产而不得不面对复杂的现场施工的局限性。

8.3.2.3　系统的标准化策略

标准化是建筑工业化的前提。在我国近些年的建筑工业化进程中，以装配式建筑为核心的工业化建造往往追求的是部品、构件在设计中的标准化，忽略了标准化的系统性和全面性，导致建造标准化与需求多样化的矛盾、建造过程碎片化的现状与工业化建造一体化逻辑的矛盾、分散的生产组织模式与工业化建造对组织高度协同的要求之间的矛盾。现场工业化建造以最终建筑产品为目标，采用了分级标准化策略，即从户型标准化、模块标准化到基本构配件标准化的自上而下的分解策略，以及由基本构配件到模块化组成，直至户型构成的组织策略。该策略更加关注流程的标准化，采用标准化的施工工艺和管理手段在现场直接生产出标准化的模块和构件，便于平衡标准化与多样性。同时，现场工业化建造的标准化还体现在铝模板和钢模板的设计和使用上，标准化模板可以在现场组合成任意需要的形状，从而实现建筑物的连续生产。

8.3.2.4　更高的施工机械化

以机械生产替代手工劳动是实现工业化的核心要素，建筑业的工业化改革亦是如此。经过多年的发展，以现浇作业为主的施工现场也已实现了机械化施工，现浇混凝土从拌制运输、泵送上楼到浇筑入模成型都采用先进的施工机具，机械化施工简单易行，速度快，质量高。当今的机械化、自动化现浇混凝土技术在国内建筑市场中已经具备了相当的先进性和适用性，甚至在许多方面比预制装配式建筑更有优势。目前，许多企业使用的精准布料和自动开合模技术等使得输送浇筑和模板脱模过程中的手工作业人数大幅减少，通过人-机-技术的高效协同工作，实现了更高水平的现场机械化施工。而空中造楼机作为大型施工装备集成平台，更是施工机械化的典型代表，它通过机械化作业和智能控制的方式，将全部工艺过程和机械设备集中，可使施工在空中逐层完成。随着技术的不断更迭，空中造楼机、建筑机器人等机械设备得到规模化应用，现场的机械化施工将达到更高的水平，朝着自动化施工、无人化建造迈进。

8.3.2.5　更适合建筑材料的特性

现场工业化建造的产生与施工中采用的建筑材料关系密切。由于混凝土、石灰、石膏等材料在结硬前具有良好的可塑性，而结硬后它们的可加工性能大大降低，它们所形成的构件互相之间的连接处容易出现质量问题。解决这种质量问题需要较高的技术与管理水平，需要花费很多的时间和很大的成本。因此，对于这类建筑材料，与其花费很大力气去解决构件装配中出现的问题，不如采用模具把它们都浇筑到一起，这样装配中可能出现的质量、技术等问题也就不存在了。

8.3.2.6　更高的信息化和智能化

建筑工业化的发展离不开信息化技术的支撑。在现场工业化建造的发展过程中，各个企业都在积极将新型建造技术与信息化、智能化等技术融合创新以打造智慧工地，结合BIM、物联网、互联网＋和建筑机器人等信息化技术与智能化机械，将人、机、环境等各个系统集成，实现工程施工过程的自动化生产，可视化智能管理。如此一来，产业工人可以从高强度的重复劳动中解脱出来，现场施工作业将更加高效化、规范化。

8.3.3　施工机具和材料的工业化

8.3.3.1　施工机具设备的工业化

施工机具设备的工业化包括大模板体系、铝模板、爬模（爬升模板）、全钢式爬架等。大模板以建筑物的开间、进深、层高的标准化为基础，以大型工业化模板为主要施工手段，以预制拼装为前提，以现浇钢筋混凝土墙体为主导工序，组织有节奏的均衡施工。铝模板自重轻、变形率低、耐久度高，通常会采用"80％标准件＋20％非标准件"搭配使用的方式，以实现灵活组合，提高周转率的目的，从而将构件的标准化和多样化问题转变成了标准化构件的组织问题。爬模技术集模板支架、施工脚手架平台于一体，以已完成的主体结构为依托，爬升模板可随着结构的升高而升高，可省去大量的脚手架。全钢式爬架外立面采用钢板冲孔网，脚手板采用钢制花纹钢板及翻板，使得高处临边作业如同室内作业一般，与传统双排架相比，全钢式爬架极大地改善了作业环境。

8.3.3.2　建筑施工材料的工业化

建筑施工材料的工业化主要包括钢筋工厂化加工和配送以及预制高性能混凝土。钢筋工厂化加工是指将传统施工现场手工或采用简单设备加工成型钢筋的方式转移到专业加工厂内，采用先进加工工艺设备和质量控制体系实现钢筋成型加工的方式。我国建筑钢筋工厂化加工制品主要包括钢筋强化、钢筋成型、钢筋网成型、钢筋笼成型、钢筋机械连接五种。预制高性能混凝土也称为预制活性粉末混凝土，它是基于最大堆积密度理论及纤维增强技术发展形成的一种具有高模量、高抗拉强度、超高耐久性、低徐变性能等优点的水泥基复合材料。预制高性能混凝土通常是在混凝土工厂里配制好，用混凝土搅拌运输车运到现场，以满足现场工业化建造的施工要求。

8.3.4　现场工业化建造成套施工技术体系

8.3.4.1　SSGF 工业化建造体系

SSGF 工业化建造体系（以下简称 SSGF）是碧桂园集团在探索中国建筑工业化发展的过程中研发的现场工业化建造体系。该体系遵循"Safe&share（安全共享）、Sci-tech（科技创新）、Green（绿色可持续）以及 Fine（优质高效）"的理念，以装配、现浇、机电、内装工业化为基础，整合了分级标准化设计、模具化空中装配、全过程有序施工、人工智能化应用等技术和管理措施。同时借助智能爬架、铝模等诸多先进工艺，通过标准化、模块化、机械化及信息化等工业化手段实现了施工技术、组织、物流等在现场的高度集成，使建筑质量、效率和综合效益均得到提升。SSGF 从最初的 1.0 版本经历了 1S、2.0 和 2S 等多个版本的技术更迭，目前相关技术人员与科研人员正在积极探索建筑机器人技术，目的是打造更加智能化的建造模式。

SSGF 的成套工法包括智能爬架、高精度铝质模具、全现浇混凝土外墙、高精度楼面、自愈合防水、楼层截水系统、集成厨房系统、双凹槽轻质隔墙、中国式 SI 分离技术、BIM 零变更深化设计系统与集成式装修等诸多核心工艺等关键技术，具有代表性的技术如下：

1. 智能爬架

智能爬架可依靠自身的升降设备和装置随着工程结构的施工进度逐层爬升，主体施工结束后半个月内可解体拆架。其整体采用全钢结构，可一次搭设完成，免除传统脚手架的拆装工序，节省材料与人工，如图 8-25 所示。智能爬架可结合控制设备实现智能化升降运行和安全监控，能有效解决全过程有序施工的成品保护问题。室外、外墙及室内装修均可提前组织有序施工，易于可视化和标准化管理。

2. 高精度铝质模具

高精度铝质模具（以下简称"铝模"）通过工厂化生产，具有质量轻、刚度高、精度高、施工简便、拆模整体观感好、无火灾隐患及回收价值高等优点，如图 8-26 所示。SSGF 采用铝模，克服了传统模板的装拆困难、刚度差、强度差的缺点，可保证构件表面的平整精度，实现结构免抹灰，在较大程度上避免渗漏、开裂、空鼓等质量问题。同时，铝模的应用使得建筑装饰、檐口等细部均可与主体结构一次性浇筑，可提升施工质量与效率。

图 8-25　智能爬架

图 8-26　高精度铝制模板

3. 全现浇混凝土外墙

SSGF 采用铝模及结构拉缝技术，实现全现浇混凝土外墙，如图 8-27 所示。通过对建筑外门窗洞口、防水企口、滴水线、空调板、阳台反坎、外立面线条等进行优化，实现主体结构一次浇筑成型。免除了外墙的二次结构施工和墙体内外抹灰工序，减少外墙和窗边渗漏等质量问题，提高了结构的安全性和耐久性。

4. 高精度楼面

高精度楼面是在混凝土浇筑阶段配备专业收面工人与实测人员进行收面，控制楼面平整度与水平度，可大幅提高建造精度，可免除装修时的二次砂浆找平工序，达到木地板可以在结构上直接安装的效果。高精度楼面是实现楼板、地面结构免抹灰和地砖薄贴的前提条件，能保障后续装修的高质和高效，如图 8-28 所示。

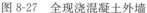

图 8-27　全现浇混凝土外墙　　　　　　　　　　图 8-28　高精度楼面

5. 自愈合防水

自愈合防水属于被动式防水做法，在混凝土结构上干撒或涂刷自愈合防水材料，使混凝土结构防水形成自修复系统，如图 8-29 所示。通常，地面下的自愈合颗粒处于休眠状态，当有水通过裂缝进入地面时，自愈合防水材料可与水发生反应，生成晶体并修复裂缝，达到防水的效果，同时保护主体结构内配筋，使维护成本降低。

6. 楼层截水系统

楼层截水系统施工与建筑主体施工进度同步，楼层截水系统可对施工用水和雨水进行有组织的拦截和引流，如图 8-30 所示。楼上施工的水不会流到楼下，实现了楼层干湿分区，防止废水污染装修工作面，为装修穿插施工提供条件。

图 8-29　自愈合防水　　　　　　　　　　　图 8-30　楼层截水系统

7. 集成厨房系统

集成厨房系统由厨房结构、家具、设备和设施进行整体布置设计和系统搭配而成，如图 8-31 所示。该系统由基本建筑材料、部品、配件等组成，并通过模数协调组合设计、工厂化加工、精细化装配进行安装。该系统解决了传统厨房设计不合理、空间布置不合理和构配件维修困难等问题，实现了厨房系统的标准化设计、工厂化生产和系统化应用。

8. 双凹槽轻质隔墙

双凹槽轻质隔墙是对预制混凝土隔墙进行创新后的成果，其更有利于铺设管线，如图

8-32 所示。该技术具有强度高、隔声、隔热、防火、防潮、抗震、方便后期施工等优良性能。由于采用工厂工业化生产的方式，双凹槽轻质隔墙可在现场以干作业的形式安装，施工简单快捷、工效高。同时配合中国式 SI 分离技术和集成式装修可实现室内免腻子，大幅减少了废水、粉尘、建筑垃圾等废弃物的产生。

图 8-31　集成厨房系统

图 8-32　双凹槽轻质隔墙

9. 中国式 SI 分离技术与集成式装修

以国际成熟的 SI 工法原理为基础，依托新型管线及自主研发的装修材料，将建筑中的支撑体（Skeleton）部分与填充体（Infill）部分分开施工，以提高主体结构的耐久性与内装的适应性。SI 分离技术具有成本低、安装快捷、空间可变、易于维修且不损坏建筑主体结构的特点，并对延长建筑结构使用寿命具有积极意义。填充体部分采用集成式装修，避免传统装修湿作业多、噪声污染、废弃物多、粉尘多的缺点。同时在标准化、模块化、成品化的数据库模板基础上，可根据客户喜好搭配不同的个性化空间，将内装部品移至工厂进行精细化生产，然后现场组装。

10. BIM 零变更深化设计系统

在设计阶段，通过三维可视化的虚拟建造，有机结合建筑、结构、水电、装修、部品五大专业的分级标准化设计；可对铝模深化、装修深化、园林深化三大类，包括铝模深化平面图、铝模斜撑布置图、预制墙板深化图等（共计 31 项）进行叠图深化设计，以减少设计的错漏和冲突以及后期的设计变更。采用 BIM 技术还可辅助成本计算来优选设计方案，进行施工进度的仿真模拟。

8.3.4.2　空中造楼机

空中造楼机是中建三局自主研发的轻量化顶模集成平台，享有"大国重器"的美誉。空中造楼机是以机械化作业、智能控制方式实现高层建筑现浇钢筋混凝土的工业化、自动化和智能化建造。它的显著特点是将施工现场打造成一个封闭可控的"空中工厂"，全部工艺过程集中、逐层地在空中完成。中建三局自主研发的空中造楼机已经经历了四代技术更迭，即低位顶升钢平台模架体系（第一代）、模块化低位顶升钢平台模架体系（第二代）、微凸支点智能控制顶升模架体系（第三代）和自带塔机微凸支点智能顶升模架系统（第四代），目前市场上最新一代的空中造楼机便是第四代，也被称为超高层建筑智能化施工装备集成平台。

该平台模拟移动式造楼工厂，将工厂搬到施工现场，采用机械操作，智能控制手段与现有商品混凝土供应链以及混凝土高处泵送技术配合逐层进行地面以上结构主体和保温饰面一体化板材同步施工的现浇建造技术，用机器代替人工，实现高层及超高层钢筋混凝土的整体现浇施工建造。目前，空中造楼机不仅应用于城市地标性超高层建筑（如北京"中国尊"，如图 8-33 所示，武汉绿地中心，沈阳宝能环球金融中心等），还可应用于高层住宅建设，如图 8-34 所示。

图 8-33　北京"中国尊"项目

图 8-34　某高层住宅建设项目

1. 空中造楼机的系统组成

空中造楼机由液压布料机、可开合雨篷、喷淋管线、防护系统、钢平台系统、模板系统、挂架系统和支撑系统等组成，如图 8-35 所示。其采用的全自动液压布料机将使浇筑效率提高，有助于加快建设进度，同时一次性浇筑对建造质量的提升也很明显。可开合雨篷有助于打造类似于工厂的封闭式环境，改善了工人的作业环境。智能化喷淋系统喷出的水雾可以起到降温，除尘，提升混凝土养护效果的作用；对保护环境、改善作业环境、提高建造质量有提升作用。防护系统和挂架系统可以防止坠落的发生。支撑系统使平台的重量均匀地分布在混凝土支点上，保障了施工的安全性。钢平台系统是设备设施集中的基础，可开合雨篷、外围模板、液压布料机等与钢平台一同爬升，其他模板、施工机具、操

图 8-35　空中造楼机系统组成

作架、配电箱等设置在平台内，使用钢平台系统可减少物料周转，有助于提高生产效率，加快建设进度，并体现了精益建造的思想。模板系统分为两部分，竖向的结构模板随着钢平台一起爬升，其他的模板通过竖向运输设备和钢平台实现转运，通过运用模板系统使建造质量有一定的提高，使建设效率有效提升。

2. 空中造楼机的特点

（1）集成度高。

空中造楼机是一个大型集成平台，将机械设备、材料堆场、操作机房、库房、卫生间、休息室等众多要素全部集成于一体。

（2）承载力高。

钢平台系统是空间框架结构，框架柱和框架梁之间采用刚性连接，有效提升了模架的承载能力和抗侧刚度。

（3）适应性强。

支撑架在水平方向上具备较大的调节空间，其传力角度也可进行调整，能够适应核心筒墙体沿竖向收缩，变截面和倾斜等的变化；通过合理布置支撑点位，支撑架能够充分适应各种核心筒结构，不受核心筒平面形式的限制；钢平台系统和挂架系统通过设置开合结构能够适应核心筒外伸臂形式的施工，不受核心筒与外框结构连接形式的限制。

（4）智能综合监控。

空中造楼机具备智能综合监控能力，通过传感器、数据解调设备和数据处理终端对平整度、风压、温度等一系列参数进行智能检测。

（5）作业工序流水化。

空中造楼机可以同时为竖向 4.5 个结构层提供作业面，实现不同结构层之间的穿插流水施工，此施工方法提高了施工效率，缩短了施工工期。

3. 施工工艺流程

空中造楼机与主体结构穿插施工的工艺流程主要包括 10 个阶段，见表 8-2。

空中造楼机与主体结构穿插施工作业工艺流程表 表 8-2

阶段一：初始状态。 作业内容：N 层顶板、N 层竖向混凝土浇筑	阶段二：竖向拆模。 作业内容：N 层竖向模板、N-2 层支架拆除
阶段三：顶升模架。 作业内容：模架顶升一个结构层，N-2 层支架拆除	阶段四：竖向钢筋绑扎。 作业内容：测量放线（混凝土浇筑完毕 12h 后），N+1 层竖向钢筋绑扎、验收
阶段五：竖向模板合模。 作业内容：N+1 层竖向钢筋合模，N-2 层支架倒运，N+1 层部分立杆支设	阶段六：水平模板拆除与铺设。 作业内容：N+1 层立杆支设，N 层顶板水平模板拆除与倒运，N+1 层顶板水平模板铺设
阶段七：梁、板钢筋绑扎。 作业内容：N+1 层顶板梁、板钢筋绑扎，线盒埋设	阶段八：管线预留预埋。 作业内容：管线预留预埋
阶段九：钢筋验收。 作业内容：N+1 层顶板板面钢筋绑扎及验收	阶段十：混凝土浇筑。 作业内容：N+1 层顶板竖向混凝土浇筑

8.3.4.3　配筋混凝土砌块结构体系

配筋混凝土砌块结构是在无筋砌体的基础上，在砌块孔内配筋并浇筑混凝土而形成的一种新型结构体系，具有与钢筋混凝土剪力墙类似的性能，如图 8-36 所示。在国内，配筋混凝土砌块结构已经是一种比较成熟的结构形式。

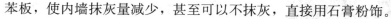

图 8-36　配筋混凝土砌块结构

1. 配筋混凝土砌块施工

配筋混凝土砌块施工流程如图 8-37 所示：

2. 技术要点

（1）混凝土砌块外墙可以直接粘贴苯板，使内墙抹灰量减少，甚至可以不抹灰，直接用石膏粉饰。

（2）混凝土砌块设有全长、七分、半块、清扫、系梁、补块等各类型砌块，通过不同组砌即可达到各类墙体的砌筑要求，砌块全部按图纸订货，工厂加工，几乎不需现场切割，损耗率极低。

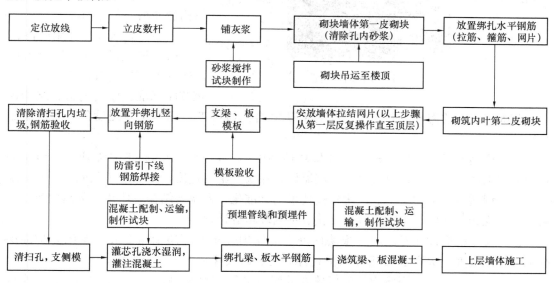

图 8-37　配筋混凝土砌块施工流程

（3）混凝土砌块用砂浆砌筑，按要求设置水平和竖向钢筋，用注芯混凝土将其粘结成整体，墙体施工不需模板和大型吊装机具，施工程序少。

（4）对于施工传统框架剪力墙结构，除有延性要求外，为限制在混凝土水化过程中产生显著收缩的需要，主要考虑在塑性状态浇筑。在配筋混凝土砌块施工时，作为主要组成部分的砌体块体尺寸稳定，仅需在砌体中加入塑性的砂浆和注芯混凝土，因此砌体墙体中可收缩的材料少于传统混凝土墙体，配筋砌体结构的构造含钢率也比框架剪力墙结构低得多。

（5）配筋砌体结构中存在着许多竖向灰缝，这些竖向灰缝类似在框架剪力墙中设置的数条竖向缝，增加了结构的变形和耗能能力。

8.3.4.4 EPS 建筑模块

EPS 建筑模块，是以阻燃型聚苯乙烯泡沫塑料模块作为保温结构并以钢筋混凝土墙为承重结构的新型结构体系。这种结构体系中的 EPS 模块取代了原来的可拆模板，为钢筋混凝土墙提供了免拆模板，这一点与配筋混凝土砌块有一定的相似性。依据相关规程和规范的具体要求并结合实际情况布置钢筋并浇筑混凝土，然后使混凝土同 EPS 模块表面的燕尾形凹槽紧密咬合，最后构成了墙体保温与结构受力为一体的新型结构体系。

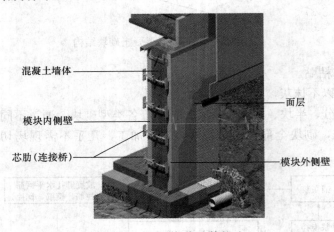

图 8-38　EPS 复合墙体构造

1. 技术原理

将 EPS 模块经积木式错缝插接拼装成空腔模块墙体，在其内设置钢筋并浇筑混凝土。内外表面用纤维抗裂砂浆抹面层防护，采用耐碱玻璃纤维网格布起到抗裂增强的作用，形成保温承重一体化房屋围护结构。EPS 复合墙体构造如图 8-38 所示。

2. EPS 建筑模块体系的特点

（1）模块的几何尺寸精准。EPS 建筑模块是按建筑模数、建筑节能标准、建筑构造、结构体系以及施工工艺的需求，并与生产工艺有机结合，通过工厂标准化专用设备一次成型制造的。

（2）产品的更新换代。EPS 建筑模块体系的出现，使得墙体施工时无须采用传统的彩钢夹芯板或复合夹芯板及块材来组砌墙体，加快了施工速度，降低了工程成本，有效地保证了工程质量，实现了工业厂房建造技术的标准化、保温与结构一体化、部品生产工厂化、施工现场装配化、工程质量精细化、室内环境舒适化。

（3）安全防火性能好。EPS 模块内外表面均匀分布的燕尾槽与 20mm 厚的防护面层有机咬合，极大地提高了 EPS 模块的抗冲击性、耐久性和防火安全性能。

（4）抗震性能强。EPS 模块的墙体内的轻钢芯肋与结构柱用镀锌连接螺栓通过连接角钢的可靠连接，提高了墙体的平面外稳定性和抵抗地震灾害的能力，可减少因地震灾害造成的财产损失及社会影响。

（5）适用性广泛。EPS 模块的墙体不仅适用于新建钢结构工业建筑的非承重外围护墙体，还适用于木结构、混凝土框架结构、钢管混凝土框架结构装配式工业建筑的填充墙体。同时也适用于墙体快速修缮及既有工业建筑节能改造等工程项目。

（6）降低结构自重。EPS 模块的墙体自重仅为 $65kg/m^2$（含双面 20mm 厚的抹灰防护面层或防护板），只是块材组砌填充墙体自重的 1/6 或 1/7，既减轻了结构载荷，又降低了建筑结构的建造成本。

8.3.4.5　其他建造体系

除了上述体系外，还有许多不同类型的现场工业化建造体系，这些建造体系虽然名称不同，但都属于现场工业化建造的范畴。如中建八局提出了基于"六化"策略的现浇混凝土结构现场工业化创新建造模式，包括材料高强化、钢筋装配化、模架工具化、混凝土商品化、建造智慧化和部品模块化；万科集团研发了"5＋2＋X"新型建造体系，"5"是指铝模、全混凝土外墙、装配式内隔墙、自升式型钢爬架和穿插施工技术，"2"是指适度预制和装配式装修，"X"是指其他诸多新技术的应用和集成；旭辉集团的"X"智造在施工现场打造了加工车间、结构车间、内装车间、外装车间，实现了施工现场工厂化；三一筑工的 SPCS"空腔＋搭接＋现浇"核心体系主要是体现在施工现场进行"工业化现浇"的过程，本质上也属于现场工业化建造。

复习思考题

1. 预制构件深化设计过程包括哪些阶段？每个阶段的主要内容是什么？
2. 简述新型预制构件生产加工技术。
3. 预制构件的连接技术有哪些？它们各自有什么特点？
4. 在预制构件的运输和存放的过程中应当注意什么？
5. 简述不同预制构件的施工流程。
6. 如何理解现场工业化建造？其与装配式建造有何区别和联系？
7. 请思考发展现场工业化建造的意义是什么？
8. 请查阅相关资料，列举同样属于现场工业化建造范畴的其他工程实践。

参 考 文 献

[1]　李永杰 . BIM 技术在装配式建筑深化设计中的应用研究[J]. 智能建筑与智慧城市，2021(10)：47-48.

[2]　葛琳 . BIM 技术在装配式框架结构深化设计中的应用[J]. 中国建筑装饰装修，2022(12)：57-59.

[3]　范玉，徐华，黄新，等 . 新型装配式建筑构件生产及其施工技术的研究与应用[J]. 混凝土与水泥制品，2015(12)：87-89.

[4]　吴佩琪 . 新型预制混凝土构件生产技术研究及工艺装备开发[J]. 城市建设理论研究（电子版），2018(36)：134.

[5]　刘望，冯淼 . 装配式建筑预制构件模具设计研究及模具发展趋势[J]. 建设机械技术与管理，2021，34(1)：85-88.

[6]　王颖，袁艳萍，陈继民 . 3D 打印技术在模具制造中的应用[J]. 电加工与模具，2016(S1)：14-17.

[7]　李合光，王万江 . 装配式建筑 PC 构件拼块式通用模具探析[J]. 建筑技术，2022，53(2)：244-246.

[8]　李楠，张东宁 . 装配式建筑施工[M]. 北京：化学工业出版社，2022.

[9]　沈祖炎，李元齐 . 建筑工业化建造的本质和内涵[J]. 建筑钢结构进展，2015，17(5)：1-4.

[10]　孙军，杨泓斌，蔡晋，等 . 新型建筑工业化解决方案——SSGF 高质量建造体系研究[J]. 建筑经济，2019，40(2)：11-16.

[11]　中华人民共和国国家质量监督检疫总局，中国国家标准化国家管理委员会 . 普通混凝土小型砌块：

GB/T 8239—2014[S]．北京：中国标准出版社，2014：7.

[12] 邓冬梅．配筋混凝土砌块结构的研究与应用[D]．哈尔滨：哈尔滨工程大学，2008.

[13] 苏云辉，陈宁．聚苯乙烯模块墙体空腔简易模块化装配式建筑应用[J]．施工技术，2017，46(16)：40-43.

[14] 李忠富．建筑工业化概论[M]．北京：机械工业出版社，2020.

[15] 潘春龙，全文宝，张万实，等．超高层建筑施工装备集成平台技术[J]．施工技术，2017，46(16)：1-4＋17.

[16] 王俊，赵基达，胡宗羽．我国建筑工业化发展现状与思考[J]．土木工程学报，2016，49(5)：1-8.

第9章 机电设备安装新技术

9.1 管线施工新技术

9.1.1 导线连接器应用技术

导线连接器的历史可追溯到 20 世纪 20 年代，使用导线连接器能实现可靠性高的电气连接。由于不借助特殊工具，可完全徒手操作，使导线连接器的安装过程十分快捷、高效，平均每个电气连接的耗时仅 10 秒钟，为传统焊锡工艺的三百分之一。在 20 世纪 40 年代，导线连接器已全面替代"焊锡＋胶带"工艺，并广泛应用于建筑电气工程中。

9.1.1.1 导线连接器的分类

民用建筑电气工程中所使用的导线连接器属于家用和类似用途低压电路用的连接器件，根据《家用和类似用途低压电路用的连接器件 第 1 部分：通用要求》GB 13140.1—2008，此类连接器分为 3 类。

1. 螺纹型连接器

根据线径选择适当的套管（芯），通过拧紧一侧的螺钉产生压力，多根导线挤压在套管内，安装绝缘罩（采用螺纹连接）后即形成完整的电力连接。

2. 无螺纹型连接器

无螺纹型连接器通过簧片、弹簧或凸轮机构等构成的"无螺纹型夹紧部件"，使被连接导线产生接触力，实现电气连接。此类连接器也被称为"插接式连接器"或"推线式连接器"，按连接导线的连接能力（同时连接导线的根数），无螺纹型连接器可分 2～8 孔等多种规格，并有"并插"与"对插"之分。

3. 扭接式连接器

扭接式连接器的导体间接触力来自绝缘外壳及内嵌的圆锥形螺旋钢丝。在连接器旋转过程中，方截面钢丝的棱线会在导体表面形成细小刻痕，并使导线形成扭绞状态，同时圆锥形螺旋钢丝产生扩张趋势，对导线施加足够压力。因此种连接器的外形与使用方式类似机械设备中的"帽型螺母"，此种连接器又被称为"接线帽"。扭接式连接器在电气连续、机械强度、绝缘防护方面都优于焊接工艺，且可以完全徒手操作（如果使用螺母套筒等辅助工具可进一步提高工效），施工方便、高效。在其 100 多年（发明专利注册于 1920 年）的发展历程中，逐渐形成了满足不同需求的多种形式。

区别于螺纹型和非螺纹型连接器，扭接式连接器只对导线提供握持力，本身并不参与导电，早期的扭接式连接器甚至完全用陶瓷制造，因此连接器不存在载流量指标。安装扭接式连接器时，无须对被连接导线进行预扭绞，只需按要求将剥除绝缘层的导线并齐，套上连接器旋转，当连接器外部导线也出现扭绞状态时，就完成了可靠连接。

4. 不同连接器的特点比较

由于扭接式连接器和无螺纹型连接器的优点突出，它们成为全球建筑电气低压配电系统与电器设备中用量多，用途广的导线接续装置。其工艺特点见表 9-1，能确保导线连接所必需的电气连续、机械强度、保护措施以及检测维护四项基本要求。

符合 GB 13140—2008 系列标准的导线连接器产品特点说明　　　　　表 9-1

比较项目	无螺纹型		扭接式	螺纹型
	通用型	推线式		
连接原理图例				
制造标准代号	GB 13140.3—2008		GB 13140.5—2008	GB 13140.2—2008
连接硬导线（实心或绞合）	适用		适用	适用
连接未经处理的软导线	适用	不适用	适用	适用
连接焊锡处理的软导线	适用	适用	适用	不适用
连接器是否参与导电	参与		不参与	参与/不参与
IP 防护等级	IP20		IP20 或 IP55	IP20
安装方式	徒手或使用辅助工具		徒手或使用辅助工具	普通螺丝刀
是否重复使用	是		是	是

9.1.1.2　无螺纹型连接器的主要施工方法

（1）根据被连接导线的截面积、导线根数、软硬程度，选择正确的导线连接器型号。

（2）根据连接器所要求的剥线长度，剥除导线绝缘层。

（3）按图 9-1 与图 9-2 所示，安装或拆卸无螺纹型连接器。

（4）按图 9-3 所示，安装或拆卸扭接式导线连接器。

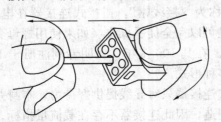
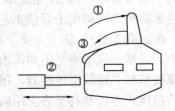

图 9-1　推线式连接器的导线安装或
拆卸示意图

图 9-2　通用型连接器的导线安装或
拆卸示意图

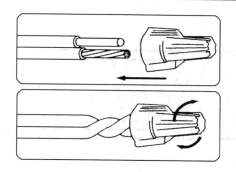

图 9-3　扭接式连接器的安装示意图

9.1.2　可弯曲金属导管安装技术

随着国内建筑业电气系统新型材料的飞跃发展，可弯曲金属导管是我国建筑材料行业新一代电线电缆外保护材料，适用于 1kV 及以下可挠金属电线保护管配线工程。由于其具有可挠性、防腐性、内绝缘层、抗拉、抗压等特点，并具有重量轻，辐射连接方便，可靠性高等诸多优点，因此其逐步广泛作为一种较理想的电线保护套管在工程中使用。

9.1.2.1　可弯曲金属导管的分类

可弯曲金属导管是以镀锌钢板为原料，通过热加工一次性成型的新型的电线电缆外保护材料。根据功能及机械性能的不同其可分为基本型、防水型和无卤防水型。基本型的外层为双面热镀锌钢带，内层为绝缘热固性粉末涂料，防水型和无卤防水型在基本型的外层热镀锌钢带上分别包覆防水（聚氯乙烯）、阻燃（聚乙烯）护套。三类可弯曲金属导管结构如图 9-4 和图 9-5 所示。

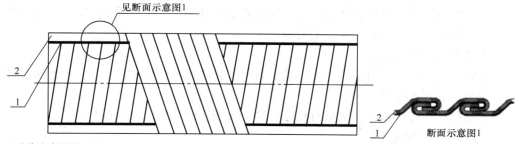

1—绝缘防腐材料（热固性粉末涂料）；

2—热镀锌钢带

图 9-4　基本型导管示意图

9.1.2.2　可弯曲金属导管的优点

1. 可弯曲度好

与传统镀锌钢管及 IDG 管相比，可弯曲金属导管由优质钢带绕制而成，在一定范围内可自由手工弯曲，可不使用煨弯器，减少了机械操作工艺，降低了施工难度和强度，有效保障了工期，尤其适合在桁架板等预埋形状较苛刻、管道弯曲较多的部位进行施工。

2. 质量较轻

可弯曲金属导管二次搬运简便，不用依靠机械，单纯靠人力即可具备运输条件。

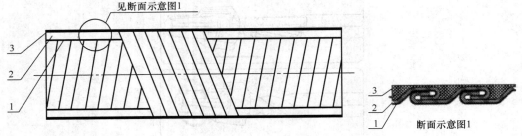

1—绝缘防腐材料（热固性粉末涂料）；

2—热镀锌钢带；

3—（防水型、无卤防水型）护套

图 9-5　防水/无卤防水型导管示意图

3．连接方便

可弯曲金属导管自带螺纹、接头连接器等附件，与接线盒进行连接时比较方便。

4．长距离敷设方便

镀锌钢管的单个成品件最长 6 m，长距离敷设时需要反复进行管路之间的连接，而可弯曲金属导管的长度几乎没有限制。在长距离施工中，可弯曲金属导管在施工中可直接敷设，无须多次进行管与管的重复连接。

5．耐腐蚀性强

可弯曲金属导管的材质为热镀锌钢带，内壁有绝缘热固性粉末涂料层，双重防腐，可降低管内线缆损伤的可能性。

6．现场加工简单

敷设可弯曲金属导管快捷高效，施工现场测量后可采用专用钢锯切割，不需要再进行套丝。管口及管材内壁平整光滑，无毛刺。

7．便于现场二次搬运

可弯曲金属导管采用圆盘状包装，重量为同米数传统刚性管材的一半，搬运方便。

8．具有一定的伸缩性

可弯曲金属导管可避免或减小与其他工序交叉施工中造成的硬性破坏损失。

9．适合异形暗埋施工

由于钢筋桁架楼承板三角桁架的形状较不规则，管道可弯曲布设的范围十分有限，采用可弯曲金属导管在钢筋中暗敷设相对于刚性金属导管有明显的优势，同时也能保证预埋的安装质量。可弯曲金属导管的可弯曲性特点在异形暗埋施工中能得到最大化的发挥。

9.1.3　工业化成品支吊架技术

工业化成品支吊架是一个新事物，从技术到标准都是从零开始。在这方面，国外起步较早，有些经验可以借鉴，实现支吊架工业化施工的前提就是现场不允许存在支吊架的切割、焊接作业，因此支吊架的制作工序必须前移，也就是说支吊架的制作必须由厂家来完成，现场要做的仅仅是支架装配、结构打孔、支架安装这三个步骤。施工方通过图纸深化，支吊架排布，然后提供给厂家，厂家根据施工方的支架排布图进行设计、加工，这样支吊架一出厂就形成了工业化成品支吊架。随着近几年 BIM 技术的迅猛发展，工业化成品支吊架的加工精度越来越高，工业化成品支吊架正逐步被越来越多的企业所应用。

9.1.3.1 工业化成品支吊架的特征

工业化成品支吊架的主体需要在车间内事先完成制备，在运送到施工场地后直接组装即可。采用车间预制的模式，在确保工程项目建设质量的前提下，不仅能使装配效率显著提升，还能将投资费用和装配时间控制到最小的范围之内，将外界施工条件带来的干扰降到最低。

1. 拆改比较方便

工业化成品支吊架的设计以组合式构件为主，能够直接完成装配式施工任务，不需要钻孔和焊接施工，拆改比较方便，不仅会使美观的要求得到满足，还会给后续的维修养护提供巨大的便利。

2. 施工效率高

事先将工业化成品支吊架制作好，将其运送到施工现场以后安装即可，施工效率非常高。工业化成品支吊架使用工厂化预制形式，施工现场和自然条件等因素对其造成的影响都比较小，不会给其他施工项目带来任何的不良影响。以施工单位的订单为依据，对工业化成品支吊架进行制作和调试，在施工条件符合各项要求以后，将其运送到施工现场直接安装施工，在确保施工质量的前提下，使得施工速度得到极大的提升。

3. 环保性好

工业化成品支吊架遵循的主要理念为绿色建筑理念，与传统施工现场使用的制作调试支吊架比较，工业化成品支吊架能够将传统施工现场需要完成的防腐油涂刷和切割焊接等施工工序省略掉，并将粉尘等环境污染控制到最低，使绿色施工得以真正地实现。

4. 施工效果好

以管道、桥架和风管的规格为依据，预制工厂能够高效完成工业化成品支吊架的预制施工任务。在平顶施工和地铁管笼施工时，受其复杂性的影响，使用工业化成品支吊架能够发挥出良好的作用。工业化成品支吊架的具体结构如图 9-6 所示。

图 9-6　工业化成品支吊架

9.1.3.2 工业化成品支吊架的施工工艺

(1) 吊架和支架安装应保持垂直，整齐牢固，无歪斜现象。

(2) 支吊架安装时要根据管子位置，找平、找正、找标高，支吊架与管子接合处要稳固。

(3) 吊架要按施工图锚固于主体结构，要求拉杆无弯曲变形，螺纹完整且与螺母配合良好。

(4) 在混凝土基础上，用膨胀螺栓固定支吊架时，膨胀螺栓必须打入到规定的深度，特殊情况下需做拉拔试验。

(5) 管道的固定支架应严格按照设计图纸安装。

(6) 导向支架和滑动支架的滑动面应洁净、平整，滚珠、滚轴、托滚等活动零件与其支撑件应接触良好，以保证管道能自由膨胀。

(7) 所有活动支架的活动部件均应裸露，不应被保温层覆盖。

(8) 对于有热位移的管道，在受热膨胀时，应及时对支吊架进行检查与调整。

(9) 恒作用力支吊架应按设计要求进行安装调整。

(10) 支架装配时应先整型，再上锁紧螺栓。

(11) 支吊架调整后，各连接件的螺杆丝扣必须带满，锁紧螺母应锁紧，防止松动。

(12) 支架间距应按设计要求正确装设。

(13) 支吊架的安装应与管道的安装同步进行。

(14) 支吊架安装施工完毕后应将支架擦拭干净，所有暴露的槽钢端均需装上封盖。

9.1.4 薄壁金属管道新型连接安装施工技术

9.1.4.1 铜管机械密封式连接

铜管机械密封式连接是一种简单、方便、实用的连接方式，广泛应用于工业、建筑等各个领域。在密封连接过程中，两个铜管通过机械装置加压密封，并使两个管子产生牢固的连接。现在市场上常见的铜管机械密封连接包括卡套式、插接式和压接式连接等方式，下面将逐一详解。

1. 卡套式连接

卡套式连接是一种较为简便的施工方式，操作简单，掌握方便，是施工中常见的连接方式。连接时需要管子切口的端面与管子轴线保持垂直，并将切口处毛刺清理干净，管件装配时卡环的位置正确，并将螺母旋紧，就能实现铜管的严密连接。此连接方式主要适用于管径 50mm 以下的半硬铜管的连接。

2. 插接式连接

插接式连接是一种简便的施工方法，只要将切口的端面与管子轴线保持垂直并将去除毛刺的管子用力插入到管件的底部即可，此种连接方法是靠专用管件中的不锈钢夹固圈将钢壁禁锢在管件内，利用在管件内与铜管外壁紧密配合的 O 形橡胶圈来实施密封的，主要适用于管径 25mm 以下的铜管的连接。

3. 压接式连接

压接式连接是一种较为先进的施工方式，操作起来也较简单，但需配备专用的且规格齐全的压接机械。连接时管子的切口端面与管子轴线保持垂直，并去除管子的毛刺，然后将管子插入到管件的底部，再用压接机械将铜管与管件压接成一体。此种连接方法是利用管件凸缘内的橡胶圈来实施密封的，主要适用于管径 50mm 以下的铜管的连接。

9.1.4.2　薄壁不锈钢管机械密封式连接

薄壁不锈钢管是我国近年发展起来的高档次新颖建筑材料，它可用于给水、热水、饮用纯净水等工程，具有重量轻、力学性能好、使用寿命长、摩阻系数小、不易产生二次污染等优点，应用前景广阔。现在市场上常见的薄壁不锈钢管机械密封式连接包括卡压式、卡凸式螺母型和环压式连接等方式，下面将逐一详解。

1. 卡压式连接

卡压式连接的作用机理为：配管插入管件承口（承口 U 形槽内带有橡胶密封圈）后，用专用卡压工具压紧管口形成六角形而起密封和紧固作用。

2. 卡凸式螺母型连接

卡凸式螺母型连接的作用机理为：用专用扩管工具在薄壁不锈钢管端的适当位置，由内壁向外（径向）辊压使管子形成一道凸缘环，然后将带有锥台形三元乙丙密封圈的管插进带有承插口的管件中，拧紧锁紧螺母时，靠凸缘环推进压缩三元乙丙密封圈而起密封作用。

3. 环压式连接

环压连接是一种永久性机械连接，首先将套好密封圈的管材插入管件内，然后使用专用工具对管件与管材的连接部位施加足够大的径向压力使管件、管材发生形变，并使管件密封部位形成一个封闭的密封腔，然后再进一步压缩密封腔的容积，使密封材料充分填充整个密封腔，从而实现密封，同时将管件嵌入管材使管材与管件牢固连接。

在实际应用中，不同的连接方式各有各的优点和缺点，需要根据具体情况和要求进行选择。对于卡套式连接、插接式连接和压接式连接三种铜管机械密封式连接方式，以及卡压式连接、卡凸式螺母型连接和环压式连接三种薄壁不锈钢管机械密封式连接方式，各自的适用范围和使用方法都不相同，因此选择时需要慎重考虑。在选择时可以根据实际需求、操作难度和材料要求等因素进行综合评估，选择最适合的连接方式。

9.1.5　内保温金属风管施工技术

传统的薄钢板金属风管施工工艺是先进行风管制作安装，再进行风管外保温，这种工艺工序复杂且影响工期，无法解决风管运行时的噪声问题。内保温金属风管施工工艺，是在传统镀锌钢板风管的基础上，在金属风管内壁粘贴保温层，全部采用工厂化预制生产，从而减少现场的施工工序，缩短工程工期，提高风管加工及安装质量，具有良好的经济效益和社会效益。

9.1.5.1　性能特点

与传统外保温金属风管的制作与安装工艺相比较，内保温金属风管的性能特点主要体现在以下几个方面：

1. 在线密封

内保温金属风管通过采用先进的在线联合口内涂装密封胶的技术，保证风管的气密性以降低漏风量，确保空调风系统满足气密性要求和节能指标。

2. 有效保温

内保温金属风管的玻璃纤维内衬保温材料使用玻璃纤维浸润热硬化树脂制作而成，纤维表面经处理后形成一层树脂涂层或毡面，为玻璃纤维提供稳定性支持且具有一定的防火性能，可根据要求选择不同厚度的保温材料，做到保温材料的厚度可控。

3. 机械化保温钉固定

运用自动打钉机使专用保温焊钉将保温内衬与金属风管钉接，牢固的焊点可有效地防止内保温层从金属风管脱落，长期保证风管良好的保温性能。

4. 可靠的保温防护

由于保温层内置，采用镀锌钢板制作的内保温金属风管可有效减少工厂制作、搬运和现场运输引起的损坏，保证保温层的完整性。另外，内保温金属风管承压能力强，可在满足设计压力要求的同时最大限度地保护内衬保温层的完整性和有效性。

5. 吸声降噪

与传统施工方式不同，内保温金属风管将消声保温材料贴附在风管内壁，可在减少风管壁冷热损失的同时有效地吸收风管系统噪声，既满足风管保温的要求，又可大幅度降低风系统噪声对室内环境的影响，可有效提高室内环境的质量。

9.1.5.2　施工工艺

普通薄钢板法兰风管的制作流程为：相对内保温金属风管的制作流程，在风管咬口制作和法兰成型两道工序后，为贴附内保温材料，多了喷胶、贴棉和打钉三个步骤，然后进行板材的折弯和合缝，其他步骤两者完全相同。在内保温金属风管的施工中，喷胶、贴棉和打钉三个工序被整合到了整套流水线中，其生产效率几乎与生产薄钢板法兰风管的生产效率相当。为防止保温棉被吹散，要求金属风管内壁涂胶满布率在 90％以上，管内气流速度不得超过 20.3m/s。内保温金属风管施工工艺流程见图 9-7。此外，内保温金属风管还有以下施工要点，如表 9-2 所示。

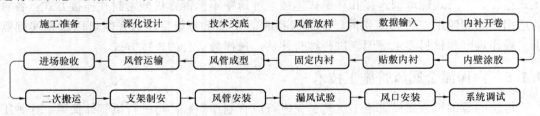

图 9-7　内保温金属风管施工工艺流程图

内保温金属风管的施工要点　　　　　　　　　　　　　　　　　表 9-2

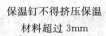		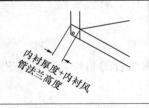	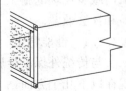
保温钉不得挤压保温材料超过 3mm	风管两端安装有 C 形 PVC 挡风条，以防止漏风，同时防止产生冷桥现象	法兰高度等于玻璃纤维内衬风管法兰高度加上内衬厚度	挡风条宽度为内衬风管法兰高度加上内衬厚度

（1）在安装内衬风管之前，首先要检查风管内衬的涂层是否存在破损，有无受到污染等，若发现以上情况需进行修补或者直接更换一节完好的风管进行安装。

（2）内衬风管的安装与薄钢板法兰风管的安装工艺基本一致，先安装风管支吊架，风管支吊架间距按相关规定执行，风管可根据现场实际情况采取逐节吊装或者在地面拼装一定长度后整体吊装。

（3）内保温风管与外保温风管、设备以及风阀等连接时，法兰高度可按表 9-2 的要求进行调整，或者采用大小头连接。

（4）风管安装完毕后进行漏风量测试，要注意的是，导致风管严密性不合格的主要因素在于风管挡风条在安装时与法兰边没有对齐，或者没有选用合适宽度的法兰垫料，或者垫料粘贴时不够规范。

（5）风管运输及安装过程中应注意防潮、防尘。

9.1.5.3　绿色施工的表现

与传统外保温金属风管的制作与安装工艺相比较，内保温金属风管更符合绿色环保施工的要求，主要表现在以下两方面：

1. 安装简便快捷

内保温金属风管由工厂一次加工成型，无施工现场二次保温工序，可节省施工现场二次保温工时。施工人员只需按照设计图纸，完成风管的吊装、连接和紧固即可，施工安装简便快捷。整个安装过程受人员操作的影响较小，耗时短，施工现场无污染，可明显缩短通风空调系统的施工周期，满足日趋紧张的施工工期要求。

2. 节省安装空间

内保温金属风管不必预留内保温金属风管的施工空间，内保温金属风管可贴梁、贴壁或贴顶安装，系统经过优化设计可不安装消声器，从而更有效地利用建筑空间。

9.1.6　金属风管预制安装施工技术

9.1.6.1　金属矩形风管薄钢板法兰连接技术

1. 技术特点

金属矩形风管薄钢板法兰连接技术替代了传统角钢法兰风管连接技术，具有制作工艺先进、安装生产效率高、操作人员工种少（省去焊接、油漆等工种）、操作劳动强度低、产品质量稳定等特点。其已在国外有多年的发展和应用并形成了相应的规范和标准。

采用金属矩形风管薄钢板法兰连接技术不但能节约材料，而且能通过新型自动化设备使得生产效率提高；制作精度高；风管成型美观；安装简便。金属矩形风管薄钢板法兰连接技术相比传统角钢法兰风管连接技术可节约劳动力约 60%，节约型钢、螺栓约 65%，而且由于不需防腐施工，减少了对环境的污染，具有较好的经济、社会与环境效益。

在传统的通风与空调工程中，风管横向连接，成对法兰均采用角钢制作，分别铆在风管两端并翻边，在与两根风管相接的这对法兰中间加上密封垫并用螺栓把风管与法兰连接起来。由于受到材料、机具和施工的限制，风管不可能为减少这种接头做得很长。一般矩形直风管接头的厚度均在 1.2mm 左右。在一个工程内，风管法兰接口多达成千上万，也就需要成千上万对法兰、密封垫，连接法兰用的螺栓数量更是惊人的庞大。

金属矩形风管薄钢板法兰风管的法兰与风管同为一体，风管间的连接采用弹簧夹式、插接式或顶丝卡紧固方式。对于金属矩形风管薄钢板法兰风管的制作，可根据施工实际情况采用单机设备分工序完成风管制作，也可采用在计算机控制下，将下料、风管管体及法兰成型一次完成的直风管制作流水线。直风管制作流水线使用镀锌板卷材，可根据风管制作的需要，连续进行管材下料直至半成品加工完成，全部工序大约只需 30 秒。变径、三通、弯头等异型风管配件可采用数控等离子切割设备下料，有效节省时间。设备的配套使用实现了直风管加工和风管配件下料的自动化，具有生产效率高、降低消耗、成型美观、实现风管加工的全自动化、产品质量好等优点。

2. 施工工艺

根据加工形式的不同，金属矩形风管薄钢板法兰连接技术分为两种：一种是法兰与风管壁为一体的形式，称之为"共板法兰"；另一种是薄钢板法兰用专用组合式法兰机制作成法兰的形式，根据风管长度下料后，插入制作好的风管管壁端部，再用铆（压）接连为一体，称之为"组合式法兰"。通过共板法兰风管自动化生产线，卷材开卷、板材下料、冲孔（倒角）、辊压咬口、辊压法兰、折方等工序顺序完成，制成半成品金属矩形风管薄钢板法兰直风管管段。风管三通、弯头等异形配件通过数控等离子切割设备自动下料。

(1) 金属矩形风管薄钢板法兰风管的板材厚度为 0.5～1.2mm，风管下料宜采用单片、L 形或口形方式。金属风管板材连接形式有：单咬口（适用于低、中、高压系统）、联合角咬口（适用于低、中、高压系统矩形风管及配件四角咬接）、转角咬口（适用于低、中、高压系统矩形风管及配件四角咬接）、按扣式咬口（适用于低、中压矩形风管或配件四角咬接以及低压圆形风管）。

(2) 当风管大边尺寸、长度及单边面积超出规定的范围时，应对其进行加固，加固方式有通丝加固、套管加固、Z 形加固、V 形加固等。

(3) 风管制作完成后，进行四个角连接件的固定，角件与法兰四角接口的固定应稳固、紧贴，端面应平整。固定完成后需要打密封胶。

(4) 金属矩形风管薄钢板法兰风管的连接方式应根据工作压力及风管尺寸大小合理选用，用专用工具将法兰弹簧卡固定在两节风管法兰处，或用顶丝卡固定两节风管法兰，弹簧卡、顶丝卡不应有松动现象。

9.1.6.2 金属圆形螺旋风管制安技术

1. 技术特点

螺旋风管又称螺旋咬缝薄壁管，由条带形薄板螺旋卷绕而成，与传统金属风管（矩形或圆形）相比，具有无焊接、密封性能好、强度刚度好、通风阻力小、噪声低、造价低、安装方便、外观美观等特性。根据使用材料的材质进行分类，螺旋风管主要有镀锌螺旋风管、不锈钢螺旋风管、铝螺旋风管。螺旋风管制安机械自动化程度高且加工制作速度快，在发达国家已得到了长足的发展。

2. 施工工艺

金属圆形螺旋风管目前广泛采用流水线生产，取代手工制作风管的全部程序，使用宽度为 138mm 的金属卷材为原料，以螺旋的方式实现卷圆、咬口、合缝压实三个工序顺序完成，加工速度为 4～20m/min。金属圆形螺旋风管一般是以 3～6m 为标准长度。弯头、三通等各类管件采用等离子切割机下料，直接输入管件的相关参数即可精确快速切割管件展开板料；用缀缝焊机闭合板料和拼接各类金属板材，此技术使接口平整，不破坏板材表面；用圆形弯头成型机自动进行弯头咬口合缝，此技术使合缝速度变快，合缝密实平滑。

螺旋风管的螺旋咬缝，可以作为加强筋，增加风管的刚性和强度。直径 1000mm 以下的螺旋风管可以不另设加固措施；直径大于 1000mm 的螺旋风管可在每两个咬缝之间再增加一道楞筋作为加固措施。

金属圆形螺旋风管采用承插式芯管连接及法兰连接。承插式芯管用与螺旋风管同材质的宽度为 138mm 的金属钢带卷圆，在芯管中心轧制宽 5mm 的楞筋，两侧轧制密封槽，内嵌 L 形阻燃密封条，承插式芯管制作示意图如图 9-8 所示。

采用法兰连接时，将圆法兰内接于螺旋风管，圆法兰内接技术要求如表 9-3 所示。法兰外边略小于螺旋风管内径 1～2mm，同规格法兰具有可换性。法兰连接多用于防排烟系统，采用不燃、耐温、防火填料，相比芯管连接，法兰连接的密封性能更好。

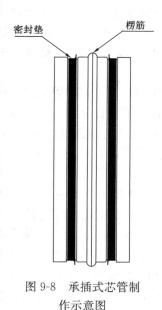

图 9-8　承插式芯管制
作示意图

圆法兰内接制作技术要求		表 9-3
接管口径（mm）	内接板厚（mm）	内接口径（mm）
500	1.0	498
600	1.0	598
700	1.0	698
800	1.2	798
900	1.2	898
1000	1.2	998
1200	1.75	1196
1400	1.75	1396
1600	2.0	1596
1800	2.0	1796
2000	2.0	1996

法兰连接的主要施工方法：

（1）划分管段。根据施工图和现场实际情况，将风管系统划分为若干管段，并确定每段风管的连接管件和长度，尽量减少空中接口数量。

（2）芯管连接。将连接芯管插入金属螺旋风管的一端，直至插入至楞筋位置，再从内向外用铆钉固定芯管。

（3）风管吊装。金属螺旋风管支架间距约为 3～4m，每吊装一节螺旋风管设一个支架，风管吊装后用扁钢抱箍托住风管，根据支吊架固定点的结构形式设置一个或者两个吊点，将风管调整就位。

（4）风管连接。芯管连接时，将金属螺旋风管的连接芯管端插入另一节未连接芯管端，均匀推进，直至插入至楞筋位置，连接缝用密封胶密封处理。法兰连接时，将两节风管调整角度，直至法兰的螺栓孔对准后再连接螺栓，螺栓需安装在同侧。

（5）风管测试。根据风管系统的工作压力做漏光检测及漏风量检测。

9.1.7 超高层高压电缆垂直敷设技术

9.1.7.1 技术特点

在超高层供电系统中，有时采用一种特殊结构的高压垂吊式电缆，这种电缆不论多长多重，都能靠自身支撑自重，解决了普通电缆在长距离的垂直敷设中容易被自身重量拉伤的问题。它由上水平敷设段、垂直敷设段、下水平敷设段组成，其结构为：电缆在垂直敷设段带有三根钢丝绳，并配有吊装圆盘，钢丝绳用扇形塑料包覆，与三根电缆芯绞合，水平敷设段电缆不带钢丝绳。吊装圆盘为整个吊装电缆的核心部件，由吊环、吊具本体、连接螺栓和钢板卡具组成，其作用是在电缆敷设时承担吊具的功能并在电缆敷设到位后承载垂直段电缆的全部重量，电缆承重钢丝绳与吊具连接采用锌铜合金浇铸工艺。

9.1.7.2 设计原理

在超高层建筑施工中采用的电缆，通常由多根相互绝缘的导体结合到一起导体外围全部用绝缘保护层进行覆盖，利用它可以将电量从一端输送到另外一端。在超高层建筑的供电系统施工过程中，电缆由高空向下方进行敷设，必须及时对重力加速度进行控制。

首先，从高处下滑的电缆环绕阻尼缓冲设备，以缓解重力加速度，其中阻尼缓冲设备具有储存量大、抗冲击强度高以及抗老化耐高温的特点，它由角铁支撑架和导轮两部分构成，其中电缆绕线的过程与导轮装置的方位对阻尼缓冲设备的安装有直接的影响。因此，在进行安装阻尼缓冲设备的过程中，要确保轴干与导轮紧紧贴在一起，采用此种方法，不但可以有效地提高施工质量与效率，而且可以保证施工的安全。

另外，在对超高层建筑电缆垂直敷设施工的设计过程中，要把上下导轮的位置固定住，从而让中间的导轮配置规格不一样的电缆半径。其中设计的原理是，导轮被电缆环绕，由于物体之间的作用力，其中电缆的一部分重力被其他物体分担，因此，电缆会在弯曲的过程中恢复本身的弹力，并且将其弹力作用在导轮上，从而加强了导轮与内槽的相互摩擦，有效地增大了摩擦力，促使电缆的重力加速度减小。利用此原理，可以使电缆垂直敷设方案更加合理，降低施工的安全隐患，提高超高层建筑的施工质量，从而促使超高层供电系统安全有效。

9.1.7.3 施工工艺

（1）利用多台卷扬机吊运电缆，采用自下而上垂直吊装敷设的方法。

（2）对每个井口的尺寸及中心垂直偏差进行测量，并安装槽钢台架。

（3）设计穿井梭头，其作用是扶住吊装圆盘，让吊装圆盘顺利穿过井口。

（4）吊装卷扬机布置在电气竖井的最高设备层或更上层的楼面，除吊装最高设备层的高压垂吊式电缆外，还要考虑吊装同一井道内其他设备层的高压垂吊式电缆。

（5）架设专用通信线路，在电气竖井内每一层备有电话接口。指挥人、主起重机操作人、放盘区负责人还必须配备对讲机。

（6）电气竖井内要设置临时照明。

（7）电缆盘至井口应设有缓冲区和下水平段电缆脱盘后的摆放区，两者的面积之和大约 $30\sim40m^2$。架设电缆盘的起重设备通常从施工现场中常用的塔式起重机、汽车式起重机、履带式起重机等起重设备中选择。

（8）吊装过程：选用有垂直受力锁紧特性的活套型网套，同时为确保吊装安全可靠，设一根直径为 12.5mm 的保险附绳，当上水平段电缆全部吊起，将主吊绳与吊装圆盘连接，同时将垂直段电缆钢丝绳与吊装圆盘连接。当吊装圆盘连接后，组装穿井梭头。在吊装过程中，在电气竖井井口安装防摆动定位装置，可以有效地控制电缆摆动。将上水平段电缆与主吊绳并拢，由下而上每隔 2m 捆绑，直至绑到电缆头，然后吊运上水平段和垂直段电缆。吊装圆盘在槽钢台架上固定后，还要对其进行辅助吊挂，目的是使电缆固定更为安全可靠。在吊装圆盘及其辅助吊索安装完成后，电缆处于自重垂直状态下，将每个楼层井口的电缆用抱箍固定在槽钢台架上。水平段电缆通常采用人力敷设，在桥架水平段每隔 2m 设置一组滚轮以配合安装电缆。

9.1.8　机电消声减振综合施工技术

9.1.8.1　技术特点

机电消声减振综合施工技术是实现机电系统设计功能的保障。随着建筑工程机电系统功能需求的不断增加，越来越多的机电系统设备（设施）被应用到建筑工程中。这些机电设备（设施）在丰富建筑功能、改善人文环境、提升使用价值的同时，也带来一系列的负面影响因素，如机电设备在运行过程中产生的噪声和振动给使用者带来难以接受的困扰，甚至直接影响到人身健康。

9.1.8.2　施工工艺

噪声及振动的频率低，空气、障碍物以及建筑结构等对噪声及振动的衰减作用非常有限（一般建（构）筑物的噪声衰减量仅为 0.02～0.2dB（A）/m）。

机电噪声主要由空调、给水排水、电器等设备产生，因此必须在机电系统设计与施工前，通过对机电系统噪声及振动产生的源头、传播方式与传播途径、受影响因素及产生的后果等进行细致分析，制定消声减振措施方案，对其中的关键环节加以适度控制，实现对机电系统噪声和振动的有效防控。以水泵、通风机组等设备产生的噪声与振动为例，如表 9-4 所示。

水泵、通风机组等设备产生的主要噪声与振动　　　　　　表 9-4

序号	噪声产生部位	噪声产生原因	噪声传播途径
1	制冷机房	导叶压缩、电机旋转	结构、管道、空气
2	锅炉房	电机旋转	结构、管道、空气
3	空调机房	叶轮旋转、电机旋转	结构、管道、空气
4	冷却塔	叶轮旋转、电机旋转	结构、管道、空气
5	动力型变风量末端装置	叶轮旋转、电机旋转	结构、管道、空气
6	风机房	叶轮旋转、电机旋转	结构、管道、空气
7	水泵房	叶轮旋转、电机旋转	结构、管道、空气
8	风管、风口	气流摩擦	结构、管道、空气

为达到机电工程消声减振的目的，需要对机电系统进行消声减振设计，选用低噪、低振设备（设施），改变或阻断噪声与振动的传播路径以及引入主动式消声抗振工艺等。

（1）优化机电系统设计方案，对机电系统进行消声减振设计。在进行机电系统设计时，在结构及建筑分区的基础上划定满足建筑功能的合理机电系统分区，为需要进行严格消声减振控制的功能区设计独立的机电系统，根据系统消声减振的需要，确定设备（设施）技术参数及控制流体流速，同时避免其他机电设施穿越该独立的机电系统。

（2）在进行机电系统设备（设施）选型时，优先选用低噪、低振的机电设备（设施），如箱式设备、变频设备、缓闭式设备、静音设备，以及高效率、低转速设备等。安装消声器是处理噪声的常见手段，消声器以其作用机制的不同主要分为两种：阻性消声器和抗性消声器。阻性消声器处理噪声主要借助管道、弯头处附有的吸声衬里实现。抗性消声器主要利用器件截面积的改变，将噪声反射，以降低噪声。

（3）在机电系统安装施工过程中，在进行深化设计时要充分考虑系统消声、减振功能需要，通过隔声、吸声、消声、隔振、阻尼等处理方法，在机电系统中设置消声减振设备（设施），改变或阻断噪声与振动的传播路径，如设备采用浮筑基础、减振浮台及减震器等的隔声隔振构造。管道与结构、管道与设备、管道与支吊架及支吊架与结构（包括钢结构）之间采用消声减振的隔离隔断措施，如套管、避振器、隔离衬垫、柔性软接、避振喉等。

（4）引入主动式消声抗振工艺。在机电系统深化设计中，针对系统消声减振需要引入主动式消声抗振工艺，扰动或改变噪声、振动频率及噪声与振动的传播方向，达到消声抗振的目的。

9.1.9 建筑机电系统全过程调试技术

9.1.9.1 机电系统调试的目的
机电系统调试的目的是确保建筑物各机电系统的工作处于最佳状态，满足业主方的使用要求。首先在系统调试过程中，检查施工缺陷，测定机电设备的各项参数是否符合设计要求，并在测定设备的性能后对其进行调整，以便改善由于设备之间的相互不匹配所导致的问题，确保为业主提供良好舒适的使用环境。其次在系统的调试过程中积累总结相关数据，为今后的系统运行及保修提供指导性的资料。

9.1.9.2 技术特点
建筑机电系统全过程调试技术覆盖建筑机电系统的方案设计阶段、设计阶段、施工阶段和交付和运行阶段，其执行者可以由独立的第三方、业主、设计方、总承包商或机电分包商等承担。目前最常见的模式是业主聘请独立的第三方顾问，即调试顾问作为调试管理方。

9.1.9.3 调试内容
1. 方案设计阶段

方案设计阶段为项目初始时的筹备阶段，其调试工作的主要目标是明确业主项目要求。业主项目要求是机电系统设计、施工和运行的基础，同时也决定着调试计划和进程安排。该阶段调试团队由业主代表、调试顾问、前期设计和规划方面的专业人员与设计人员组成。该阶段的主要工作为：组建调试团队，明确各方职责；建立例会制度及过程文件体系；明确业主项目要求；确定调试工作范围和预算；建立初步调试计划；建立问题日志程序；筹备调试过程进度报告；对设计方案进行复核，确保满足业主项目要求。

2. 设计阶段

设计阶段的调试工作的主要目标是尽量确保设计文件满足和体现业主项目要求。该阶段调试团队由业主代表、调试顾问、设计人员和机电总包项目经理组成。该阶段主要工作为：建立并维持项目团队的团结协作；确定调试过程各部分的工作范围和预算；指定负责完成特定设备及部件调试工作的专业人员；召开调试团队会议并做好记录；收集调试团队成员关于业主项目要求的修改意见；制定调试过程工作时间表；在问题日志中追踪记录问题和背离业主项目要求的情况及处理办法；确保设计文件的记录和更新；建立施工清单；建立施工、交付及运行阶段的测试要求；建立培训计划要求；编写调试过程要求并汇总进承包文件；更新调试计划；复查设计文件是否符合业主项目要求；更新业主项目要求；记录并复查调试过程进度报告。

3. 施工阶段

施工阶段的调试工作的主要目标是确保机电系统及部件的安装满足业主项目要求。该阶段调试团队包括业主代表、调试顾问、设计人员、机电总包项目经理、专业承包商和设备供应商。该阶段主要工作为：协调业主代表参与调试工作并制定相应的时间表；更新业主项目要求；更新调试计划；组织施工前调试过程会议；确定测试方案，包括机电设备测试、风系统平衡调试、水系统平衡调试、系统运行测试等，并明确测试范围、测试方法、试运行介质、目标参数值允许偏差、调试工作绩效评定标准；建立测试记录；定期召开调试过程会议；定期实施现场检查；监督施工方的现场调试、测试工作；核查运维人员培训情况；编制调试过程进度报告；更新机电系统管理手册。

4. 交付和运行阶段

当项目基本竣工后进入交付和运行阶段，该阶段直到保修合同结束时间为止。此阶段的工作目标是确保机电系统及部件持续健康运行，满足业主项目要求。该阶段调试团队包括业主代表、调试顾问、设计人员、机电总包项目经理、专业承包商。该阶段主要工作为：协调机电总包的质量复查工作，充分利用调试顾问的知识和项目经验使得机电总包的返工数量和次数最小化；进行机电系统及部件的季度测试；进行机电系统运行维护人员培训；完成机电系统管理手册并持续更新；进行机电系统及部件的定期运行状况评估；召开经验总结研讨会；完成项目最终调试过程报告。

9.1.9.4　调试文件

1. 调试计划

调试计划为调试工作前瞻性整体规划文件，由调试顾问根据项目具体情况起草，在调试项目首次会议，由调试团队各成员参与讨论，会后调试顾问再进行修改完善。调试计划必须随着项目的进行而持续修改、更新。一般每月都要对调试计划进行适当调整。调试顾问可以根据调试项目的工作量大小，建立一份贯穿项目全过程的调试计划，也可以建立一份分阶段（方案设计阶段、设计阶段、施工阶段和交付和运行阶段）实施的调试计划。

2. 业主项目要求

确定业主项目要求对整个调试工作很重要，调试顾问组织召开业主项目要求研讨会，准确把握业主项目要求，并建立相关的文件。

3. 施工清单

机电承包商需要详细记录机电设备及部件的运输、安装情况，以确保各设备及系统正确安装、运行。施工清单主要包括设备清单、安装前检查表、安装过程检查表、安装过程问题汇总、设备施工清单、系统问题汇总。

4. 问题日志

问题日志是记录调试过程发现的问题及其解决办法的正式文件，由调试团队在调试过程中建立，并定期更新。调试顾问在进行安装质量检查和监督施工单位调试时，可根据项目大小和合同内容来确定抽样检查比例或复测比例，一般不低于 20%。抽查或抽测时发现问题应记入问题日志。

5. 调试过程进度报告

调试过程进度报告是详细记录调试过程中各部分完成情况以及各项工作和成果的文件，各阶段调试过程进度报告最终汇总成为机电系统管理手册的一部分。调试过程进度报告通常包括：项目进展概况；本阶段各方职责、工作范围；本阶段工作完成情况；本阶段出现的问题及跟踪情况；本阶段未解决的问题汇总及影响分析；下阶段工作计划。

6. 机电系统管理手册

机电系统管理手册是以系统为重点的复合文档，主要包括试用和运行阶段运行和维护指南、业主最终项目要求文件、设计文件、最终调试计划、调试报告、厂商提供的设备安装手册和运行维护手册、机电系统图表、已审核确认的竣工图纸、系统的测试报告、设备的测试报告、部件的测试报告、备用设备部件清单、维修手册等。

7. 培训记录

调试顾问应在调试工作结束后，对机电系统的实际运行维护人员进行系统培训，并做好相应的培训记录。

9.2 机电管线及设备工厂化预制技术

9.2.1 机电安装工厂化的设备部品体系

设备部品体系是实现机电安装工厂化的基础，完善的设备部品体系可以保障机电安装工厂化顺利实施。机电安装工程涉及的对象为给水排水、暖通和空调、电气、燃气、消防、电梯、智能建筑等系统中涵盖的部品及部件。本书仅讨论给排水系统、暖通和空调系统、电气系统这三个最基本的部分。表 9-5 为机电安装工程常用设备部品，由表 9-5 可知每个系统均由大量管线、板材、机电设备、附件（管件、阀门、仪表等终端）等组成，这些部品均已实现工厂预制，但目前还存在着大量现场二次加工的工作内容，还需要通过机电安装的工业化进行改进。

机电安装工程常用设备部品

表 9-5

部品体系	部品名称	组成
给水排水及供暖部品体系	给水系统	给水管道及配件、室内消火栓灭火系统、给水设备
	排水系统	排水管道及配件、雨水管道及配件
	热水供应系统	管道及配件、辅助设备
	供暖系统	管道及配件、辅助设备及散热器、金属辐射板、低温热水地板辐射供暖系统、防腐设备、绝热设备
	中水系统	建筑中水系统管道及辅助设备、游泳池水系统
	供热锅炉及辅助设备	锅炉、辅助设备及管道、安全附件、烘炉、煮炉、换热站
通风与空调部品体系	送排风系统	风管与配件、空气处理设备、消声设备、风机
	防排烟系统	风管与配件、防排烟风口、常闭正压风口与设备、风机
	除尘系统	风管与配件、除尘器与排污设备、风机
	空调风系统	风管与配件、空气处理设备、消声设备、风机
	净化空调系统	风管与配件、空气处理设备、消声设备、风机、高效过滤器
	制冷设备系统	制冷机组、制冷剂管道及配件、制冷附属设备
	空调水系统	管阀门及部件、冷却塔、水采及附属设备
电气部品体系	变配电室	变压器；箱式变电所；成套配电柜，控制柜（屏、台）和动力、照明配电箱（盘）；裸母线、封闭母线、插接式母线；电缆沟内和电缆竖井内电缆；电缆头；接地装置；避雷引下线和变配电室接地干线
	供电干线	裸母线、封闭母线、插接式母线；桥架和桥架内电缆；电缆沟内和电缆竖井内电缆
	电气动力	成套配电柜，控制柜（屏、台），控制柜和动力、照明配电箱（盘）；低压电气动力设备；桥架和桥架内电缆
	电气照明	成套配电柜，控制柜（屏、台）和动力、照明配电箱（盘）；电线、电缆导管；槽板配线；钢索配线；普通灯具；专用灯具插座、开关、风扇
	备用和不间断电源	成套配电柜，控制柜（屏、台）和动力、照明配电箱（盘）；柴油发电机组；不间断电源的其他功能单元；裸母线、封闭母线、插接式母线；电线、电缆导管；接地装置
	防雷及接地系统	接地装置；避雷引下线和变配电室接地干线；接闪器

9.2.2　机电安装工厂化的生产管理

在我国，机电安装工程一直是部分工业化施工。大量半成品管道、管件被运送至施工现场进行二次加工，再被安装至各设计部位。全面实行机电安装工厂化，需要把机电安装工程由施工现场转移到工厂，将原本由工人手工操作、半机械化加工的工作内容转变为流水线制作、全机械加工。机电安装工程相比于其他工程类型，涉及更多的管材、附件和机电设备。机电设备的工业化生产与采购流程已经十分成熟。本书主要针对管道及管件的生产管理进行阐述。

9.2.2.1 基于 BIM 的工厂生产管理

　　BIM 技术对于实现机电安装工厂化是必不可少的。通过采用协调思维，技术人员在建模时便综合考虑施工管理思路和完整的信息，使 BIM 模型更加精细化，以减少后续对 BIM 模型的修改调整，从而提高机电工程构件的工厂预制率。覆盖所有建筑信息的 BIM 模型，通过一定的转化能够帮助工厂制定生产计划，实现生产过程的信息化管理。BIM 模型是从项目生命周期开始即建立的信息共享平台。BIM 模型是根据不同用户的需要，由技术人员对模型数据进行完善、提取和分析，最终形成信息丰富的多维项目模型。通过建立基于 BIM 平台的软件开发，可以提高设计、生产、施工整个流程的自动化程度。

　　基于 BIM 技术的生产管理与设计环境直接衔接，这保证了设计方案、生产方案、施工方案的统一。BIM 模型能够与生产计划平台相关联，提高设计审批效率，避免纸质派工造成信息传递效率低下的现象发生。基于 BIM 的建设数据传输模型如图 9-9 所示，每个建设阶段所产生的数据信息不是相互孤立的，这些数据会随着项目的推进不断更新、积累，并对后续阶段产生影响。

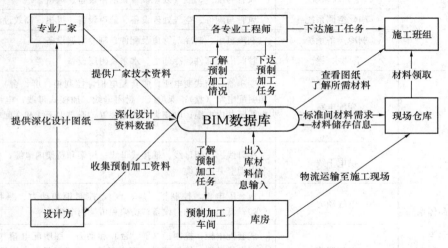

图 9-9　基于 BIM 的建设数据传输模型

9.2.2.2 柔性制造技术的应用

　　柔性制造技术也称柔性集成制造技术，是一种现代的、先进的制造技术。柔性制造技术集自动化技术、信息技术和制作加工技术于一体，把以往工厂企业中相互孤立的工程设计、制造、经营管理等过程，在计算机及其软件和数据库的支持下，构成一个覆盖整个企业的有机系统。传统的自动化生产技术可以显著提高生产效率，然而其局限性也显而易见，即无法很好地适应多品种、小批量生产的要求。随着制造技术的发展，特别是自动控制技术、数控加工技术、工业机器人技术等的迅猛发展，柔性制造技术应运而生。

　　所谓"柔性"，即灵活性，主要表现在：①可根据所加工产品的需要变换生产设备的零件、部件；②可根据实际需要迅速调整加工产品的批量；③可迅速改变加工产品的性能参数并及时投入生产；④可迅速而有效地综合应用新技术；⑤对用户、贸易伙伴和供应商的需求变化及特殊要求能迅速做出反应。

　　机电安装工程中涉及的大量管道、管件，它们形状相似，尺寸相近。管道之间的对接、分支、转弯、变径需要不同类型、尺寸的管件进行连接，对不同的管道则需要采用不同的管件。想要实现机电安装工程的工业化生产，柔性制造技术的应用是必不可少的。

9.2.2.3　成组技术的应用

成组技术是合理组织中小批量生产的系统方法，其核心是成组工艺，它是把结构、材料、工艺相近的零件组成一个零件族（组），按零件族（组）制定工艺进行加工，从而扩大了批量，减少了品种，便于采用高效方法，提高了劳动生产率。零件的相似性是广义的，在几何形状、尺寸、功能要素、精度、材料等方面的相似性为基本相似性，以基本相似性为基础，在制造、装配等生产、经营、管理等方面所导出的相似性，称为二次相似性或派生相似性。成组工艺实施的步骤为：①零件分类成组；②制订零件的成组工艺加工工艺；③设计成组工艺装备；④组织成组工艺加工生产线。

在机电安装工程中应用成组技术的优势：①提高生产效率，使新建管材车间由以工种为导向的设备平面布置转化为以管件族为导向的设备平面布置，使车间布置更合理，物流更畅通；②提高管道、管件质量；③在管件加工过程中，由于采用无余量下料，先焊后弯等技术，以及生产线设备的机械化、自动化，使得材料利用率明显提高。

9.2.2.4　基于 RFID 技术和二维码技术的设备部品管理

射频识别（RFID）是一种无线通信技术。识别系统可以通过无线电信号识别特定目标并读写相关数据，而无需识别系统与特定目标之间建立机械或者光学接触。RFID 的组成部分为应答器、阅读器和应用软件系统。二维码技术是用某种特定的几何图形按一定规律在平面（二维方向上）分布的黑白相间的图形记录数据符号信息，通过图像输入设备或光电扫描设备自动识读以实现信息的自动处理。

机电安装工厂化的实现离不开建设工程的信息化管理，RFID 和二维码技术的应用都是实现信息化管理的重要手段。在预制加工的过程中，通过在各类设备部品上植入 RFID 标签或二维码标签，可实现仓储、物流、施工安装、使用阶段的信息化管理。

RFID 及二维码标签应在植入前进行系统的设计与规划，一是满足编码的唯一性，保证标签与部品的一一对应，确保标签信息准确无误；二是增强编码系统的可读性与快速反应性。同时，标签也应维持扩展性，为日后数据扩充，反复读写保留存储空间。鉴于 RFID 技术与二维码技术在功能上的区别，二者在设备部品管理过程中也有应用上的差别。RFID 技术不受距离与遮挡物的限制，可用于机电设备、各类管道在生产、运输、施工、使用过程中的跟踪定位。二维码中信息的提取需要用特定设备进行扫描，可用于机电设备及各类管道的识别、管理，图 9-10 为 RFID 与二

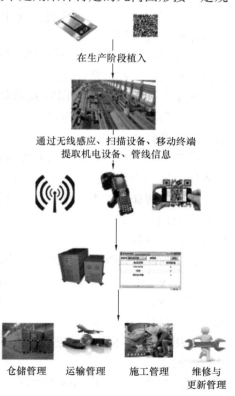

在生产阶段植入

通过无线感应、扫描设备、移动终端
提取机电设备、管线信息

| 仓储管理 | 运输管理 | 施工管理 | 维修与更新管理 |

图 9-10　RFID 与二维码技术在
工业化安装模式下的应用

维码技术在工业化安装模式下的应用。

9.3 基于 BIM 的管线综合技术

BIM 技术，即建筑信息模型，该项技术的使用需要以三维数字技术为基础，模拟并仿真性地构建机电工程综合管线设备等，赋予管线设备集成化以及可视化的特性。在施工活动开展的前期，需要开展管线的碰撞检查工作，不断地优化其原本的设计内容，最大限度地提升图纸的阅读效率以及质量，目的是在建筑施工时期减少损失，避免出现二次施工，确保机电工程综合管线的运行状态良好，更好地达到该机电工程项目施工活动开展的预期目标。

9.3.1 技术特点

BIM 技术具有可视化、可模拟、可优化、可出图的四大特点。将 BIM 技术应用到机电工程综合管线的工作中，会有效提升设计工作效率。构建建筑信息模型，合理地使用整体设计理念，从全局出发，处理好各类机电管线系统的综合排布问题，让 BIM 模型和建筑设施模型保持一个极为紧密的联系，给建筑工程设计人员展示出一个更好的视觉效果。要不断地深化设计方案，最大限度地发挥出 BIM 技术的优势。

9.3.1.1 可视化

BIM 技术的可视化主要包括设计可视化、施工可视化、设备可操作性可视化、机电管线碰撞检查可视化等。

设计可视化可以将工程项目的建筑、构件及设备以三维立体的方式直观地展现出来，帮助用户直接获取信息，大大减少了因交流产生的障碍。

施工可视化是指利用 BIM 技术创建建筑设备、周转材料、临时设施的模型，进行虚拟施工，帮助设计人员确定施工方案。BIM 技术还可以呈现项目中复杂的结构节点，有利于施工和技术交底。

设备可操作性可视化可以对建筑设备空间进行直观清晰的检验，帮助找出最佳的设备房安装位置和确定最佳的施工工序。

机电管线碰撞检查可视化可以帮助设计人员找出碰撞点，极大程度地减少施工后期管线的变更调整次数。

9.3.1.2 可模拟

建筑的性能分析模拟包括能耗分析、光照分析、设备分析、绿色分析等。BIM 技术可以针对某些无法实验的状况，依靠计算机的模拟运算，获得与真实状况大致相同的数据。

环境分析可以运用在设计阶段，使用 BIM 技术对建筑周边环境进行模拟仿真，为实现建筑绿色化打下基础。

运用 BIM 技术可提前进行施工方案模拟，设计人员可根据模拟结果进行施工方案的优化，对工程量进行统计。BIM 技术在成本方面可用于前期成本估算、方案比选、成本比较，以及开工前预算和竣工决算。

9.3.1.3 可优化

通过 BIM 技术实现不同方案的对比、遴选，可以直观地展示项目状况，使业主能根据自身需求对项目设计方案进行进一步优化。这种在设计、施工方面的优化，可以带来显著的利益，包括减少工期和减少造价等。

9.3.1.4　可出图

运用 BIM 技术后，除了能够进行三维模型浏览，还能够将建筑平、立、剖及详图等图纸的输出出来，同时还可以输出碰撞报告及构件加工图。

BIM 技术中的碰撞检测系统可以对建筑与结构专业，设备内部各专业，建筑、结构专业与设备专业的碰撞进行检测，根据检测结果，优化管线结构的空间布局。可在碰撞报告中导出综合管线图、结构留洞图、碰撞检查报告和建议改进方案，方便管理人员查看。

9.3.2　施工准备

机电工程管线的综合优化需要作好前期的准备工作，各类专业不同的工程师需要相互之间进行配合，以此来更好地完成 BIM 模型的构建工作，使项目的 BIM 模型保持高度的一致性。通过制作较为统一的样板文件，各类系统的搭建工作可以更好地完成，给后期的整合与检测工作做了铺垫。依据客户以及自身的标准要求，打印后期的施工图纸，确保图纸的一致性。

在某施工案例中，样板文件需要以尺寸绘制的轴网为基准，依据数据去合理地绘制标高。利用原本的 CAD 图纸，在其基础上重新构建仿真性的建筑信息模型，并处理好 CAD 图纸，将该图纸中的内容全部转移到某一个统一的位置点上。这样才能保证导入 Revit 软件后，所有图纸才能基于一个点并基于相同的轴网搭建 BIM 模型。

三维设计的图纸文件一般比较大，所以为保证电脑软件流畅地运行，一般将各个系统分开单独搭建。

首先是土建模型的搭建。在机电设备建模设计中，土建模型的搭建是为了创造出一个空间感，后面各个系统的模型搭建只能在这个空间内进行，这样就能让综合管线的走向有真实感。

在土建模型设计中，只对建筑完成面、结构柱、结构梁、顶板进行搭建。在机电工程中，因为风管管件占用比较大的空间，遵循着小管让大管的原则，一般对暖通系统不进行大的变动。在各个系统的绘制中，相对于 CAD 设计，BIM 主要是给予管道系统一个高度值，这样能够便捷地形成三维立体视图，更加真实形象地展现出管线综合布置走向。

9.3.3　深化设计及设计优化

在机电工程施工中，许多工程的设计图纸由于诸多原因，设计深度往往满足不了施工的需要，施工前尚需进行深化设计。在机电系统中，各种管线错综复杂，管路走向密集交错，若在施工中发生管线碰撞情况，则会出现拆除返工现象，甚至会导致设计方案的重新修改，不仅浪费材料，延误工期，还会增加项目成本。基于 BIM 技术的管线综合技术可将建筑、结构、机电等专业模型整合，可很方便地进行深化设计，再根据建筑专业要求及净高要求将综合模型导入相关软件进行机电专业和建筑、结构专业的碰撞检测，根据碰撞检测报告结果对管线进行调整，避让建筑结构。机电本专业的碰撞检测，是在根据"机电管线排布方案"建模的基础上对设备和管线进行综合布置并调整，从而在工程开始施工前发现问题，通过深化设计及设计优化，问题在施工前得以解决。

9.3.4 多专业施工工序协调

暖通、给水排水、消防、强弱电等各专业由于受施工现场、专业协调、技术差异等因素的影响，不可避免地存在很多局部的、隐性的专业交叉问题。各专业在建筑某些平面、立面位置上产生交叉、重叠，使施工人员无法按施工图作业或施工顺序倒置，这些问题有些是无法通过经验判断来及时发现并解决的。通过 BIM 技术的可视化、参数化、智能化特性，进行多专业碰撞检查、净高控制检查和精确预留预埋，或者利用基于 BIM 技术的 4D 施工管理，对施工工序过程进行模拟，对各专业进行事先协调，可以很容易地发现和解决碰撞点，减少因不同专业沟通不畅而产生技术错误，大大减少返工，节约施工成本。

9.3.5 施工模拟

利用 BIM 施工模拟技术，使得复杂的机电施工过程，变得简单、可视、易懂。

BIM 技术中的 4D 虚拟建造形象直观，可动态模拟施工阶段过程和重要环节施工工艺，将多种施工及工艺方案的可实施性进行比较，为最终方案的优选提供支持。采用动态跟踪可视化施工组织设计（4D 虚拟建造）的模拟实施，对设备、材料的到货情况进行预警，同时通过施工人员的进度管理，将现场实际进度完成情况反馈回"BIM 信息模型管理系统"中，与施工计划进行对比、分析及纠偏，实现施工进度控制管理。

9.3.6 基于 BIM 的管线综合技术的实施流程

设计交底及图纸会审→了解合同技术要求、征询业主意见→确定 BIM 深化设计内容及深度→制定 BIM 出图细则和出图标准以及各专业的管线优化原则→制定详细的 BIM 深化设计图纸→将出图计划及设计图纸送审→机电初步 BIM 深化设计图提交→机电初步 BIM 深化设计图总包审核、协调、修改→图纸送监理、业主审核→绘制机电综合管线平面及剖面图、机电预留预埋图、设备基础图、吊顶综合平面图→图纸送监理、业主审核→BIM 深化设计交底→现场施工→竣工图制作。

复习思考题

1. 导线连接器有哪几类？不同连接器的特点有何不同？
2. 可弯曲金属导管有哪些优点？
3. 工业化成品支吊架技术具有哪些特征？
4. 薄壁金属管道新型连接安装施工技术具体分为哪几类？
5. 内保温金属风管施工技术的绿色施工体现在哪些方面？
6. 简述金属风管预制安装施工技术的分类并阐述它们的特点。
7. 超高层高压电缆垂直敷设技术有何特点？
8. 机电消声减振综合施工技术有何特点？
9. 简述建筑机电系统全过程调试技术的调试内容。
10. 在机电安装工程中常用的设备部品有哪些？
11. 简述基于 BIM 的管线综合技术的特点。

参 考 文 献

［1］ 住房和城乡建设部．建筑业10项新技术(2017版)［M］．北京：中国建筑工业出版社，2017．

［2］ 张盟．建筑电气用可弯曲金属导管在国家高山滑雪中心项目的应用及总结［J］．建筑技术，2023，54(7)：884-887．

［3］ 李忠富．SI体系百年住宅工业化建造指南［M］．北京：中国建筑工业出版社，2019．

［4］ 刘玮，柏万林，高慧娣，等．基于BIM的装配式建筑管线支吊架系统研究应用［J］．安徽建筑，2017，24(5)：113-115＋137．

［5］ 卢伟．地铁机电设备安装中装配式管线支吊架的施工技术［J］．工程机械与维修，2023(2)：176-178．

［6］ 范锡涛，谷永军．成品内保温金属风管预制及安装技术［J］．安装，2022(6)：14-16．

［7］ 张宁波，陈晓文．机电安装工程暖通空调新技术及发展趋势概述［J］．安装，2016(4)：23-27．

［8］ 李忠富．建筑工业化概论［M］．北京：机械工业出版社，2020．

第 10 章　绿色施工新技术

10.1　绿色施工的概念

10.1.1　绿色施工定义

绿色施工是指在工程建设中，在保证质量、安全等基本要求的前提下，通过科学管理和技术进步，最大限度地节约资源，减少施工对环境的负面影响，实现"四节一环保"（节能、节材、节水、节地和环境保护）的建筑工程施工活动。

10.1.2　绿色施工的地位和作用

建筑全生命周期包括原材料获取；建筑材料生产与建筑构、配件加工；现场施工安装；建筑物运行维护以及建筑物最终拆除处置等阶段。建筑生命周期的各个阶段都是在资源和能源的支撑下完成的，从建筑全生命周期的角度分析，绿色施工在整个建筑生命周期环境中的地位和作用表现为以下几点。

10.1.2.1　绿色施工有助于减少施工阶段对环境的污染

建筑工程在施工过程中往往会产生的大量粉尘、噪声、固体废弃物，施工也会导致土地污染，给施工现场和周围的人们的生活和工作带来了不必要的影响。施工阶段对环境的影响在数量上不一定是最多的，但是具有类型多、影响集中、程度深的特点。绿色施工通过控制各种环境影响，节约能源资源，能够有效地减少各类污染物的产生，减少对周围人群的负面影响，以取得突出的环境效益和社会效益。

10.1.2.2　绿色施工有助于改善建筑全生命周期的绿色性能

在建筑全生命周期中，规划设计阶段对建筑物整个生命周期的使用功能、环境影响和费用的影响最为深远，然而，规划设计的目的是在施工阶段来落实的，施工阶段是建筑物的形成阶段，建设质量影响着建筑运行时期的功能、成本和环境影响。推进绿色施工不仅能够减少施工阶段的环境负面影响，还可以为绿色建筑的形成提供重要支撑，为社会的可持续发展提供保障。

10.1.2.3　推进绿色施工是建造可持续性建筑的重要支撑

建筑在全生命周期中是否符合绿色施工标准，是否具有可持续性是由其规划设计、工程施工和物业运行等过程是否具有绿色性能，是否具有可持续性所决定的。对于绿色建筑物的建成，首先，工程策划应符合可持续发展的要求；其次，规划设计必须达到绿色设计标准；最后，也要认真策划施工过程，严格实施，达到绿色施工水平。物业运行是一个漫长的阶段，必须依据可持续发展的思想进行绿色物业管理。在建筑的全生命周期中，要完美体现可持续发展思想，各环节、各阶段都需凝聚目标，全力推进和落实绿色发展理念，通过绿色设计、绿色施工和绿色运行维护建成可持续发展的建筑。因此，绿色施工的推进，不但能有效地减少施工阶段对环境的负面影响，而且对提升建筑全生命周期的绿色性能也具有重要的支撑和促进作用。

10.1.3　绿色施工与传统施工的异同

绿色施工与传统施工的对象都是工程项目，并且均需要配置人、材、机等资源，通过合理的工程技术方法与工程管理手段完成工程的建设。但绿色施工与传统施工也有许多不同之处。

（1）出发点不同。绿色施工着眼于节约资源、保护资源，建立人与自然、人与社会的平衡。而传统施工只要不违反国家的法律法规等规定，能够实现质量、安全、工期、成本目标即可满足要求。

（2）实现目标控制的角度不同。为了达到绿色施工的标准，施工单位首先要改变观念，综合考虑施工中可能出现的能耗较高的因素，通过采用新技术、新材料，持续改进管理水平和技术方法以实现绿色施工。而传统施工着眼点主要是在满足质量、工期、安全的前提下，如何降低成本，至于是否节能降耗，如何减少废弃物和有利于营造舒适的环境则不是考虑的重点。

（3）落脚点不同，达到的效果不同。在实施绿色施工的过程中，由于考虑了环境因素和节能降耗，可能造成建造成本的增加，但由于提高了认识，更加注重节能环保，采用了新技术、新工艺、新材料，持续改进管理水平和技术方法，不仅对全面实现施工项目的控制目标有利，在建造中节约了资源，营造了和谐的周边环境，还向社会提供好的建筑产品。传统施工有时也考虑节约，但更多地向降低成本倾斜，施工过程中产生的建筑垃圾、扬尘、噪声等属于次要控制目标。

（4）受益者不同。开展绿色施工首先受益的是国家和社会、项目业主，最终也受益于施工单位。开展传统施工首先受益的是施工单位和项目业主，其次才是社会和使用建筑产品的人。

（5）从长远来看，绿色施工兼顾了经济效益和环境效益，是从可持续发展需要出发的，着眼于长期发展的目标。相对来说，传统施工方法所需要消耗的资源比绿色施工多出很多，并存在大量资源浪费现象。绿色施工提倡合理的节约，促进资源的回收利用与循环利用，减少资源的消耗。

10.2　环境保护技术

10.2.1　扬尘控制技术

10.2.1.1　扬尘的产生

1. 施工扬尘

施工扬尘（图 10-1）在大气中的扩散传播与气象环境和扬尘颗粒的大小息息相关，大颗粒扬尘受气象影响较小，通常会沉降在施工现场周围，对外界环境的影响相对较小，而真正对外环境产生较大影响的是一些微小尘粒。根据现场施工的季节、气候情况的不同，其影响范围和方向也有所不同。施工期间应特别注意施工扬尘的防治，制定必要的防治措施，减少施工扬尘对周围环境的影响。

图 10-1　施工扬尘

2. 二次扬尘

建筑施工扬尘在沉降至附近区域后，会继续成为二次尘源，以城市扬尘和道路扬尘的形式反复进入环境中，严重影响着施工场地周边的环境。除此之外，扬尘中的有害成分会在稳定的空气中产生化学反应，在气候、地理等因素的综合影响下加速雾霾的形成，对整个城市的空气质量造成一定影响。基于此，需要对施工项目所产生的扬尘的分布规律和特征进行全面了解，以开展施工扬尘的测评研究，并结合测评结果对实际项目中相关人群所受施工扬尘的影响进行深入分析，以实现对建筑施工扬尘的有效防治。

10.2.1.2　扬尘健康危害分析

扬尘中含有大量的 PM2.5，它的直径大约是人类头发直径的 1/10，它被吸入人体后会进入支气管，干扰肺部的气体交换，引发包括哮喘、支气管炎和心血管病等疾病。扬尘中的颗粒还可以通过支气管和肺泡进入血液，扬尘中的有害气体、重金属等溶解在血液中，对人体的伤害更大。

在雾霾天中，除了 PM2.5 之外，酸、胺、苯与病原微生物等剧毒滞留在大气中并聚集，它们能刺激人体的某些敏感部位，使人们很容易感到胸闷。而且，早晨潮湿寒冷的雾气还会造成冷刺激，很容易导致血管痉挛、血压波动、心脏负荷加重，雾霾中的一些病原体也会导致头痛，甚至诱发高血压、脑溢血等疾病。

在城市建筑发展的进程中，扬尘污染是伴随施工的必然产物，不同的施工活动以及不同的尘源所引起的扬尘暴露呈现出的污染特征有明显差异。为了减少施工扬尘对健康的损害，应当选择合适的扬尘监测方式并安装扬尘监测设备对建筑工地进行扬尘监测，为建筑施工扬尘的有效防治提供针对性的数据支持，以进一步促进绿色施工和健康建筑的发展。

10.2.1.3　建筑施工中扬尘的防治

建筑扬尘主要是由不合理、不科学、不规范的施工引起的。因此，需要从业人员加强管理，科学规划，协调统筹，避免不必要的扬尘污染产生。

施工现场扬尘防治工作要达到 8 个 100% 标准，即施工现场围挡率、工地物料堆放覆盖率、路面硬化率、车辆冲洗率、湿法作业率、运土车辆封闭率、在线扬尘监控屏安装率、非移动机械车辆率达到 100%。

1. 施工现场围挡

（1）施工现场实施封闭式管理，施工人员凭证出入施工现场。

（2）开工前，要做好施工现场防护工作，按要求设置施工现场围挡，以保证施工现场的安全。要求施工现场围挡美观大方。

（3）定期检修施工现场围挡，对损坏部位及时维修。

（4）定期清洗施工现场围挡，保持围挡外清洁干净。

2. 工地物料堆放

（1）合理规划施工现场。施工区与办公区分离；施工道路、消防道路规划合理；材料堆场、加工场摆放有序。

（2）砂石、水泥等易扬尘物料集中放置，用防雨布或塑料布覆盖。使用易扬尘物料时局部掀开防雨布或塑料布，使用完毕后及时覆盖。

（3）施工区域裸露地面用黑色或绿色防尘网全面覆盖，施工时局部掀开防尘网，施工完毕后及时覆盖。

（4）定期检查现场，及时更换破损的覆盖网。

3. 路面硬化

（1）现场裸露部位采用硬化、固化、绿化措施，施工主道路采用混凝土硬化措施。

（2）施工便道、临时道路采用碎石或砖渣铺垫。

（3）生活区其他部位可以种植植物或采用碎石铺垫。

4. 车辆冲洗

（1）施工期间，需要经常对施工机械车辆道路进行维修，确保道路畅通。

（2）在道路出口处设置一个冲洗池和两排工人拍土处理架，并派专人清理车辆所运土方。

（3）车辆轮胎及外表用水冲洗干净，保证市政道路的清洁。

5. 湿法作业

（1）现场设置喷淋设施及水管，每天安排专人对施工现场洒水清洁。

（2）在施工作业面产生扬尘的部位采用洒水降尘措施，保证扬尘落地。

（3）对场内施工设备做好防扬尘措施，选用降尘功能好的设备，并注意做好日常维护，必要时可做淋水处理。

6. 运土车辆封闭

（1）当极易产生扬尘的材料进出施工现场时，除需要用篷布覆盖外，还应洒水湿润材料表面，确保不出现扬尘现象。

（2）尽量不在大风天气时进出易扬尘材料。

（3）车辆在运料过程中，对易飞扬的物料用篷布覆盖严密，且车辆不得超载。车辆所装载的土方必须低于车辆槽帮 150mm，并用彩色塑料编织布覆盖严密，确保出施工场地并进入公路的车辆没有掉土，覆盖不严和车轮带泥出场的情况，杜绝物料遗撒污染道路。

10.2.2 噪声、振动控制技术

10.2.2.1 建筑施工噪声的危害与治理

建筑施工噪声是在建筑施工过程中产生的干扰周围生活环境的声音，它是噪声污染的组成部分，对居民的生活和工作产生重要的影响。建筑施工噪声被视为一种无形的污染，它是一种感觉性公害，被称为城市环境"四害"之一，具有普遍性和暂时性的特点。

《声环境质量标准》GB 3096—2008 对环境噪声限值作了详细的规定，如表 10-1 所示。

环境噪声限值（单位：dB(A)） 表 10-1

声环境功能区类别		昼间时段	夜间时段
0 类		50	40
1 类		55	45
2 类		60	50
3 类		65	55
4 类	4a 类	70	55
	4b 类	70	60

注：0 类声环境功能区：指康复疗养区等特别需要安静的区域。

    1 类声环境功能区：指以居民住宅、医疗卫生、文化教育、科研设计、行政办公为主要功能，需要保持安静的区域。

    2 类声环境功能区：指以商业金融、集市贸易为主要功能，或者居住、商业、工业混杂，需要维护住宅安静的区域。

    3 类声环境功能区：指以工业生产、仓储物流为主要功能，需要防止工业噪声对周围环境产生严重影响的区域。

    4 类声环境功能区：指交通干线两侧一定距离之内，需要防止交通噪声对周围环境产生严重影响的区域，包括 4a 类和 4b 类两种类型。4a 类为高速公路、一级公路、二级公路、城市快速路、城市主干路、城市次干路、城市轨道交通（地面段）、内河航道两侧区域；4b 类为铁路干线两侧区域。

10.2.2.2 建筑施工中噪声的控制

通过选用低噪声设备，先进的施工工艺或采用隔声屏、隔声罩等措施可有效降低施工现场及施工过程中产生的噪声。建筑施工中的噪声控制技术通常有以下几种：

（1）隔声屏。隔声屏通过遮挡和吸声减少噪声的排放。隔声屏主要由基础、立柱和声屏障立板组成。基础可以单独设计也可在道路设计时一并设计在道路附属设施上；立柱可以通过预埋螺栓、植筋与焊接等方法，将立柱上的底法兰与基础连接牢靠；声屏障立板可以通过专用高强度弹簧、螺栓及角钢等将其固定于立柱槽口内，形成声屏障。

（2）隔声罩。隔声罩可以把噪声较大的机械设备（搅拌机、混凝土输送泵、电锯等）封闭起来，有效地阻隔噪声的外传。隔声罩外壳由一层不透气的具有一定重量和刚性的金属材料制成，一般用 2～3mm 厚的钢板。在钢板上铺一层阻尼层，阻尼层常用沥青阻尼胶浸透的纤维织物或纤维材料，外壳也可以用木板或塑料板制作，轻型隔声结构可用铝板制作。当隔声要求较高时可使用双层壳的隔声罩，其内层较外层薄一些；两层的间距一般是 6～10mm，两层中间填以多孔吸声材料。

（3）设置封闭的木工用房，以有效降低电锯加工时的噪声对施工现场的影响。

（4）施工现场优先选用低噪声机械设备，优先选用能够减少或避免噪声的先进施工工艺。

10.2.3　水污染防治

10.2.3.1　地下水对于工程施工的影响分析

地下水伴随建筑工程的始终，这决定了地下水作用的长期性。随着地下水位的上升，地基土体压缩性增大，土质软化，地基沉降问题愈加严重；随着地下水位的下降，周围土层会出现固结沉降的问题，轻则导致地下管线出现沉降，重则导致建筑物下部的土体被掏空，严重威胁着建筑物的使用安全。

地下水渗流破坏问题也是普遍存在的，其中尤以流砂现象更为常见，由于水流方向与动力水方向是一致的，如果渗流从上到下流下，这无疑会增加土颗粒压力，给工程施工造成不良影响。此外，地下水对于建筑物也会产生一定的侵蚀性，这包括分解性侵蚀、结晶性侵蚀以及复合性侵蚀等，侵蚀问题的存在会导致一些施工作业无法顺利进行，也会使部分工程材料直接暴露在地下水环境下，加速了材料的腐蚀速度，影响建筑结构的质量，且在低温因素的影响下，部分地下水会形成冻土，一些细粒涂层在冻结时，体积会膨胀，导致冻胀问题出现。随着气温的回暖，土中水量增加，土体强度降低，会导致建筑物出现不均匀沉降，或者引发建筑物开裂。

10.2.3.2　建筑工程防治水污染的措施

1. 加强对建筑基础的控制

基础是建筑物底部结构，可传递上部荷载。基础的类型有浅基础和深基础，在实际工程中如何选择基础类型需根据建筑场地的地质条件而定，其中水文地质条件是主要影响因素之一。基础的材料有钢筋混凝土、石料、砂浆等，材料性质决定基础特性，为确保建筑物安全，避免建筑场区地下水侵蚀性水质对基础材料产生腐蚀和破坏，要求基础材料有足够的强度和耐久性。基础埋置深度要依据场地工程地质条件合理设计，尽量选择浅埋基础，选择适宜的岩土体作持力层；要考虑水文地质条件，尽量将基础做在地下水位以上，如果不行，须做好排水措施。

2. 制定技术对策

技术对策就是采用相关的工程技术手段来解决上述这些问题，如降低地下水位，采用适宜的施工工法，但是无论采取何种方式，本质都是相同的，如果可以实现地下水与岩土固相结构的相互作用，即可有效解决地下水的影响问题。

一般情况下可以采取以下几种方式：

（1）堵和截：该种方法可以从本质上隔断地下水补给，给地下水的流动设置障碍，可以采取打板桩，设置止水帷幕进行堵和截，为工程的施工提供保证，便于后续施工工作的顺利进行。

（2）排与降：排就是将地下水直接排放到施工作业范围之外，降就是让高水位降低到降水漏斗范围，采用该种方式可以降低岩土三相结构的液态比例，为后续的施工提供方便。

（3）保留处理法：如果某些技术方法的成本偏高时，可以采用保留处理法，将地下水保留，采取预留淹没区域，筛分沉淀的方式并设置污水处理设施和排放标准。

（4）更换法与固结法：更换法就是利用更换的新土来减缓地下水的流动速度，固结法则是利用冷冻等方式来加速岩土的固化，解决地下水的流动问题。

10.2.3.3 施工现场污水的处理措施

我国相关建设部门针对施工现场的污水也采取了一定的处理办法，主要有如下几点：

（1）污水排放单位应委托有资质的单位进行废水水质检测，请他们提供相应的污水检测报告。

（2）保护地下水环境。采用隔水性能好的边坡支护技术，在缺水地区或地下水位持续下降的地区，基坑降水时尽可能少地抽取地下水；当基坑开挖的抽水量大于 50 万 m^3 时，应进行地下水回灌并避免地下水被污染。

（3）应配置三级无害化化粪池处理工地厕所的污水，化粪池不接市政管网的污水处理设施；或在工地使用移动厕所，由相关公司集中处理污水。

（4）工地厨房的污水有大量的动、植物油，必须先除去动、植物油才可排放工地厨房的污水，否则将使水体中的生化需氧量增加，从而使水体发生富营养化作用，这对水生物将产生极大的负面影响，而且动、植物油凝固并混合其他固体污物后更会对公共排水系统造成阻塞及破坏。一般对于工地厨房污水应使用三级隔油池隔除油脂，常见的隔油池有两个隔间并设多块隔板，当污水注入隔油池时，水流速度减慢，使污水里较轻的固体及液体油脂和其他较轻废物浮在污水上层并被阻隔停留在隔油池里，而污水则由隔板底部排出。

（5）凡在现场进行搅拌作业的工地，必须在搅拌机前台设置沉淀池，污水流经沉淀池沉淀后可二次使用，对于不能二次使用的施工污水，经沉淀池沉淀后方可排入市政污水管道。建筑工程污水包括地下水、钻探水等，含有大量的泥沙和悬浮物，一般可采用三级沉降池进行自然沉降，污水自然排放，大量淤泥需要人工清除。

（6）化学品等有毒材料、油料的储存地应设置有隔水层，同时需要做好渗漏液收集和处理工作。机修含油废水一律不直接排入水体，将上述废水集中后通过油水分离器处理，水中的矿物油浓度达到 5mg/L 以下后方可排入水体，图 10-2 为某绿色工地污水处理方案。

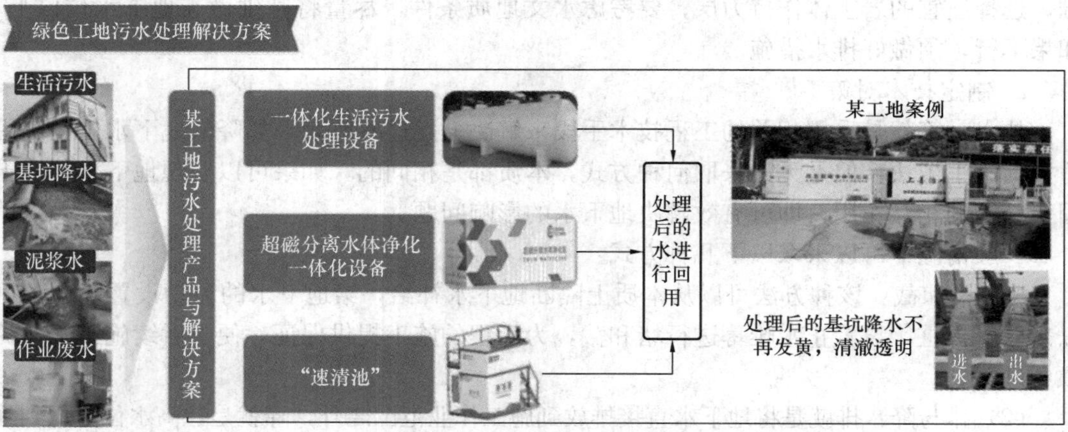

图 10-2 某绿色工地污水处理方案

10.2.4　土壤保护技术

10.2.4.1　土地资源现状

中国土地总面积居于世界第三位，但人均土地面积仅为 $0.777hm^2$，是世界人均土地资源量的 1/3。《2022 年中国环境状况公报》指出：2022 年中国耕地总面积为 1.276 亿 hm^2，人均耕地面积为 0.101 公顷，不足世界人均耕地的一半。由于基本建设等对耕地的占用，目前全国的耕地面积以每年平均数十万公顷的速度递减。

10.2.4.2　土壤保护的方式

制约土壤保护的关键因素是我国的人口数量，在短期内我国人口数量不会减少，故针对目前我国土地资源的现状，为及时防止土壤环境的恶化，我国一些地区积极响应《绿色施工导则》（建质〔2007〕223 号）的节地计划，并明确规定："在节地方面，建设工程施工总平面规划布置应优化土地利用，减少土地资源的占用。施工现场的临时设施建设禁止使用黏土砖，土方开挖施工应采取先进的技术措施，减少土方开挖量，最大限度地减少对土地的扰动并保护周边的自然生态环境。"另外，在节地与施工用地保护中，《绿色施工导则》（建质〔2007〕223 号）在临时用地指标、施工总平面布置规划及临时用地节地等方面还明确制定了如下措施：

（1）保护地表环境，必须防止土壤侵蚀、流失。对于因施工造成的裸土，可以及时覆盖砂石或种植速生草种，以减少土壤侵蚀。当出现因施工导致地表径流土壤流失的情况时，应采取设置地表排水系统、稳定斜坡、植被覆盖等措施，以减少土壤流失。

（2）沉淀池、隔油池、化粪池等不发生堵塞、渗漏、溢出等现象，及时清掏各类池内的沉淀物，并委托有资质的单位清运。

（3）对于有毒有害废弃物，如电池、墨盒油漆、涂料等应回收后交有资质的单位处理，不能作为建筑垃圾外运，避免它们污染土壤和地下水。

（4）施工后应恢复被施工活动破坏的植被。施工单位与当地园林、环保部门或当地植物研究机构进行合作，在先前开发地区种植当地或其他合适的植物，以恢复剩余空地地貌或科学绿化，补救施工活动中人为破坏植被和对地貌造成的土壤侵蚀。

10.3　节能与能源利用技术

10.3.1　施工现场太阳能技术

10.3.1.1　太阳能技术原理

太阳能是由太阳内部氢原子发生氢氦聚变释放出巨大核能而产生的。人类所需能量的绝大部分都直接或间接地来自太阳。植物通过光合作用释放氧气，吸收二氧化碳，并把太阳能转变成化学能在植物体内贮存下来。煤炭、石油、天然气等化石燃料也是由古代埋在地下的动、植物经过漫长的地质演变形成的一次能源。

尽管太阳辐射到地球大气层的能量仅为其总辐射能量的 22 亿分之一，但是也高达 173000TW。地球上的风能、水能、海洋温差能、波浪能和生物质能都是来源于太阳，广义的太阳能所包括的范围非常大，狭义的太阳能则仅限于太阳辐射能的光热、光电和光化学的直接转换，图 10-3 为宁夏 100MW 太阳能光伏电站。

图 10-3　宁夏 100MW 太阳能光伏电站

10.3.1.2　太阳能技术的应用

在建筑工程建设过程中，施工人员应合理地将绿色环保理念融入建筑工程的建设施工中，才能确保建筑物与周边环境始终处于和谐的状态，降低建筑工程建设对环境造成的破坏和污染。一般来说，在建筑工程项目的施工过程中，太阳能利用的成本通常占总成本的5％到10％，这包括太阳能设备的采购、安装以及相关的工程设计和施工费用等方面。随着太阳能技术的不断发展和成熟，太阳能利用在建筑工程中所占的比例也可能会逐渐增加。所以，具体进行建筑工程项目施工的时候，需要加大太阳能的利用力度，以便进一步增强太阳能的应用成效。从新型太阳能在施工过程应用的角度来说，得益于科技的日益进步，太阳能带给自然环境的污染影响很小，达到了针对周边环境情况有效管控的目的。

10.3.1.3　太阳能热水应用技术

1. 技术内容

太阳能热水器是利用太阳光将水温加热的装置。太阳能热水器分为真空管式太阳能热水器和平板式太阳能热水器，真空管式太阳能热水器占据国内约 95％的市场份额，太阳能光热发电比光伏发电的太阳能转化效率高。太阳能光热发电由集热部件（真空管式为真空集热管，平板式为平板集热器）、保温水箱、支架、连接管道、控制部件等组成。

2. 技术指标

（1）太阳能热水技术系统由集热器外壳、水箱内胆、水箱外壳、控制器、水泵、内循环系统等组成。应根据施工现场的洗浴人数确定太阳能热水器的参数。

（2）太阳能集热器与储水箱的位置应合理设置，使循环管路尽可能短；集热器面向正南或正南偏西 5°，条件不允许时可面向正南±30°；平板式、竖插式真空管太阳能集热器的安装倾角需参考工程所在地区的纬度进行调整，一般情况下，集热器的安装角度是当地纬度或当地纬度±10°；集热器应避免遮光物或前排集热器的遮挡，应尽量避免反射光对附近建筑物引起光污染。

（3）采购的太阳能热水器的热性能、耐压、电气强度、外观等检测项目，应符合《家用太阳热水系统技术条件》GB/T 19141—2011 的要求。

（4）宜选用合理先进的控制系统，控制主机启停、水箱补水、用户用水等。系统用水箱和管道需做好保温防冻措施。

3. 适用范围

太阳能热水器适用于太阳能丰富的地区，可保障施工现场办公、生活区的临时热水供应。

10.3.1.4　施工现场太阳能光伏发电照明技术

1. 技术内容

施工现场太阳能光伏发电照明技术是利用太阳能电池组件将太阳光能直接转化为电能储存并用于施工现场照明系统的技术。发电系统主要由光伏组件、控制器、蓄电池（组）和逆变器（当照明负载为直流电时，不使用）及照明负载等组成。

2. 技术指标

施工现场太阳能光伏发电照明技术中的照明灯具负载应为直流负载，灯具主要选用工作电压为 12V 的 LED 灯。生活区安装太阳能发电电池，保证道路的太阳能照明使用率达到 90％以上。

（1）光伏组件：具有封装及内部联结的、能单独提供直流电输出的、最小不可分割的太阳电池组合装置，又称太阳电池组件。在太阳光充足日照好的地区，宜采用多晶硅太阳能电池；在阴雨天比较多，阳光相对不是很充足的地区，宜采用单晶硅太阳能电池；也可根据太阳能电池的发展趋势选用新型低成本的太阳能电池；选用的太阳能电池输出的电压应比蓄电池的额定电压高 20％～30％，以保证蓄电池能正常充电。

（2）太阳能控制器：太阳能控制器能控制整个系统的工作状态，并对蓄电池起到过充电保护，过放电保护的作用；在温差较大的地方，太阳能控制器应具备温度补偿和路灯控制的功能。

（3）蓄电池：蓄电池一般为铅酸电池，在小微型系统中，也可用镍氢电池、镍镉电池或锂电池。根据临建照明系统的整体用电负荷数，选用适合容量的蓄电池，蓄电池的额定工作电压通常选 12V，容量为日负荷消耗量的 6 倍左右，可根据项目具体使用情况确定电池组的容量。

3. 适用范围

太阳能光伏发电照明技术适用于施工现场临时照明，如路灯、加工棚照明、办公区廊灯、食堂照明、卫生间照明等。

10.3.2　施工现场空气能利用技术

10.3.2.1　空气能技术原理

空气能热泵是按照"逆卡诺"原理工作的。它通过压缩机系统运转工作，吸收空气中热量制造热水。空气能热泵工作的具体过程是：压缩机将冷媒压缩，压缩后温度升高的冷媒经过水箱中的冷凝器制造热水，热交换后的冷媒回到压缩机进行下一循环，在这一过程中，空气热量通过蒸发器被吸收并传导到冷媒中，冷媒再将热量传导到水中，产生热水。

通过压缩机空气制热的新一代热水器，即空气能热泵热水器。形象地说，就是"室外机"像打气筒一样压缩空气，使空气温度升高，然后通过一种达到$-17℃$就会沸腾的液体传导热量到室内的储水箱内，再将热量释放并传导到水中。

启用空气能热水器时不需要阳光，因此将它放在家里或室外都可以。太阳能热水器储存的水用完之后，很难再马上产生热水，而空气能热水器只要有空气，温度在零摄氏度以上，就可以24h全天候承压运行。这样一来，即使用完一箱水，一个小时左右就会再产生一箱热水。同时它能从根本上消除电热水器漏电、干烧以及燃气热水器使用时产生有害气体等安全隐患，克服了太阳能热水器阴雨天不能使用及安装不便等缺点，具有高安全、高节能、寿命长、不排放毒气等诸多优点。空气能热水器的寿命一般可以达到10年至15年。

10.3.2.2 空气能热水技术

（1）空气能热水器利用空气能，不需要阳光，因此将它放在室内或室外均可，只要温度在零摄氏度以上，就可以24h全天候承压运行。

（2）工程现场使用空气能热水器时，空气能热泵机组应尽可能布置在室外，进风和排风应通畅，避免造成气流短路。机组间的距离应保持在2m以上，机组与主体建筑或临建墙体（封闭遮挡类墙面或构件）间的距离应保持在3m以上；另外，为避免排风短路，在机组上部不应设置挡雨棚之类的遮挡物；如果机组必须布置在室内，应采取提高风机静压的办法，接风管将废气排至室外。

（3）宜选用合理先进的控制系统控制主机启停；水箱补水；用户用水以及其他辅助热源切入与退出。系统用水箱和管道须做好保温防冻措施。

空气能热水技术可保障施工现场办公、生活区的临时热水供应。

10.4 节材与材料资源利用技术

10.4.1 节材措施

建筑材料资源在建筑业发展中消耗量较大。在房屋建设的工程项目中约2/3的成本是材料费用，建筑工程每年消耗的材料在全国总耗材中占有相当高的比例，其中水泥约占70%，钢材约占25%，木材约占40%。

根据施工进度、库存情况等合理安排材料的采购、进场时间和批次，减少库存以避免因材料过剩而造成的浪费。在材料运输时，首先应充分了解工地的水陆运输条件，注意场外和场内运输的配合和衔接，尽可能地缩短运距，利用经济有效的运输方法减少中转环节；其次要保证运输工具适宜，装卸方法得当，以避免损坏和遗撒造成材料浪费；再次应根据工程进度掌握材料供应计划，严格控制进场材料，防止因倒料过多造成材料的损失；最后，在材料进场后应根据现场平面布置情况就近卸载，以避免和减少二次搬运造成的浪费。

在周转材料的使用方面，施工单位应采取先进技术和有效的管理措施，提高模板、脚手架等材料的周转次数。要优化模板及支撑体系方案，如采用工具式模板、钢制大模板和早拆支撑体系，采取定型钢模、钢框竹模、竹胶板代替木模板的措施。

在安装工程方面，首先要确保在施工过程中不发生大的因设计变更而造成的材料损失；其次要做好材料领发与施工过程的检查监督工作；再次要在施工过程中选择合理的施工工序来使用材料，并注重优化安装工程的预留、预埋、管线路径等方案。

在取材方面应遵循因地制宜、就地取材的原则，仔细调查研究地方材料资源，在保证材料质量的前提下，充分利用当地资源，尽量做到施工现场 500km 以内生产的建筑材料重量占建筑材料总重量的 70% 以上。

对于材料的保管，要根据材料的物理、化学性质进行科学、合理地存储，防止出现因材料变质而引起的损耗。另外，可以通过在施工现场建立废弃材料回收系统，对废弃材料进行分类收集、贮存和回收利用，并在结构允许的条件下重新使用旧材料。尽快进行节材型建筑示范工程建设，制定节材型建筑评价标准体系和验收办法，从而建立建筑节材新技术体系的推广应用平台，以有序推动建筑节材新技术体系的研究开发、技术储备及新技术体系的推广应用。此外，我国的自然资源和环境都难以承受建筑业的粗放式发展，宣传建筑节材，树立全民的节材意识是建筑业可持续发展的必由之路。

10.4.2　建筑垃圾减量化技术与再利用技术

10.4.2.1　技术简介

施工现场建筑垃圾减量化是建筑垃圾源头治理的有效手段，能够从根本上解决建筑垃圾产量大的问题。源头减量模式不同于传统的末端处理模式，是一种以预防为主的减量模式，开展施工现场建筑垃圾源头减量化工作，也可以认为是避免或者减少施工现场建筑垃圾产生过程的方法。

目前，由于大多数施工现场管理粗放，施工过程数据尤其是材料量统计不准确，直接影响并阻碍了施工现场建筑垃圾源头减量的实现。施工现场建筑垃圾的主要来源为：建筑施工过程中的废弃物料，包装废弃物，施工过程中产生的废弃物，施工现场日常生活垃圾。施工现场建筑材料的变化贯穿施工全生命周期，并在量变过程中始终遵循质量守恒定律。因此，通过提高建筑施工材料的测算能力、施工过程的管理水平，逐步实现施工现场建筑垃圾产生量的间接测量，也是从源头有效减少或避免建筑垃圾产生的重要理论基础。

综上，建筑垃圾源头减量化关键技术可以归纳为：从设计图纸绘制、施工方案编制、材料量计算、施工管理等材料转化相关阶段入手，通过对材料转化全过程的精准测算及管控，避免或减少由于过量冗余、余料浪费等行为对施工现场建筑垃圾减量化造成的间接影响。

结合施工现场建筑垃圾减量化内涵，以目前施工现场建筑垃圾源头减量化关键技术和管理方法为主要类别，建筑垃圾源头减量化方法框架可参考图 10-4。

10.4.2.2　技术内容

促成建筑垃圾减量化与建筑垃圾资源化的主要措施包括：实施建筑垃圾分类收集、分类堆放；碎石类、粉类建筑垃圾进行级配后用作基坑肥槽、路基的回填材料；采用移动式快速加工机械，将废旧砖瓦、废旧混凝土就地分拣、粉碎、分级，变为可再生骨料。

可回收的建筑垃圾主要有散落的砂浆和混凝土、剔凿产生的砖石和混凝土碎块、打桩截下的钢筋混凝土桩头、砌块碎块、废旧木材、钢筋余料、塑料等。

金属类施工垃圾包括黑色金属和有色金属类的废弃物；无机非金属类施工垃圾包括烧

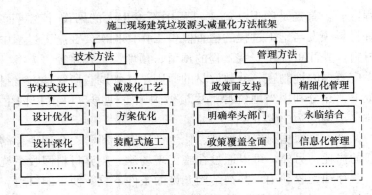

图 10-4 施工现场垃圾减量化方法框架

土制品、天然石材、水泥、混凝土等废弃物；其他类施工垃圾是指除金属类建筑垃圾、无机非金属类建筑垃圾以外的废弃物，施工不同阶段的废弃物类型如表 10-2 所示。

施工不同阶段的废弃物类型　　　　　　　　　　　　　　　　表 10-2

类别	施工阶段		
	地下结构阶段	主体结构阶段	装修及机电安装阶段
金属类施工垃圾	钢筋、铁丝、角钢、型钢、废卡扣（脚手架）、废钢管（脚手架）、废螺杆、废电箱、废锯片、废钻头、焊条头、废钉子、破损围挡等	钢筋、铜管、钢管（焊接、SC、无缝）、铁丝、角钢、型钢、金属支架、废锯片、废钻头、焊条头、废钉子、破损围挡等	电线、电缆、信号线头、铁丝、角钢、型钢、涂料金属桶、金属支架、废锯片、废钻头、焊条头、废钉子、破损围挡等
无机非金属类施工垃圾	混凝土、碎砖、砂石、素混凝土桩头水泥等	混凝土、砖石、砂浆、腻子、玻璃、砌块、碎砖、水泥等	瓷砖边角料、大理石边角料、碎砖、损坏的洁具、损坏的灯具、损坏的井盖（混凝土类）、涂料滚筒、水泥等
其他类施工垃圾	木模板、木方、木制包装、纸质包装、塑料包装、塑料薄膜、防尘网、安全网、废毛刷、废毛毡、废消防箱、废消防水带、编织袋、废胶带、防水卷材、预制桩头、灌注桩头、轻质金属夹芯板等	木模板、木方、塑料包装、塑料、涂料、玻化微珠、保温板、岩棉、废毛刷、安全网、防尘网、塑料薄膜、废毛毡、废消防箱、废消防水带、编织袋、废胶带、防水卷材、木制包装、纸质包装、轻质金属夹芯板等	木材、木制包装、纸质包装、涂料、乳胶漆、苯板条、塑料包装、塑料、废毛刷、废消防水带、编织袋、废胶带、机电管材、轻质金属夹芯板、石膏板等

常用的现场垃圾减量化与资源化的主要技术包括以下几种：

（1）对钢筋采用优化下料技术，提高钢筋的利用率；对钢筋余料采用再利用技术，如将钢筋余料用于加工马凳筋、预埋件与安全围栏等。

（2）应对模板进行优化拼接，减少模板的裁剪量；应通过合理的设计和加工制作提高木模板的重复使用率；采用指接接长技术拼接短木方，提高木方利用率。

（3）对混凝土浇筑施工中的混凝土余料做好回收利用，这些余料可用于制作小过梁、混凝土砖等。

（4）在进行二次结构的加气混凝土砌块隔墙施工时，做好加气块的排块设计，尽量在加工车间进行机械切割，减少工地加气混凝土砌块的废料。

（5）利用废塑料、废木材、钢筋头与废混凝土的机械分拣技术；利用废旧砖瓦、废旧混凝土为原料的再生骨料就地加工与分级技术。

（6）现场直接利用再生骨料和微细粉料作为骨料和填充料，生产混凝土砌块透水砖等制品。

（7）利用再生细骨料制备砂浆及其使用的综合技术。

10.4.2.3 再生骨料混凝土技术

1. 技术内容

掺用再生骨料配制而成的混凝土称为再生骨料混凝土，简称再生混凝土。科学合理地利用建筑废弃物回收生产的再生骨料以制备再生骨料混凝土，一直是世界各国致力研究的方向，随着我国环境压力严峻，建材资源日益紧张，再生骨料成为工程建设混凝土用骨料的有效补充。

2. 技术指标

建筑结构用再生粗骨料按微粉含量、泥块含量、吸水率、针片状颗粒含量、有害物质含量、杂物含量、坚固性指标、压碎指标、表观密度和空隙率的性能要求分为Ⅰ类、Ⅱ类、Ⅲ类，并应符合表 10-3 的规定。

再生粗骨料各项指标与分类　　　　　　　　　　　　　　表 10-3

项目		Ⅰ类	Ⅱ类	Ⅲ类	试验方法
微粉含量（按质量计）（%）		<1.0	<3.0	<5.0	按照 GB/T 14685—2022 中规定的微粉含量试验方法执行
泥块含量（按质量计）（%）		<0.5	<0.7	<1.0	按照 GB/T 14685—2022 中规定的泥块含量试验方法执行
吸水率（按质量计）（%）		<3.0	<5.0	<8.0	按照 GB/T 17431.2—2010 中规定的吸水率试验方法执行
针片状颗粒含量（按质量计）（%）		<10			按照 GB/T 14685—2022 中规定的针片状颗粒含量试验方法执行
有机物含量		合格			按照 GB/T 14685—2022 中规定的有机物含量试验方法执行
硫化物及硫酸盐（折算成 SO_3 按质量计）（%）		<2.0			按照 GB/T 14685—2022 中规定的硫化物及硫酸盐含量试验方法执行
氯化物（以氯离子质量计）（%）		<0.06			按照 GB/T 14684—2022 中规定的氯化物含量试验方法执行
杂物	杂物总量（按质量计）（%）	<1.0			按照 GB/T 25177—2010 中规定的杂物含量试验方法执行
	钢筋杂物（按质量计）（%）	<0.1	<0.2	<0.3	
	钢筋断头长度（cm）	<3.0			
	木屑杂物（按质量计）（%）	<0.02	<0.04	<0.06	
坚固性质量损失（%）		<5.0	<10.0	<15.0	按照 GB/T 14685—2022 中规定的坚固性试验方法执行

项目	Ⅰ类	Ⅱ类	Ⅲ类	试验方法
压碎指标（%）	<10	<18	<26	按照 GB/T 14685—2022 中规定的压碎指标试验方法执行
表观密度（kg/m³）	≥2450	≥2350	≥2250	按照 GB/T 14685—2022 中规定的表观密度试验方法执行
空隙率（%）	<47	<50	<53	按照 GB/T 14685—2022 中规定的空隙率试验方法执行

道路用再生级配粗骨料（4.75mm 以上）按再生混凝土含量、压碎指标、杂物含量、针片状颗粒含量等分为Ⅰ类和Ⅱ类，并应符合表 10-4 的规定。

道路用再生级配骨料（4.75mm 以上）的性能指标要求　　　　　　　　表 10-4

类型	Ⅰ类	Ⅱ类
再生混凝土颗粒含量（%）	≥90	
压碎指标（%）	≤30	≤45
杂物含量（%）	≤0.5	≤1.0
针片状颗粒含量（%）	≤20	

3. 再生混凝土道路

（1）路面清扫与划导向线

施工前认真清扫路面，以免杂物和垃圾混入混合料中，然后在再生施工宽度之外划导向线，也可直接将原道路路面的边线作为再生施工的基线，以此保证边缘处的美观性与顺直性。

（2）原道路路面加热

在再生施工前必须对原道路路面进行加热，否则会在耙松过程中使集料破损，对再生施工的质量造成影响，同时也要防止加热温度过高导致沥青提前老化。具体的加热温度根据以往的工程经验确定，对于加热的宽度，需要在铣刨范围的基础上在两侧分别加宽 20cm。

（3）原道路路面耙松

在耙松时深度应保持均匀，如深度必须变化，应逐步渐变，不可突变。通过耙松，能使被耙松的原道路表面具有良好的粗糙程度，为后续再生施工创造良好条件。完成耙松时，其表面温度应达到 70℃ 以上。

（4）喷洒再生剂

使用专门的装置对再生剂进行喷洒，此装置要与复拌设备保持联动，并能实现自动控制，即准确按照设计确定的剂量进行喷洒。喷洒再生剂之前也要对其进行加热，加热温度以不破坏其功能的最高温度为准，通过加热能提高流动性，使其与沥青充分融合。另外，现场应以铣刨深度及其变化为依据对再生剂的实际用量进行实时调整。

（5）拌合与摊铺

完成再生剂的喷射并检查确认达到要求后利用复拌机对混合料进行拌合，使其保持均匀。然后使用摊铺机对混合料进行均匀摊铺。摊铺机应以 $1.5\sim5.0$m/min 的速度匀速行驶，务必保证摊铺表面的均匀性，防止混合料产生离析、裂缝及拉毛。施工中安排专人对摊铺情况进行跟踪检查，当发现问题时应立即处理。以再生层的厚度为依据对熨平板的功率进行适当调整，通过熨平板的振捣使摊铺后的混合料达到良好的初始密度，并减少热量散失。摊铺中要对混合料温度进行严格的控制，要求在 $120\sim150℃$ 的范围内进行。

（6）碾压

在混合料摊铺完成后，应使用压路机及时碾压，压路机的类型主要有双钢轮压路机与轮胎压路机两种。压路机应紧跟前方摊铺机，但注意防止和摊铺机发生碰撞。当由双钢轮压路机进行碾压时，为避免混合料与压路机轮发生粘结，可在道路表面适量洒水，水量以避免粘结为准，水量也不可过多，更不能产生积水；而当由轮胎压路机进行碾压时，一般无须洒水。对于大型压路机无法到达的地方，可由人工使用小型机具进行压实。

（7）质量检测

完成再生施工后，按表 10-5 的要求进行质量检测。

再生施工质量检测

表 10-5

检测项目	检测频率	质量要求
再生层外观	随时进行	保持平整且密实，没有显著的缺陷与离析
再生层宽度	每 100m 至少检测 1 点	不小于设计要求的宽度
再生层厚度	每 1000m 至少检测 1 点	不超过设计要求的厚度±5mm
再生层压实度	每 1000m 至少检测 1 点	不小于 94%
再生层平整度	在再生施工段进行连续检测	不超过 2m/km
摩擦系数	在再生施工段进行连续检测	不小于 45
构造深度	每 1000m 至少检测 2 点	不小于 0.45
渗水系数	每 1000m 至少检测 2 点	不超过 80ml/min

复习思考题

1. 谈谈你对绿色施工的理解。什么是绿色施工？绿色施工管理主要包括哪些内容？

2. 噪声的危害主要有哪些？常用的噪声评价方法有哪些？

3. 绿色施工与传统施工的异同有什么？并结合日常生活简单阐述。

4. 施工现场应采取哪些措施防止环境污染？

5. 简述土壤保护的紧迫性与必要性，并结合案例进行说明。

6. 根据所学知识，谈一谈你对绿色施工的认识以及在我国发展绿色施工的必要性和紧迫性。

参 考 文 献

[1] 田杰芳. 绿色建筑与绿色施工［M］. 北京：清华大学出版社，2020.

[2] 焦营营，张运楚，邵新. 智慧工地与绿色施工技术［M］. 徐州：中国矿业大学出版社，2019.

[3] 于群，杨春峰. 绿色建筑与绿色施工［M］. 北京：清华大学出版社，2017.

[4] 张甡. 绿色建筑工程施工技术［M］. 长春：吉林科学技术出版社，2021.

[5] 陈吉光，马海滨. 绿色建筑与绿色建造［M］. 武汉：武汉理工大学出版社，2020.

[6] 刘梦然. 建筑工程绿色施工及技术应用［M］. 南京：江苏凤凰科学技术出版社，2015.

第 11 章　施工过程监测和控制新技术

11.1　施工过程监测概述

11.1.1　工程监测的意义

随着我国城市化进程的不断推进，工程建设的规模和数量也在不断增加，这极大地推动了各种施工技术的发展与应用，比如深基坑工程、大跨度结构工程、地下工程等在轨道交通、体育场馆、桥梁等公共基础设施建设中得到了广泛的应用，这些工程项目的顺利建造与投入使用也成为衡量我国建筑施工水平的重要标志之一。但由于工程项目的复杂性以及施工过程的非常规性，任何一个环节出现问题都会给工程质量带来严重的危害，甚至造成巨大的损失。因此在施工过程中进行监测，可以有效保证工程项目的施工质量与安全。

在施工过程中，通过施工过程监控，可在施工期将监测信息与监测结论及时反馈给设计、施工部门，使他们实时掌握被监测体的工作状态，监测数据可供设计、施工人员论证设计及施工方案，确保施工安全。当工程出现异常状况时，施工过程监控数据及成果可及时作为指导和调整施工的决策依据。从而提升现有施工及管理水平。

11.1.2　工程监测的发展及应用

早在 20 世纪 80 年代，工程监测就开始应用于国外的工程项目中。如英国在总长552m 的 Foyle 桥上布设了各种传感器，监测大桥在运营阶段时在车辆与风载作用下主梁的振动、挠度和应变以及风和结构温度场的变化。美国的 Fuhr 等人在佛蒙特州的Winooski 水电站中布设了光纤振动、压力等传感器以组成水电站健康监测系统，该系统于 1993 年监测到 2 号水轮发电机振动异常，工作人员及时排除了故障，避免了事故。加拿大在建于海上的预应力混凝土箱梁桥上建立了综合监测系统，对桥梁在冰荷载、风荷载、地震作用下的性能、变形、温度应力等进行研究，并研究了外部环境对结构的侵蚀作用。

由于因工程结构事故所产生的后果一般都比较严重，专家学者们充分意识到工程监测的重要性，因此我国的工程项目中也逐渐开始应用各类工程监测技术。比如在香港青马大桥的建设过程中，施工人员在不同部位设置了 800 多个各类传感器，监测了大桥结构在动力荷载下的反应，获取的数据可以作为大桥在施工及服役阶段安全性评价的参考依据。除此之外，在我国广东省的虎门大桥也被布设了应变片和 GPS 系统，它们可以对桥的应力和振动进行监测；芜湖长江大桥在施工阶段就被布设了光纤传感器，用以监测桥梁施工和服役阶段的安全性。目前工程监测技术已经被广泛应用在深基坑工程、大跨度结构工程、地下工程、高层建筑工程的施工及运营中。

11.1.3　施工过程监测

施工过程监测是指通过监测技术对施工过程的主要结构参数进行实时跟踪，确定其时空变化曲线，以便掌握与控制施工质量，掌握与控制影响施工安全的关键因素在施工过程中的发展变化状态，并对下一步施工方案进行预判和调整，以保证整个施工过程顺利完成。以钢结构工程为例，施工过程监测的流程如图 11-1 所示。

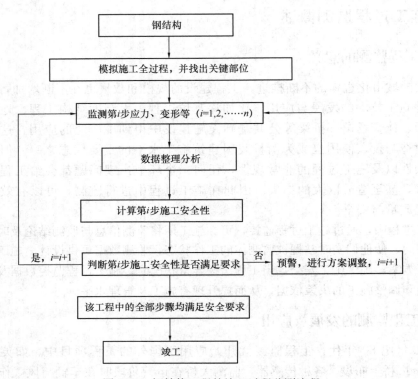

图 11-1　钢结构工程的施工过程监测流程

施工过程监测按监测方式可以分为：人工监测与自动监测，二者各有优缺点。其中人工监测主要是利用简单的仪器，通过人工定期进行监测，该方法的特点是需要工作人员对数据进行选择性处理，不易受到周围环境干扰，但需要投入巨大的人力物力；自动监测则需要采用各种传感器和监测设备，利用系统平台进行 24h 不间断地测量，因此该方法适应性较强，采集数据频率高，但是由于自动监测对周围环境要求较高，数据传输稳定性差。因此，通常做法是将上述两种方法结合起来，用各种小型的自动化程度较高的仪器进行数据采集，并配合人工监测数据的可靠性进行交叉检验，分析两种监测数据的相关性，进而确定影响因素。该方法比较适合一般结构，具有广泛的应用前景。

施工过程监测按监测状态可分为静态监测和动态监测。静态监测是对结构的静态几何和力学参数进行监测，可以比较直观地反映结构的静止服役状态。动态监测是在结构运营的情况下，基于人为激励和环境激励，监测结构的动态的几何和力学参数。

11.2　工程监测系统

11.2.1　工程监测中的传感器技术

11.2.1.1　传感器技术

在一些施工难度较大及复杂度较高的工程项目的建设过程中，工程检测系统的应用是对施工安全及质量的重要保障。而在信息技术高度发展的时代，传感器技术已经极大地推动了社会的发展进步，在许多深基坑工程、大跨度结构工程、地下工程等工程项目的建设过程中，传感器技术得到了大量广泛的应用。

1. 传感器的定义

传感器是一种将敏感元件和转换元件有机结合的电容测控元器件，它是能够将接收到的信号转换成规则输出信号的电子元器件或电子装置。目前，对于传感器的命名并不统一，大多称为变换器、检测器或探测器。根据传感器的原理传感器的输出信号分为很多形式，包括电压、电流、频率、脉冲等。

2. 传感器的组成

常规意义上传感器包括敏感元器件和转换元器件。但随着传感器的应用与发展，采用半导体及集成技术的信号调节转换电路和电路所需电源成为传感器组成的重要部分。这是由于传感器的信号很微弱，不易于传输、处理、记录和显示，需要信号调节转换电路将其放大，而此种电路通常安装在传感器的壳体里与敏感元器件一同集成于芯片上以实现放大和转换信号的功能。

一般信号调节与转换电路的种类有放大器、电桥、振荡器、电荷放大器等，它们分别与相应的敏感元器件和转换元器件相结合组成各类传感器。

3. 传感器的分类

传感器的种类繁多，其分类方法见表 11-1。

传感器的分类

表 11-1

分类方法	传感器的种类	说明
按物理量值分类	位移传感器、速度传感器、温度传感器、压力传感器等	传感器以被测物理量命名
按工作原理分类	应变式、电容式、电感式、压电式、热电式、光纤光栅式等	传感器以工作原理命名
按物理现象分类	结构型传感器	传感器依赖其结构参数的变化实现信息转化
	物性型传感器	传感器依赖其敏感元件物理特性的变化实现信息转换
按能量关系分类	能量转换型传感器	传感器直接将被测量的能量转换为输出量的能量
	能量控制型传感器	由外部供给传感器能量，而由被测量来控制输出的能量
按输出信号分类	模拟传感器；数字传感器	输出为模拟量；输出为数字量

11.2.1.2　电阻应变式传感器

电阻应变式传感器是应用最广泛，应用历史最悠久的一种传感器。这种传感器在弹性敏感元器件上贴有电阻应变片，可用于测量位移、加速度、力、力矩、压力等各种参数。电阻应变式传感器结构简单，使用方便，可以测量多种物理量，易于实现测试过程自动化、多点同步测量、远距测量和遥测。而且此方法灵敏度高，测量速度快，能够进行静态、动态测量，性能稳定、可靠，广泛应用在航空、机械、电力、化工、建筑、医学等领域中。

电阻应变式传感器包括弹性敏感元器件与电阻应变片两部分。在测量过程中弹性敏感元器件会产生变形，进而会有相应的应变，其应变会被附着在弹性敏感元器件的电阻应变片所感知而产生相应的变化，电阻值会发生改变。通过电阻值改变的多少可以确定被测量值的大小。弹性敏感元器件的结构形式要根据被测参数来设计或选择。电阻应变片充当传感器中的转换元件，是电阻应变式传感器的核心元件。

金属的电阻随着自身的几何变形而发生相应变化的现象称为金属的应变效应。电阻应变片就是根据这个原理制作的。金属的电阻与材料的电阻率及其几何尺寸（长度和截面积）相关，金属的机械变形导致以上三者发生改变，因此引起了金属丝的电阻改变。

应变片和弹性元器件在应变式传感器中非常重要，不可缺少。图 11-2 为五种常用的应变式传感器的弹性元件。

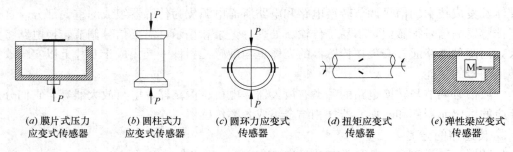

| (a) 膜片式压力
应变式传感器 | (b) 圆柱式力
应变式传感器 | (c) 圆环力应变式
传感器 | (d) 扭矩应变式
传感器 | (e) 弹性梁应变式
传感器 |

图 11-2　应变式传感器示意图

11.2.1.3　压电式传感器

1. 压电效应

压电式传感器是基于某些物质的压电效应原理工作的。这些物质在沿一定方向受到压力或拉力作用而发生变形时，其表面上会产生电荷；外力消失时，这些物质又重新回到不带电的状态，这种现象称为压电效应。具有这种压电效应的物体称为压电材料或压电元件。

2. 压电材料

具有压电效应的敏感材料叫压电材料。压电材料可分为两大类，即压电晶体与压电陶瓷，前者是单晶体，后者是多晶体。选用合适的压电材料是设计高性能传感器的关键。

3. 压电式传感器的种类

（1）压电式测力传感器

压电元件具备力-电转换的自身属性，转换性能受压电材料、变形方式、机械上串联或并联的晶片数、晶片的几何尺寸和传力结构等因素影响。显然，压电元件的变形方式以利用纵向压电效应的 TE 方式为最简便。而压电材料的选择则取决于所测力的量值大小，对测量误差提出的要求，工作环境温度等各种因素。图 11-3 至图 11-5 给出了几种常见的压电式测力传感器。

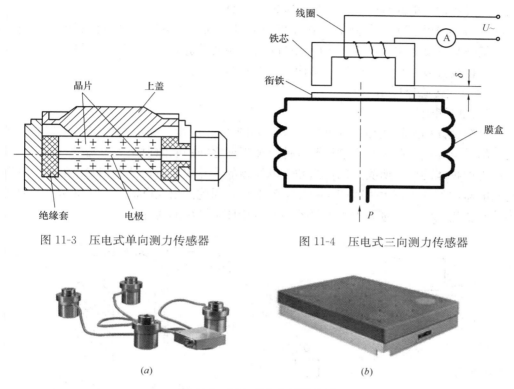

图 11-3 压电式单向测力传感器

图 11-4 压电式三向测力传感器

图 11-5 压电式六分量测力计

（2）压电式加速度传感器

压电式加速度传感器又称压电加速度计，属于惯性式传感器，图 11-6 为压缩式压电加速度传感器的结构原理图。压电加速度计具有体积小，质量轻，结构坚实，频带宽，灵敏度高，测量范围宽等优点，因此它的应用最为广泛。在振动计量中，压电加速度计往往作为标准加速度计使用，同时它还可用于监测建筑结构的振动响应，从而评估结构的健康状况和性能。

11.2.1.4 光电传感器

1. 常用的光电式传感器类型

光电式传感器按其输出量性质可分为两大类：模拟式光电传感器及开关式光电传感器。

模拟式光电传感器是输出电信号为模拟式的一种光电传感器，它的工作原理是基于光电元件的光电特性，将被测量转换成连续变化的光电流，要求光电元件的光照特性为单值线性，且光源的光照均匀恒定。

图 11-6 压缩式压电加速度传感器的结构原理

293

开关式光电传感器利用光电元件受光照或无光照时"有"、"无"电信号输出的特性将被测量转换成断续变化的开关信号。为此，要求光电元件的灵敏度要高，而对光照特性的线性要求不高。这类传感器主要应用于零件或产品的自动计数，光控开关，电子计算机的光电输入设备，光电编码器及光电报警装置等方面。

图 11-7 为光电式数字转速表工作原理。电机转轴上涂着黑、白两种颜色，当电机转动时，反光与不反光交替出现，光电元件间断地接收反射光信号，输出电脉冲。经放大整形电路转换成方波信号，由数字频率计测得电机的转速。

2. 光电式传感器应用

（1）光电测微计

光电测微计用来检测加工零件的尺寸，如图 11-8 所示。光电测微仪的原理是：从光源发出的光束经过调制盘再穿过被测零件与样板环之间的间隙射至光电器件，小孔的面积是由被检测物体的尺寸所决定的，当被检测物体的尺寸改变时，其面积发生变化，从而使射到光电器件上的光束大小改变，使光电流变化，因此测出光电流的大小即可知道被测物体尺寸的变化。但该装置要求光电器件的光电特性是良好的线性。

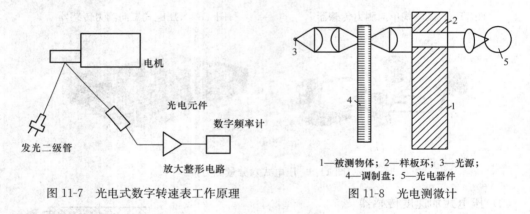

图 11-7 光电式数字转速表工作原理

1—被测物体；2—样板环；3—光源；
4—调制盘；5—光电器件

图 11-8 光电测微计

（2）烟尘浊度连续监测仪

可用光电传感器检测烟尘浊度，将一束光通入烟道，如果烟道里烟尘浊度增加，通过的光被烟尘颗粒吸收和折射的概率就增多，到达光检测器上的光就会减弱，以光检测器输出信号的变化，便可测出烟尘浊度的变化。图 11-9 是装在烟道出口处的吸收式烟尘浊度监测仪的组成框图。为检测出烟尘中对人体危害性最大的亚微米颗粒的浊度，光源采用纯白炽平行光源，光谱范围为 400～700nm，该光源还可避免水蒸气和二氧化碳对光源衰减的不利影响。光电管的光谱响应范围为 400～600nm，可将光信号变换为随烟尘浊度变化的相应电信号。

11.2.1.5 光纤传感器

光纤传感器以光测量技术为基础，采用光作为信息的载体。光纤作为传递信息的媒质，不仅可应用于传统的测量领域，测量应力、应变、温度、位移、加速度等众多物理量，还可用于高温、易燃、易爆、强电场及强磁场等苛刻环境中，其发展十分迅速。光纤传感器较传统的各种传感器具有众多优点，它集体积小、重量轻、灵敏度高、性能稳定、抗电磁干扰、耐腐蚀、电绝缘性好、便于与计算机连接、结构紧凑等优点于一身，可应用

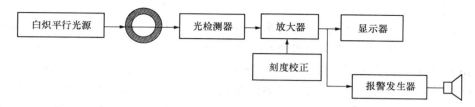

图 11-9　装在烟道出口处的吸收式烟尘浊度监测仪的组成框图

于位移、振动、转动、压力、弯曲、应变、速度、加速度、电流、磁场、电压、温度、湿度、声场、流量、浓度、pH 值等，共计 70 多个物理量和化学量的测量。它工作可靠性高，被认为是一类具有良好发展前景的传感器。

1. 光纤布拉格光栅传感器

光纤布拉格光栅传感器是一种近年来发展起来的新型光纤传感器，它的传感原理是光波经过光纤中的布拉格光栅时，只有特定波长的光被反射回来，这个波长被称为布拉格波长。当光纤受到应变、温度变化等外部影响时，布拉格波长会发生变化，通过测量这一波长变化可以得到所测物理量。加拿大的 K. o. Hili 等人自 1978 年首次发现了含锗光纤的光敏性，观察到入射光与反射光在光纤中形成的驻波干涉条纹能够导致纤芯的折射率沿光纤的轴向发生周期性变化，从此，光纤光栅受到全世界的广泛重视，光纤光栅技术在通信方面的应用极大地推动了它的发展。布拉格光栅作为一种新型的无光源器件，与传统的电阻应变片相比具有抗电磁干扰能力强、构造简单、尺寸小、高灵敏度、使用寿命长、具有可重复性等显著特点。

2. 光纤布拉格光栅监测系统

光纤布拉格光栅监测系统由以下四部分组成：宽带光源、连接元件、光纤布拉格光栅传感器以及波长解调仪器，连接元件包括传输光纤与耦合器，宽带光源与光纤以及光纤之间一般用耦合器连接。该系统的基本工作原理如下：光源将光入射到传输光纤中，当光束经过布拉格光栅时，一段包括布拉格波长的狭窄光谱被布拉格光栅反射回波长解调仪器，在没有被反射的透射光谱中就缺少了这段光谱。光纤布拉格光栅传感系统如图 11-10 所示。

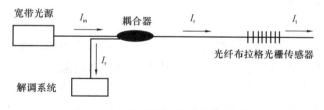

图 11-10　光纤布拉格光栅传感系统

11.2.1.6　谐振式传感器

谐振式传感器是直接将被测量物体的变化转换为物体谐振特性变化的装置，其工作原理是：基于谐振技术，利用谐振子的振动频率、相位和幅值作为敏感参数，达到对压力、位移、密度等被测参数的测量。振弦式传感器是谐振式传感器的一种，较多地应用于结构的健康监测中。

1. 谐振式传感器的结构

谐振式传感器用来测量压力的部件称为压力膜片，通常被放置在传感器的测量腔室或敏感腔室内。在压力膜片的支架上安装有一个震动膜片。空腔受压力引起压力膜片变形，使支架角度改变并张紧振膜。振膜的张力发生变化，从而使振膜的固有振动频率发生变化，在振膜的两侧分别放上激振线圈和谐振线圈。它们与放大电路组成正反馈振荡电路，补充衰减的能量以维持振膜的振动，并给出振膜振动频率的信号。谐振式传感器示意图如图 11-11 所示。

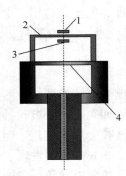

1—激振线圈；2—振动膜片；
3—谐振线圈；4—压力膜片

图 11-11　谐振式传感器示意图

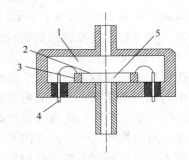

1—低压腔；2—高压腔；3—硅环；
4—引线；5—硅膜片

图 11-12　压阻式传感器结构简图

2. 谐振式传感器的应用

谐振式传感器因输出为频率信号而具有精度高，分辨率高，抗干扰能力强，可靠性高，适于长距离传输且功耗低，能直接与数字设备相连接，无活动部件，机械结构牢固等优点。它的缺点是，要求的材料质量较高，加工工艺复杂，生产周期长，生产成本较高，另外，其输出频率与被测量往往是非线性关系，需进行线性化处理才能保证良好的精度。

由于谐振式传感器有许多优点，它已迅速发展成为一个新的传感器家族，可用于多种参数的测量，例如压力、位移、加速度、扭矩、密度、液位等。谐振式传感器主要运用于航空、航天、计量、气象、地质、石油等行业中。

11.2.1.7　压阻式传感器

1. 压阻式传感器的工作原理

压阻式传感器主要由外壳、硅膜片和引线组成。其简单结构如图 11-12 所示。这种传感器采用集成工艺将电阻条集成在单晶硅膜片上，制成硅压阻芯片，并将此芯片的周边固定封装于外壳之内，引出电极引线。膜片的四周用圆环（硅环）固定，膜片的两边有两个压力腔，一面是与被测压力连通的高压腔，另一面是与大气连通的低压腔。当膜片两边存在压力差时，膜片产生变形，膜片上各点产生应力。四个电阻在应力作用下，电阻值发生变化。电桥失去平衡，输出相应的电压。该电压与膜片两边的压力差成正比。这样，测得不平衡电桥的输出电压，就测出了膜片受到的压力差的大小。

2. 压阻式传感器的应用

压阻式传感器广泛地应用于航天、航空、航海、石油化工、动力机械、生物医学工程、气象、地质、地震测量等各个领域。在航天和航空工业中压力是一个关键参数，对于静态和动态压力以及局部压力和整个压力场的测量精度都有很高的要求。压阻式传感器是用于这方面的较理想的传感器。例如，该传感器用于测量直升机机翼的气流压力分布，测试发动机进气口的动态畸变、叶栅的脉动压力和机翼的抖动等。在飞机喷气发动机中心压力的测量中，使用专门设计的硅压力传感器，其工作温度达 500℃以上。压阻式传感器还有效地应用于爆炸压力和冲击波的测量，真空测量，监测和控制汽车发动机的性能以及诸如测量枪炮膛内压力、发射冲击波等兵器工业方面的测量。

11.2.2　工程监测中的通信技术

11.2.2.1　有线通信技术

随着科技的进步和发展，结构的健康监测的相关技术手段也在不断地自我升级。其中，数据的通信技术也发生了翻天覆地的变化。通信是指计算机与计算机或计算机与终端之间的信息交换。

基本的通信方式有并行通信和串行通信两种：一条信息的各位数据在一根数据信号线上被逐位按顺序传送的通信方式称为串行通信，数据每一位数据都占据一个固定的时间长度。一条信息的各位数据被同时传送的通信方式称为并行通信。

串行通信的特点是：①数据位传送；②传送按位顺序进行；③最少只需一根传输线即可完成；④成本低但传送速度慢。串行通信的距离可以从几米到几千米。由于串行通信方式具有使用线路少、成本低，特别是在远程传输时，避免了多条线路特性的不一致而被广泛采用。这种通信方式使用的数据线少，在远距离通信中可以节约通信成本。

并行通信的特点是：各数据位同时传送，传送速度快、效率高，有多少数据位就需多少根数据线，传送成本高，且只适用于近距离（相距数米）的通信。

有线通信技术是广泛地应用于社会生活之中的较为成熟的通信技术。有线通信顾名思义就是通过有线的介质去传播讯息，例如，经常用到的 USB 数据线、宽带网络的光纤线、固定电话的电话线都属于有线通信技术的范畴。

11.2.2.2　无线通信技术

无线通信是指利用无线电波传播信息的通信方式，无线电波是指在自由空间（包括空气和真空）传播射频频段的电磁波。无线通信可用来传输电报、电话、传真、图像、数据和广播电视等通信业务。与有线通信相比，它不需要架设传输线路，不受通信间距限制，机动性好，建立速度快。

无线通信按所使用的频率波段可分为长波通信、中波通信、短波通信、超短波通信和微波通信等。在工程结构的健康监测中，最常用到的无线通信技术主要有以下几种：

（1）无线传感器网络（WSN）：通过将传感器节点分布在结构中，无线传感器网络实现对结构各个部位的监测。传感器节点可以无线收集数据并通过网络传输到监测中心，实现对结构状态的实时监控。

（2）无线局域网（WLAN）：使用无线局域网技术，将传感器数据传输到监测中心。WLAN 通常适用于较小范围的监测系统，比如建筑物内部的结构健康监测。

（3）蓝牙（Bluetooth）：蓝牙技术可以用于短距离的数据传输，适用于小型工程结构的监测。

（4）LoRa（Long Range Radio）：LoRa 技术是一种低功耗广域无线通信技术，专门用于远距离、低数据传输速率的物联网（IoT）应用。LoRa 技术采用了一种称为"扩频"（SS）的调制技术，使得信号可以在较低的信噪比条件下传输，从而实现了超长距离的通信。相较于传统的无线通信技术，LoRa 技术可以实现长距离通信，在开阔地区可以使数公里甚至数十公里均在通信范围内，这使得它特别适用于广域物联网应用，例如农业、环境监测、城市智能化等领域。LoRa 技术的调制技术和传输方式使得其传输功耗非常低，传感器节点可以长时间使用电池供电，适合远程或难以供电的应用场景。它还支持多节点连接，可以通过网状拓扑形式建立较大规模的无线传感器网络，实现对广泛区域的监测和数据采集。

LoRa 技术的特点使得它成为许多物联网应用中的理想选择，特别是对于需要长距离、低功耗和低成本的场景。它被广泛应用于智能城市、智能农业、智能家居等领域，为物联网的发展提供了重要的技术支持。

（5）NB-IoT（Narrow Band Internet of Things）：NB-IoT 是一种低功耗、广覆盖的物联网通信技术，特别适用于物联网设备需要长期低功耗运行的情况，适用于对结构进行长期、稳定的监测。

（6）5G 通信技术：5G 通信技术是第五代移动通信技术的简称，它是在 4G 技术基础上的进一步发展和升级。与前几代移动通信技术相比，5G 通信技术具有更高的传输速率、更低的延迟、更大的连接密度和更稳定的网络性能，适用于各种不同的应用场景，包括物联网、虚拟现实、增强现实、自动驾驶等。5G 的高速、低延迟特性使其成为未来大规模结构健康监测的有力选择，特别适用于复杂工程项目或需要高频率数据传输的场景。

这些无线通信技术的应用使得工程结构的健康监测更加智能、高效，技术人员能够及时获取结构的状态信息，从而更好地保障结构的安全和稳定性。

11.2.2.3 监测系统集成

1. 监测概况

施工过程监测的基本内涵是通过对重大工程结构状况的监控，获取相关数据并运用损伤诊断系统的算法进行评估，对结构在特殊条件下的异常状况进行安全评定，发出预警信号，为结构的维护、维修、管理及决策提供依据和指导。在不同的功能目标下，监测项目也有所不同，其监测对象包括荷载监测、温度监测、位移监测、应变监测、加速度监测等。从系统构成看，施工过程监测系统主要由硬件系统和软件系统组成，具体由传感器子系统、数据采集系统、数据传输和存储系统、数据管理系统、数据解析和诊断系统、安全预警与可靠性预测子系统等组成。

2. 监测系统集成

通常，结构健康监测系统的传感器子系统由多种不同类型的传感器组成，每种传感器分别测量不同的物理量（包括应变、位移、倾角、加速度、温度、湿度、压强等），每种传感器承担着与其相对应的传感功能，其信号的采集由不同的硬件和软件实现。多物理量监测系统集成是指将传感器子系统内不同功能的传感器信号从物理上、逻辑上、功能上连接在一起，形成一个单一的、具有综合集成功能的数据采集平台，以实现信号综合和平台资源共享，提高监测系统维护和管理的自动化水平及协调运行能力。多物理量监测系统集成的目标为：（1）对传感器子系统中的传感器进行统一控制和管理，并提供用户交互界面，使用户可以在用户交互界面上方便地操作。（2）采用开放的数据结构，共享数据资源。多物理量监测系统集成提供一个开放的平台，建立统一的数据调用方式，使各子系统可以自由选择所需数据，充分发挥各子系统的功能，提高系统的运行效率。

3. 数据采集子系统集成

数据采集在结构的监测系统中有着举足轻重的地位，它处于整个系统的第二阶段，它直接影响着整个监测数据的正确性和完整性。它将对整个结构健康监测系统有效性和可靠性起着决定性的作用，其主要负责各种传感器输出信号的调理和数字化，为后期的各种分析处理提供可靠的数据。

施工过程监测系统中的数据采集系统需要将传感器采集过来的电压信号进行放大、滤波，然后进行模拟数字转换送入单片机等处理器进行预处理，图 11-13 为数据采集系统的框架示意图。

图 11-13　数据采集系统的框架示意图

11.3　施工监测的内容

11.3.1　深基坑工程施工监测和控制

11.3.1.1　深基坑工程概述

随着城市的发展，城市土地价格愈发昂贵。为提高土地的空间利用率，城市建筑逐渐向高空和地下发展，地下室由最初的一层发展到多层，相应的基坑开挖深度也从地表以下五至六米增大到十几米甚至二十米以上。另外城市交通系统也在向地下发展，越来越多的地铁和隧道工程建设也需开挖大量的基坑。基坑工程在总体数量、开挖深度、平面尺寸和使用领域等方面都得到高速的发展。

在深基坑开挖的施工过程中，基坑内外的土体将由原来的静止土压力状态向被动和主动土压力状态转变，应力状态的改变使围护结构承受的荷载发生变化并导致围护结构和土体的变形，围护结构的内力和变形中的任何一个量值超过容许的范围，将造成基坑的失稳破坏或对周围环境造成不利影响。另外深基坑开挖工程往往位于建筑密集的市中心，施工场地四周经常会有建筑物和地下管线，基坑开挖所引起的土体变形将在一定程度上改变这些建筑物和地下管线的正常状态，当土体变形过大时，会造成邻近结构和设施的失效或破坏。同时，基坑相邻的建筑物又相当于较重的集中荷载，基坑周围的管线常引起地表水的渗漏，这些因素又是导致土体变形加剧的原因。造成基坑工程事故的原因主要有以下几个方面：

（1）基坑及周围土体的物理力学性质、埋藏条件、水文地质条件十分复杂，勘察所得到的数据离散性大，很难比较准确地反映土层的总体情况，导致计算时基坑围护体系所承受的土压力等荷载存在较大的不确定性。

（2）基坑周围复杂的施工环境。邻近的建筑物、道路和地下管线等设施都会对基坑围护结构产生不良影响。

（3）基坑周围侧向土压力计算和围护结构受力简化计算的假定都与工程实际状况有着一定差别，因此对基坑稳定性和变形问题的预测很难比较精确。

（4）围护结构施工质量的优劣，直接影响到围护结构及被围护土体变形量的大小、稳定性以及邻近建筑物、构筑物与设施的安全。一个设计合理的围护系统由于施工质量未能满足要求而造成破坏，这是完全可能的。

（5）连续的降雨及暴雨等引起的墙后土体应力增加以及冲刷、浸泡、地下水渗透都会引起围护结构失稳。

因此，在深基坑施工的过程中，只有对基坑支护结构、基坑周围的土体和相邻的构筑物进行全面、系统地监测，才能对基坑工程的安全性和对周围环境的影响程度有全面的了解，以确保工程的顺利进行，同时在出现异常情况时及时反馈，并采取必要的工程应急措施，甚至调整施工工艺或修改设计参数，保证基坑施工安全。

采取适当的支护措施是为了防止深基坑开挖影响周围建筑物、道路、设施及地下管线的安全。但在基坑工程中，由于地质条件、荷载条件、材料性质、施工条件等复杂因素影响，很难单纯从理论上预测施工中遇到的问题，加之周围环境对基坑变形的影响，所以对深基坑临时支护结构及周围环境的监测显得尤为重要。

在基坑开挖和地下室施工期间，开展严密的现场监测，可以为施工人员提供及时的反馈信息，做到信息化施工。一方面，监测数据和成果是现场管理人员和技术人员判别工程是否安全的依据；另一方面，设计人员通过实测结果，可以不断地修改和完善原有的设计方案，确保地下施工的安全顺利进行。

11.3.1.2　基坑监测的内容

目前基坑支护设计方面尚未形成一定的理论规范，为保证基础施工期间的安全，在开挖深基坑前应设置检测项目和监测观测点，借助仪器设备和其他一些手段对围护结构、基坑周围环境（包括土体、建筑物、构筑物、道路和地下管线等）的应力、位移、倾斜、沉降、开裂、地下水位的动态变化、土层孔隙水压力变化等进行综合监测。从对这些设置的监测项目和监测点所取得的监测信息，一方面与勘查、设计阶段预测的信息进行比较，对基坑支护设计方案进行评价，判断施工方案的合理性；另一方面通过反分析方法或经验方法计算与修正岩土的力学参数，预测下阶段施工过程中可能出现的问题，为优化和合理组织施工提供依据，并对进一步开挖与施工的方案提出建议，对施工过程中可能出现的险情进行及时的预报，以便采取必要的工程措施。

由于深基坑监测项目较多，如果每个工程都对上述项目全部进行监测，将大大提高工程的投资，因此，合理的基坑监测应该是针对不同工程的场地地质土层条件、施工场地的周边环境、土方开挖和地下工程施工周期、气候条件等因素进行有特点的设计和安排监测方案，将监测控制指标取值定位在临界点上，在施工中，再靠监测的动态信息反馈来保证施工安全。

深基坑支护系统包括支护结构、土体、周边环境和施工因素及施工过程，因此，监测的对象可分为两大面，即围护结构的监测和相邻环境的监测。首先要采集支护系统的有关信息，在支护系统中预先埋入测试元件，在开挖过程中进行测试，基坑工程现场监测的主要内容见表 11-2。

需要根据具体支护形式、规模、开挖深度、周边环境等条件来确定基坑监测项目。监测工作的核心是综合分析和预报，采集信息是基础，测试的项目越多，采集的信息越多，分析预报就越准确。

基坑工程现场监测的主要内容

表 11-2

序号	监测对象	监测项目	监测元件与仪器
（一）	围护结构	—	—
1	围护桩	（1）支护桩顶水平位移与沉降	经纬仪、水准仪
		（2）支护结构的侧向挠曲	测斜仪
		（3）桩体内力	钢筋应力传感仪、频率仪
		（4）桩墙水土压力	压力盒、孔隙水压探头、频率仪
2	水平支撑	轴力	钢筋应力传感仪、位移仪、频率仪
3	圈梁、围檩	（1）内力	钢筋应力传感仪、频率仪
		（2）水平位移	经纬仪
4	立柱	垂直沉降	水准仪
5	坑底土层	垂直隆起	水准仪
6	坑底地下水	水位	观测井、孔隙水压力探头、频率仪
（二）	相邻环境	—	—
7	相邻地层	（1）分层沉降	分层沉降仪、频率仪
		（2）水平位移	经纬仪
8	地下管线	（1）垂直沉降	水准仪
		（2）水平位移	经纬仪
9	相邻房屋	（1）垂直沉降	水准仪
		（2）倾斜	经纬仪
		（3）裂缝	裂缝刻度放大镜
10	坑外地下水	（1）水位	观测井、孔隙水压探头、频率仪
		（2）分层水压	孔隙水压探头、频率仪

11.3.1.3　监测点布设要求

（1）监测点布设要遵循合理、经济、有效的原则。工程中根据工程的需要和基地的实际情况而定。在确定测点的布设前，必须了解工程所在位置的地质情况和基坑的围护设计方案，再根据以往的经验和理论的预测考虑测点的布设范围和密度。

（2）监测点应在工程开工前埋设完毕，有一定的稳定期，在工程正式开工前，各项静态初始值应测取完毕。沉降、位移的测点应直接安装在被监测的物体上，只有道路地下管线例外，若无条件开挖样洞设点，则可安装钢筋延伸至地面作为观测点使用。待测点完全稳定后，方可开始测量。

（3）应根据地质情况，将测斜管埋设在那些比较容易引起塌方的部位。测斜管一般按平行于基坑围护结构以 30m 的间距布设；围护桩体测斜管应在围护桩体浇灌混凝土时放入；在埋设地下土体测斜管时须用钻机钻孔，放入管后再用黄砂填实孔壁，用混凝土封固地表管口，并在管口加帽或设井框保护。埋设测斜管时要注意十字槽须与基坑边垂直。

（4）在开挖基坑前必然会降低地下水位，这可能引起坑外地下水位向坑内渗漏，地下水的流动是引起塌方的主要因素，因此地下水位的监测是保证基坑安全的重要内容；应根据地下水文资料，在含水量大和渗水性强的地方埋设水位监测管，同时也可以用降水井进行监测。

（5）应力计是用于监测基坑围护桩体和水平支撑受力变化的仪器。它的安装应该在围护结构施工时请施工单位配合安装，一般选择安装方便的部位，选几个断面，每个断面装两支压力计，以取平均值；应力计必须用电缆线引出，并编好号。

（6）分层沉降管的埋设方法与测斜管的埋设方法相同，埋设时须注意波纹管外的铜环不要被破坏；一般情况下，铜环每间隔 1m 设置一个比较适宜。基坑内也可用分层沉降管来监测基坑底部的回弹，当然基坑的回弹也可用精密水准测量法监测。

（7）土压力计和孔隙水压力计是监测地下土体应力和水压力变化的手段。对环境要求比较高的工程，都需要安装上述两种仪器。孔隙水压力计的安装，也须用钻机钻孔，在孔中可根据需要按不同深度放入多个压力计，再用干燥黏土球填实，待黏土球吸足水后，便将钻孔封堵好。土压力计要随基坑围护结构施工时一起安装，它的压力面须向外；根据力学原理，压力计应安装在基坑的隐患处的围护桩的侧向受力点。这两种压力计的安装，都须注意引出线的编号和保护。

（8）测点布设好后，必须绘制在地形示意图上。各测点须有编号，为使点名一目了然，各种类型的测点要冠以点名。

11. 3. 1. 4　监测数据观测

根据经验，基坑施工对环境的影响范围为坑深的 3～4 倍，因此，沉降观测所选的后视点应选在施工的影响范围之外；后视点不应少于两点。沉降观测的仪器应选用精密水准仪，按二等精密水准观测方法测二测回，测回校差应小于 ±1mm。地下管线、地下设施、地面建筑都应在基坑开工前测取初始值。在开工期间，根据实际工程情况设定合适的观测频率，例如一天多次或隔天观测数据。每次测量值与初始值相减得到差值，每日内结构变形的差值称为日变量，观测总沉降量应小于整个工程周期内的总沉降量设计值，当超出时，应采取适当的措施确保基坑的稳定性和安全性。

一般来说，最常用的位移监测点的观测方法是偏角法。同样，测站点应选在基坑的施工影响范围之外。测站点的选取数量应不少于 3 点，每次观测都必须定向，为防止测站点被破坏，应在安全地段再设一点作为保护点，以便在必要时作为恢复测站点。初次观测时，须同时测取测站至各测点的距离，有了距离就可算出各测点的秒差，以后各次的观测只要测出每个测点的角度变化就可推算出各测点的位移量。观测次数和报警值与沉降监测相同。当然也可用坐标法来测取位移量。

对于地下水位、分层沉降的观测，首次必须测取水位管管口和分层沉降管管口的标高。从而可测得地下水位和地下各土层的初始标高。在以后的工程进展中，可按需要的周期和频率，测得地下水位和地下各土层标高的每次变化量和累积变化量。地下水位和分层沉降的报警值应由设计人员根据地质水文条件来确定。

必须每次用经纬仪测取测斜管的管口的位移量，再用测斜仪测取地下土体的侧向位移量，再将地下土体的侧向位移量与管口位移量比较即可得出地下土体的绝对位移量。位移方向一般应取直接的或经过换算过的垂直于基坑边缘方向和水平方向上的分量。应力、水压力、土压力的变量的报警值同样由设计人员确定。

监测数据必须填写在为该项目专门设计的表格上。所有监测的内容都须写明初始值、本次变化量、累计变化量。工程结束后，应对监测数据，尤其是对报警值的出现，进行分析，绘制曲线图，并编写工作报告。因此，记录好工程施工中的重大事件是监测人员必不可少的工作。

11.3.1.5 基坑工程自动化监测技术

目前基坑工程监测包括人工监测和有线网络监测，一般人工监测耗费大、精度低，监测数据不连续，导致施工人员对突发情况的反应、处理不及时以及施工人员的预警能力大大下降。有线网络监测系统在数据采集方式上有所改进，降低了人工成本，但需要铺设大量的长距离线路，加之基坑工程的周边施工环境非常复杂，容易对导线造成破坏；有线传感装置不可能大面积、大密度安装，故此装置的漏报、误报现象同样严重。随着新的监测设备、传感器的开发和应用，以及计算机工业化技术水平的日益提高，利用物联网技术研究开发具有自动化数据采集、无线数据传输、传感器自由组网、远程化智能控制为一体的深大基坑监测系统，该系统可提供实时、精确、连续的数据，预测基坑变形趋势，建立科学的预警机制，评判基坑的安全状态，以保障基坑安全顺利施工。

深大基坑无线自动化监测系统由自动化数据采集系统、无线远程传输系统、应用服务平台组成，其中应用服务平台包括了数据分析处理系统、智能化预警系统和系统管理中心等子系统。自动化数据采集系统由传感器、数据采集装置和短距离无线发射和接收装置等组成，可实现对现场监测数据的自动采集、存储和预处理，短距离无线传输和远程控制；无线远程传输系统由基站、远程无线传输装置和服务器组成，实现监测数据的远程自动传输、下载和存储。可采取宽带移动通信系统和移动互联网支持进行远程数据传输，并通过公网宽带接入系统服务器；数据分析处理系统可实现对监测数据分析和处理，引入智能非线性预测方法，预测监测数据的发展趋势，将分析结果以图形和报表等多种方式输出；智能化预警系统依据设定的预警值对监测数据进行分析判断，并做出相应的预警指示。为便于现场管理，直观反映预警点的位置，建立基坑三维仿真模型，用不同的声音及颜色将预警情况在三维仿真模型中直观体现，同时将预警信息通过实时手机预警短信服务平台发送给相应负责人；系统管理中心对系统进行综合管理，包括用户管理、基础信息设置、测点及检测内容配置、数据管理、运行管理等，确保系统运行安全和数据安全。

相对于传统基坑自动化监测系统而言，无线深大基坑监测系统具有如下优势：

（1）无线通信：传感器节点采用无线连接与无线铺设电缆，给安装带来了便利，节省了电缆的使用，避免了基坑工程施工对电缆造成的破坏，确保了监测系统的安全性和稳定性。

（2）大规模网络：随着无线通信技术的发展，可以进行大规模布点。

（3）可扩展性：传感器节点可以根据施工进展随机布置，节点自动配置管理，形成多级无线网络。因此，根据基坑工作状态，可任意加入新的监测点，当某个节点故障时，其他节点自动寻找新的传输路径，不影响整个网络的正常工作。

（4）实现数据的预处理：传感器节点具有微处理器和存储器，可对原始数据进行处理，剔除大量无效数据，大大减少需无线传输的数据量。

11.3.2 大跨结构监测和控制

11.3.2.1 大跨结构概述

大跨结构是指竖向承重结构为边柱和墙体，屋盖用钢网架、悬索结构、混凝土薄壳或膜结构等的大跨结构。这类建筑的内部空间位置没有柱子，而是通过网架等空间结构把荷载传到房屋四周的墙、柱上去。

30 余年来，各种类型的大跨空间结构在美、日等发达国家发展很快，建筑物的跨度和规模越来越大，图 11-14 展示了一些国内外典型大跨空间结构工程。

(a) 国家体育场"鸟巢"

(b) 国家大剧院

(c) "后乐园"棒球馆

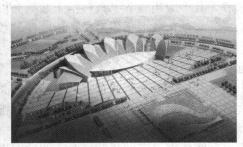
(d) 佐治亚穹顶

图 11-14　一些国内外典型大跨空间结构工程

1. 大跨建筑的结构体系

大跨建筑的结构形式，主要有平面杆系结构、空间杆系结构、张力结构。平面杆系结构包括桁架、拱、门式刚架等；空间杆系结构包括网架结构、立体桁架结构、网壳结构等；张力结构包括悬索结构、膜结构、索-膜结构等。空间杆系结构和张力结构在荷载作用下呈三维受力状态，都具有空间工作性能。

2. 大跨建筑的施工

大跨建筑结构构件的加工、制作基本都在工厂内完成，也可与下部钢筋混凝土结构同时进行，在施工现场完成对钢结构的安装以及钢索或膜片的安装、定位、张拉等施工过程，其特点是施工速度快，施工周期短。大跨建筑安装施工有多种施工方法可供选择，应根据结构形式、构造特点、施工条件等多种因素选择合适的施工方法。

3. 施工监测控制的重要性

由于大跨结构的复杂性、施工过程非常规性，施工阶段的工作性能和使用阶段的工作性能相差很大，大多数情况下，仅仅按照使用状态设计会使施工中的结构或构件处于不安全状态，需要考虑构件拼装、整体（或部分）吊装、提升等安装过程中结构和构件的内力、强度、稳定等问题。随着安装过程的进行，后期构件的制作尺寸必须考虑前期安装构件变形的影响，才能顺利安装。同时为了满足结构安装完成后的几何状态与设计要求相一致的要求，需要在施工前考虑构件的安装预调问题，以得到构件的精确加工尺寸。目前，空间网架结构的施工方法大多需要搭建临时的辅助支撑，等网架结构拼接完成到位后，再撤除辅助支撑，这样辅助支撑周围的一些杆件将会由受压变为受拉。需要关注这一变化是否会对网架结构的安全性构成潜在威胁，以及在拆除辅助支撑的过程中，网架杆件内力的复杂变化是否可能导致杆件损伤甚至破坏。鉴于此，必须对网架结构进行施工安全监测，即对结构施工辅助支撑拆除前后的安全性进行分析，此步骤对保证网架结构在施工过程中的安全性至关重要。

大跨空间结构属高次超静定结构，设计与施工高度结合，所采用的施工方法、安装顺序及加载顺序与成型后的线形及结构内力状态有密切的关系。在施工阶段，随着结构体系和荷载工况的不断变化，结构内力和变形也随之不断发生变化。只有在施工过程中加以有效监测与控制，才能保证结构在施工过程中的受力状态始终处在设计所要求的安全范围内。

11.3.2.2　施工监测和控制的基本过程

1. 监测方案设计与监测仪器选定

根据工程规模、特点及功能等要素，设计监测系统总体布置方案，制定能达到监测精度指标和技术要求的仪器清单，提出合理的监测工况及频率，提交监测工程的仿真计算等。在此基础上应考虑监测项目布置的合理性和监测数据的可利用性，以保证能监测到被监测体的状态，提供可供分析用的数据。

2. 传感器与观测标志的埋设安装

此阶段首先是考虑传感器的标定和量程的合理性，然后是进行现场埋设、安装、调试与维护等工作，在埋设时一定要保证位置准确，并采用一些合理的避让措施，从而确保传感器和观测标志的埋设安装有较高的安全保障。由于传感器和观测标志的埋设是与工程施工同步进行的，施工现场工作条件复杂，传感器和观测标志埋设有时会与工程施工中的其他流程相冲突，所以应充分做好准备与协调工作。

3. 观测阶段

观测阶段通常按工程进展分为施工期与运营期监测。此阶段的主要任务是利用相关的采集仪和观测仪器来获取已埋设好的传感器和观测标志的实测数据。

4. 分析与反分析

监测的目的是掌握被监测体的状态，及时发现可能现存在或可能下一步存在的问题，并将有用的信息加以反分析。评价分析工作在监测工作获得数据之始就开始，一定要保证实时性、延续性。此阶段主要是对被监测体状态的识别、评价、未来状态预测，部分力学参数的反演及对施工、设计合理性和相关理论的验证等。

11.3.2.3 施工监测控制的常用方法

目前大跨空间结构工程中常用的施工监测包括应力监测、变形监测、索力监测、动力监测四个部分。

1. 应力监测

在外力作用下，工程结构内部产生应力，考察整个结构的应力分布情况是评定结构工作状态的重要指标，但是目前直接测定构件的应力是很困难的，一般通过测量应变，再通过材料的应力-应变关系得到应力。应变监测部位应选择在构件安装施工过程中应力较大的部位，同时应兼顾不同的杆件类型。目前常用的应力监测方法有电阻应变片法、谐振式应变传感器法、光纤布拉格光栅应变传感器法。这几种传感器已在 11.2 节中介绍，此处不再赘述。

电阻应变片法的优点是价格低，如果措施得当（如做好防潮处理，使用屏蔽线等），测量精度也能满足要求。在满足施工监测要求的前提下，可结合其他应变监测手段以降低监测成本。此法的缺点是：粘贴、布线复杂，需花费大量的准备时间；胶粘剂不稳定且对周围环境敏感，常用的 KH502 胶粘剂的耐用期一般为 6 个月，只适合短期测量；导线较长，桥臂的电阻值会随导线长度增加而增加，从而影响应变片灵敏系数；导线在桥路电压作用下会产生电容和电感，使测量值发生无规律漂移。

谐振式应变传感器的优点是无需电流、以频率为传输信号、抗干扰能力强、长距离传输不失真、安装方便、可重复使用，而且它本身具有温度监测功能，不需另外设置温度传感器。谐振式传感器由于价格较低，能满足大多数工程监测要求，是目前在大跨空间钢结构施工监测中应用最广的应变传感器。谐振式传感器在国家体育场"鸟巢"、2008 年奥运会羽毛球馆、中国国际展览中心新展馆、广东省博物馆新馆等工程的施工监测中得到应用。它的缺点是：由于钢弦初张后存在蠕变，所以谐振式应变传感器的正常使用年限有限，国产谐振式应变传感器的正常使用期为 3 年左右，并且使用也不是很方便，不适合大规模集成使用。

光纤布拉格光栅（FBG）应变传感器法的优点是：FBG 应变传感器调制的是波长信号，测得信号在真值附近几乎没有扰动，信噪比高；一根光纤上可以刻多个光栅，可实现准分布式测量，非常适合大规模集成使用；光纤光栅为无源传感器，不受电磁场的影响，也不发热，无闪光放电现象，特别适于有强烈电磁场或易燃易爆的环境；光纤光栅的材料是非金属材料，耐腐蚀能力强，使用寿命一般为 10 年，适用于长期监测。FBG 应变传感器在济南奥体中心体育馆、天津奥林匹克中心体育场、北京五棵松体育文化中心篮球馆等工程中得到应用。它的缺点是其技术要求比较高。

2. 变形监测

变形监测和应力监测是全面准确地确定结构安全性的两个重要方法，经常用于大跨预应力钢结构中的索力数据监测和控制，其计算出的监测数据直观可靠且精度高，因此是施工监测中重要的组成部分。变形监测方法主要有接触式位移计（百分表、千分表、挠度计）法、位移传感器法、电子全站仪法等。由于接触式位移计和位移传感器需要固定支座，在大跨钢结构中使用不是很方便，较少采用。目前使用最广的变形监测方法为电子全站仪法，监测工作的依据应包括：《建筑变形测量规范》JGJ 8—2016、《工程测量标准》GB 50026—2020、《钢结构工程施工质量验收标准》GB 50205—2020。

电子全站仪法虽然为目前最常用的变形监测方法，但需要较多人工干预，尤其是在测点多、工况多的情况下，施工人员的工作量大且耗费施工人员的大量时间。进行近景摄影测量时对拍摄距离有较高的要求，距离越远点位误差越大，且点位误差在摄影机的景深方向明显偏大。

但此方法也有其优点：近景摄影测量由于其快速（速度可比常规测量方法提高一倍以上）、准确以及能测量到难以到达的目标，且相片可以作为历史文件保存，因此可广泛应用于大型工业设备及房屋建筑等方面的检测；采用近景摄影测量与电子全站仪相结合的方法进行大型工业设备的检测，可以充分发挥两者的优势，利用电子全站仪精确快速地测定一小部分点位的坐标作为近景摄影测量的控制点，而近景摄影测量可以快速测定大量的难以到达的目标点的三维坐标。

3. 索力监测

由于预应力钢结构可以减轻结构自重，降低用钢量，节约成本，而且可以满足新的结构体系和建筑造型的需要，近些年来预应力大跨钢结构得到广泛应用。对于预应力钢结构，无论是在施工还是服役期间，索力的变化将会引起结构的内力重分布，影响结构的受力性能，有时还会降低结构的安全性和承载力，甚至出现整体垮塌的现象。所以对索力进行监测，适时进行预应力补偿是十分必要的。索力监测的方法主要有油表、伸长值双控法，环形压力传感器法，磁通量传感器法，频率法等。

（1）油表、伸长值双控法

目前，拉索均使用油压千斤顶张拉，在张拉前根据设计和预应力工艺要求的实际张拉力对油表进行标定，在张拉预应力时就可以通过油表测得索的张拉力。对于张拉伸长值的量测，可使用测量精度为 1mm 的标尺测量。此方法是施工过程中最常用的方法。

此方法对于索力的测定只限于张拉时，能够测出精度较高的张拉力值，但该方法不适用于监测张拉完毕后的拉力。

（2）环形压力传感器法

在张拉拉索时，千斤顶的张拉力通过连接杆传到拉索锚具，在连接杆上套一个环形压力传感器，即可测得千斤顶张拉力的大小。若需要长期监测索力，则可以将环形压力传感器放在锚具和拉索垫板之间。此方法价格昂贵，环形压力传感器自身质量大，目前不推荐将此法运用于工程之中。

（3）磁通量传感器法

钢索为铁磁性材料，在受到外力作用时钢索应力发生变化，其磁导率也随之发生变化，通过磁通量传感器测得磁导率的变化来反映应力变化，进而得出索力。磁通量传感器由两层线圈组成，激磁线圈通入直流电，在通电瞬时由于有钢索存在，会使测量线圈中产生瞬时电流，因此磁通量传感器会在测量线圈测得一个感应电压，感应电压同施加的磁通量成正比。对任何一种铁磁材料，在试验室进行几组应力、温度下的实验，建立磁导率变化与结构应力、温度的关系后，即可测定用该种材料制造的构件的内力。

这种方法不能应用于磁化钢索的量测。磁通量传感器属于非接触测量，直接套在钢索外面就可以使用，若钢索外面有塑料等保护层也不需要破坏，除磁化钢索外，它不会影响钢索的任何特性，测量误差低于 3%，结实可靠、适合长期监测使用。济南奥体中心体育馆、广东省博物馆新馆等工程采用了此方法监测索力。

（4）频率法

频率法是将拾振器固定在拉索上，拾取拉索在环境激励或人工激励下的振动信号，经过滤波、放大和频谱分析，根据所得频谱图来确定拉索的自振频率，然后根据自振频率与索力关系确定索力。频率法所确定的索力精度在很大程度上取决于索本身参数的可靠性，诸如索的抗弯刚度、垂度、边界条件、线密度等。目前，此法在桥梁工程中应用较多，在大跨钢结构工程中应用较少。

（5）自制应变传感器法

自制应变传感器法是利用应变片电测原理自行加工适合工程需要的传感器的方法。如广州体育馆在索力测试中采用自制应变传感器法，对 100 根索进行了监测。采用带圆孔的矩形钢板作为应变传感器的传感部分，在圆孔周围粘贴 4 个应变片，采用全桥连接，消除了温度效应和力偏载效应的影响，应变传感器通过夹具与拉索锚固联结。

自制应变传感器法只适合短期测量，其长期测量的效果得不到保证。其成本低，适合大规模使用，采取合理手段后测量精度也能满足监测要求。

4. 动力监测

结构的动力特性主要包括结构的自振频率、振型和阻尼比。了解结构的动力特性，可以避免动荷载作用所产生的干扰与结构产生共振或拍振现象，可以帮助寻找相应的措施进行防震、消震或隔震，还可以识别结构物的损伤程度，为结构的可靠度诊断和剩余寿命的估计提供依据。由于实际结构的组成和材料性质等因素的影响，理论分析与实际值往往存在较大差距，因此监测结构的动力特性具有重要的实际意义。拾振器一般布置在振幅较大处，同时要避开某些杆件的局部振动。结构动力特性监测的方法有自由振动法、强迫振动法（共振法）和脉动法。

（1）自由振动法：自由振动法是使结构受一冲击荷载作用而产生自由振动，通过记录仪器记下有衰减曲线的自由振动曲线，由此求出结构的动力参数。使结构产生自由振动的方法有突加荷载或突卸荷载法、预加初位移法、反冲激振器法等。若冲击力过大，可能对结构造成局部损伤。

（2）强迫振动法（共振法）：强迫振动法是利用专门的激振器对结构施加周期性的简谐振动，利用激振器可以连续改变激振频率的特点，当激振频率与结构自振频率相等时，结构产生共振，这时激振器的频率即结构的自振频率。试验时利用激振器先对结构进行一次快速变频激振试验，由此测得共振峰点的频率，然后在共振频率附近进行稳定激振，以求得较精确的动力参数。这种方法在实际工程中难以操作，适合试验条件下的小尺寸结构，受环境影响较小。

（3）脉动法：建筑结构受到外界的干扰经常处于微小而不规则的振动，由于其振幅一般在 $10\mu m$ 以下，故称之为脉动。脉动源自地壳内部微小的振动、风引起建筑物的振动、地面车辆运动、机器运转所引起的微小振动等。利用高灵敏度的拾振器、放大记录设备采集输出的振动曲线，经过数据分析就可确定的结构的动力特性。

脉动法的缺点是它的随机性和变异性较大，有时得到的量测结果不佳，难以准确识别结构的动力频率，测量时间周期长，数据采集受到环境的制约。其优点是不需要任何激振设备，对建筑物没有损伤，不影响建筑物正常运行。

11.3.3　地下工程施工监测和控制

地下工程设计理论分析牵涉问题较多，如：（1）岩土的复杂性；（2）施工方法难以模拟性；（3）围岩与支护结构相互作用的复杂性。考虑城市地下工程地质条件差、周围环境一般比较复杂的特点，通过工程监测数据，及时了解施工过程中围岩与支护结构的状态，并及时反馈到设计与施工中去，以确保地下工程施工和周围建（构）筑物安全作为信息化施工的最基础工作，监测显得非常重要。

11.3.3.1　地下工程监测方法

在 20 世纪 60 年代，奥地利学者和工程师总结出了以尽可能不恶化地层中应力分布为前提在施工过程中密切监测地层及结构的变形和应力，及时优化支护参数，以便最大限度地发挥地层自承受能力的新奥法施工技术。经过长期的实践发现，地下工程周边位移和浅埋地下工程的地表沉降是围岩与支护结构系统力学形态最直接、最明显的反应，它们是可以被监测并控制的。因此，人们普遍认为地下工程周边位移和浅埋地下工程的地表沉降监测是最具有价值的，既可全面了解地下工程施工过程中的围岩与结构及地层的动态变化，又具有易于观测和控制的特点，并可通过工程类比总结经验，建立围岩与支护结构的稳定判别标准。基于以上认识，在我国现行规范中，有关围岩与支护结构稳定的判据都是以周边允许收敛值和允许收敛速率等形式给出的，作为评价地下工程施工质量，判断地下工程稳定性的主要依据。监测以位移监测为主，应力、应变监测等为辅。位移监测和应力监测的方法基本与基坑工程和大跨结构工程中的相关监测方法相同，此处不再赘述。

由于监测与信息反馈技术对技术人员专业水平要求较高，因此国内外在监测管理方面开始走专业化的道路，将监测作为一个独立的工序从工程项目中分离出来，由有资质的专业队伍来实施，以保证监测的客观性与公正性。目前，在地下工程建设中，开始引入第三方监测。监测方受业主委托，对地下工程施工影响范围内的建筑物、地下管线、地下水位等进行监测。

随着地下工程施工技术的发展，地下工程监测技术的发展也非常迅速。主要表现为监测方法的自动化和数据处理的软件化，监测设备及传感器不断发展与完善，监测技术向系统化、远程化、自动化方面发展，从而实现实时数据采集、数据分析，监测精度不断提高，数据分析与反馈更具有时效性。目前发展的远程监测系统主要有：近景摄影测量系统、多通道无线遥测系统、光纤监测技术、非接触监测系统、电容感应式静力水准仪系统、巴赛特结构收敛系统以及轨道变形监测系统等。

11.3.3.2　地下工程主要监测项目

在城市地下工程施工中多数采用浅埋暗挖法、明挖法、盾构法这三类方法。从考虑地下工程结构稳定及施工对环境影响出发，地下工程主要监测项目可以分成三类：第一类是支护结构的变形、应力、应变监测，第二类是支护结构与周围地层（围岩与结构）相互作用监测，第三类是与结构相邻的周边环境的安全监测。根据监测项目对工程的重要程度可分为"必测项目"和"选测项目"两类，我国相关规范中对不同类型施工方法要求的主要监测项目见表 11-3 至表 11-5。

浅埋暗挖法工程主要监测项目　　　　　　　　　　表 11-3

类别	监测项目	监测仪器	测点布置	监测频率
应测项目	围岩与支护结构状态	测斜仪	每一开挖环	开挖面距监测断面前后≤2D 时 1～2 次/d；开挖面距监测断面前后＜5D 时 1 次/2d；开挖面距监测断面前后≥5D 时 1 次/周
	地表、地表建筑、地下管线及结构物沉降	水准仪和水准尺	每 10～50m 一个断面	
	拱顶下沉	水准仪和水准尺	每 5～30m 一个断面，每断面 1～3 对测点	
	周边净空收敛	收敛计	每 5～100m 一个断面，每断面 2～3 测点	
	岩体爆破时地表质点振动速度和噪声	声波仪及测振仪	质点振动速度根据结构要求设点，噪声根据规定的测距设置	随爆破随时进行
选测项目	围岩与结构内部位移	多点位移计、测斜仪	选择代表性地段设监测断面，每断面 2～3 个测孔	开挖面距监测断面前后≤2D 时 1～2 次/d；开挖面距监测断面前后＜5D 时 1 次/2d；开挖面距监测断面前后≥5D 时 1 次/周
	围岩与支护结构间压力	压力传感器	选择代表性地段设监测断面，每断面 10～20 个测点	
	钢筋格栅拱架内力	支柱压力或其他测力计	选择代表性地段设监测断面，每断面 10～20 个测点	
	初期支护、二次衬砌内力及表面应力	混凝土内的应变计或应力计	选取代表性地段设监测断面，每断面 10～20 个测点	
	锚杆内力、抗拔力及表面应力	锚杆测力计及拉拔器	必要时进行	

盾构法工程主要监测项目　　　　　　　　　　表 11-4

类别	监测项目	监测仪器	断面布置	监测频率
必测项目	地表隆沉	水准仪和水准尺	每 30m 一个断面，必要时加密	开挖面距监测断面前后≤20m 时 1～2 次/d；开挖面距监测断面前后＜50m 时 1 次/2d；开挖面距监测断面前后≥50m 时 1 次/周
	隧道隆沉		每 5～10m 一个断面	
选测项目	土体内部位移（垂直和水平位移）	水准仪、测斜仪、分层沉降仪	选择代表地段设监测断面	
	衬砌环内力与变形	压力计和应变传感器	选择代表地段设监测断面	
	土层应力	压力计和传感器	选择代表性地段设监测断面	

明挖法工程主要监测项目　　　　　　　　　　表 11-5

安全等级	一级	二级	三级
破坏后果	很严重	一般	不严重
重要性系数 γ_0	1.10	1.00	0.90
监测项目		一	
支护结构水平位移	○	○	○
周围建筑物、地下管线变形	○	○	※

续表

地下水位	○	○	※
桩、墙内力	○	※	▲
锚杆拉力	○	※	▲
支撑轴力	○	※	▲
立柱变形	○	※	▲
土体分层竖向位移	○	※	▲
支护结构界面上侧向压力	※	▲	▲

注：1. 破坏后果指支护结构破坏、土体失稳或过大变形对基坑周边环境和地下结构施工的影响程度；

　　2. 有特殊要求的建筑基坑侧壁安全等级可根据具体情况另行确定；

　　3. ○应测；※宜测；▲可测。

11.3.3.3　监测控制基准的确定

1. 监测控制基准确定原则

（1）监测控制基准值应在监测工作实施前，由建设、设计、监理、施工、市政、监测等相关部门共同确定，列入监测方案；

（2）有关结构安全的监测控制基准值应满足设计计算中对强度和刚度的要求，一般应小于或等于设计值；

（3）有关环境保护的控制基准值，应考虑被保护对象（如建筑物、地下工程、管线等）的主管部门所提出的确保其安全和正常使用的要求；

（4）监测控制基准值的确定应具有工程施工可行性，在满足安全的前提下，应考虑提高施工速度和减少施工费用；

（5）监测控制基准值应满足现行的施工法规、规范和规程以及相关设计的要求；

（6）对一些目前尚未明确规定控制基准值的监测项目，可参照国内外类似工程的监测资料确定。

在监测实施过程中，当某一监测值超过控制基准值时，除了及时报警外，还应与有关部门共同研究分析，必要时可对控制基准值进行调整。

2. 地表沉降控制基准确定方法

通常地表沉降控制基准值应综合考虑地表建筑物、地下管线及地层和结构稳定等因素，分别确定各因素的最大允许地表沉降值，并取其中的最小值作为控制基准值。

（1）按环境保护要求确定最大允许地表沉降值；

（2）从考虑地下管线的安全的角度确定最大允许地表沉降值；

（3）从考虑地层及支护结构稳定的角度确定最大允许地表沉降值。

3. 地下工程支护结构（围岩）稳定控制基准确定方法

（1）根据支护结构的稳定性确定；

（2）根据地表沉降控制要求确定；

（3）利用现场监测结果和工程经验对预先确定的位移值进行修正。

复习思考题

1. 简要说明一下静态监测和动态监测。

2. 传感器主要有哪些种类？

3. 目前常用的无线通信技术有哪些？

4. 施工过程监测系统包括哪些内容？

5. 常用的位移监测方法有哪些？

6. 大跨空间结构工程中常用的施工监测包括哪几部分内容？

7. 地下工程的主要监测项目有哪几类？

参 考 文 献

[1] 李兵，孙威，周博，等．盾构及暗挖法施工相关影响现场监测及有限元分析［M］．北京：中国建筑工业出版社，2019．

[2] 曾开华，戴红涛，梁译文，等．深基坑工程支护结构设计及施工监测的理论与实践［M］．北京：煤炭工业出版社，2018．

[3] 刘军生，王社良，梁亚平．大跨空间结构施工监测及健康监测［M］．西安：西安交通大学出版社，2017．

[4] 王如路，郭春生，褚伟洪，等．地下工程建设运维监测检测技术［M］．上海：同济大学出版社，2020．

[5] 夏才初，潘国荣．岩土与地下工程监测［M］．北京：中国建筑工业出版社，2017．

[6] 李晓乐，郎秋玲．地下工程监测方法与检测技术［M］．武汉：武汉理工大学出版社，2018．

第 12 章 智 能 建 造

12.1 智能建造的主要技术手段

12.1.1 BIM

12.1.1.1 BIM 的概念

BIM 的概念最早起源于 20 世纪 70 年代，由美国佐治亚理工大学建筑与计算机学院的查克·伊斯特曼博士（Dr. Chuck Eastman）提出并给出定义："建筑信息模型综合了所有的几何性信息、功能要求和构件性能，将一个建筑项目整个生命期内的所有信息整合到一个单独的建筑模型当中，并包括施工进度、建造过程、维护管理等的过程信息。"在这一理念提出之后，逐渐得到了全世界建筑行业的接纳和重视。国内外很多学者和研究机构等都对 BIM 的概念进行过定义。目前相对比较完整的定义是由美国国家 BIM 标准（National Building Information Modeling Standard，NBIMS）给出的："BIM 是设施（建设项目）物理和功能特性的数字表达；BIM 是一个共享的知识资源；BIM 是一个分享有关这个设施的信息，为该设施从概念到拆除的全生命期中的所有决策提供可靠依据的过程；在项目不同阶段，不同利益相关方通过在 BIM 中插入、提取、更新和修改信息，以支持和反映各自职责的协同作业。"

综合国内外对 BIM 的各种定义，BIM 概念图解如图 12-1 所示。

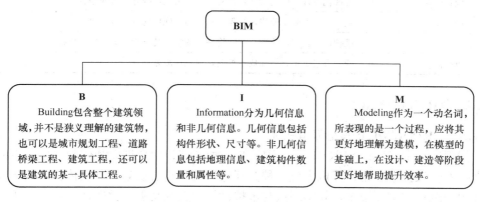

BIM

| **B**
Building 包含整个建筑领域，并不是狭义理解的建筑物，也可以是城市规划工程、道路桥梁工程、建筑工程，还可以是建筑的某一具体工程。 | **I**
Information 分为几何信息和非几何信息。几何信息包括构件形状、尺寸等。非几何信息包括地理信息、建筑构件数量和属性等。 | **M**
Modeling 作为一个动名词，所表现的是一个过程，应将其更好地理解为建模，在模型的基础上，在设计、建造等阶段更好地帮助提升效率。 |

图 12-1　BIM 概念图解

12.1.1.2 BIM 的相关标准

BIM 标准可以被分为三类，即分类编码标准、数据模型标准以及过程标准。其中，分类编码标准直接规定建筑信息的分类；数据模型标准规定 BIM 数据的交换格式；而过程标准规定用于交换的 BIM 数据的内容。在 BIM 标准中，不同类型的应用标准存在交叉使用的情况。例如，在过程标准中，需要使用数据模型标准，以便规定在某一过程中提交的数据必须包含数据模型中规定的那些类型的数据。根据上述分类情况，表 12-1 总结了目前主要的 BIM 标准。

主要的 BIM 标准 表 12-1

类别	标准名称
分类编码标准	MasterFormat 标准
	UniFormat 标准
	OmniClass 标准
	《建筑产品分类和编码》JG/T 151—2015
	《建设工程清单计价规范》GB 50500—2013
数据模型标准	IFC（Industry Foundation Classes，工业基础类）标准
	CIS/2（CIMsteel Integration Standards Release 2）标准
	gbXML（The Green Building XML）标准
过程标准	IDM（Information Delivery Manual，信息交付手册）标准
	MVD（Model View Definitions，模型视图定义）标准
	IFD（International Framework for Dictionaries，国际字典框架）标准

12.1.1.3 BIM 的应用

BIM 的应用贯穿建筑的全生命期，表 12-2 介绍了从规划、设计、施工、运维到拆除这五个阶段 BIM 在我国的典型应用。

BIM 在建筑全生命期的应用 表 12-2

全生命期不同阶段	主要应用点
规划阶段	场地分析，建筑策划，方案论证
设计阶段	可视化设计，协同设计，性能分析，工程量统计，管线综合
施工阶段	施工模拟，数字建造，物料跟踪，施工现场配合，竣工模型交付
运维阶段	维护计划，资产管理，空间管理，建筑系统分析，灾害应急模拟
拆除阶段	拆除方案确定，拆除成本控制，建筑垃圾处理

12.1.2 AR/VR/MR

12.1.2.1 AR/VR/MR 的概念及其关系

虚拟现实技术（Virtual Reality，VR）是一种能够让用户创建和体验虚拟世界的计算机仿真技术。该技术利用计算机生成一种交互式的三维动态视景，其实体行为的仿真系统能够使用户沉浸到该环境中，并实现人与虚拟世界的交互功能。比较而言，增强现实技术（Augmented Reality，AR）是在虚拟现实技术的基础上发展起来的技术，是通过计算机系统提供的信息增加用户对现实世界感知的技术，并将计算机生成的虚拟物体、场景或系统提示信息叠加到真实场景中，从而实现对现实的"增强"。混合现实技术（Mixed Reality，MR）结合了 VR 和 AR 的优点，介于没有计算机干预的用户所看到的纯"现实"和纯"虚拟现实（用户与物理世界没有互动的计算机生成环境）"之间。VR 体验使用户沉浸在与现实世界分离的数字环境中，AR 将数字内容放置在现实世界之上，MR 使数字内容与现实世界交互。MR 处理障碍和边界，并提供另一个层次的交互性。上述三者的关系如图 12-2 所示。

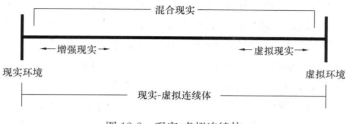

图 12-2 现实-虚拟连续体

12.1.2.2 AR/VR/MR 的特点及应用

虚拟现实技术的核心三要素在于沉浸性、交互性和多感知性。沉浸性是指虚拟环境给参与者带来的身临其境的体验，它被认为是表征虚拟现实环境性能的重要指标。交互性是指参与者对虚拟环境内物体的可操作程度和从环境得到反馈的自然程度。在虚拟现实中，人们可以用手势、动作、表情、语音，甚至眼球或脑电波识别等更加真实的方式进行多维的信息交互并得到符合一定规律的反馈。多感知性是指用户因 VR 系统中装有的视觉、听觉、触觉、动觉的传感及反应装置，在人机交互过程中获得视觉、听觉、触觉、动觉等多种感知，从而达到身临其境的感受。目前 VR 技术可以用于施工安全培训、项目进度控制和建筑项目选址优化，也可以为利益相关者之间更好地合作提供环境；能够使用户更好地理解复杂的设计；识别设计问题；描绘建筑几何图形，以便用户理解项目并做出更好的设计决策；能够进行辅助协同决策等。

增强现实技术具有三个突出的特点：①是真实世界和虚拟世界的信息集成；②具有实时交互性；③可在三维尺度空间中增添定位虚拟物体。增强现实技术是由一组紧密联结的硬件部件与相关的软件系统协同实现的，主要包括以下三种组成形式：①基于显示器式：在基于计算机显示器的 AR 实现方案中，将摄像机摄取的真实世界图像输入到计算机中，与计算机图形系统产生的虚拟景象合成，并输出到屏幕显示器。用户从屏幕上看到最终的增强场景图片。②光学透视式：光学透视系统将光学组合器置于用户眼前，并通过它们提供 AR 覆盖。这些组合器是部分透射和部分反射的，所以用户可以通过它们直接看到现实世界，也可以同时看到反射在其中的虚拟图像。③视频透视式：视频透视系统通过将计算机生成的虚拟图像与来自头戴式摄像机的现实世界图像相结合来提供 AR 覆盖。AR 覆盖在视频合成机上生成，然后发送到显示屏，用户可以在显示屏上看到 AR 覆盖。目前 AEC 行业中使用的 AR 应用可大致分为七类：可视化或模拟、沟通或协作、信息建模、信息获取或评估、进度监测、教育或培训和安全检查。

混合现实技术是一个多学科的研究领域，需要来自几个领域的知识，比如计算几何、计算机网络、图像处理、三维建模和渲染、语音识别和运动识别。一个完整的 MR 系统通常需要以下基本要素：空间配准、显示、用户交互、数据存储、多用户协作。空间配准是指通过计算虚拟世界和现实世界坐标系的对应关系，将虚拟物体和现实环境与正确的空间透视关系结合起来。显示是开发 MR 系统的另一个必不可少的部分，目前的几种显示方法包括普通桌面显示、投影显示、3D 桌面显示、手持显示和头戴显示（Head-mounted display，HMD）。对于用户交互来说，一开始配备的是外部交互设备，比如键盘或触控板，但这并不能解放用户的双手。随着人机交互（Human-Computer Interaction，HCI）的发展，在 HMD 上实现了更自然的 HCI 方法，逐渐解放了用户的双手。例如市场上的几款 MR 设备（比如谷歌眼镜和微软 HoloLens）可以识别用户的手势和语音命令。数据存储包括模型和相应的信息的存储，分为本地存储和外部存储两类。对于 MR 应用的多用户协作，目前可以分为两类，即面对面和远程协作。面对面协作 MR 是指一组用户待在一起，与相同的虚拟对象进行交互。远程协作主要是指一个用户正在使用 MR 应用程序，来自远程的人可以可视化该用户正在查看的场景并给出相应的指令。在施工阶段，利用 MR 技术可以实现包括现场监测和检查在内的施工管理。此外，MR 还可以用于施工管理过程中的信息检索、传递和共享。

12.1.3 物联网

12.1.3.1 物联网的概念及发展

物联网（Internet of Thing，IoT）的概念最早于 1999 年由美国麻省理工学院自动识别中心（Auto-ID）提出。在 2005 年，国际电信联盟（ITU）发布《ITU 互联网报告 2005：物联网》正式提出物联网的概念。中国工业和信息化部电信研究院在《中国物联网白皮书（2011）》中给出了物联网的定义：物联网是通信网和互联网的拓展应用和网络延伸，它利用感知技术与智能装备对物理世界进行感知识别，通过网络传输互联，进行计算、处理和知识挖掘，实现人与物、物与物的信息交互和无缝衔接，达到对物理世界实时控制、精确管理和科学决策的目的。随着物联网技术的发展，越来越多的研究将物联网应用于建筑领域，以缓解传统建筑业所面临的效率低下、安全事故频发等问题。

12.1.3.2 物联网网络架构及关键技术

由物联网的定义可知，物联网应具备三个能力：全面感知、可靠传递和智能处理。全面感知要求物联网能随时随地获取物体信息；可靠传递要求物联网能够将收集的信息实时准确地传递出去；智能处理则要求物联网具有分析、处理大量数据和信息并对物体进行控制的能力。典型物联网网络架构由感知层、网络层和应用层三部分组成。

感知层位于网络架构的最底端，是实现物联网的关键。感知层通过利用各种感知设备实现对物理世界的智能感知识别、信息采集处理和自动控制，并通过通信模块将物理实体连接到网络层和应用层。与感知层相关的关键技术主要为感知与标识技术，用于感知和识别物理世界的信息。

网络层建立在现有互联网、移动通信、专用网络等基础之上，主要功能是实现由感知层获取的信息的传递、路由和控制。网络通信技术作为网络层的重要技术手段发挥着重要作用。为实现"物物相连"的需求，网络层除了具备较成熟的网络通信技术外还将综合使用 IPv6、Wi-Fi、5G 等通信技术，实现有线与无线的结合、宽带与窄带的结合、感知网与通信网的结合。

应用层位于物联网网络架构的顶端，包括各种技术平台和物联网应用。技术平台为物联网应用提供信息处理、计算等基础服务，并以此为基础实现物联网的各种应用。为实现应用层信息处理、计算等功能，需采用云计算、边缘计算、雾计算等技术作为应用层的支撑技术。物联网技术体系如图 12-3 所示。

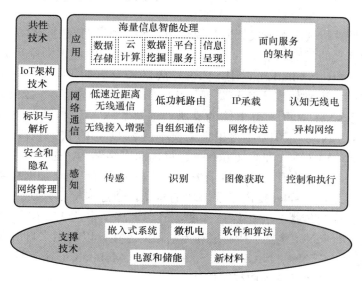

图 12-3　物联网技术体系

12.1.3.3　物联网在智能建造中的应用

长期以来，建筑业面临着效率低下、安全事故频发等问题，传统施工模式难以满足当前施工管理需求。物联网技术的发展为解决建筑业面临的巨大挑战提供了一条有效途径。《2016—2020 年建筑业信息化发展纲要》明确将物联网技术作为提高建筑业信息化的核心技术。物联网技术将实现高效的数据采集功能，为施工现场的信息处理和决策分析提供实时的数据支撑，使施工过程更加精益、安全和智能。物联网在智能建造中的主要应用见表 12-3。

物联网在智能建造中的主要应用　　　　　　　　　　　　　　表 12-3

应用阶段	主要应用点
施工阶段	现场施工管理、进度管理、物料管理、施工安全管理、环境监测、施工设备监测
运维阶段	设施管理、安全管理、应急管理、环境监测、结构健康监测

12.1.4　计算机视觉

12.1.4.1　计算机视觉的概念

计算机视觉（Computer Vision，CV）试图模拟人类的视觉系统，使计算机系统能够自动看到、识别和理解视觉世界。计算机视觉的主要任务是通过对采集到的图像或视频进行处理，自动提取、分析和理解有意义的信息，以实现计算机对视觉世界的自动理解。

12.1.4.2　计算机视觉的方法

计算机视觉的起源可追溯到 20 世纪 60 年代末，经过半个多世纪的发展，该领域的相关理论与算法日趋成熟。近年来，深度学习的迅速发展为计算机视觉领域注入了全新的生命力，取得了大量突破性成果。深度学习是一类先进的机器学习算法，通常采用神经网络等模型学习样本数据中隐含的内在规律，并将其应用于未知数据。根据计算机视觉的主要任务，深度学习算法可分为图像分类、目标检测、图像分割三种类型。

1. 图像分类

图像分类在计算机视觉领域发挥着重要作用，旨在通过图像中包含的特征信息，自动将图像分类为预定义的类别。基于 ImageNet 数据集，大型图像识别竞赛 ImageNet Large Scale Visual Recognition Challenge（ILSVRC）从 2010 年开始每年举办一次，获奖网络的模型结构逐年加深，识别错误率逐年降低，ILSVRC Top-5 错误率（2010—2017 年）如图 12-4 所示。AlexNet 取得了历史性的突破，通过引入卷积神经网络（Convolutional Neural Networks，CNN），2012 年将识别错误率从 2011 年的 25.8% 降低至 16.4%。在 AlexNet 的启发下，VGGNet 和 GoogleNet 通过加深网络结构，进一步提高了分类精度。然而，由于模型训练过程中存在的梯度消失和梯度爆炸，简单地增加网络层数无法使分类精度不断提高。因此，ResNet 提出了残差块的概念，通过连接残差块来充分利用上一层获取的信息，并在反向传播过程中保持梯度，成功训练了多达 152 层的深层网络。依据 ResNet 的思想，DenseNet 建立了所有层和当前层的连接，以利用来自所有层的特征。在上述网络的基础上，SENet、NASNet、SqueezeNet、MobileNet 等一系列深度学习算法迅速涌现，并在图像分类任务中取得了广泛应用。

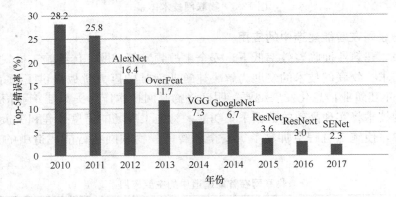

图 12-4　ILSVRC Top-5 错误率（2010—2017 年）

2. 目标检测

目标检测是另一项重要的计算机视觉任务，是对图像中感兴趣的目标同时进行定位和分类。与图像分类相比，目标检测需要对感兴趣的目标进行精确定位，因而检测方法更为复杂。目前用于目标检测的深度学习方法主要分为两种类型：两阶段目标检测算法和单阶段目标检测算法。前者通过相关算法生成一系列候选框作为样本，然后使用卷积神经网络对样本进行分类；后者则将定位问题转化为回归问题，无须生成候选边界框。R-CNN（Region with CNN features）、Fas-R-CNN、Faster R-CNN 等常常作为两阶段的目标检测算法，而单阶段的目标检测算法主要包括 YOLO（You Only Look Once）、SSD（Single Shot MultiBox Detector）等。两阶段目标检测算法在检测任务中取得了较高的精度，但由于这一类网络结构较为复杂，其检测速度很难满足现实世界中实时检测的需求。单阶段目标检测算法的模型相对简单，因此在检测速度方面占据优势。

3. 图像分割

作为计算机视觉的主要任务之一，图像分割被视为像素级分类，旨在通过对图像中的每一个像素进行分类，从而分割出有意义的区域。全卷积网络（Fully Convolutional Networks，FCN）率先在端到端的卷积神经网络结构中实现了像素级的语义分割。FCN 将传统 CNN 中的所有全连接层转化成卷积层，以适应任意尺寸的输入图像，并运用转置卷积和跳级的方法，输出与输入图片尺寸相同的特征图，将该特征图与原始图像对比，实现了每个像素的预测，保留了原始输入图像中的空间信息。基础的 FCN 结构不能捕获大量的特征，且不考虑像素之间的空间一致性，因此在现实世界的应用场景有限。SegNet、U-Net、DeepLab 等图像分割网络沿用了 FCN 的基本思想，并依据具体应用场景做出了改进，进一步提高了分割精度。

12.1.4.3 计算机视觉的应用

基于深度学习的理论和方法，计算机视觉已广泛应用于医疗、军事、自动驾驶等领域进行图像场景的自动识别与分类。在建设工程领域，计算机视觉已得到了广泛应用，利用计算机视觉可进行质量缺陷检测、结构健康监测、火灾检测及预警、施工现场不安全行为自动识别、风险场景实时预警等，提高了建设工程全生命期的管理水平。图 12-5、图 12-6 分别展示了基于计算机视觉的桥梁缺陷检测案例及人员侵入危险区域自动识别案例。

图 12-5　基于计算机视觉的桥梁缺陷检测案例

(a)　　　　　　　　　(b)　　　　　　　　　(c)

图 12-6　人员侵入危险区域自动识别案例

12.1.5　自然语言处理

12.1.5.1　自然语言处理的概念

自然语言（Natural Language，NL）是指汉语、日语、英语、法语等日常常用的语言，是随着人类社会和文化的发展演变而来的，作为人类学习生活的重要的工具，是人类社会发展而约定俗成的语言。区别于自然语言的是人工语言，它是人类为了解决某些问题而设置的一种严格的表达模式，比如计算机编程语言。

自然语言处理（Natural Language Processing，NLP）是指利用计算机对自然语言进行全方位的处理，可分为字词级别、句法级别、语义级别的处理。NLP技术包括对文字的输入、输出、识别、分析、理解、生成等各个层面进行处理和操作。作为计算机科学领域与人工智能领域中的一个重要方向，NLP技术的开发主要有两个目的：使机器自动化进行语言处理和改善人机交流。NLP技术具有将非结构化的文本转化为结构化信息的特点，并允许计算机通过机器学习理解人类语言。

一般情况下，NLP的基本过程大致可以分为五步：

（1）去除停用词：去除在文档中或者句子中出现次数多但是本身没有意义的词或字，比如英文中的介词、冠词等。这个过程一般依靠已有的停用词库来对这些词进行过滤。

（2）分词：根据已有的词库对给定的文档或者句段依据序列进行分割。

（3）取词根：该过程只针对某些语言，比如英语，英语表达中存在同根词、单复数、缩写等，所以需要找到其原始的形式。

（4）词性标注：对划分词进行词性标注，即给每个词一个词性标签，如名词、动词、形容词或数词等。

（5）分析：在之前的步骤基础上，进行句子的语法结构识别。识别的结构被用于下一步的处理。

12.1.5.2　自然语言处理的应用

随着建设项目的施工工艺及规模日趋复杂，日常报告文档大量地增加，工程师无法在有限的时间内掌握所有必要的知识。非结构化的文件降低了工程师以完整的形式获取、分析和重用相关信息的效率，从而导致由于不及时或不充分决策使项目在推进的过程中出现问题。因此学者提出可以利用NLP技术将无结构化的风险信息、索赔信息、合同信息等（专家经验、风险案例库、施工图纸、施工组织方案和其他项目文件）转化为结构化知识，从而利用计算机对施工日常文档进行隐性知识挖掘，以便工程师在广泛的工作范围内高效率地对潜在信息进行管理，促进智能建造的发展。

按照项目建造过程，NLP技术的应用对于智能建造的支持可以总结如下。

1. 建造前期——设计、决策辅助

在设计阶段，可以通过NLP技术获得相似案例，为新项目提供辅助决策，如进行图纸设计及绿色建筑的方案规划；使用自然语言处理技术，在历史案例库中检索最相似的绿色建筑案例，结合案例推理技术为新项目提供决策帮助；将NLP技术应用于BIM用途分类，并对原有案件的设计协调、冲突检测进行学习。

在投标过程中，为了在决策前充分了解项目的不确定性，有专家提出了一种基于NLP技术的投标风险自动预测模型，该模型可以通过对投标前非结构化文本进行挖掘来自动检测合同中的风险条款，并自动识别风险以支持建筑公司的合同管理；也可通过 TF-IDF 技术统计施工合同纠纷中最常见的事故原因，从而在制度和合同设计等方面给予相关防控建议。

2. 建造中期——施工文档资料管理

施工过程中会产生海量的文档资料，传统的人力整理方式效率低下且准确度不高，更容易受到工作者个人经验的影响。利用 NLP 技术对施工文档资料进行处理利用，不仅能更加高效地管理施工文档，还能进一步挖掘人工难以发现的知识或信息。

早在 21 世纪初，随着机器学习算法的发展，已经开始有专家和学者开始结合 NLP 技术和分类算法进行施工文档的自动分类，由于施工文档种类丰富，蕴含的信息多样，不同种类信息所能解决的实际问题自然也不同，如通过索赔文件中蕴含的原因信息进行索赔种类分析；快速检索和使用施工合同中的创新性知识；根据任务组织层次结构自动进行工作分配；利用质量检测记录、事故报告等分析事故原因，识别风险因素等，图 12-7 分析总结了部分不同类型文本及其对应的应用类型。

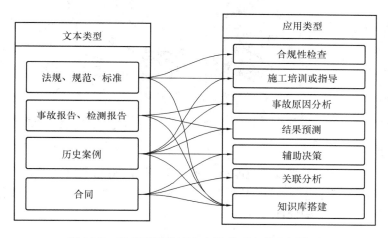

图 12-7　部分不同类型文本及其对应的应用类型

3. 建造后期——合规性检查

作为工程文本的主要来源之一，各类建设法规、规范、标准文件中隐含了大量的有用信息，而且因为其语言表达的规范性，法规、规范、标准文件一直以来都是 NLP 技术在建筑领域研究的应用热点。

可利用 NLP 技术从施工质量验收规范中进行要求信息的提取，从而为合规性检查提供了有力的计算机支持，可应用 NLP 技术对建设工程合同信息进行分析，特别的是，这种分析可将项目对应关系进行可视化分析，有助于项目各方明确自己的义务；还可通过对一些法律、法规、规范条款的语义、语句分析，不断完善建筑法规信息自动化合规性检查技术。

12.1.6　数字孪生

12.1.6.1　数字孪生的概念及发展

数字孪生（Digital Twin，DT）的概念模型最早出现于 2003 年，由 Grieves 教授在美国密歇根大学的产品全生命周期管理课程上提出，当时被称做"镜像空间模型"，后被定义为"信息镜像模型"和"数字孪生"。2014 年，Grieves 出版了第一本 DT 白皮书，将 DT 模型分为三个主要部分：物理空间中的物理产品、虚拟空间中的虚拟产品以及将物理产品与虚拟产品相连接的数据和信息连接。在 Grieves 等人提出的 DT 模型基础上，一些专家又在此基础上增加了数据和服务两个维度，提出五维数字孪生模型。数字孪生三维和数字孪生五维模型如图 12-8 和图 12-9 所示。

目前数字孪生仍然没有明确的定义，在不同领域也存在不同的数字孪生的定义。NASA 于 2010 年提出"数字孪生是充分利用物理模型、传感器更新、运行历史等数据，集成多学科、多物理、多尺度、多概率的仿真过程"，这也是目前应用较普遍的定义。

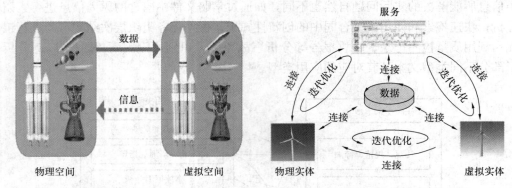

图 12-8　数字孪生三维模型图　　　　图 12-9　数字孪生五维模型

12.1.6.2　数字孪生关键技术

根据 DT 五维模型，需要多种使能技术来支持 DT 的不同模块（即，物理实体、虚拟模型、数据、智能服务和连接），如传感技术、测量技术、建模技术、可视化技术、数据管理技术等，数字孪生关键使能技术见表 12-4。

数字孪生关键使能技术　　　　　　　　　　　　　　表 12-4

DT 模块	使能技术
物理实体	传感技术、测量技术、动力学技术、加工工艺技术等
虚拟模型	建模技术、仿真技术、可视化技术等
数据	数据采集技术、数据存储技术、数据传输技术、数据处理技术、数据可视化技术、数据融合技术等
智能服务	图像处理技术、虚拟现实技术、仿真技术、机器学习技术等
连接	互联网技术、通信技术、协作技术、安全技术、接口技术、交互技术等

数字孪生以模型为基础，若要创建高保真模型必须认识并感知物理世界。通过各种传感技术、测量技术可以反映真实的物理世界。为使虚拟模型与真实世界同步，必须收集实时数据，为此需不断提取实时传感器数据以表示实体的近实时状态。此外，DT 还可以通过执行器完成指定动作，从而按需改善物理实体。

与 DT 相关的建模涉及几何建模、物理建模、行为建模、规则建模等。几何模型描述物理实体的几何形状、表现形式和外观，仅包含实体的几何信息。物理建模工具通过将物理特性赋予几何模型来构建物理模型，然后通过物理模型分析物理实体的物理状态。行为模型描述了一个物理实体的各种行为以实现功能、响应变化、调整内部操作等。规则模型描述了从历史数据、专家知识和预定义逻辑中提取的规则。规则使虚拟模型具有推理、判断、评估、优化和预测的能力。

数据驱动的数字孪生可以感知、响应并适应不断变化的环境。在数字孪生中主要涉及的数据管理技术包括数据收集、传输、存储、处理、融合和可视化。数据源主要包括硬件、软件和网络数据。数据传输技术主要涉及有线和无线传输。数据存储技术用于存储收集的数据，以进行进一步的处理、分析和管理。数据处理意味着从大量不完整、非结构化、嘈杂的原始数据中提取有用的信息。数据融合就是通过过滤、关联和集成处理多源数据，主要包括随机方法（如经典推理、加权平均法、卡尔曼滤波等）和人工智能方法（如模糊集理论、神经网络、支持向量机等）。

12.1.6.3 数字孪生在智能建造中的应用

通过与移动互联网、云计算、大数据分析和其他技术的集成，DT 已应用于航空航天、制造、电力、医疗保健、智慧城市等诸多领域。目前，数字孪生在 AEC 行业的应用主要集中于运维阶段，它在设计和施工阶段的应用刚刚起步。下面主要介绍数字孪生在施工和运维阶段的应用。

数字孪生在施工阶段的应用已经获得越来越多的关注。由欧盟 Horizon 2020 资助的数字孪生相关项目旨在创建一个数字建筑孪生平台（DBT），该平台采用精益原则，以减少各类运行浪费、缩短工期、降低成本、提高质量和安全性。该项目涉及各种监控技术、人工智能、计算机视觉、图形数据库、建筑管理、设备自动化和职业安全等方面的知识，通过集成多个控制数据源支持的一系列施工管理应用程序使管理人员了解现场及整个供应链中实时发生的一切事件。

数字孪生在运维阶段主要有以下几种应用：预防性维护、安全评估、资产管理以及灾害与应急管理等。数字孪生可以用于历史建筑的预防性维护，通过传感器获取的动态数据可以实时分析参数变化，当超过阈值可生成警报。此外，数字孪生可以用于结构安全评估，通过利用支持向量机等机器学习算法对结构历史数据进行训练得到预测模型，再根据实测数据预测结构的安全风险水平。数字孪生在资产管理中的应用主要有：空间管理、能量管理、设施管理、维修与维护管理、安全管理、设施异常检测等。通过利用数字孪生思想可以在灾害发生时及时获得态势感知，指导救援和人员疏散等。

12.2 智能建造的主要装备

12.2.1 智能工程设备

12.2.1.1 传感器

传感器技术的发展大致可以分为三代，分别是结构型传感器、固体传感器和智能型传感器。结构型传感器利用结构参量的变化来感知和转化信号，如电阻应变式传感器。固体传感器由半导体、电介质、磁性材料等固体元件构成，是利用材料的某些特性制成，如光敏传感器。智能型传感器通过将微型计算机技术与检测技术相结合，具有检测、自诊断、数据处理、自适应等能力。

国家标准《传感器通用术语》GB/T 7665—2005 将传感器定义为能感受被测量并按照一定的规律转换成可用输出信号的器件或装置。传感器具有微型化、数字化、智能化、多功能化、系统化、网络化等特点，是工程实践中实现施工现场信息获取的重要手段。

传感器在现场施工中主要用于采集施工构件的应力、应变、温度等反映施工生产要素状态的数据。目前施工现场常用的传感器类型及应用见表 12-5。

施工现场常用的传感器类型及应用

表 12-5

传感器类型	应用
位移传感器	监测结构构件、基础等位移变化，防止倾斜、沉降事故发生
运动传感器	监测施工人员运动轨迹及施工机械运行轨迹和效率
重量传感器	监控运输机械是否发生超载现象
幅度传感器	监控垂直运输机械的运动状态，防止发生倾覆
高度传感器	监控垂直运输机械的运动状态，防止发生碰撞事故
温度传感器	用于混凝土养护温度监测及冬期施工环境温度监测
粉尘传感器	监测施工现场的 PM2.5 含量，助力打造绿色施工
烟雾传感器	施工现场火灾监测

12.2.1.2 射频识别技术

射频识别技术（Radio Frequency Identification，RFID）是一种自动识别技术，它可以通过无线电信号识别特定目标并读写相关数据，具有读取性强、读取速度快、抗污染能力强、可重复使用、信息容量大、安全性强等优点，被认为是 21 世纪最具有发展潜力的信息技术之一。RFID 技术由雷达技术衍生而来，在 1948 年 RFID 的理论基础诞生。之后，人们对 RFID 相关理论进行了更加深入的探索，RFID 技术和相关产品被开发并应用于多个领域。2000 年后，人们逐渐认识到标准化的重要性，RFID 产品的类型得到进一步的丰富和发展，相关生产成本逐渐下降，应用领域逐渐增多。

RFID 由应答器、物理读写器和应用软件三部分组成。其工作原理是物理读写器通过天线发射带有固定频率的射频信号，当磁场与应答器相遇时，应答器会发生反应。应答器通过感应电流而获取一定能量后，向物理读写器发送相应的编码，编码中含有预先存储好的产品信息。当读写器接收到编码后对编码进行解码翻译，将相应的信息及数据传输给计算机系统，并反映给决策者。

RFID 技术目前已在多个领域得到应用，在施工中的应用主要体现在进度管理、物料管理、施工安全管理等。通过将 RFID 标签嵌入构件中，管理人员可以实时跟踪物料位置，了解物料使用情况，从而实现对物料和进度的管理。此外，管理人员可以利用 RFID 标签跟踪施工人员的位置，明确施工人员工种及进出场信息，实现科学管理。

12.2.1.3 相机

相机是获取工程数据的重要设备之一。应用于建设工程数据采集的相机主要包括视觉相机、深度相机和红外热像仪等。视觉相机在工程建设过程中的应用最为普遍，用于采集 RGB 图像。深度相机不仅可以获取 RGB 图像，还可以同时获取图像的深度信息，在建设工程中可用于采集带深度数据的缺陷图像。根据工作原理的不同，深度相机主要可分为双目立体相机、基于结构光的深度相机、基于飞行时间的深度相机等，图 12-10 展示了两种常见的深度相机。红外热像仪是一种特殊的相机，其原理是利用红外热成像技术，将物体发出的不可见红外能量转变为可见的热图像。红外热像仪可用于混凝土内部缺陷检测的图像采集。

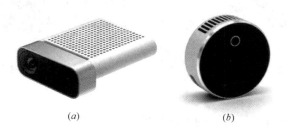

(a)   (b)

图 12-10   两种常见的深度相机

12. 2. 1. 4   无人机

无人机全称为无人驾驶飞机（Unmanned Aerial Vehicle Drones，UAV），是利用无线电遥控设备和自备的程序控制装置操纵的不载人飞机。依据应用领域的不同，无人机可分为军用无人机和民用无人机，其中民用无人机可为建设工程提供设备支持，常见的民用无人机如图 12-11 所示。在规划设计阶段，无人机可为建筑师和承包商提供细致、准确的大型工地测绘数据。基于无人机测绘构建的 3D 地图和 BIM 软件可帮助团队在设计期间全面了解工地情况，无人机收集到的详细精准的数据可全程为建筑师提供设计参考。在施工阶段，无人机可提供规范化、细节化的工地地图，为团队内部及外部利益相关方提供可靠数据，保证项目按时进行，节省预算。在巡检阶段，无人机可为巡检人员提供精准数据，保障巡检安全。

12. 2. 1. 5   三维激光扫描仪

三维激光扫描仪是三维激光扫描系统的主要组成部分，是建设工程领域的重要数据采集设备。三维激光扫描技术利用激光测距的原理，通过记录被测物体表面大量的密集点的三维坐标、反射率和纹理等信息，可快速复建出被测目标的三维模型及线、面、体等各种数据。相较于传统的单点测量方法，三维激光扫描技术取得了革命性的技术突破，实现了从单点测量到面测量的进化。三维激光扫描仪由激光射器、接收器、时间计数器、由电机控制的可旋转的滤光镜、控制电路板、微电脑、CCD 机以及软件等组成。图 12-12 展示了常见的三维激光扫描仪。

三维激光扫描仪在建设工程领域的应用十分广泛。在建设工程施工阶段，三维激光扫描技术可以高效、完整地记录施工现场的复杂情况，通过与 BIM 模型的点、线、面进行对比，可为工程质量检查、进度监控、变形监测、工程验收、模型重建等提供帮助。此外，三维激光扫描可以将重建模型结果进行电子化存档，为后续的保护、修缮工作提供数字化的查询档案。三维激光扫描技术在获取物体三维坐标方面具有高精度、高密度、高速率的特点，因此它在建筑工程施工变形监测中也具有很高的应用价值。

图 12-11　民用无人机　　　　　　　　图 12-12　三维激光扫描仪

12.2.1.6　眼动仪

眼动仪是对眼睛进行相关研究的一种辅助工具，通过在处理视觉信息时拍摄并记录人的眼睛的尺寸以及眼动轨迹特征，再经过一系列的后续处理，即可为眼球相关的研究与分析提供定量分析的证据。同时，眼动仪的研制也是一项涉及多项技术的综合性应用研究，对学科交叉具有促进作用。现阶段，眼动仪使用最广、研究最多的眼动测量方法是光学记录法，具体方法是瞳孔-角膜反射法。瞳孔跟踪是眼动仪装置中使用最广泛的技术，也是当前眼球跟踪的主要研究方向。

眼动仪装置的相关分类见表 12-6。

眼动仪装置的相关分类　　　　　　　　　　　　　　表 12-6

分类依据	类型
使用的记录方式	侵入式（被淘汰）、非侵入式（使用最频繁）
测量目标的区别	测量眼睛相对于头部的运动情况、测量视线的方向（一般用于人机交互之中）
眼球跟踪定位的装置模型	穿戴式、遥测式
数据传输区别	有线传输型、无线传输型

其中，无线传输型眼动仪是随着蓝牙、Wi-Fi 等无线传输技术的发展而兴起的新型眼动仪，Wi-Fi 是现阶段无线型眼动仪的首要选择方案。在一系列已被使用的眼动仪和注意力追踪工具中，Tobii 眼动仪是研究人员使用较多的设备，如图 12-13 所示。

(a) Tobii Pro Glasses 2眼动仪　　　　　(b) Tobii X2-30眼动仪

图 12-13　两种 Tobii 眼动仪

作为一种检测并记录人眼相关状态的装置，现阶段眼动仪在视觉系统、心理学和神经科学等众多领域都有广泛的应用与研究。在建筑领域，眼动仪的应用与研究也非常广泛，如辅助进行危害识别，辅助分析人为因素对设备工作风险的影响，确定工人的视觉注意力，检测潜在的安全隐患并在施工现场连续监测工人的健康状况等。

12. 2. 1. 7 智能安全帽

安全帽是进入施工工地必不可少的装备，将数据采集、位置跟踪等技术应用于安全帽中可以大大提升施工管理的效率。例如装有体征监测设备的安全帽可以实时精准地反映施工人员的身体状况，并将数据及时反馈给管理人员，可大大减少安全事故的发生。经过对工人实名认证的智能安全帽，还能实现人员管控。通过所安装定位设备精准的定位功能，智能安全帽可以实时、高效、完整地展现工人的运行轨迹。不同的工种进入不同的作业现场，电子围栏内采集到员工信息，出现符合该作业现场的工人则放行，出现不符合该作业现场工人时，智能安全帽会自动报警，同时记录该员工的身份信息，杜绝事故的发生。智能安全帽还可以通过高精度定位采集地理信息判断工人所处位置是否与工作任务一致，不一致就会发出预警信息。在工人巡视过程中，偏离预定的巡视路线时智能安全帽可自动报警，预防在巡视过程中出现抄近路等现象，提高巡视质量。此外，管理人员还可以通过智能安全帽上安装的摄像头监督施工现场的工作情况，及时发现和纠正工人的违规行为。图 12-14 为某品牌智能安全帽。

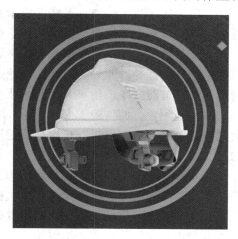

图 12-14 某品牌智能安全帽

12. 2. 1. 8 虚拟现实设备

近年来，虚拟现实技术也逐渐进入建筑工程领域，越来越多的人将可穿戴的 VR 设备应用于工程领域。可穿戴的 VR 设备将用户带入高度逼真的虚拟环境中，用户可对虚拟环境中的物体进行操作并得到反馈。因 VR 自身的沉浸性和交互性等特点，可穿戴 VR 设备在智能建造中有着很多的应用。例如可让工人佩戴 VR 设备在虚拟环境中进行安全培训，进行伤害体验模拟、安全互动教学和安全操作训练等。此外，工人还可以佩戴 VR 设备进入虚拟环境对施工中的细部节点、优秀做法进行学习，提高自身的技能。图 12-15 为市场上的两种 VR 设备。

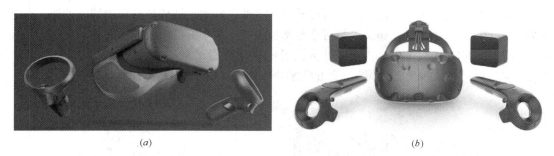

(a)   (b)

图 12-15 市场上的两种 VR 设备

12. 2. 2 智能工程机械

近年来，我国工程机械行业迅速发展，取得了非常优异的成绩。当前我国的工程机械技术正处于转型发展的阶段中，正在由传统精密化、大型的工程机械向着轻量化、信息化以及智能化的方向发展。建设工程领域的智能工程机械主要包括土方机械、起重机械、混凝土机械、路面机械、桩工机械等，本节将以旋挖钻机、混凝土搅拌运输车、混凝土泵车、挖掘机、起重机、压路机、推土机等为例对智能工程机械进行介绍。

12.2.2.1 旋挖钻机

旋挖钻机是工程建设中重要的桩工机械之一。新型旋挖钻机采用了一系列先进的智能化技术，如使用极限载荷控制技术、多档动力头、双速加压油缸等，可有效提高施工效率；利用加压台显示功能，可精准显示并指导钻杆加压台加锁、解锁，减少钻杆磨损，消除卡杆事故；利用牙轮自动钻进功能，可设置动力头固定转速，实现自动切削钻进；使用钢丝绳预张紧技术，主卷扬钢丝绳始终保持一定的预张紧力，可避免乱绳、打扭，提升操作效率和便利性等。此外，通过为旋挖钻机配备智能独立风扇，施工人员可根据温度需求智能调温，节能降噪。施工人员利用手机端 APP，可实现远程实时设备监控以及机群管理。在安全配置方面，施工人员利用 360°全景监控可实现盲区监测，通过故障深度诊断、大灯延迟关闭等措施可进一步提高旋挖钻机施工的安全性。

12.2.2.2 混凝土机械

混凝土机械包括混凝土搅拌运输车、混凝土泵车、布料机、湿喷机等，本小节以混凝土搅拌运输车、泵车为例介绍混凝土机械在轻量化和智能化方面取得的显著成效。

在保证安全可靠的前提下，新型混凝土搅拌运输车通过结构优化和新材料的应用，最大程度上进行轻量化减重，给混凝土留出了更大的载重余量，提高了单次的运输效率和收益。此外，通过搭载多方位摄像头和前后雷达，新型混凝土搅拌运输车可进行 360°全景摄像，从而消除驾驶视野盲区，实现盲区碰撞危险预警，降低碰撞风险。同时，利用摄像头实时抓拍、录像功能，并结合燃油传感器、车联网等相关设备和技术，可实现异常自动报警，防止发生偷油、偷料等事件；将车辆智能调度和监控、设备保养提醒、油耗等关键数据实时推送至手机端，可有效提升管理效率。图 12-16 展示了新型混凝土搅拌运输车。

在轻量化方面，混凝土泵车可通过拓扑优化镂空臂架、使用新型材料等方式有效减轻自重。新型混凝土泵车通过优化混凝土管支撑、采用自动减震技术等方式可增强结构稳定性。在智能互联方面，使用人机交互遥控器，可实时掌控混凝土泵车的设备状态；搭载的智能元件可实现混凝土泵车核心系统功能、行程异常、主油泵异常、油耗异常等的智能诊断，诊断结果可向手机端自动推送，施工人员可全程掌控混凝土泵车的健康状态。此外，失效预警输送管的使用可实现实时预警，提醒工作人员及时更换混凝土泵车的输送管，保障施工安全。混凝土泵车也可搭载 360°全景系统，全方位保障行车安全。图 12-17 展示了新型混凝土泵车。

图 12-16　新型混凝土搅拌运输车　　　　图 12-17　新型混凝土泵车

12.2.2.3　挖掘机

近年来，随着挖掘机施工领域的扩展，施工质量及能耗排放要求的提升，传统挖掘机在控制特性、环境适应能力、节能环保等方面的不足日趋凸显。进行液压挖掘机的智能化研究，研制具备精准控制特性、远程及自主作业能力、恶劣环境适应性、高效节能等特点的智能挖掘机是解决上述问题的有效途径之一。例如某公司开发的智能遥控挖掘机（如图12-18）融合了智能化控制技术、传感器技术、无线通信技术、远程监控技术，实现了超视距挖掘机施工作业，可广泛应用于煤矿深井、抢险救援等特殊工作环境。

12.2.2.4　起重机

与通用起重机相比，智能起重机具有人工智能，在代替人的体力劳动基础上，代替或辅助人的脑力劳动。将传感器、智能决策软件与起重机集成，实现感知、分析、推理、决策和控制功能，实现人机物的交互、融合，代替人工进行感知、决策和执行，使起重机能适应工作环境的变化。智能起重机的工作流程与通用起重机相同，但增加的智能控制能够代替人的视觉等感知功能，代替操作员判断现实情况并做出对应的动作，完成在起重机工作过程中的识别、感知、操作和管理等。例如某企业研发的5G智能塔式起重机，司机可通过搭载在系统内部的吊钩高空路径规划及控制技术，在操控界面上可以一键实现高空吊装的自动化，代替了传统塔式起重机施工过程中最耗时耗力的部分，实现自动吊装作业。

图 12-18　某公司开发的智能遥控挖掘机

12.2.2.5　其他工程机械

此外还有智能的无人驾驶压路机，它可代替人工，全天候连续作业，实现用户利益最大化，部分施工机械还可以搭配避障雷达，实时精确自动避障，自动规划路径，自动换道，密实度实时监测，并实现智能控制压实等。还有利用全球定位系统（GPS）和安装在工程机械上的传感器的自动推土机，它可以实时掌握工程机械自身的位置、挖掘地面的铲刀和机械臂的状态以及地面情况等数据，将作业指示数据传送到工程机械配备的控制盒后，一边利用测量系统确认情况一边进行施工。

12.2.3　施工机器人

12.2.3.1　施工机器人的概念及技术特征

施工机器人是指与建筑施工作业密切相关的机器人设备，通常是一个在建筑施工工艺中执行某个具体建造任务的装备系统。在执行施工任务的过程中，施工机器人能够辅助人类进行施工作业，甚至可以完全替代人类劳动。早期施工机器人执行的任务和施工内容大多是相对专业化和具体的，但是随着机器人信息化水平的提升以及不同工种机器人之间的集成与协作，施工机器人的作业能力和工作范围正在迅速扩展，在建筑工程中承担愈发复杂与精准的施工任务。

施工机器人的技术特征主要包括以下四点：

（1）在施工过程中，施工机器人需要操作幕墙、混凝土砌块等建筑构件，因此需要具备较大的承载能力和作业空间。

（2）在非结构化环境的工作中，施工机器人需具有较高的智能性及广泛的适应性，以实现导航、移动、避障等能力。其中基于传感器的智能感知技术是提高智能性及适应性的关键。

（3）需要完备的实时监测与预警系统以应对安全性的挑战。

（4）施工机器人编程以离线编程为基础，需要与高度智能化的现场建立实时连接以及实时反馈，以适应复杂的现场施工环境。

12.2.3.2　施工机器人的组成结构

施工机器人主要由三大部分，六个子系统组成。三大部分包括感应器（传感器部分）、处理器（控制部分）和效应器（机械本体）。六个子系统包括驱动系统、机械结构系统、感知系统、机器人环境交互系统、人机交互系统以及控制系统。每个系统各司其职，共同配合以完成机器人的运作。

12.2.3.3　施工机器人的分类

自20世纪80年代起，工程建造机器人在工程施工阶段得以不断应用和发展，目前根据使用功能不同，主要包括墙体施工机器人、装修机器人及3D打印建筑机器人等。

1. 墙体施工机器人

墙体施工机器人的典型代表包括Hadrian X墙体施工机器人等。该机器人由澳大利亚Fastbrick Robotics公司研发，如图12-19所示，由运载装置、六轴工业机械臂、机械手三部分组成，运用3D计算机辅助设计软件绘制出住宅模型，自动判断砖块放置的位置，利用吸盘抓取砖块，具有六个自由度的机械臂能够实现砖块的各个方向的安装。

图 12-19　Hadrian X 墙体施工机器人

2. 装修机器人

随着人们生活水平的提高，人们对室内外环境要求日趋严格，导致装修难度系数变大。为了有效解决这些问题，研究人员研制了多种装修机器人，典型代表如OutoBot外墙喷涂机器人。该机器人由南洋理工大学和亿立科技共同研制，由数控吊篮系统、与外墙真空吸附的吊篮稳定系统、轻型六轴机器臂、工业视觉相机和喷涂设备组成，如图12-20所示。数控吊篮系统可以将设备整体送至工位处；四个真空吸盘可以将设备固定于工位上，使机器人与喷涂面的相对位置保持稳定；机器臂携带工业相机对喷涂工作面进行扫描，从而识别喷涂面和回避面，然后进行路径规划。该系统减少了喷涂工作 50％以上的人力需求，大大减少了工作的危险性，降低了对喷涂施工人员的要求。

图 12-20　OutoBot 外墙喷涂机器人

3. 3D 打印建筑机器人。

3D 打印建筑机器人集三维计算机辅助设计系统、机器人技术、材料工程等于一体。区别于传统"去材"技术，3D 打印建筑机器人打印技术体现"增材"特征，即对已有的三维模型运用 3D 打印机逐步打印，最终实现三维实体。因此，该技术极大地简化了工艺流程，不仅省时省材，而且提高了工作效率。典型代表如 3D 打印 AI 建筑机器人。该机器人由英国伦敦 Ai Build 创业公司研发，集 3D 打印、AI 算法和工业机器人于一体，如图 12-21 所示。为了避免该机器人盲目地执行电脑的指令，在它原有控制系统中添加了基于 AI 算法的视觉控制技术，这样可将现实环境和数字环境构成一个有效反馈回路，实现机器人自动监测打印过程中出现的各种问题并进行自我调整。经测试，该机器人用 15 天时间完成长 5m、宽 5m、高 4.5m 的代达罗斯馆的打印任务，大大提高了 3D 打印效率。

除了这些常见的施工机器人外，还有两类较为特殊的施工机器人。

（1）可穿戴外骨骼机器人

可穿戴外骨骼机器人是一种人与机器人相互协作，将人的智慧和机器人的力量、速度、精确性和耐久性相结合的辅助性机器人。可穿戴外骨骼机器人包括关节外骨骼、上肢外骨骼、下肢外骨骼以及全身外骨骼机器人，它们不仅可以成为保护工人身体的外盔甲，还可以起到增强工人身体力量的作用。可穿戴外骨骼机器人结合脑机融合感知技术，直接建立人脑和外骨骼机器人控制端之间的信号连接和信息交换，从而使工人更加直接、快速、灵活地控制外骨骼。

（2）仿生群体机器人

仿生群体机器人结合仿生学和机器人技术，充分利用群体优势，表现出高组织性。仿生群体机器人的发展不仅注重多个机器人的协同配合，还期望增强单个机器人承担不同工作的能力，即机器人变胞技术理念。该理念旨在让机器人的结构在瞬间发生变化，从而适应不同的任务场景。基于机器人变胞技术理念，只需设计一种拥有变胞能力的智能机器

图 12-21　3D 打印 AI 建筑机器人

人，就能利用多个这样的个体完成钢筋绑扎、砌块搬运、砌块堆砌、墙面处理等墙体砌筑的全部工作。

仿生群体机器人的最大特点是能通过"迭代学习"适应复杂多变的施工环境和作业类型，提升自主学习和环境适应的能力，保证各个个体的专业性和可靠性。美国哈佛大学韦斯研究所的工程师研发了 TERMES 小型群体建造机器人，如图 12-22 所示，它们可以感知周围环境，沿规定好的栅格搬砖移动。整个系统不会因一个机器人故障而瘫痪，并且如果工程规模扩大，只需要对机器人的数量进行增减即可。

图 12-22　TERMES 小型群体建造机器人

12.3　智慧工地管理系统

随着 BIM、RFID、传感器网络、IoT 等智能建造技术在建设工程领域的快速发展及广泛应用，建筑业已经进入大数据、信息化、智能化时代。建设工程项目中蕴藏着大量的数据资源，如何分析这些多源异构数据对建设工程项目的潜在影响，对表征建设工程技术、组织、资源、环境等异质要素的数据进行有效集成并提取出有价值的信息用于建设过程的决策与管理中，是建设项目管理者所面临的一个重要课题。

智慧工地理论为这一问题的解决提供了思路。智慧工地是将如云计算、大数据、IoT、移动互联网、人工智能、BIM 等先进信息技术与建造技术融合，充分集成项目全生命周期信息，服务于施工建造，实现建造过程各利益相关方信息共享与协同的新型信息管理方式。与传统建设项目信息管理技术相比，智慧工地能够充分实现信息的有效利用与决策支持，为项目管理者与利益相关者创造价值，实现项目参与者的有效协作，对项目绩效具有显著提高作用，其发展前景巨大。

12.3.1 智慧工地的概念

虽然学术界对于智慧工地的定义尚未达成共识，但是通过对"智慧工地"概念的整理，可以认为智慧工地是建筑业从经验范式开始，经过理论范式、计算机模拟范式发展到第四范式的典型代表。它是以施工过程的现场管理为出发点，时间上贯穿工程项目全生命周期，空间上覆盖工程项目各情境，借助云计算、大数据、IoT、移动互联网、人工智能、BIM 等各类信息技术，对"人、机、料、法、环"等关键因素控制管理，形成的互联协同、信息共享、安全监测及智能决策平台，共同构建而成的工程项目信息化系统。

智慧工地作为应用于施工阶段的重要工具，应实现施工现场管理的主要工作内容。在新时代、新要求的背景下，智慧工地通过三维可视化平台对工程项目进行施工模拟，围绕施工过程管理，建立互联协同、智能生产、科学管理的施工项目信息化生态圈，并将此数据在虚拟现实环境下与物联网采集到的工程信息隔合并进行数据挖掘分析，提供过程趋势预测及专家预案，实现工程施工可视化智能管理，从而提高工程管理水平，逐步实现绿色建造和生态建造。

随着建筑行业信息化、智能化的发展，已有多家建筑行业相关企业自主研发并推出了多种智慧工地硬件设备应用系统和与之配套的物联网应用平台，可实现远程实时数据采集并运用平台算法整合分析，输出可视化的数字化工地，大大提高工地链条管理者的管理效率，有效监管劳务人员的规范作业。

12.3.2 智慧工地架构

在实践中，智慧工地由特定硬件系统实现相应功能，主要由感知层、网络层和应用层组成，三者分别为实现更透彻的感知、更全面的互联互通、更深入的智能化提供保障和支撑，智慧工地系统的层次与功能见表 12-7，智慧工地架构图如图 12-23 所示。

智慧工地系统的层次与功能 表 12-7

层次	功能说明	组成说明
感知层	全面采集人员、设备、材料等工程信息及施工活动信息；及时反馈系统处理结果，下达各类指令	采集与反馈设备，如 RFID 标签，压力、温度、变形等各类传感器；GPS、BDS 等定位装置；视频图像采集设备等以及相应的软件
网络层	实现不同终端、子系统、应用主体之间的信息传输与交换	各类有线、无线信息传输系统、装置等，如光纤、WLAN、蓝牙等，以及相应的软件
应用层	对采集到的信息进行智能分析和处理，提供工程问题的解决方案	服务器、工作站、数据库、智能移动设备等各类硬件平台，以及相应的智能处理软件

在智慧工地中，感知层是基础，为整个系统提供全面的信息保障；网络层是桥梁，实现了信息传输和共享；应用层是核心，直接为不同工程任务和问题提供解决方案。在设计开发中，智慧工地以上述共同特征和共通架构为基础，遵循"问题导向，创新驱动"的实

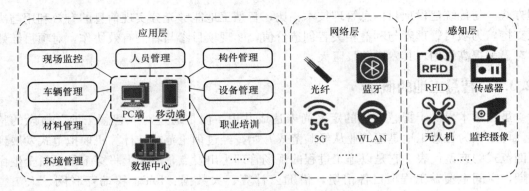

图 12-23　智慧工地架构图

施策略，首先，由总体设计团队开展工程问题分析，形成智慧工地或特定子系统及功能模块的整体解决方案；其次，以问题解决方案为核心，与相关支撑技术研发团队共同完成系统设计方案；最后，依据设计方案进行硬件选型、网络布设等，并由专业制造厂商完成技术硬件实现工作；最终，智慧工地将以相同系统架构下的不同子系统及功能模块的形式进行呈现。

12.3.3　智慧工地的实践应用

智慧工地思想已经在实践中得到了一些应用。各工程根据实际情况，制定了解决方案并实施。以某工程的实践应用为例，它将传统的工地管理转化为通过科技手段进行实时监控，以可控化、数据化和可视化的智能系统对工地进行设计和管理，将施工过程涉及的"人、机、料、法、环"等要素进行实时、动态监控，用终端应用工具，替代手工化管理，形成一个以进度为主线，以成本为核心的智能化施工作业。该项目建立的智慧工地管理平台主要由劳务实名制，安全、质量巡检，塔式起重机防碰撞，基于 BIM 的建造，远程监控，环境监控系统六大主要系统组成。

（1）建立劳务实名制系统。该系统可对项目所有作业人员进行信息统计和用工分析。项目部严格推行劳务实名制管理，各劳务人员建立个人档案，通过劳务实名制的"云＋端"产品形式，使用闸机硬件与管理软件结合的物联网技术，实时、准确地收集人员的信息进行劳务管理。

该系统可为现场生产人员提供当前用工状态，实时了解每小时的在场人数，且可按照不同类型的劳务队伍和工种进行实际用工数据的统计，可为项目部提供人员生产要素用工分析。另外，还可分析项目中所有作业人员的信息统计，如自项目开工至今，进出场和持卡人数、个人信息、地域分布情况等，为项目决策层提供数据参考。

（2）建立安全、质量巡检系统。该系统可根据施工现场存在的安全或质量隐患类别及紧急程度，对相关责任单位、责任人进行预警。此外，该系统还可与劳务系统组合对人员进行管理，为项目决策层监控项目风险，规避风险提供有力保障支持。

安全、质量巡检系统，采用云端＋手机 APP 的方式，将施工现场实时监控、信息采集的数据自动进行归集整理和分类，根据隐患类别及紧急程度，对相关责任单位、责任人进行预警。

（3）建立塔式起重机防碰撞系统。该系统可实现对施工现场各个塔式起重机的运行状况进行实时远程监控。塔式起重机防碰撞系统可以对施工现场各个塔式起重机的运行状况实现现场安全监控，运行记录，声光报警，实时动态的远程监控，使得塔式起重机安全监控成为开放的实时动态监控。

（4）建立基于 BIM 的建造系统。BIM 建造管理平台是通过 BIM 技术，将项目在整个施工周期内不同阶段的工程信息、过程管控和资源统筹集成，并通过三维技术，为工程施工提供可视化、协调性、优化性的信息模型，以达到设计、施工一体化和各专业相互协同工作的目的，从而进一步达成节约施工成本的目的。此外，BIM 建造管理平台可实现 BIM 模型的在线预览，联合生产、技术、质量、安全等关键数据，通过 BIM 模型展示进度、工艺、工法，将 BIM 技术应用的关键成果集中呈现，为工程施工奠定良好基础。

（5）建立远程监控系统。该系统可加强施工项目的日常管理。为加强施工项目的日常管理，项目部建立了建筑工地远程监控系统，安装了 15 处视频远程监控探头，值班人员通过计算机屏幕实时监控，对施工现场进行动态控制，对突发情况及时上报、应对、沟通、协调、解决，既减轻了监管人员的工作强度，又加强了建设项目在公司及项目内部的调控监管力度，有效地提高了工作效率。

此外，"智慧工地"中的远程监控，不仅仅是对施工场地及周围装几个摄像头，然后在项目部成立一个监控室，对施工场地进行监控。而是通过互联网，使建设单位、施工单位、监理单位、建设主管部门通过手机 APP 和 PC 端，实时地了解施工现场的进展情况，做到透明施工。

（6）建立环境监控系统。在施工现场东南西北共设置四处环境监控设备，24 小时全天候实时在线监测，对风向、温度、风速、湿度、噪声、PM2.5、PM10、天气等设定报警值，超限后及时报警，与喷雾机、沿路喷淋、塔式起重机喷淋装置实现联动，以达到自动控制扬尘治理的目的。同时，环境监控系统还可与智慧平台进行对接，实现数据共享，动态监控。

复习思考题

1. 智能建造的主要技术手段有哪些？
2. 建筑信息模型的定义是什么？
3. AR、VR、MR 的概念及它们之间的关系是什么？
4. 计算机视觉在建设工程领域的主要应用有哪些？
5. 自然语言处理技术对于智能建造的支持主要体现在哪些方面？
6. 数字孪生在施工和运维阶段有哪些典型应用？
7. 智能工程设备主要有哪些？其典型工程应用是什么？
8. 施工机器人的技术特征主要包括哪几点？
9. 智慧工地管理平台的主要系统由哪些方面组成？

参 考 文 献

［1］ 丁烈云．数字建造导论［M］．北京：中国建筑工业出版社．2019.

［2］ 毛超，彭窑胭．智能建造的理论框架与核心逻辑构建［J］．工程管理学报，2020，34（5）：1-6.

［3］ Chuck Eastman，Paul Teicholz，Rafael Sacks，Kathleen Liston. BIM Handbook：A Guide to Building Information Modeling for Owners，Managers，Designers，Engineers，and Contractors（Second Edition）［M］．New Jersey：John Wiley & Sons，Inc. 2011.

［4］ 李建成，王广斌．BIM 应用导论［M］．上海：同济大学出版社，2015.

［5］ 王要武．智慧工地理论与应用［M］．北京：中国建筑工业出版社，2019.

［6］ 基珀，兰博拉．增强现实技术导论［M］．郑毅，译．北京：国防工业出版社，2014.

［7］ 吕云，王海泉，孙伟．虚拟现实：理论、技术、开发和应用［M］．北京：清华大学出版社，2019.

［8］ 张春红，裴晓峰，夏海轮，等．物联网关键技术及应用［M］．北京：人民邮电出版社，2017.

［9］ 黄静．物联网综述［J］．北京财贸职业学院学报，2016，32（6）：21-26.

［10］ 王煜，邓晖，李晓瑶，等．自然语言处理技术在建筑工程中的应用研究综述［J］．图学学报，2020，41（4）：501-511.

［11］ 李成渊．射频识别技术的应用与发展研究［J］．无线互联科技，2016（20）：146-148.

［12］ 张婷婷．射频识别技术概述及发展历程初探［J］．山东工业技术，2017（24）：122.

［13］ 袁烽，阿希姆·门格斯（德）．建筑机器人——技术、工艺与方法［M］．北京：中国建筑工业出版社，2020.

［14］ 李朋昊，李朱锋，益田正，等．建筑机器人应用与发展［J］．机械设计与研究，2018，34（6）：25-29.